Wege und Wegmarken
100 Jahre Thyssen

WEGE UND WEGMARKEN

100 JAHRE THYSSEN

HELMUT UEBBING

Siedler

INHALT

Vorwort

Der Vorstand der Thyssen AG hat das hundertjährige Bestehen der Gesellschaft zum Anlaß genommen, die Geschichte des Unternehmens darstellen zu lassen. Der Autor hat diese Aufgabe gern übernommen; als Wirtschaftsjournalist hat er seit nunmehr vier Jahrzehnten berichtend und kommentierend die Entwicklung der Industrie an Rhein und Ruhr begleitet. Auch hat er schon bei den beiden Bänden zur Geschichte der August Thyssen-Hütte AG mitgewirkt, die unter dem Titel „Die Feuer verlöschen nie" in den Jahren 1966 und 1969 erschienen sind. Aus der Sicht des Journalisten gewinnen die Ereignisse andere Facetten als aus der Sicht des Historikers. Der Journalist ist gern geneigt, die Geschichte in Geschehen zu verwandeln, das Gestern ins Heute herüberzutragen. Dies wird vertretbar sein, so lange sich der Journalist bei allem Bemühen um lebendige Darstellung den strengen Anforderungen der Geschichtsschreibung unterordnet.

An dieser Stelle gebührt dem Redaktionsteam im Hause Thyssen und seinen Mitarbeiterinnen Dank für immer neues gemeinsames Prüfen der Fakten und für das Erarbeiten neuer Fassungen. Ohne die geradezu akribische Kontrolle aller historisch relevanten Angaben, ohne die Befragung der mit den Ereignissen unmittelbar beschäftigten Fachleute wäre die Arbeit unvollkommen und unbefriedigend geblieben, so sehr auch manches mühsame Ringen um Einzelheiten den Autor „genervt" hat.

Die jetzt vorliegende Arbeit versteht sich nicht als eine Fortsetzung der früheren historischen Darstellung. Vielmehr ist versucht worden, die Geschichte des Hauses Thyssen noch einmal von Beginn an aufzurollen. Dies erschien schon deshalb zweckmäßig, weil inzwischen über die Anfänge der Gewerkschaft Deutscher Kaiser weiteres Material erschlossen worden ist. Die Lebenswege des Firmengründers und vor allem seines Sohnes Fritz sind hingegen nicht noch einmal behandelt worden. Der Schwerpunkt der Unternehmensgeschichte ist auf die Zeit seit den sechziger Jahren, also nach dem Wiederaufbau des von Krieg, Entflechtung und Demontage besonders schwer getroffenen Unternehmens, gelegt worden. Überdies fällt in diese Jahrzehnte die bewußte Verbreite-

rung der Aktivitäten mit dem Ziel einer ausgewogenen Produktions- und Marktstruktur.

Der Verfasser hat nicht die chronologische Ordnung zur Richtschnur seiner Arbeit gemacht, sondern ist „quer" von den einzelnen Themen her in die Geschichte des Unternehmens eingestiegen. Dies hat den Vorteil, daß wirtschaftliche, soziale und technische Zusammenhänge und ihre historische Verkettung dem Leser leichter nahegebracht werden können. Es ist freilich dem Verfasser bewußt, daß er trotz seines Bemühens, möglichst umfassend die Aktivitäten des Unternehmens und seiner Tochtergesellschaften zu schildern, sicherlich nicht die Zustimmung aller Leser finden wird. Mancher mag eine noch ausführlichere Darstellung des ihn speziell interessierenden Themas vermissen. Es ist indessen an die gegebene Knappheit des Raumes zu erinnern, zumal da es sich anbot, die historische Schilderung durch Bilder und eingeflochtene Zitate zu untermauern.

Düsseldorf, 31. März 1991   Helmut Uebbing

Stahlstich aus der Erstausgabe des Zukunftsromans „Von der Erde zum Mond" von Jules Verne, 1867.

Der Eiffelturm in der Bauphase. Er wurde 1889 zur Weltausstellung in Paris fertiggestellt.

Deutschland in der zweiten Hälfte des 19. Jahrhunderts: Die industrielle Revolution strebt ihrem Höhepunkt zu, die Entwicklung wird bestimmt vom Einfallsreichtum der Ingenieure und dem Risikobewußtsein der Unternehmer.

In dieser Zeit wird Stahl zu einem Symbol für den technischen und wirtschaftlichen Fortschritt. Immer mehr und größere Einsatzmöglichkeiten entstehen für diesen Werkstoff. Mitteleuropa wird von einem Eisenbahnnetz überzogen. Carl Benz konstruiert ein Fahrzeug, dessen Siegeszug zum Massenverkehrsmittel des 20. Jahrhunderts ohne Stahl nicht denkbar ist. Der französische Schriftsteller Jules Verne sieht schon stählerne Unterseeboote durch die Meere kreuzen und stählerne Geschosse zum Mond fliegen. 1889 baut Gustave Eiffel in Paris einen 300 Meter hohen Turm, der zum Wahrzeichen für die konstruktiven Möglichkeiten wird, die Stahl den Ingenieuren eröffnet.

In Nordfrankreich, Mittelengland und an Rhein und Ruhr entstehen die industriellen Zentren, die diese Entwicklungen ermöglichen. Arbeiter ziehen zu Tausenden in die Industrireviere. Die Sozialstrukturen verändern sich, und die soziale Frage polarisiert die Gesellschaft. An Rhein und Ruhr bildet sich das bis heute größte industrielle Ballungszentrum der Welt. Im äußersten Westen dieses Reviers, in Duisburg, geht 1867 der damals 25jährige August Thyssen seine ersten unternehmerischen Schritte. Im Gegensatz zu vielen anderen Gründerpersönlichkeiten der Zeit war er jedoch kein Erfinder, vielmehr ist sein Hauptmotiv der Drang zu Selbständigkeit und wirtschaftlicher Unabhängigkeit. 1871 gründet er in der Nähe von Mülheim (Ruhr) sein eigenes Bandeisenwalzwerk. 1883 beteiligt er sich am Steinkohlen-Bergwerk Gewerkschaft Deutscher Kaiser in Hamborn, unmittelbar am Rhein.

Am 29. September 1891 sind alle 1000 Anteile der Gewerkschaft Deutscher Kaiser in der Hand von Thyssen. Die Geschichte der heutigen Thyssen AG hat begonnen.

AUGUST THYSSEN UND SEIN WERK

Am 29. September 1891 trafen sich die Anteilseigner der Gewerkschaft Deutscher Kaiser zu ihrer Jahresversammlung in Duisburg. Dieser Tag gilt heute als Anfang der Geschichte der Thyssen AG. Im Protokoll der Gewerkenversammlung stellte der amtierende Notar fest, daß alle 1.000 Kuxe in den Händen der Firma Thyssen & Co., Styrum bei Mülheim (Ruhr), sowie der Brüder August und Josef Thyssen lagen. Die Firma in Mülheim, die August Thyssen 1871 als Bandeisenwalzwerk gegründet hatte, befand sich voll im

Besitz der Familie. Treibende Kraft war August Thyssen, der auch die Kapitalmehrheit besaß. Er hatte bereits seit 1883 durch Aufkauf von Kuxen die Herrschaft über das Steinkohlen-Bergwerk Deutscher Kaiser in Hamborn gewonnen, und dieses Unternehmen wiederum ging auf eine Gründung aus dem Jahre 1867, die Gewerkschaft Hamborn, zurück. Daß man ein Unternehmen im Jahre 1871 in „Deutscher Kaiser" umbenannte, konnte angesichts der Gründung des Deutschen Reiches eben in diesem Jahr nicht überraschen. Es

trug seinen Namen dann auch konsequenterweise nur bis Ende 1918.

Von 1871 bis 1876 hatte die Gewerkschaft ihren ersten Schacht abgeteuft, den späteren Schacht Friedrich Thyssen 1. August Thyssen gehörte zu den Unternehmern, die frühzeitig die Notwendigkeit des Verbunds von Kohle und Stahl erkannt hatten. Thyssen haßte Abhängigkeiten, sei es von Banken, sei es von Vorlieferanten oder von Kartellen, in die er allenfalls dann einzutreten bereit war, wenn er schon eine stattliche Position auf dem Markt innehatte. Auch eine eigene Kohlenbasis, so lautete seine Devise, sollte das Mülheimer Stahl- und Walzwerk von fremden Lieferanten unabhängig machen.

Am 14. August 1890 beschloß der Grubenvorstand der Gewerkschaft Deutscher Kaiser, in Bruckhausen bei Hamborn ein Stahl- und Walzwerk zu errichten. Schon am 17. Dezember 1891 wurde dort der erste Stahl erschmolzen. Er floß aus dem Ofen III im Siemens-Martin-Stahlwerk, das erst mit sechs, später mit acht Öfen von je 15 Tonnen Fassungsvermögen arbeitete. Heute ist das Siemens-Martin-Verfahren in der westlichen Welt fast ausgestorben. Damals war es eine Produktionsmethode, die eine große Zukunft vor sich hatte. Immerhin hat die August Thyssen-Hütte AG noch gut sechzig Jahre später, ebenfalls in Bruckhausen, ein Siemens-Martin-Werk gebaut, das allerdings schon nach einem Jahrzehnt dem technischen Fortschritt weichen mußte.

Zwischen 1883 und 1891 erwarb August Thyssen durch den Aufkauf aller Kuxe den Besitz an der Gewerkschaft Deutscher Kaiser.

*August Thyssen
um 1917.
Gemälde von
Franz Josef
Klemm.*

Der Gründer

Es fällt schwer, den Industriellen August Thyssen richtig einzuordnen. Er gehörte keineswegs zu jenen Männern, die mit ihren oft atemberaubend spekulativen Engagements Unternehmen geschaffen haben, die nur zeitweise Bestand haben sollten, dann aber irgendwann gescheitert sind. Gewiß war auch August Thyssen hin und wieder bereit, eine gewagte Investition einzugehen; in dieser Hinsicht war er ganz und gar ein Unternehmer der Gründerzeit. Was ihn aber vor vielen anderen Zeitgenossen auszeichnete, war die Vorbildung: August Thyssen, der am 17. Mai 1842 in Eschweiler bei Aachen geboren wurde, besuchte nach der Rektoratsschule in Eschweiler die Höhere Bürgerschule in Aachen. Auf Anraten seines Vaters Friedrich Thyssen, der in Eschweiler eine Drahtfabrik leitete und später Bankgeschäfte betrieb, studierte er am Polytechnikum in Karlsruhe, der heutigen Universität Fridericiana, Maschinenbau und das Baufach. Sein Studium schloß er durch die Beschäftigung mit der Nationalökonomie am Institut Supérieur du Commerce de l'État in Antwerpen ab. August Thyssen begann also seine industrielle Laufbahn mit einer gründlichen fachlichen Wissensbasis.

Ein kleines Fachwerk-Gebäude war das erste Büro von Thyssen & Co. in Styrum bei Mülheim.

Im April 1867 gründete August Thyssen zusammen mit den Teilhabern der Firma Franz Bicheroux Söhne und mit Noël Fossoul in Duisburg das Bandeisenwalzwerk Thyssen, Fossoul & Co., dessen kaufmännische Leitung er übernahm. Die Gründung zeigte, daß Thyssen schon damals die Vorteile des Standorts Duisburg erkannt hatte, nämlich die Lage am Wasser in der Nähe des aufstrebenden Steinkohlenbergbaus. Schon 1871 schieden aber Thyssen und Fossoul aus dem Unternehmen aus. Im gleichen Jahr gründete Thyssen mit finanzieller Hilfe seines Vaters die Firma Thyssen & Co. in dem damals noch selbständigen Dorf Styrum, das später Teil von Mülheim (Ruhr) wurde. Thyssen & Co. baute dort bis 1874 vier Bandeisenwalzstraßen. Ende des Jahrzehnts kam die Produktion von Röhren hinzu, und 1882 wurde eine Blechwalzstraße in Betrieb genommen.

Nachdem im Jahre 1877 der Vater gestorben und ein Jahr später Augusts Bruder Josef als Mitinhaber eingetreten war, wandelte August Thyssen im Jahre 1879 die Firma in eine offene Handelsgesellschaft mit Sitz in Styrum um.

Ein anderes Engagement war Thyssens Beteiligung am Schalker Gruben- und Hütten-Verein in Gelsenkirchen. Er wollte sich schon in den frühen siebziger Jahren damit eine eigene Roheisenbasis sichern. Der Schalker Verein wurde 1877 von einer Aktiengesellschaft in eine bergrechtliche Gewerkschaft umgewandelt. Damals ver-

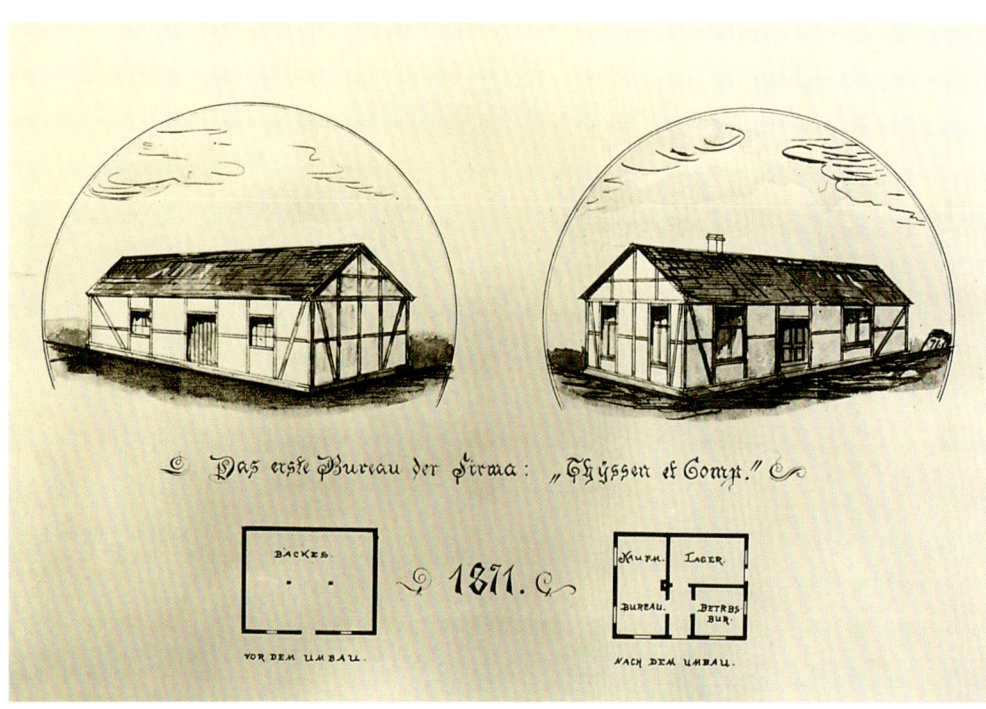

Das erste Bureau der Firma: "Thyssen et Compt."

1871.

VOR DEM UMBAU.

NACH DEM UMBAU.

fügte August Thyssen über 257 von insgesamt 1.000 Kuxen. Er trat in den Grubenvorstand ein, dessen Vorsitzender er 1889 wurde. Zudem beteiligte sich August Thyssen in den siebziger Jahren an zahlreichen anderen Steinkohlenbergwerken, wobei er auch hin und wieder den Besitz wechselte. Insgesamt darf aus der Entwicklung bis zum Engagement beim „Deutschen Kaiser" festgestellt werden, daß August Thyssen damals, fast fünfzig Jahre alt, einer der besten Kenner der Montanlandschaft an Rhein und Ruhr war.

Styrum

Dorfstrasse mit Blick auf die evang. Kirche.

Dorfansicht Styrum, um 1900.

Bandeisenwalzwerk.

1871.

Kolorierte Zeichnung des Bandeisenwalzwerks von Thyssen & Co. aus dem Jubiläumsalbum von 1896.

Die Hütte in Bruckhausen

Ende der achtziger Jahre erwies sich der Stahlmarkt als sehr aufnahmefähig. August Thyssen merkte das an den Umsätzen von Thyssen & Co. Freilich bot gerade dieser Betrieb keine guten Voraussetzungen für die von Thyssen ins Auge gefaßte Erweiterung. Thyssen benötigte ein Werk auf der Kohle und mit besonders guter Verkehrsanbindung. Mit der Gewerkschaft Deutscher Kaiser in Hamborn hatte er sich die Kohlenbasis schon geschaffen. Jetzt brauchte er Gelände unmittelbar am Rhein und nahe bei der Zeche. Innerhalb von

zwei Monaten kaufte August Thyssen im Jahre 1889 Grundstücke von mehr als 122 Hektar und damit fast die gesamte Bauerschaft Bruckhausen auf. Nun saß er am Rhein und auf der Kohle und hatte sogar einen eigenen Hafen. Diese Situation hat sich bis heute als ideal für die Stahlproduktion erwiesen.

Von 1892 bis 1894 wurden fünf Walzstraßen in Betrieb genommen, deren Monatsleistung bei insgesamt 32.000 Tonnen lag. Wenn man bedenkt, daß gleichzeitig mit dem Aufbau des Stahl- und Walzwerks

zwei Schächte von der Gewerkschaft Deutscher Kaiser abgeteuft wurden, so kann man sich ein Bild von den gewaltigen finanziellen Anstrengungen machen, die Thyssen zu bewältigen hatte.

Um so härter war die Anfangszeit, als den guten Stahljahren eine Schwächeperiode von 1891 bis 1893 folgte. Die konjunkturellen Ausschläge waren in der industriellen Gründerzeit in der Regel wesentlich schärfer als im 20. Jahrhundert. So sind damals die Preise für wichtige Walzstahlerzeugnisse um bis zu 50 Prozent

Lageplan des Stahl- und Walzwerks der Gewerkschaft Deutscher Kaiser in Bruckhausen, 1893.

gefallen. Das waren tiefere Einschnitte, als die Nachfolger von August Thyssen sie erlebt haben. Dabei hätte er für sein junges Hüttenwerk eigentlich eine kräftige und dauerhafte Hochkonjunktur gebraucht.

Gleichwohl hat Thyssen die schweren Anfangsjahre überstanden, und es kennzeichnet seinen Expansionswillen, daß er bereits 1895 an der Südseite des Siemens-Martin-Werks ein Thomas-Stahlwerk erbauen ließ. Auch das Thomas-Verfahren gehört längst zur stahlindustriellen Geschichte. Damals gingen die Schrottpreise

steil nach oben: Das inzwischen vorherrschende Siemens-Martin-Verfahren erforderte mehr Schrott, als verfügbar war. Im Thomas-Verfahren indessen wurde der Rohstahl auf der Basis von Roheisen statt von Schrott erzeugt. Das Verfahren bot also den Stahlherstellern einen Ausweg aus der Schrottkosten-Klemme. Für die Stahlindustrie auf dem Kontinent war das Thomas-Verfahren vor allem deshalb so wichtig, weil es die Verhüttung phosphorreicher Erze zuließ, die in Europa reichlich vorhanden waren.

Was Thyssen als nächstes bauen würde, lag nun schon in der Luft: Die Hochofenbesitzer als Lieferanten für das im Thomas-Stahlwerk benötigte Roheisen waren ihm mit ihrem Preisverhalten ein Dorn im Auge. Wer davon unabhängig werden wollte, mußte selbst Hochöfen haben. Damals kauften viele Betreiber von Stahl- und Walzwerken ihr Roheisen als Vormaterial für die Stahlproduktion bei reinen Hochofenwerken oder beim Roheisen-Syndikat ein. Im Jahre 1886 hatten Besitzer rheinisch-westfälischer Hochofenwer-

ke den Rheinisch-Westfälischen Roheisen-Verband gegründet; 1896 kam das Rheinisch-Westfälische Roheisen-Syndikat zustande.

Mit der Überlegung, alle Produktionsstufen von der Zeche bis zum Kaltwalzwerk in einer Hand zu vereinen, gehörte Thyssen zu den Pionieren des integrierten Hüttenwerks. Er begann 1895 in Bruckhausen mit dem Bau eines eigenen Hochofenwerks, das zunächst nur drei Öfen umfassen sollte, aber bis 1913 schließlich auf sechs Einheiten ausgebaut wurde. Bereits 1901 waren fünf Hochöfen in Betrieb. Eine Hochkonjunktur in der zweiten Hälfte der neunziger Jahre hatte Thyssen den Aufbau erleichtert.

Das Hochofenwerk der Gewerkschaft Deutscher Kaiser reichte allerdings bald für den wachsenden Roheisenbedarf des Unternehmens nicht mehr aus. Die Hochöfen in Bruckhausen lieferten Eisen für die Thomas-Konverter. Benötigt wurde aber auch Stahleisen für die Siemens-Martin-Öfen. August Thyssen fand in Meiderich zwischen Oberhausen und Hamborn den idealen Standort für ein weiteres Hochofenwerk.

Es war freilich nicht so einfach, dieses neue Werk zu verwirklichen. Denn zunächst mußte behördlicher Widerstand überwunden werden. Es ist ein Irrtum anzunehmen, im 19. Jahrhundert habe jeder Fabrikant überall jede Art von Anlagen errichten können. Im Falle des Hochofenwerks Meiderich meldete sich der Regierungspräsident in Düsseldorf. Er verbot im Jahre 1900 die Ableitung der Abwässer in die Emscher. In der Eisenbahndirektion Essen fand er einen Bundesgenossen gegen das Projekt: Sie zog die zunächst gewährte Genehmigung für die Eisenbahn-Anschlußgleise zurück, weil sie fürchtete, die Anlagen könnten den Bau des geplanten Dortmund-Rhein-Kanals (heute Rhein-Herne-Kanal) behindern. Die Emschergenossenschaft sah durch das Thyssensche Vorhaben die Emscherregulierung gefährdet und verlangte einen ungewöhnlich großen Sicherheitspfeiler inmitten der Fettkohlenpartie der Gewerkschaft Deutscher Kaiser. Nach mühsamen Verhandlungen gelang es schließlich, die Hindernisse zu überwinden. August Thyssen konnte im April 1902 das Meidericher Hochofenwerk in die neugegründete Aktiengesellschaft für Hüttenbetrieb in Meiderich einbringen, die bis Ende 1908 die Zahl ihrer Hochöfen auf fünf erweiterte.

Bereits 1895 ließ August Thyssen ein Thomas-Stahlwerk bauen, um unabhängig vom Schrottmarkt auch Stahl aus phosphorreichen Erzen erzeugen zu können.

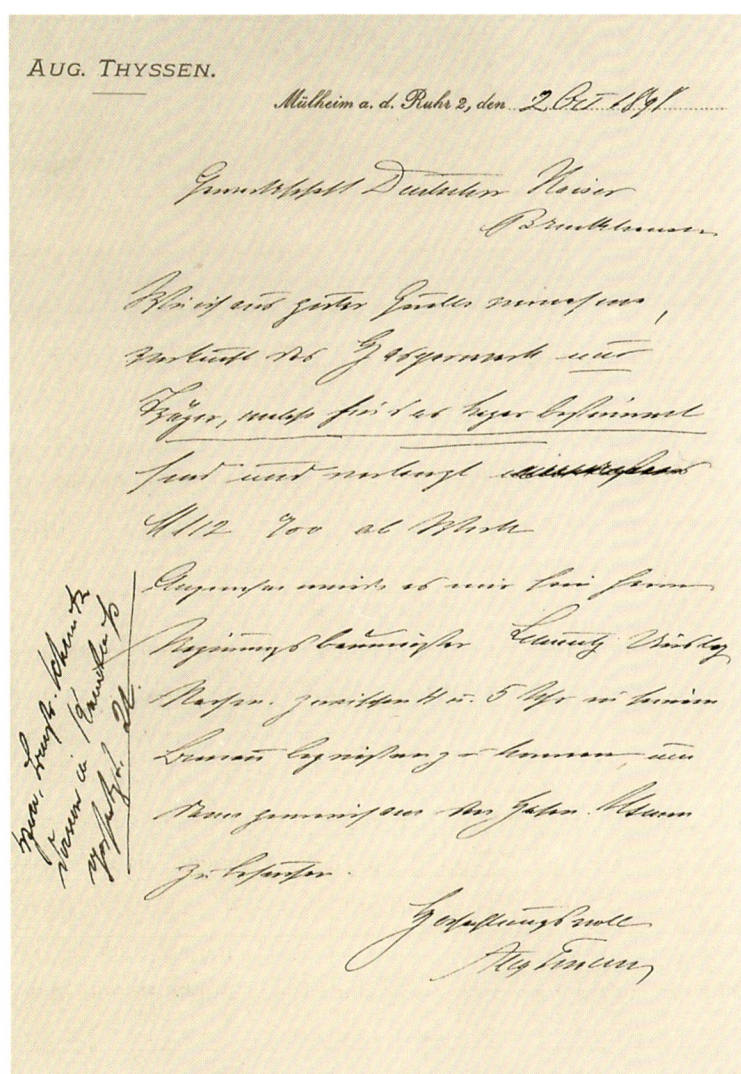

AUG. THYSSEN.

Mülheim a. d. Ruhr 2, den 2. Oct. 1891

*Brief August Thyssens an die
Gewerkschaft Deutscher Kaiser
vom 2. Oktober 1898: „Wie ich aus
guter Quelle vernehme, verkauft
das Hasperwerk nur Träger,
welche für das Lager bestimmt sind
und verlangt M 112 ‰ ab Werk.
Angenehm würde es mir sein
Herrn Regierungsbaumeister Schmitz[*]
Dienstag Nachm. zwischen 4 u. 5 Uhr
in seinem Bureau begrüßen zu
können, um dann gemeinsam
den Hafen Alsum zu besuchen.
Hochachtungsvoll".*

[*] *Direktor der Abteilung Eisenbahn der
Gewerkschaft Deutscher Kaiser*

*Mitarbeiter des
Thyssen-Werk-
schutzes um 1900
am heutigen Tor 10
an der Kaiser-
Wilhelm-Straße.*

Preußen kauft Bergwerke

Ganz so störungsfrei und problemlos, wie sich der Aufbau des Thyssenschen Konzerns auf den ersten Blick ausnimmt, hat er sich freilich nicht vollzogen. Zwar war Thyssen bis 1900 einer der größten Zechenbesitzer im rheinisch-westfälischen Industriegebiet geworden und hatte das Werk in Bruckhausen zu einem der führenden gemischten Hüttenwerke Deutschlands ausgebaut. Aber die immer wieder auftretenden Schwächeperioden gingen nicht spurlos an ihm vorbei. Den schwersten Einschnitt brachte die Krise von 1901 bis 1903, die längst schon wieder die wohltuende Hochkonjunktur der späten neunziger Jahre abgelöst hatte. Um seine Finanzen in Ordnung zu bringen, verkaufte Thyssen eine Reihe von Beteiligungen. Aber das reichte nicht.

Da kam Thyssen ein Wandel in der Politik der preußischen Regierung zu Hilfe: Preußen entschloß sich, seine Position als Bergwerksbesitzer kräftig auszubauen. Mit Steinkohle wurden die Lokomotiven der Eisenbahn befeuert, und Steinkohle brauchte das Reich auch für seine Marine. Deshalb wollte Preußen, auf dessen Gebiet der Steinkohlenbergbau hauptsächlich betrieben wurde, als Zechenbesitzer die gleichen Selbstverbrauchsrechte im Kohlen-Syndikat in Anspruch nehmen wie die Eisen- und Stahlindustrie. August Thyssen nutzte dies und übertrug dem preußischen Bergfiskus 879 Kuxe der Gewerkschaft verein. Gladbeck zum Preise von je 22.500 Mark. Er verpflichtete sich auch, weitere Kuxe für den Fiskus zu besorgen. Insgesamt brachte die Transaktion eine zusätzliche Liquidität von gut 30 Millionen Mark ein. August Thyssen hatte viel Mühe darauf verwandt, die Gladbeck-Felder in drei Jahrzehnten zusammenzukaufen. Der Entschluß zum Verkauf dürfte ihm nicht leichtgefallen sein.

Kaiser-Wilhelm-Straße in Hamborn, um 1900. Rechts die „Zitronenvilla", das Wohnhaus der Generaldirektoren.

Arbeit mit Pferden unter Tage. Schacht 2 der Gewerkschaft Deutscher Kaiser, um 1900.

In führender
Position

Im Jahre 1904 wurde der Stahlwerks-Verband gegründet. Dieser Dachverband war die konsequente Fortsetzung der in den neunziger Jahren forcierten Kartellierung, die zunächst das Roheisen erfaßte und dann auf die einzelnen Walzprodukte übergriff. Da gab es bald Verbände für Halbzeug, Formeisen und Träger, für Grobblech und Feinblech, für Röhren und für Draht. Der Stahlwerks-Verband wurde die Dachorganisation all dieser einzelnen Kartelle. Daß auch der Thyssen-Konzern in den Stahlwerks-Verband eintrat, war nicht selbstverständlich, da August Thyssen als Einzelgänger bekannt war. Indessen darf man sagen, der Verband wäre gar nicht zustande gekommen, wenn Thyssen sich ihm versagt hätte. Inzwischen nämlich hatten seine Unternehmungen eine so starke Position erlangt, daß ihr Verhalten am Markt über das Wohl und Wehe ganzer Syndikate entscheiden konnte.

Die Belegschaft der Abteilung Schachtbau, 1901.

Die Gewerkschaft Deutscher Kaiser und Thyssen & Co. brachten zusammen einen Anteil von 9,3 Prozent des Gesamtvolumens der Walzstahlproduktion in den Verband ein. Die Firma Krupp, in aller Welt als Stahlproduzent weitaus besser bekannt als der Thyssen-Konzern, war mit 6,1 Prozent erst der zweitgrößte unter den Verbandsmitgliedern an der Ruhr. August Thyssen hatte sich in aller Stille in die Spitzengruppe der europäischen Stahlindustrie emporgearbeitet. Der Ausbau von Bruckhausen zum integrierten Hüttenwerk mit Hochöfen, Stahl- und Walzwerken durfte damals im wesentlichen als abgeschlossen betrachtet werden. Das Walzwerk Dinslaken, das er von 1897 bis 1899 als Ergänzung der Bruckhauser Produktion gebaut hatte, und die verarbeitenden Betriebe in Mülheim fügten sich harmonisch ein. Das Hochofenwerk Meiderich galt bald als eines der bedeutendsten Unternehmen für die Produktion von Spezialroheisen.

Eine sehr beachtliche Position nahm August Thyssen aber auch mit seinem Zechenbesitz im deutschen Steinkohlenbergbau ein. Die Gewerkschaft Deutscher Kaiser verfügte im Jahre 1903 über 34,5 Millionen Quadratmeter Gerechtsame. Die „Gerechtsame" stellt die Fläche unter Tage dar, die das Oberbergamt als Vertreter des Staates dem Bergwerksunternehmen zum Abbau verleiht. Zu der Gewerkschaft Deutscher Kaiser kamen weitere Gewerkschaften mit 86,5 Millionen Quadratmeter Gerechtsame. August Thyssen baute bis 1910 seinen Gesamtbesitz auf 398 Millionen Quadratmeter aus und verfügte (nach damaliger Schätzung) über abbauwürdige Vorräte von acht Milliarden Ton-

Entwicklung der Gewerkschaft Deutscher Kaiser		
	Rohstahlproduktion 1.000 t	Belegschaft (ohne Bergbau u. Kokereien)
1892	50	850
1895	110	1.150
1900	361	5.150
1905	644	7.470
1910	781	8.780

Hochofenbetrieb der Hütte Bruckhausen um 1898. Zwei Hochöfen sind in Betrieb, ein dritter ist im Bau.

nen Steinkohle. Anfang 1911 standen seine Zechen an vierter Stelle im Rheinisch-Westfälischen Kohlen-Syndikat.

Nicht minder bedeutsam waren seine übrigen Kohlenbeteiligungen. Die wichtigste unter ihnen war die Gelsenkirchener Bergwerks-AG. Dieses im Jahre 1873 gegründete Unternehmen verfügte zu Beginn des 20. Jahrhunderts über zehn Zechen mit einer Gerechtsame von 233,2 Millionen Quadratmeter. Als im Januar 1904 eine außerordentliche Hauptversammlung eine Kapitalerhöhung beschließen wollte, präsentierte August Thyssen zur Überraschung aller einen Aktienbesitz von 10,7 Millionen Mark oder knapp 18 Prozent, davon freilich nur 3.000 Mark Eigenbesitz, während er für den Schalker Gruben- und Hütten-Verein drei Millionen Mark und für die Deutsche Bank 7,7 Millionen vertrat.

Damals agierte Thyssen gemeinsam mit Hugo Stinnes, einem anderen der großen Konzerngründer aus der Zeit der Jahrhundertwende. Stinnes trat mit knapp einer Million Mark eigenen Aktien und 5,2 Millionen Mark Aktien aus dem Besitz der Dresdner Bank an. Thyssen und Stinnes bewirkten in Zusammenarbeit mit den beiden Großbanken einen Konzentrationsfall, der zwanzig Jahre später die Entstehung der Vereinigten Stahlwerke erleichtern sollte. Im Herbst 1904 wurde die Interessengemeinschaft GBAG – Schalker Verein – Rothe Erde beschlossen.

Fuhrpark der Gewerkschaft Deutscher Kaiser im Jahre 1909 mit einem „Brassier"- und zwei „Benz"-Wagen.

Thyssen strebt nach Frankreich

So erfolgreich Thyssen auch immer beim Aufbau seines gemischten Hütten-Konzerns gewesen war, so unzufrieden war er Jahrzehnte hindurch mit der Erzversorgung seiner Werke. Um die Kalksteinversorgung für die Hochöfen und Thomas-Konverter und um Dolomit für feuerfestes Material hatte er sich schon recht früh bemüht. Im Jahre 1898 hatte Thyssen & Co. den Steinbruch Schlupkothen bei Wülfrath erworben. Im Jahre 1903 wurden die Rheinische Kalksteinwerke GmbH in Wülfrath und 1909 die Dolomitwerke GmbH gegründet.

Indessen hatte es August Thyssen versäumt, rechtzeitig eine ausreichende eigene Erzbasis aufzubauen; er hatte sich in den ersten Jahren seines unternehmerischen Wirkens ganz auf den Kohlenbergbau und die Stahlproduktion konzentriert. Inzwischen waren die Erzvorkommen im Inland, sei es im Siegerland oder im Nassauischen, sei es auch im Raume Peine-Salzgitter, an andere Unternehmen vergeben. Diese Tatsache war ein wesentlicher Grund dafür, daß Thyssen nach Westen strebte, nämlich vor allem zur lothringischen Minette. Dieses Erz hatte den Vorteil, „selbstgängig" zu sein: Es brachte einen Teil der Zuschlagstoffe, vor allem Kalk, von Natur aus mit, wies aber den Nachteil auf, stark phosphorhaltig zu sein. Dies nun aber war seit der Einführung des Thomas-Verfahrens kein Hindernis mehr.

Die starke Importabhängigkeit Thyssens beim Eisenerz geht daraus hervor, daß im ersten Jahrzehnt des 20. Jahrhunderts der Anteil deutscher Erze am Erzverbrauch der Hütte in Bruckhausen nur bei 25 Prozent lag, während schwedische und norwegische Erze knapp 28 Prozent, Erze aus Spanien und Portugal gut 14 Prozent und die Minette knapp 16 Prozent beisteuerten.

Ansicht der Gießhalle des Thomas-Stahlwerks Hagendingen. Pastell von Ernst Vollbehr, um 1917.

Da seit 1871 das Elsaß und ein Teil Lothringens zum Deutschen Reich gehörten, gab es, sofern sich ein deutscher Unternehmer um Aktivitäten im deutschen Teil Lothringens bemühte, keine politischen Hindernisse.

So konnte August Thyssen auch schon seit 1901 Erzfelder in Deutsch-Lothringen erwerben. Aber immer dann, wenn er versuchte, in Frankreich selbst Fuß zu fassen, verspürte er Widerstand aus Paris. Die Abwehr der französischen Regierung gegen deutsche industrielle Aktivitäten war nach dem Krieg von 1870/71 verständlich. August Thyssen gelang es dann aber trotzdem, über eine Beteiligung an der belgischen Aktiengesellschaft Société Métallurgique de Sambre et Moselle in Frankreich einzudringen. Das belgische Unternehmen verfügte unter anderem über reiche Eisenerzvorräte in Lothringen.

Thyssen tat nun den nächsten Schritt: Er baute im deutschen Teil Lothringens auf der Basis der Minette ein neues Hüttenwerk, nämlich in Hagendingen. Das Motiv für den Bau der neuen Hütte lag in der inzwischen unzureichenden Halbzeugversorgung der Hütte in Bruckhausen. Thyssen schwebte die Überlegung vor, Hagendingen mit Koks aus eigenen Ruhr-Kokereien zu versorgen und aus Lothringen Halbzeug nach Bruckhausen zu liefern. Dann hätte er in Hamborn die Hütte auf der Basis eigener Kohle und in Hagendingen die Hütte auf der Basis eigenen Erzes gehabt.

Mit dem Gedanken, in Lothringen ein Werk zu bauen, beschäftigte sich Thyssen schon seit 1906. Beschlossen wurde der Bau im Jahre 1909, und mit den Bauarbeiten begann man 1910. Die Kapazität des Thomas-Stahlwerks lag bei gut einer halben Million Jahrestonnen. Im Jahre 1913 wurden bei der Stahlwerk Thyssen AG in Hagendingen 164.300 Tonnen Walzstahl produziert. Dies war das erste Jahr mit voller Produktion; es blieb auch das einzige, in dem sich Thyssen des Aufbauerfolgs erfreuen konnte. Schon im nächsten Jahr brach der Erste Weltkrieg aus. Hagendingen war, da es in Deutsch-Lothringen lag, nicht dem Zugriff der französischen Behörden ausgesetzt, aber anfänglich stark in der Produktion behindert.

August Thyssen hatte sich auch in der Normandie um die Erschließung von Eisenerzvorkommen bemüht, weil er nicht nur Erze aus Lothringen einsetzen konnte. Er sicherte sich Konzessionen für den Aufschluß von Erzfeldern und beteiligte sich darüber hinaus an der Planung eines in Caen zu bauenden Hüttenwerks, das aus dort gefördertem Erz Stahl erzeugen sollte. Vorgesehen waren zunächst zwei, später bis zu sechs Hochöfen, ferner ein Thomas- und ein Siemens-Martin-Stahlwerk sowie ein Walzwerk. Allerdings bereiteten die französischen Behörden so viele Hindernisse, daß es gar nicht erst zum Bau kam. 1914 wurden Thyssens Beteiligungen in der Normandie unter Zwangsverwaltung gestellt.

Das Werk Hagendingen lag in unmittelbarer Nähe der Erzkonzessionen, die August Thyssen erworben hatte.

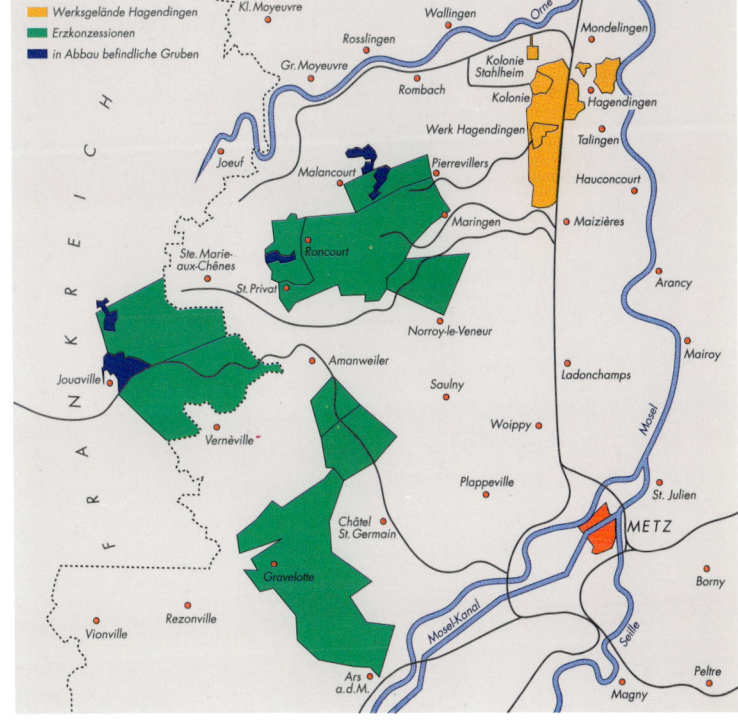

In der Spitzengruppe

August Thyssens Betriebe standen, als der Erste Weltkrieg ausbrach, in der Roheisenerzeugung auf Platz drei, beim Rohstahl an vierter Stelle und beim Walzstahl an zweiter Stelle der Stahlindustrie des Ruhrgebiets. Die Werke in Bruckhausen, Dinslaken und Meiderich beschäftigten fast 11.000 Mitarbeiter, die übrigen Betriebe, vor allem die Zechen und Kokereien, gaben gut 15.000 Menschen Arbeit. Im Jahre 1913 förderte die Gewerkschaft Deutscher Kaiser 4,5 Millionen Tonnen Kohle, die Rohstahlerzeugung erreichte 839.000 Tonnen und die Walzstahlproduktion 755.000 Tonnen.

Es war August Thyssen inzwischen gelungen, die Absatzstruktur auf einen hohen Anteil von Walzstahlfertigerzeugnissen gegenüber dem früher starken Halbzeuganteil auszurichten. Daß der Profilstahl, von den Eisenbahnschienen bis zum Walzdraht, das Schwergewicht der Walzstahlerzeugung ausmachte, war damals selbstverständlich.

In Krefeld arbeitete seit 1900 die von August Thyssen mitgegründete Krefelder Stahlwerk AG, die Keimzelle der Edelstahl-Aktivitäten der heutigen Thyssen-Gruppe. In der Stahlverarbeitung betätigten sich in Mülheim (Ruhr) die Maschinenfabrik Thyssen & Co. AG und die Stammfirma Thyssen & Co. Auch für den Stahlhandel hatte Thyssen, ausgehend von einer ersten Gründung in Berlin, mit zahlreichen Gesellschaften im In- und Ausland eine schlagkräftige Absatzorganisation aufgebaut.

August Thyssen war zu Beginn des Ersten Weltkriegs 72 Jahre alt. Sein um zwei Jahre jüngerer Bruder Josef, der zeitlebens sein engster Mitarbeiter war, erlebte nur noch das erste Kriegsjahr; er verunglückte im Jahre 1915 tödlich. August Thyssens Sohn Fritz wurde 1896 als Mitglied des Grubenvorstands verantwortlich für die Hütte der Gewerkschaft Deutscher Kaiser in Hamborn-Bruckhausen.

Josef Thyssen, Bruder und enger Vertrauter August Thyssens, um 1900.

Gesamtansicht des Hüttenwerks der Gewerkschaft Deutscher Kaiser, rechts die Hauptverwaltung. Gemälde von A. Stampfer, um 1906.

Dynamomaschinen in der Gaszentrale, um 1912.

Im Ersten Weltkrieg

Der Kriegsbeginn im August 1914 traf sowohl die Industrie als auch die Behörden unvorbereitet, ganz im Unterschied übrigens zum Ausbruch des Zweiten Weltkriegs, dessen umfassende Kriegswirtschaft vom nationalsozialistischen Regime systematisch geplant worden war. August Thyssen sah sich gleich anderen Industriellen in den ersten Monaten nach Ausbruch des Krieges in einer prekären Lage: Ein erheblicher Teil der Arbeiter und Angestellten in den Bergwerken und in den eisenschaffenden Betrieben wurde zum Militär eingezogen. Auch benötigte das Heer sofort nach Kriegsausbruch einen großen Teil der Eisenbahn-Transportkapazitäten. So fehlte es sehr schnell an Arbeitern und an Rohstoffen, und beträchtliche Produktionseinbußen waren die Folge.

Im August 1914 ging die Gesamtleistung der Hütte Bruckhausen um mehr als 40 Prozent gegenüber dem Vormonat zurück. Angesichts der Bedeutung, die die Stahlindustrie, weit mehr als heute, für die Rüstungswirtschaft hatte, bemühten sich allerdings die Behörden mit Erfolg um eine schnelle Wiederankurbelung der zunächst aus dem Tritt geratenen Produktion. Dafür wurde damals in Berlin die „Kriegsrohstoffabteilung" im preußischen Kriegsministerium unter Walther Rathenau als Schaltstelle eingerichtet.

Hausgemachte Schwierigkeiten erwuchsen Thyssen aus dem Verbund zwischen dem Hüttenwerk in Hagendingen und seinen Betrieben im Ruhrgebiet. Es gab in Lothringen zwar keine unmittelbaren Kriegsschäden. Wenn man aber bedenkt, daß das Werk erst kurz vor Kriegsausbruch in die volle Produktion hineingewachsen war und bis Kriegsende nur unter Schwierigkeiten weiterbetrieben wurde, dann wird deutlich, daß sich Hagendingen für August Thyssen nie ausgezahlt hat.

Mobilmachungsbefehl von Kaiser Wilhelm II., 1. August 1914.

Der Konzern von August Thyssen
am Vorabend des Ersten Weltkriegs

Gewerkschaft Deutscher Kaiser in Hamborn
Gewerkschaft Deutscher Kaiser in Dinslaken
Thyssen & Co. in Mülheim (Ruhr)
Maschinenfabrik Thyssen & Co. AG in Mülheim (Ruhr)
AG für Hüttenbetrieb in Duisburg-Meiderich
Stahlwerk Thyssen AG in Hagendingen
Gewerkschaft Jacobus in Hagendingen
Gewerkschaft Pierrevillers in Hagendingen
Gewerkschaft Lohberg in Hamborn
Gewerkschaft Rhein I in Hamborn

Frauen während des Ersten Weltkriegs beim Pressen von Granatböden.

Arbeiter im Bandeisenwalzwerk Dinslaken, um 1916.

Die Mülheimer Betriebe wuchsen damals wegen des steigenden Militärbedarfs über das Volumen der Gewerkschaft Deutscher Kaiser hinaus. Vor allem die Mülheimer Maschinenfabrik, die 1911 in eine Aktiengesellschaft umgewandelt worden war, erfuhr durch die Produktion von Kriegsgerät eine starke Expansion. Die Belegschaft wuchs von 3.000 Mitarbeitern im Jahre 1913 auf 22.000 im Jahre 1918.

In Mülheim wurden aber auch Investitionen durchgeführt, die nach dem Krieg die Möglichkeit neuer ziviler Fertigungen eröffneten. So entstand dort 1918 eine elektrotechnische Fabrik. Sie baute Elektromotoren und Generatoren, die zusammen mit Großgasmaschinen und Dampfturbinen geliefert wurden.

Gegen Ende des Krieges vereinigte August Thyssen seine Mülheimer Betriebe. Das von Thyssen & Co. betriebene Stahl- und Walzwerk wurde auf die Maschinenfabrik Thyssen & Co. AG übertragen, die von da an als Thyssen & Co. AG firmierte.

Nach dem Zusammenbruch

2. Extraausgabe Sonnabend, den 9. November 1918.

Vorwärts

Berliner Volksblatt.
Zentralorgan der sozialdemokratischen Partei Deutschlands.

Der Kaiser hat abgedankt!

Der Reichskanzler hat folgenden Erlaß herausgegeben:

Seine Majestät der Kaiser und König haben sich entschlossen, dem Throne zu entsagen.

Der Reichskanzler bleibt noch so lange im Amte, bis die mit der Abdankung Seiner Majestät, dem Thronverzichte Seiner Kaiserlichen und Königlichen Hoheit des Kronprinzen des Deutschen Reichs und von Preußen und der Einsetzung der Regentschaft verbundenen Fragen geregelt sind. Er beabsichtigt, dem Regenten die Ernennung des Abgeordneten Ebert zum Reichskanzler und die Vorlage eines Gesetzentwurfs wegen der Ausschreibung allgemeiner Wahlen für eine verfassunggebende deutsche Nationalversammlung vorzuschlagen, der es obliegen würde, die künftige Staatsform des deutschen Volk, einschließlich der Volksteile, die ihren Eintritt in die Reichsgrenzen wünschen sollten, endgültig festzustellen.

Berlin, den 9. November 1918. **Der Reichskanzler.**
Prinz Max von Baden.

Es wird nicht geschossen!

Der Reichskanzler hat angeordnet, daß seitens des Militärs von der Waffe kein Gebrauch gemacht werde.

———

Parteigenossen! Arbeiter! Soldaten!

Soeben sind das Alexanderregiment und die vierten Jäger geschlossen zum Volke übergegangen. Der sozialdemokratische Reichstagsabgeordnete Wels u. a. haben zu den Truppen gesprochen. Offiziere haben sich den Soldaten angeschlossen.

Der sozialdemokratische Arbeiter- und Soldatenrat.

Als der Krieg im November 1918 zu Ende war und Elsaß-Lothringen wieder an Frankreich fiel, mußte August Thyssen eine bedrückende Bilanz ziehen. Die Hütte in Hagendingen und die Erzfelder in Lothringen waren verloren; ihr Friedenswert wurde 1920 im Vorentschädigungsverfahren mit 246 Millionen Mark anerkannt. Verloren waren aber auch Beteiligungen und Konzessionen in der Normandie, in Südrußland, Nordafrika und Indien. Ihr Friedenswert wurde auf 87,7 Millionen Mark festgelegt. Zudem mußten im Inland alle Einrichtungen, die der Kriegsproduktion gedient hatten, vernichtet werden.

Große Sorgen bereiteten dem Konzerngründer damals die künftige Rohstoffversorgung seiner Betriebe, die steigenden Kosten, die fehlenden Exportmöglichkeiten und die anhaltende Geldentwertung. August Thyssen war bei Kriegsende 76 Jahre alt. Ihm zur Seite standen aus der eigenen Familie seine Söhne Fritz und Heinrich, wobei Heinrich Thyssen mehr beratend von Den Haag aus mitarbeitete. Die Söhne von Josef Thyssen, Julius und Hans, waren aktiv in der Firma tätig, die sich nach wie vor voll in Familieneigentum befand. Julius, Bergingenieur, war von 1912 bis 1926 Mitglied der Grubenvorstände. Hans wurde 1919 in die Grubenvorstände und 1926 in den Vorstand der Vereinigten Stahlwerke berufen.

August Thyssen verfügte Ende 1918, trotz der herben Verluste, die er im Ausland erlitten hatte, im Inland über ein voll funktionsfähiges Unternehmen. Er befand sich damit in einer besseren Position als mancher Konkurrent. Was ihn wie viele Unternehmer bedrückte, war die Furcht vor einer Sozialisierung seines Lebenswerks. Sie hätte nach seiner Überzeugung die von ihm geschaffenen Betriebe und Arbeitsplätze gefährdet. Pläne dafür gab es damals in den politischen Wirren nach dem Kriegsende genug, und Unruhen gab es auch, vor allem im Steinkohlenbergbau, dessen Arbeiterführer damals die radikalsten im Revier waren.

Am 9. November 1918 hatte Reichskanzler Prinz Max von Baden die Abdankung von Kaiser Wilhelm II. verkündet. Am gleichen Tag rief Philipp Scheidemann die Republik aus. Im November 1918

Rohrlager, um 1920.

27

entstanden in zahlreichen Städten Arbeiter- und Soldatenräte.

Am 18. November verhaftete der Mülheimer Arbeiter- und Soldatenrat August Thyssen, seinen Sohn Fritz und weitere führende Persönlichkeiten des Thyssen- und auch des Stinnes-Konzerns. Sie wurden nach Berlin transportiert, kamen dort aber schnell wieder frei, weil sich die Denunziation, auf Grund derer sie verhaftet worden waren, als haltlos erwies. Am 13. Januar 1919 proklamierte die Vollversammlung der Arbeiter- und Soldatenräte des rheinisch-westfälischen Industrieviers die sofortige Sozialisierung des Bergbaus. Da die Arbeiter- und Soldatenräte nicht durch die Verfassung gedeckt waren, hatten ihre Beschlüsse indessen

keine Bedeutung. Gleichwohl hing die Drohung der Sozialisierung wie ein Damoklesschwert über den Montanunternehmen.

Vieles von dem, was die Industriellen an Rhein und Ruhr nach dem Ersten Weltkrieg unternahmen, resultiert aus jenen chaotischen Verhältnissen. August Thyssen entschloß sich zunächst einmal, Kohle und Stahl juristisch voneinander zu trennen. Die Gewerkschaft Deutscher Kaiser wurde in August Thyssen-Hütte, Gewerkschaft umfirmiert. Sie umfaßte den eisenschaffenden Teil und erhielt zugleich erstmals Holding-Funktion. Neugegründet und nach August Thyssens Vater benannt wurde die Gewerkschaft Friedrich Thyssen, die praktisch die bisherige Abteilung

Bergbau umfaßte. Kernstücke der neuen August Thyssen-Hütte, Gewerkschaft waren das Hüttenwerk Bruckhausen und das Walzwerk in Dinslaken. Die Abteilung Schachtbau, die zur Abteilung Bergbau gehörte, wurde 1919 als Schachtbau Thyssen GmbH verselbständigt. Die Abteilung Gas- und Wasserwerke wurde in zwei Unternehmen aufgeteilt: Der in der Versorgung privater Haushalte tätige Teil wurde in die Niederrheinische Gas- und Wasserwerke GmbH eingebracht. Etwas später entstand aus dem für die Versorgung der gewerblichen Wirtschaft zuständigen Teil die Gasgesellschaft mbH mit Sitz in Hamborn, die 1927 in die Thyssensche Gas- und Wasserwerke GmbH umgewandelt wurde.

Feuerwache der Werksfeuerwehr der Hütte Bruckhausen, um 1920.

Gratulationscour auf Schloß Landsberg anläßlich des 50jährigen Bestehens der Firma Thyssen & Co. am 3. April 1921. Vorn in der Mitte: August Thyssen.

RÜCKBLICK

Auszüge aus einem Brief von August Thyssen an die Mülheimer Zeitung zu deren 50jährigem Erscheinen am 1. April 1922

Aus der Erkenntnis heraus, daß für den Betrieb eines Werkes die Sicherung der Kohlenversorgung eine Lebensfrage ist, waren bei günstiger Gelegenheit die Anteile der Kohlen-Bergbau-Gewerkschaft Deutscher Kaiser in Hamborn erworben worden. Um für die Versorgung der Mülheimer Werke auch das nötige Roheisen zu haben und das Herstellungs-Programm, wie es in den Mülheimer Werken bestand, zu ergänzen und zu vervollständigen, entstanden dann auf der Gewerkschaft Deutscher Kaiser in Hamborn ein

Hochofenwerk, ein Siemens-Martin-Stahlwerk, ein Thomas-Stahlwerk und Walzwerke zur Herstellung von Stabeisen, Formeisen, Schienen usw. Es war selbstverständlich, daß diese neuen Werke nicht in Mülheim, sondern dort gebaut wurden, wo die Kohle lag, und dies umsomehr, als es damit möglich war, die Werke am Rhein anzulegen, d. h. an einem Wasserwege, der die Zufuhr der für den Betrieb der neuen Werke erforderlichen Rohstoffe, insbesondere der Erze, auf dem Wasserwege ermöglichte und anderseits auch Abfuhr-Möglichkeiten auf dem Wasserwege für die Werkserzeugnisse wie auch für die Kohlen bot. [...] Durch äußerste Sparsamkeit im Betrieb sowohl als auch im Einkauf und Verkauf verdiente die neue Firma und konnte den Verdienst im Geschäfte belassen, um damit die

Betriebsmittel zu stärken; dadurch war es möglich, die Ersparnisse zu machen und die Mittel zu gewinnen, um die vorhandenen Anlagen zu vergrößern und Neuanlagen zu bauen. [...] Daß in guten Zeiten entsprechende Gewinne erzielt werden, ist selbstverständlich, aber ebenso selbstverständlich ist es auch für den Geschäftsmann, daß er weiß, daß diese Gewinne ihm nicht ganz und dauernd verbleiben, sondern daß er damit rechnen muß, sie in mehr oder minder großem Umfange in den schlechten Zeiten wieder einbüßen und opfern zu müssen, um damit seinen Betrieb aufrechtzuerhalten, seinen Arbeitern auch in den schlechten Zeiten Beschäftigung zu bieten, selbst dann, wenn die Verkaufserlöse nicht mehr ausreichend, sondern verlustbringend sind.

Bauhaus-Architektur der dreißiger Jahre: Bibliothek in Viipuri, Finnland, von Alvar Aalto.

Die Hohenzollern-brücke in Köln, 1948.

Eine „improvisierte Demokratie" ist die Weimarer Republik genannt worden. Unter dem Druck des verlorenen Weltkriegs kam es zur Ablösung der Monarchie in Deutschland. Doch der hastige, eben improvisierte Umbau der politischen Ordnung führte nicht zu der erhofften Milde des Friedensvertrags. Der Vertrag von Versailles fixierte die Kriegsschuld der Deutschen und erlegte ihnen drückende Bestimmungen auf. So begann die kurze Geschichte der ersten deutschen Demokratie mit einer Geburtskrise. Keineswegs aber war das Schicksal Weimars von Anfang an besiegelt.

Die ökonomischen Lasten des Versailler Vertrags bewegten sich in Größenordnungen, die von der deutschen Volkswirtschaft durchaus aufgebracht werden konnten. Nach einer scharfen Anpassungskrise und dem Ende der ins Uferlose wuchernden Inflation folgen ab 1923 fünf Jahre relativer Stabilität und Prosperität. Kulturell sind die Weimarer Jahre eine Blütezeit, von Literatur und Theater zumal, freilich auch bestimmt durch eine zunehmende Polarisierung von links und rechts. Das Bauhaus wird richtungweisend für die Architektur des zwanzigsten Jahrhunderts.

Die Stahlindustrie muß sich schon bald auf die veränderte Situation einstellen. Sie erreicht zwar rasch ein höheres Produktionsniveau als vor dem Ersten Weltkrieg, aber die wirtschaftlichen Verhältnisse erzwingen eine Konzentration. Vorbild wird der Zusammenschluß der Großchemie zur I. G. Farbenindustrie AG. 1926 entstehen die Vereinigten Stahlwerke, in die auch Thyssen die wichtigsten Aktivitäten einbringt. Es kommt in diesem „Stahlverein" zu einer Konsolidierung, die jedoch mit dem Ausbruch der Weltwirtschaftskrise abrupt endet.

Unter dem Druck dieser Krise bricht die Demokratie in Deutschland auseinander. Die Erwerbslosenziffer steigt und steigt, bis sie Anfang 1932 einen Höchststand von 6,1 Millionen erreicht. Im September 1930 erzielen die Nationalsozialisten ihren ersten bedeutenden Wahlerfolg. Die Bankenzusammenbrüche von 1931 verschärfen die unheilvolle Lage. Am 30. Januar 1933 ergreift Adolf Hitler die Macht.

Daß es den Nationalsozialisten durch Arbeitsbeschaffungsmaßnahmen und Stimulierung der privaten Nachfrage gelingt, die Folgen der Weltwirtschaftskrise erfolgreich zu bekämpfen, verschafft ihnen in breiten Schichten der Bevölkerung Ansehen und Popularität. Dabei kommt ihnen zustatten, daß die Krise bereits zuvor abgeflaut war; das freilich erkennen die wenigsten. 1936 herrscht wieder annähernd Vollbeschäftigung.

Hitlers Erfolge haben einen viel zu hohen Preis. Der Diktator, der innerhalb weniger Monate seine Machtstellung innenpolitisch durchgesetzt hat, eilt zwar zunächst von einem außenpolitischen Triumph zum anderen. Am Ende jedoch stehen Krieg und Vernichtung, millionenfaches Elend und Massenmord.

Seit 1936 bekommt auch die Stahlindustrie den Griff des Regimes zunehmend stärker zu spüren. Eine staatlich gelenkte Kommandowirtschaft treibt die Aufrüstung in gewaltigen Schüben voran. Der Anteil der Rüstungsausgaben an den Staatsausgaben steigt auf das Neunzehnfache. Das Sozialprodukt schnellt nach oben. Die Deutschen haben ihr erstes Wirtschaftswunder. Es führt direkt in die Katastrophe.

THYSSEN IM STAHLVEREIN

Der Gedanke, die Eisen- und Stahlunternehmen an Rhein und Ruhr zusammenzuschweißen, lag nach dem verlorenen Weltkrieg geradezu in der Luft. Schon in den Jahrzehnten zuvor hatte es eine beachtliche Zahl von Konzentrationsfällen gegeben. Die veränderten Verhältnisse drängten jetzt stärker denn je zur Vertrustung, wie man damals, das amerikanische Muster vor Augen, die horizontale Verflechtung innerhalb einer Branche nannte.

Schon im Oktober 1918 hatte Albert Vögler, der unter dem legendären Konzerngründer Hugo Stinnes zu einer führenden Position in der Montanindustrie aufgestiegen war, in einer Denkschrift die Bildung eines „Stahlbundes" angeregt. Diese „Gemeinschaft großer und größter Werke an der Ruhr" sollte durch Senkung aller Kosten so konkurrenzfähig werden, daß „täglich aus der neugebildeten Gemeinschaft ein beladener 5000-Tonnen-Dampfer deutsche Häfen verlassen" könnte.

Im Juli 1919 befaßte sich der erweiterte Grubenvorstand der August Thyssen-Hütte, Gewerkschaft mit Vöglers Ideen. Aller-dings dauerte es noch sechs Jahre, bis es zu ernsthaften Verhandlungen zwischen den Konzernführungen kam. Der Einmarsch französischer und belgischer Truppen in das Ruhrgebiet im Januar 1923, der von der Reichsregierung unterstützte passive Widerstand der Bevölkerung sowie die galoppierende Inflation und die Schaffung der „Rentenmark" (1923) und der „Reichsmark" (1924) trugen einerseits dazu bei, den Fortgang dieser Bemühungen zu verzögern, förderten aber andererseits den Zwang zu einem stärkeren Zusammenhalt.

Erst im Sommer 1925 kam es zu den Gesprächen, an deren Ende die Gründung der Vereinigte Stahlwerke AG, später in der Wirtschaft als „Stahlverein" oder

ZUR GRÜNDUNG DER VEREINIGTEN STAHLWERKE

Auszug aus dem Protokoll über die erste Beratung eines Zusammenschlusses der rheinisch-westfälischen Eisenindustrie am 11. Juli 1925

Teilnehmer:
Walther Fahrenhorst   (Phoenix)
Jacob Haßlacher   (Rheinstahl)
Arthur Klotzbach   (Krupp)
Fritz Springorum   (Hoesch)
August Thyssen   (Thyssen-Gruppe)
Albert Vögler   (Rhein-Elbe-Union)

Zunächst entwickelte Herr Haßlacher an Hand einer von ihm den einzelnen Herren überreichten Skizze seine Gedanken dahingehend, daß eine Betriebsgemeinschaft in besonderer Rechtsform geschlossen werden solle, welche die Verfügung über sämtliche Rohstahl erzeugenden und in die gewöhnlichen Fertigerzeugnisse umwandelnden Hüttenanlagen der Beteiligten wirtschaftlich in die Gewalt bekommen soll. [...] Herr Thyssen hielt die alleinige Anlehnung an die Rohstahlbeteiligungsziffer nicht für ausreichend, vielmehr eine Prüfung dahingehend für nötig, ob nicht einem oder dem anderen Werk ein gewisses Präzipuum wegen seiner besonders günstigen Lage, sei es in der Brennstoffversorgung, sei es in den Selbstkosten, sei es in der Verwertung der Erzeugung gegeben werden müsse.

Auszug aus einer Vorlage der Vereinigte Stahlwerke AG zur Pressekonferenz am 22. Juli 1927

Die Herren Dr. Fritz Thyssen, Vorsitzender des Aufsichtsrats der Vereinigte Stahlwerke A.-G. und Generaldirektor Dr. Albert Vögler, Vorsitzender des Vorstandes dieser Gesellschaft, haben bei einer soeben erfolgten Pressebesprechung [...] folgende Erklärungen abgegeben:

Frage: Welcher Zweck ist mit der Gründung der Vereinigten Stahlwerke verfolgt worden?

Antwort: Der Krieg hatte in den meisten Ländern eine Erweiterung der Produktionsstätten für Eisen und Stahl gebracht; in der Nachkriegszeit war noch ein weiterer Ausbau der Anlagen erfolgt. Gegenüber dieser gesteigerten Produktionsfähigkeit sank in der ganzen Welt – mit Ausnahme Amerikas – infolge der allgemeinen wirtschaftlichen Depression der Verbrauch von Eisen und Stahl erheblich. [...] Besonders schwer traf diese Entwicklung die deutschen Werke. Am Ende der Inflation, nach den Schäden der Ruhrbesetzung, sahen sie sich fast ohne Betriebsmittel der verschärften Konkurrenz der Frankenländer gegenüber. Diesem Notstand sollte die Gründung der Vereinigten Stahlwerke abhelfen. Sie sollte die geschwächten Konzerne der Eisen- und Stahlindustrie zu einem leistungsfähigen Ganzen unter Ausscheidung aller unwirtschaftlichen Teile zusammenschließen.

„VSt" bekannt, stehen sollte. Wer dabei die eigentlich treibende Kraft war, mag dahingestellt bleiben. Albert Vögler brauchte nur seine Denkschrift von 1919 wieder hervorzuholen; Emil Kirdorf, Generaldirektor der Gelsenkirchener Bergwerks-AG, gehörte ebenfalls zu den Befürwortern eines Zusammenschlusses. Auch August und Fritz Thyssen förderten die Bildung des „Stahltrusts". An den ersten vorbereitenden Besprechungen nahmen auch Hoesch und Krupp teil, doch bekundeten sie bald aus unterschiedlichen Gründen ihr Desinteresse an dem geplanten Zusammenschluß.

Ruhrbesetzung, 1923.

Inflationsgeld, September 1923. „Einzulösen bei der Hauptkasse der August Thyssen-Hütte, Gewerkschaft, Hamborn-Rhein".

33

Gründung der Vereinigten Stahlwerke

Am 14. Januar 1926 wurde eine Studiengesellschaft unter dem Namen Vereinigte Stahlwerke AG mit einem Kapital von 60.000 RM gegründet; Anfang Mai genehmigten die Hauptversammlungen der Gründergesellschaften die Einbringungsverträge; am 7. Mai beschloß eine außerordentliche Hauptversammlung der Studiengesellschaft eine Kapitalerhöhung auf 800 Millionen Reichsmark mit Wirkung vom 1. April 1926.

1927 umfaßte der Bergbau der Vereinigten Stahlwerke 153 Schächte, 30 Kokereien und 27 Erzgruben in Deutschland. In der Eisenproduktion waren 19 Hochofenwerke mit 70 Hochöfen tätig. In den Stahlwerken gab es 39 Thomas-Konverter und 124 Siemens-Martin-Öfen, insgesamt eine Kapazität von 9 Millionen Tonnen. Die Vereinigten Stahlwerke waren an der Rohstahlproduktion des Deutschen Reiches mit fast 44 Prozent und an der Walzstahl-

produktion mit rund 40 Prozent beteiligt. Das neu entstandene Großunternehmen, nach der US Steel Corporation nunmehr weltweit der bedeutendste Stahlerzeuger, begann seine Tätigkeit mit einem Vorstand von 40 ordentlichen und 12 stellvertretenden Mitgliedern. Bis Ende 1933 wurde der Vorstand auf 30 ordentliche und 8 stellvertretende Mitglieder reduziert. Das erscheint immer noch sehr hoch, erklärt sich aber aus der großen Zahl der Werke. Es ging darum, die Kontinuität ihrer Führung zu wahren.

August Thyssen hat die eigentliche Gründung der Vereinigten Stahlwerke nicht mehr erlebt; er starb am 4. April 1926. Sein industrielles Erbe fiel an seine Söhne Fritz und Heinrich. Dieser, promovierter Chemiker, hatte 1906 die ungarische Baronesse Margareta Bornemisza geheiratet und war ein Jahr später von seinem Schwiegervater adoptiert worden. Seither führt dieser Familienzweig den Namen Thyssen-Bornemisza. Während Fritz die Gründung der Vereinigten Stahlwerke nicht nur begrüßte, sondern auch lebhaft förderte, hielt sein Bruder nichts von der Trustbildung. Deshalb teilten die Söhne das industrielle Erbe untereinander auf. Heinrich Thyssen-Bornemisza übernahm die Vermögenswerte, die nicht auf den Stahlverein übergingen. Die meisten von ihnen wurden später in einer selbständigen Unternehmensgruppe Thyssen-Bornemisza zusammengefaßt, die sich in den folgenden Jahrzehnten zu einer vorwiegend in-

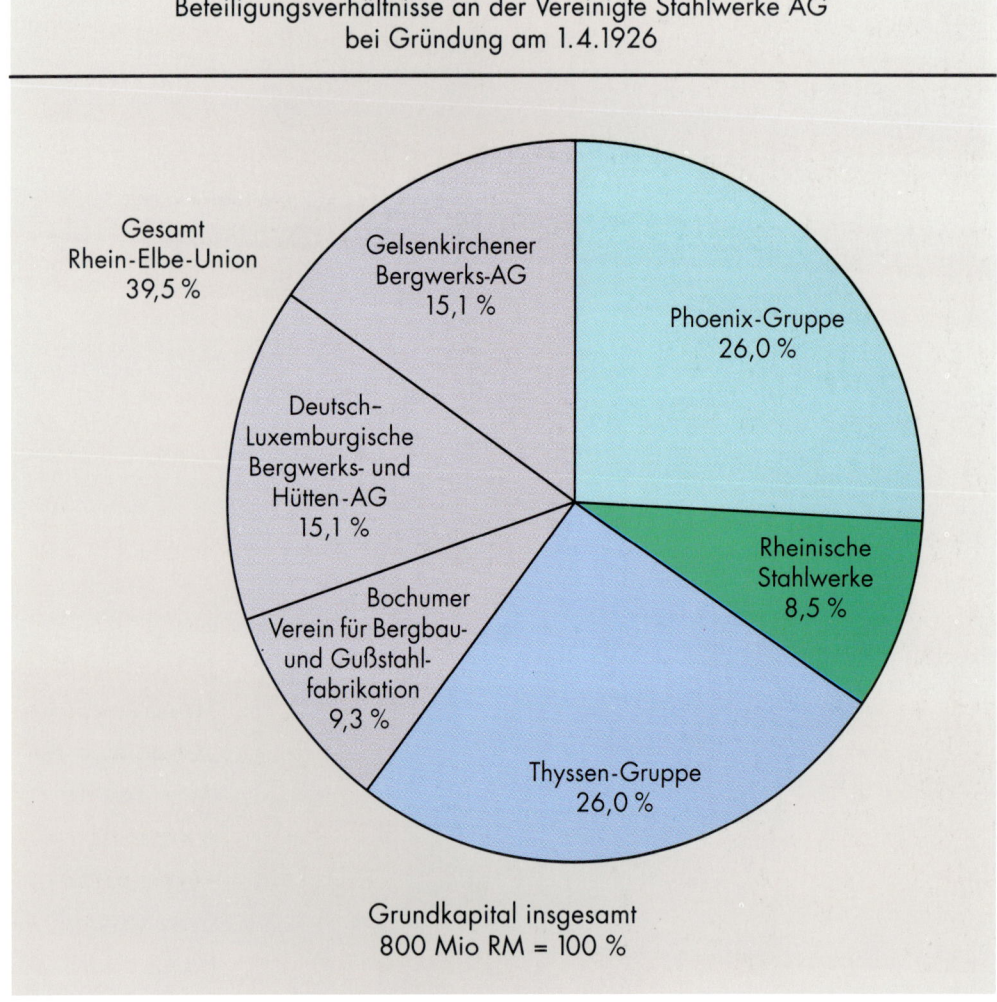

Beteiligungsverhältnisse an der Vereinigte Stahlwerke AG
bei Gründung am 1.4.1926

Gesamt
Rhein-Elbe-Union
39,5 %

Gelsenkirchener
Bergwerks-AG
15,1 %

Deutsch-
Luxemburgische
Bergwerks- und
Hütten-AG
15,1 %

Bochumer
Verein für Bergbau-
und Gußstahl-
fabrikation
9,3 %

Phoenix-Gruppe
26,0 %

Rheinische
Stahlwerke
8,5 %

Thyssen-Gruppe
26,0 %

Grundkapital insgesamt
800 Mio RM = 100 %

ternational tätigen Holding für zahlreiche, breitgefächerte industrielle und Dienstleistungs-Aktivitäten entwickelte.

Die Betriebe, die Fritz Thyssen in den Stahlverein einbrachte, fanden ihren Gegenwert in einer Beteiligung von 26 Prozent am Grundkapital der Vereinigte Stahlwerke AG. Aus dem eisenschaffenden und verarbeitenden Bereich von Thyssen kamen die Hütte Bruckhausen, das Walzwerk Dinslaken, der Hüttenbetrieb Meiderich und alle Abteilungen des Stammwerks Mülheim in den Verbund. Auch die Bergwerksbetriebe gingen auf den Stahlverein über, ebenso die Anteile an den Rheinischen Kalksteinwerken und den Dolomitwerken. Eingebracht wurden auch alle inländischen Handelsunternehmen.

Fritz Thyssen, um 1926.

Letzte Grubenfahrt von August Thyssen am 21. Juli 1924. Sitzend von links: August Thyssen, Gussi Adenauer, Konrad Adenauer, Franz Lenze.

35

Die Thyssenhütte im neuen Verbund

Die Hütte in Bruckhausen war schon in den Jahren vor Gründung der Vereinigten Stahlwerke gründlich modernisiert worden. Einerseits ging es darum, Investitionen nachzuholen, die in den Kriegsjahren unterblieben waren, zum anderen waren die Anlagen selbst durch die Ansprüche der Kriegswirtschaft stark abgenutzt worden. Auch galt es einen Ausgleich für den Verlust des Stahlwerks Hagendingen in Lothringen zu finden. Schließlich hatte der technische Fortschritt inzwischen nicht haltgemacht; auch dies mußte im neuen Investitionsprogramm nach 1920 berücksichtigt werden. Finanziert wurden diese Investitionen zum Teil mit Geldern, die das Reich als Entschädigung für verlorengegangene Auslandsinteressen gezahlt hatte und die für Investitionen ausgegeben werden mußten.

Nach dem Eintritt in die Vereinigten Stahlwerke wurde bei der Thyssenhütte der Ausbau der Thomasstahl-Kapazität forciert. Der Grund lag in dem Bestreben, die Hütten am Rhein vorwiegend für die Erzeugung von Halbzeug und schweren Profilen einzusetzen; Thomasstahl galt als das beste Material für Träger und Schienen. Mit dem Ausbau der Thomasstahl-Kapazität ging auch ein Ausbau der Walzstahl-Kapazität einher: Man baute eine dritte Blockstraße. Außerdem wurde die Roheisen-Kapazität erweitert; es entstand ein achter Hochofen mit dem für die damalige Zeit beachtlichen Gestelldurchmesser von 6,50 Meter.

Freilich war mit dem Ausbau auch der Abschied von bestehenden Kapazitäten verbunden. Die Initiatoren des Stahlvereins wollten ja die „geschwächten Konzerne der Eisen- und Stahlindustrie zu einem leistungsfähigen Ganzen unter Ausscheidung aller unwirtschaftlichen Teile zusammenschließen", wie es in der Pressekonferenz am 22. Juli 1927 formuliert wurde. Insgesamt blieben in den Vereinigten Stahlwerken nach der scharfen Rationalisierung, jedoch auch infolge der 1930 mit voller Wucht einsetzenden Weltwirtschaftskrise, von 23 Hochofenwerken in acht Unternehmen nur noch neun Werke in fünf Werksgruppen übrig; die Zahl der Siemens-Martin-Werke wurde von 20 auf acht reduziert, von 17 Stab- und Formstahlstraßen blieben zehn in Betrieb. Diese Maßnahmen waren allerdings, wie man es heute nennen würde, „sozial flankiert". Albert Vögler erklärte damals: „Bei allen unseren Überlegungen und Maßnahmen haben wir selbstverständlich die soziale Seite niemals hinter die wirtschaftlichen Gesichtspunkte zurückgestellt. Soweit es sich durchführen ließ, haben wir in den Fällen, wo auf einem Werk eine Spezialfabrikation stillgelegt wurde, eine andere Fabrikation nach Möglichkeit verstärkt, um die seit Jahren mit dem Betrieb verwachsenen Arbeitskräfte nicht entlassen zu müssen."

Die Bedeutung der Thyssenhütte im Stahlverein geht aus den beachtlichen Produktionsanteilen hervor. Im Durchschnitt der Jahre 1926 bis 1929 stellte die Thyssenhütte 23 Prozent der Roheisenerzeugung, 29 Prozent der Rohstahlproduktion, 32 Prozent des Halbzeugs, 47 Prozent des Eisenbahnoberbaus, knapp 34 Prozent des Formstahls und 24 Prozent des Stabstahls innerhalb der Vereinigten Stahlwerke her.

Rohrpostanlage in einem Labor der Hütte Ruhrort/ Meiderich, 1928.

Die Krise als Schmiedefeuer

Wie sich die Vereinigten Stahlwerke entwickelt hätten, wenn ihre Schöpfer in Ruhe ihre Ziele hätten verfolgen können, läßt sich nicht sagen. Eine ruhige, gedeihliche Entwicklung im Sinne der Gründer war dem Stahlverein jedenfalls nicht vergönnt. Mit dem Paukenschlag des New Yorker Börsenkrachs im Oktober 1929 setzte die Weltwirtschaftskrise ein, die in Deutschland nicht nur den wirtschaftlichen Zusammenbruch brachte, sondern auch das Ende der Republik: Im Januar 1933 begann die Hitler-Diktatur.

Das Deutsche Reich in der Weltwirtschaftskrise			
	Reales Brutto- sozialprodukt (1928 = 100)	Rohstahl- produktion (1928 = 100)	Arbeitslose (Jahresdurch- schnitt in Mio)
1928	100	100	1,4
1929	99	112	1,9
1930	98	79	3,1
1931	91	57	4,5
1932	84	40	5,6
1933	89	53	4,8
1934	97	82	2,7
1935	106	113	2,1

Die Vereinigten Stahlwerke stellten, als die Krise in ihrem vollen Ausmaß deutlich wurde, alle Investitionsprogramme zurück; die Kapazitätsausnutzung sank von Monat zu Monat. Auf der Hütte Ruhrort/Meiderich, die aus der Zusammenlegung des Werkes Ruhrort der Phoenix AG und des Werkes Meiderich der Rheinischen Stahlwerke entstanden war, verringerte sich die Belegschaft von Mai 1930 bis März 1931 um 7.600 Mann. Damit lag die ganze Hütte still. Es herrschte Verzweiflung unter den betroffenen Arbeitskräften. Eine soziale Abfederung, wie sie den Enkeln dieser Stahlarbeiter ein halbes Jahrhundert später zuteil wurde, war damals nicht möglich. So waren denn auch zahlreiche Einsprüche, darunter die der Industrie- und Handelskammer und der Kommunalverwaltung, gut zu verstehen. Es kam zu Bürgerprotesten, etwa durch die Ruhrorter und Meidericher Bürgervereine und die spontan gegründete Arbeitsgemeinschaft von Angehörigen der Hütte Ruhrort/Meiderich.

Die Thyssenhütte kam, wenngleich auch sie mehr als tausend Arbeitskräfte entlassen mußte, in der Krise glimpflicher davon als viele andere Werke. Dies sprach dafür, daß das Werk in Hamborn leistungsfähiger als andere war. Der Vorstand des Stahlvereins mußte die Produktion dort konzentrieren, wo bei der allgemein niedrigen Beschäftigung die besten Erträge zu erwarten waren. Eben deshalb liefen die kümmerlichen Auftragsströme bevorzugt auf die Anlagen der Thyssenhütte. Damit fiel diesem Werk innerhalb der nun einsetzenden Neugruppierung im Stahlverein eine führende Rolle zu.

Die Krise hat bei dieser Neugruppierung sicherlich entscheidend mitgewirkt, sich gleichsam als ein Schmiedefeuer erwiesen. Im Westen des Reviers entstand im Sommer 1932 die Hüttengruppe West mit Sitz in Hamborn, eben am Sitz der Thyssenhütte, die von vornherein als führendes Werk fungierte. Die Gruppe bestand aus den Werken Thyssenhütte, Hütte Ruhrort/Meiderich, Niederrheinische Hütte, Hütte Vulkan und Hüttenbetrieb Meiderich.

Die Hüttengruppe West nahm im Stahlverein eine bedeutende Position ein. Faßt man die Produktion der in ihr vereinigten Werke für die Jahre 1927 bis 1929 zusammen, dann kommt man zu der stattlichen jährlichen Rohstahlerzeugung von 3,9 Millionen Tonnen, was auch heute noch als beachtlich gelten darf. Freilich konnte 1931/32 in der Gruppe West von knapp vier Millionen Jahrestonnen nicht mehr die Rede sein: Es wurde nur eine Million Tonnen Rohstahl erzeugt; die Belegschaft war von 25.800 Menschen im Durchschnitt der Jahre 1927 bis 1929 auf 12.400 in den Jahren 1931/32 geschrumpft, und der Umsatz fiel von 521 auf 142 Millionen Reichsmark.

*Arbeitslose
während der Welt-
wirtschaftskrise.*

Die Vereinigten Stahlwerke in der Weltwirtschaftskrise*

Rohstahl

Mitarbeiter

600	110
550	100
500	90
450	80
400	70
350	60
300	50
250	40
200	30
150	20

1928/29 1929/30 1930/31 1931/32 1932/33 1933/34 1934/35 1935/36 1936/37

■ Rohstahlproduktion in 1.000 t   ■ Mitarbeiter im VSt-Hüttenbereich in 1.000

*Quartalswerte 2.Quartal Geschäftsjahr 1928/29 bis 4.Quartal 1936/37

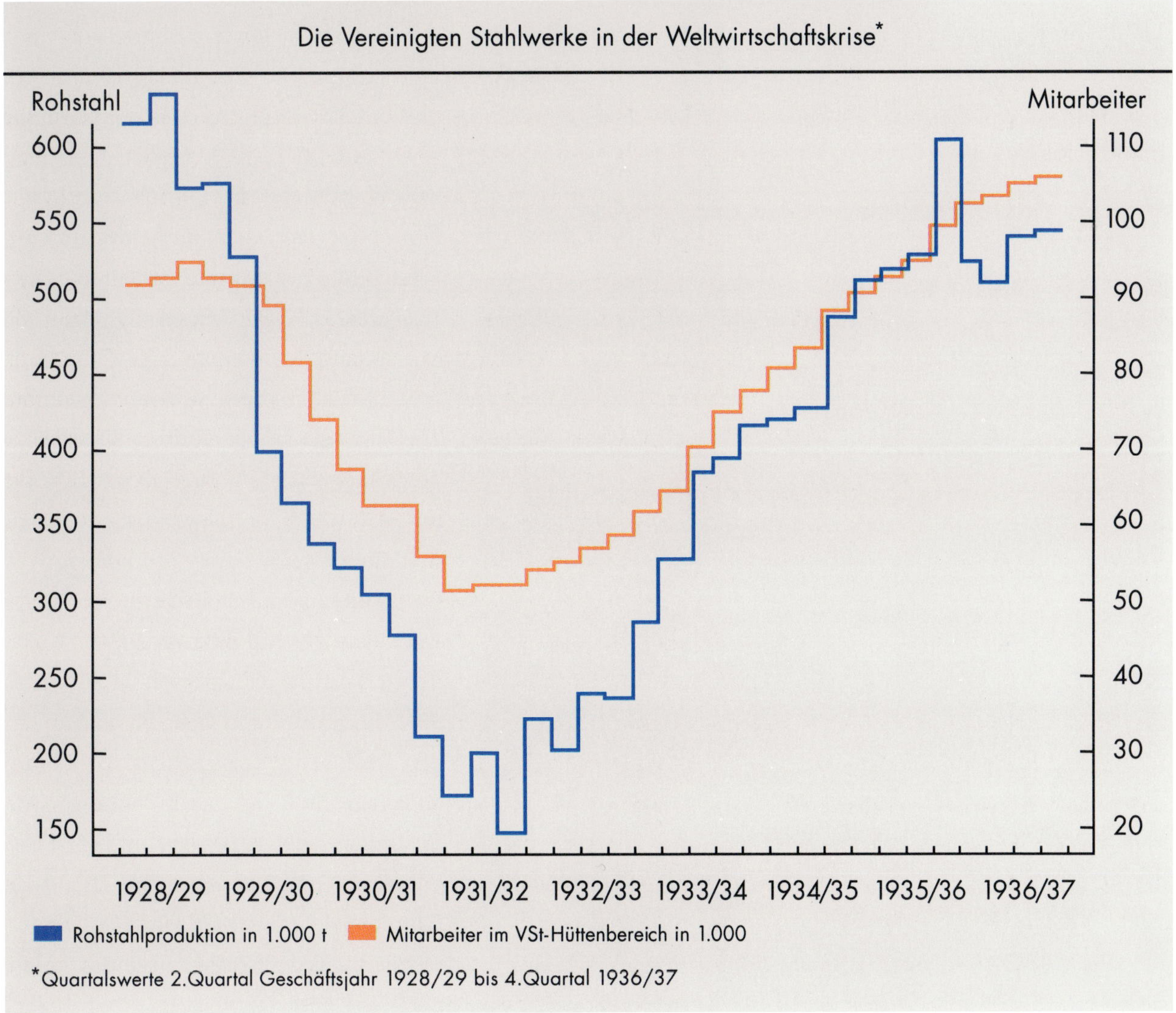

Die ATH als Betriebsgesellschaft

Zum 1. Januar 1934 kam es zu einer umfassenden Neuordnung des Stahlvereins. Unterhalb der Holdinggesellschaft Vereinigte Stahlwerke AG entstanden juristisch selbständige Betriebsgesellschaften. Soweit es dabei um Stahl ging, war die größte von ihnen die August Thyssen-Hütte AG in Duisburg-Hamborn. In ihr wurden die Werke zusammengefaßt, die bisher in der Hüttengruppe West organisiert gewesen waren.

Einer der Grundgedanken der Neuordnung bestand darin, daß Entscheidungen, die vernünftigerweise nur die Führung vor Ort treffen konnte, den Vorständen der Betriebsgesellschaften überlassen werden müßten. Man hatte frisch in Erinnerung, wie hilflos die Werksleitungen bei den Stillegungen einzelner Betriebe dem Geschehen zusehen und für jede Kleinigkeit auf Weisungen der Konzernspitze warten mußten. Der Mangel an Entscheidungsbefugnissen vor Ort konnte auch nicht gerade die Leistung

Rechts: Herstellen der Form für eine gegossene Profilwalze, 1936. Unten: Telefonzentrale in der Hamborner ATH-Verwaltung, 1935.

des Managements steigern. „Künftig werden die Werksleiter in ihrer Erfolgsrechnung genau die Bewegung ihres Kontos beobachten können und das von ihnen zu verantwortende Ergebnis ihres Betriebes stets vor Augen haben", sagte Albert Vögler im November 1933 in der außerordentlichen Generalversammlung der Vereinigten Stahlwerke. Man wollte also, um es im heutigen Sprachgebrauch auszudrücken, Profitcenter bilden. Allerdings war der Umfang der Konten, von deren Bewegung Vögler sprach, recht eingeschränkt. Denn das Anlagevermögen blieb in der Bilanz der Muttergesellschaft stehen, während die Betriebsgesellschaften nur das Umlaufvermögen einschließlich der Vorräte erhielten. Diese Konstruktion war notwendig, weil die Vereinigten Stahlwerke von Gründerfirmen Dollaranleihen übernommen und auch selbst aufgenommen hatten. Die amerikanischen Gläubiger bestanden darauf, daß das Anlagevermögen als Sicherheit für diese Schulden geschlossen bei der Holdinggesellschaft verblieb. Für die US-Gläubiger war dies nur ein schwacher Trost, weil sie ohnehin seit Juli 1931 auf Anordnung der Reichsbank weder Zinsen noch Tilgungen erhielten; die entsprechenden Reichsmark-Zahlungen der Schuldner lagen auf Sperrkonten fest. Die Gläubiger mußten bis zum Londoner Schuldenabkommen im Jahr 1952 warten, mit dem die deutschen Auslandsschulden endgültig geregelt wurden.

*Stahl für
Automobile.
2.300 RM kostete
das Hanomag-
„Kommißbrot",
1924.*

*Stahl für den
Schienenverkehr.
Der „Schienen-
zepp" blieb jedoch
Prototyp.*

*Stahl für den
Schiffbau.
Die von
Blohm & Voss
gebaute „Europa"
erwarb bereits auf
ihrer Jungfern-
fahrt im März
1930 das Blaue
Band für die
schnellste Atlantik-
Überquerung.*

Schatten der Rüstungswirtschaft

Die Geschäftsberichte und die Korrespondenz der Vereinigten Stahlwerke, sei es nach außen, sei es auch im Verkehr mit den Betriebsgesellschaften, waren Mitte der dreißiger Jahre von zwei einander im Grunde widersprechenden Motiven gekennzeichnet: Man freute sich einerseits mit Recht über die wieder kräftig

wachsende Produktion und darüber, daß man Jahr für Jahr einige tausend Leute mehr einstellen konnte.

Andererseits gerieten die Stahlunternehmen in wachsendem Maße in Konflikt mit der nationalsozialistischen Führung. Dilettantismus und blinde Beflissenheit der örtlichen Parteiführer gegenüber den Anordnungen Hitlers und des für den Vierjahresplan verantwortlichen Hermann Göring brachten die Industrie im Laufe der Jahre bis zum Ausbruch des Zweiten Weltkriegs in wachsende Schwierigkeiten. Die nationalsozialistische Führung strebte nicht nur eine schnelle Aufrüstung und Kriegsbereitschaft an, sondern wollte zugleich eine möglichst hohe Versorgung mit heimischen Rohstoffen erzwingen.

Für die Stahlindustrie hatte dies spürbare Folgen. Hitler und Göring verlangten unter anderem verstärkt den Einsatz von deutschem Eisenerz. Je mehr deutsches Erz aber in die Hochöfen gekippt wurde, desto weniger Roheisen je Tonne Möller, also je Tonne Mischung von Erz, Sinter, Schrott und Zuschlägen, kam heraus. Denn das deutsche Eisenerz, hinter vorgehaltener Hand von den Hüttenleuten als „Blumenerde" bezeichnet, hatte einen

Entwicklung der VSt-Betriebsgesellschaft August Thyssen-Hütte AG vor dem Zweiten Weltkrieg			
Geschäfts-jahr	Rohstahl-produktion 1.000 t	Umsatz Mio RM	Belegschaft
1934/35	2.496	230	15.046
1935/36	3.211	322	17.221
1936/37	3.178	348	18.862
1937/38	3.903	429	20.462
1938/39	4.207	468	21.978

Bandeisenwalzwerke Dinslaken: Warmbreitbandstraße während der Montage, um 1937.

Bandeisenwalzwerke Dinslaken: Coils von der Warmbreitbandstraße.

sehr viel niedrigeren Eisengehalt als das etwa aus Schweden oder Nordafrika importierte Erz. Deshalb mußte auch für die Verhüttung dieser armen Erze je Tonne Roheisen wesentlich mehr Koks eingesetzt werden, was die Produktionskosten stark erhöhte. Die Thyssenhütte war besonders stark betroffen, weil sie über die meisten Hochöfen verfügte. Auf der einen Seite sollte also für den wachsenden Stahlbedarf die Produktion gesteigert werden, auf der anderen Seite wurde diese Steigerung durch die Auflage, nur deutsches Eisenerz einzusetzen, erschwert.

Aber auch innerhalb des Stahlvereins lief es nicht reibungslos. Mitte der dreißiger Jahre kam es im VSt-Vorstand zu Überlegungen, eine erste Warmbreitbandstraße in Deutschland zu bauen. In der Standortdiskussion über eine Verfahrenstechnik, die sich in den USA bereits bewährt hatte und die für die künftige Struktur der deutschen Stahlindustrie von erheblicher Bedeutung wurde, fiel die Entscheidung zugunsten der Rheinwerke. Dies war der Argumentation des ATH-Vorstandsvorsitzenden Franz Bartscherer, der diese Gesellschaft von 1934 bis 1943 leitete, zu verdanken. Er setzte sich dafür ein, daß die Anlage auf dem Gelände des Walzwerks Dinslaken gebaut wurde. Bartscherer hatte geltend gemacht, daß die Warmbreitbandstraße durch die ATH dort am kostengünstigsten mit Halbzeug versorgt werden könnte. Eigens für die Versorgung des Warmbreitbandwerks erweiterte denn auch die ATH im Werk Ruhrort/Meiderich die seit 1930 stilliegende Blockbrammenstraße. Die Warmbreitbandstraße kam 1937 in Betrieb und erreichte im Geschäftsjahr 1938/39 eine Jahresproduktion von 168.000 Tonnen. Ihre Leistung stieg bis 1942/43 auf 319.000 Tonnen.

Am Ende des Zweiten Weltkriegs. Bilder der Zerstörung in ganz Deutschland. Dresden besteht nach den schweren Bombenangriffen im Februar 1945 fast nur noch aus Ruinen.

Die letzte Habe,
Siegburg 1945.

Sommer, Mode,
Lebensmut,
Königsallee in
Düsseldorf 1948.

Die Stunde Null schlug für Deutschland am 8. Mai 1945. Mit der Kapitulation lag die Macht bei den Besatzungsmächten. Die Zukunft war ungewiß. Die Alliierten vermochten sich auf den großen Kriegs- und Nachkriegskonferenzen nicht über eine dauerhafte politische Ordnung für den besiegten „Feindstaat" zu einigen. Mit dem Ausbruch des Kalten Krieges erstarrten die Grenzlinien zwischen dem Westen und der sowjetischen Besatzungszone zu Frontverläufen zwischen den Blöcken. Der Eiserne Vorhang lief mitten durch Deutschland.

Die Jahre unmittelbar nach dem Zweiten Weltkrieg waren bestimmt durch Hunger und Entbehrung. Das Verkehrssystem war systematisch zerstört worden, die Wohnhäuser und Fabriken waren weitgehend zerbombt. Die Aufteilung Deutschlands in vier Besatzungszonen zerschnitt historische Strukturen; überdies untersagten die Alliierten zunächst alle Maßnahmen zum industriellen Wiederaufbau.

Mit den Mitteln Dezentralisierung und Demontage gingen die Siegermächte an den Abbau des deutschen Industriepotentials und den Umbau der wirtschaftlichen Strukturen. Auch die Vereinigten Stahlwerke und mit ihnen die August Thyssen-Hütte wurden durch diese Maßnahmen empfindlich getroffen. Schon 1947, nach einer schweren Hungerkrise auch an Rhein und Ruhr, beginnt sich die Lage in den westlichen Zonen zu entspannen. Es kommt zu einer grundlegenden Neuorientierung der Deutschlandpolitik.

Die alltägliche Improvisation kennzeichnet das Leben in jenen Tagen. „Wir sind noch einmal davongekommen" – mit diesem Stoßseufzer machen sich die Männer und vor allem die Frauen an die Beseitigung der Trümmer. Die Währungsreform von 1948 schafft nun die erste Grundvoraussetzung für den Neuaufbau der deutschen Wirtschaft. Mit der Finanz- und Devisenhilfe des Marshall-Plans greifen die Vereinigten Staaten auch der deutschen Wirtschaft kräftig unter die Arme. Doch noch bestimmen beträchtliche Arbeitslosenzahlen und hohe Preissteigerungen das Bild. Erst im Zuge der Korea-Krise faßt Deutschland ab 1950 ökonomisch wieder festeren Tritt. Endgültig wird nun aber auch offenkundig, was schon die Berliner Blockade 1948 hatte erkennen lassen: Der Kalte Krieg und mit ihm die deutsche Teilung sind bestimmende Realitäten der Weltpolitik geworden.

BITTERE ZEITEN

Als im September 1939 mit dem Überfall auf Polen der Zweite Weltkrieg ausbrach, traf dies die deutsche Volkswirtschaft in einem Zustand, in dem gerade die Wunden der Wirtschaftskrise vernarbt waren. Allerdings hatten schon seit Mitte der dreißiger Jahre mehr und mehr Rüstungswirtschaft und Autarkiestreben die Arbeit der Werke bestimmt. Nun trat die eigentliche Kriegswirtschaft auf den Plan. Das bedeutete: Arbeitskräftemangel durch die Einberufung von Arbeitern und Angestellten sowie Rohstoffmangel durch die nun noch schärfere Konzentration auf heimisches Material und durch Störungen in der Infrastruktur. Bis 1942 waren schon 26 Prozent der Stammbelegschaft eingezogen worden. Die Betriebe kämpften geradezu um Arbeitskräfte. Zunächst bemühte sich die Werksleitung, die eigenen Arbeiter und

Amerikanische und sowjetische Truppen in Kreinitz rechts der Elbe, 1945.

DIE HÜTTE IM BOMBENHAGEL AM 14./15. OKTOBER 1944

Oberingenieur A. Diedrich, Betriebschef der Kraftanlagen

Die Stadtteile Beeck und Meiderich mußten ungewöhnlich starke Schäden hinnehmen, und auch auf der Hütte und vor allem auf der Kokerei 3/7 zeigten sich heftige Spuren der Zerstörung. [...] Gleich zu Beginn trafen Bomben die Großkraftanlage und setzten dadurch die Stromversorgung des Werkes sowie das Gasleitungssystem außer Betrieb. [...] Doch schon um 23 Uhr am gleichen Tag wurden wir ohne Vorwarnung von einem Nachtangriff völlig überrascht, der wohl noch heftiger war als der Angriff in den Morgenstunden, und ihm folgte vier Stunden später ein dritter Angriff.

Elektromeister K. Reitz, SM-Stahlwerk 1

Ich war nach dem ersten Fliegeralarm nochmal schnell zu den Öfen hinübergesprungen. Ich hatte gerade den Verbindungsschacht erreicht, als auch schon die ersten Bomben zwischen den Elektroöfen einschlugen. Der Explosionsdruck riß eine Tür aus den Angeln, die mir ins Kreuz schlug. Als keine Bomben mehr fielen, kletterte ich aus meinem sicheren Hüttenuntergrund nach oben. Was ich da sah, war verheerend.

Vorarbeiter Linsen, Maschinenbetrieb 1

Als wir nach den letzten Bomben aus unserem Unterstand hervorkrochen, bot sich uns ein grauenvolles Bild. Zahlreiche Betriebe wiesen starke Beschädigungen auf. [...] Sehr böse wurde dann für uns die folgende Nacht. Als ich am nächsten Morgen ins Werk kam, bot sich mir ein noch schlimmeres Bild der Verwüstung.

Angestellten „uk" gestellt zu bekommen. Das bedeutete: Diese „unabkömmlichen" Arbeitskräfte, meist unentbehrliche Fachleute, wurden vom Wehrdienst freigestellt. Dann griff man stärker auf weibliche Arbeitskräfte zurück, und schließlich wurden auch Kriegsgefangene, Zivilarbeiter aus westeuropäischen Ländern und Zwangsarbeiter aus Osteuropa beschäftigt.

Man hat damals versucht, die zahlreichen Faktoren, die die Produktion beeinträchtigten, quantitativ zu gewichten. Danach trugen beispielsweise im Geschäftsjahr 1943/44 die Fliegeralarme mit 49 Prozent am stärksten zu den Produktionsausfällen bei. Bombenschäden waren mit 15 Prozent, Gas- und Strommangel mit

fünf Prozent und der Arbeitskräftemangel mit 27 Prozent beteiligt. Ausländische Arbeitskräfte konnten nicht überall die Fachleute ersetzen, etwa die Ofenmaurer, ohne die eine noch so große Hüttenbelegschaft nicht arbeiten konnte. Bis zum Geschäftsjahr 1943/44 sank die Rohstahlerzeugung je Beschäftigten auf knapp 100 Tonnen, und das waren gerade noch zwei Drittel der Vorkriegsleistung.

Der Bombenkrieg hat die Thyssenhütte relativ spät getroffen, nämlich erst im Herbst und Winter 1944/45. Die Angriffe am 14. und 15. Oktober 1944 brachten schon große Teile der Hütte langfristig zum Erliegen, und das Bombardement vom 22. Januar 1945 gab der Hütte den Rest.

Die Blockstraße 3 der ATH nach einem Luftangriff.

Stunde Null

Die Bilanz des Zweiten Weltkriegs war nicht nur für die Thyssenhütte allein, sondern auch für die anderen vier Werke der ATH niederschmetternd. Viele Menschen waren in den Bombennächten umgekommen; mehr als 1.300 Mitarbeiter hatten an den Fronten den Tod gefunden. Lebenswichtige Teile der Werke waren zerstört, wie etwa die Gas- und Stromzentralen. Infolge der Kriegswirtschaft, die immer Mißwirtschaft ist, unterblieben dringend notwendige Investitionen und Instandhaltungsarbeiten. Schäden erwuchsen der deutschen Industrie auch dadurch, daß die Produktentwicklung einseitig ganz auf Kriegsziele hin ausgerichtet werden mußte. Unter diesen Vorbehalten muß die Aufzählung der noch verbliebenen Anlagen in Hamborn bewertet werden: Bei Kriegsende verfügte die Thyssenhütte über neun Hochöfen, ein Thomaswerk mit sieben Konvertern, zwei Siemens-Martin-Stahl-werke mit zusammen zwölf Öfen, ein Elektrostahlwerk mit sieben Öfen, ein Profilwalzwerk mit drei Block- und acht Fertigstraßen sowie über ein Feinblechwalzwerk mit vier Warmstraßen, zwei Dressiergerüsten und einer Quarto-Kaltwalzstraße.

Die vor allem von orthodoxen Marxisten auch nach dem Zweiten Weltkrieg wieder geäußerte These, die Industrie habe am Krieg verdient, stimmte auch dieses Mal nicht. Die Thyssenhütte und mit ihr die anderen Hüttenwerke an Rhein und Ruhr gingen mit veralteten und zum Teil zerstörten Anlagen in eine ungewisse Zukunft, als am 8. Mai 1945 die bedingungslose Kapitulation unterzeichnet wurde.

Mit dem Ende des Zweiten Weltkriegs kam zwar das große Aufatmen für die Menschen, die Nacht für Nacht angstvoll in den Luftschutzkellern gehockt hatten. Nun allerdings setzten andere Sorgen ein: Das Geld war wertlos, der Schwarze Markt

---

DEUTSCHLAND AM WENDEPUNKT

Auszug aus dem 1944 entwickelten Plan des US-Finanzministers Henry Morgenthau für die Behandlung Deutschlands nach der Kapitulation[*]

[Es] sind alle Industrieanlagen und jedwede industrielle Ausrüstung, soweit sie noch nicht während des Krieges durch Luftangriffe zerstört wurden, restlos zu demontieren [...]. Aus den Bergwerken soll die gesamte maschinelle Einrichtung entfernt werden. Die Gruben selbst sind zu schließen.

Auszug aus der US-Direktive 1067 vom April 1945[*]

Die Produktion, die Lagerhaltung von Verbrauchsgütern und die Transportmittel [sollen] so gelenkt werden, daß der Ausbruch von Hungersnot und Seuchen [...] verhindert wird.

Auszug aus der Stuttgarter Rede von US-Außenminister James F. Byrnes am 6. September 1946[*]

Es war [in Potsdam] vorgesehen, [...] daß Deutschland ein Industriepotential belassen bliebe, das ihm die Aufrechterhaltung eines durchschnittlichen europäischen Lebensstandards [...] ermöglicht.

Auszug aus einer Rundfunkansprache des US-Hochkommissars, John J. McCloy, am 8. Oktober 1950[**]

Vor fünf Jahren lag Deutschland in Trümmern. [... Die Militärregierung] brachte ungeheure Mengen von Lebensmitteln nach Deutschland [...]. Sie begann und förderte ein riesiges und beispielloses Wiederaufbauprogramm.

[*]*James P. Warburg: Deutschland – Brücke oder Schlachtfeld. Stuttgart, 1949.* [**]*Europa-Archiv 5. 1950.*

bestimmte das tägliche Leben. Die Hütten waren erkaltet. Im alten Reichsgebiet (ohne Saarland) erreichte die Rohstahlproduktion bis zum Jahresende 1945 weniger als 300.000 Tonnen. Wie groß die Schwierigkeiten waren und wie lange es dauerte, bis normale Zustände eintraten, zeigt sich an der Entwicklung der Stahlproduktion der drei westlichen Besatzungszonen in den folgenden Jahren: Sie kam 1946 auf 2,5 Millionen Tonnen und 1947 auf nicht mehr als 3,1 Millionen Tonnen.

Ein Zauberwort in der Industrie hieß damals „Permit". Es bedeutete die Genehmigung zur Produktion eines bestimmten Erzeugnisses und entschied über die Zuteilung von Arbeitskräften und Energie und damit über die Existenz eines Unternehmens. Der Thyssenhütte wurde im September 1945 die Erzeugung von monatlich 1.200 Tonnen Blech erlaubt. Mit dieser Produktion konnte man 125 Arbeiter beschäftigen. Im Oktober 1946 wurde die Genehmigung wieder zurückgezogen.

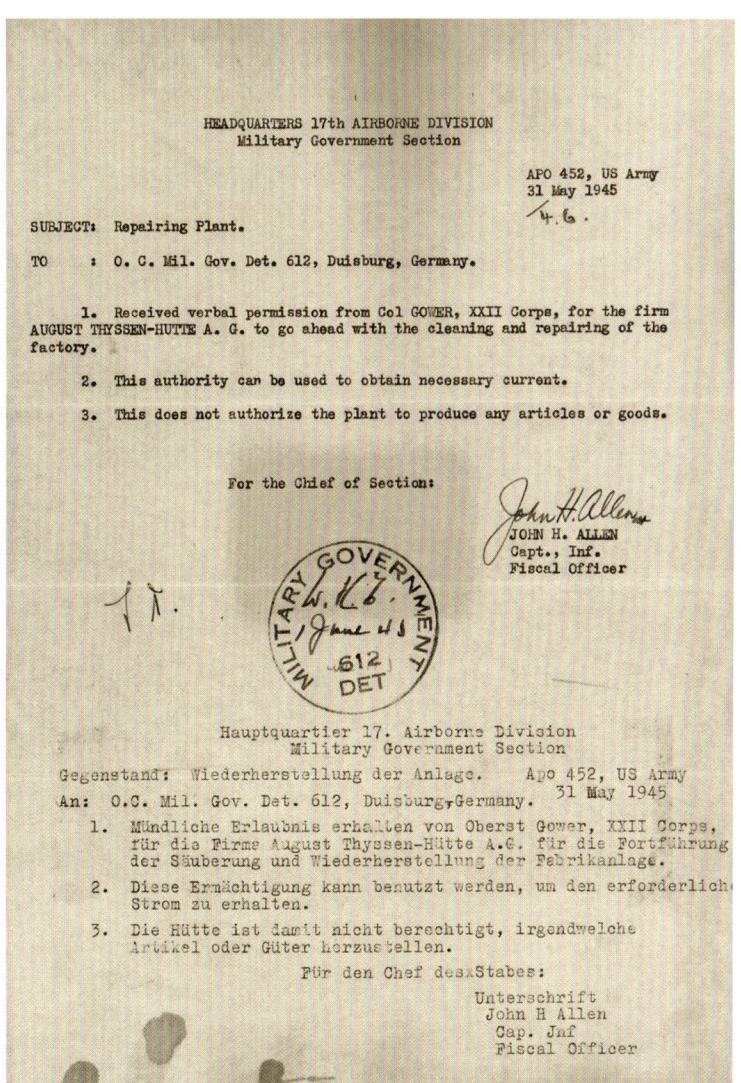

Vier Tage nach der Kapitulation erschien im Ruhrgebiet bereits die erste Tageszeitung.

Selbst für Aufräum- und Reparaturarbeiten war eine Genehmigung erforderlich.

Der Hammer
der Demontage

Im Jahre 1946 brachte der von den Alliierten verkündete „Plan für Reparationen und den Nachkriegsstand der deutschen Wirtschaft", der sogenannte Erste Industrieplan, die Grundlagen für die dann folgende Demontage. Hierin wurde nämlich festgelegt, daß die deutsche Industrieproduktion künftig nicht höher sein dürfe als die Hälfte der Produktion im Jahre 1938. Daraus folgte als Kompromiß zwischen den Besatzungsmächten eine Begrenzung der deutschen Stahlerzeugung auf 5,8 Millionen Jahrestonnen. Was an Kapazität darüber hinausging, sollte demontiert werden. Dieser Industrieplan war zum Teil noch von den Vorstellungen diktiert, die den Morgenthau-Plan von 1944 bestimmt hatten: Deutschland sollte auf einen Agrarstaat mit nur geringer industrieller Produktion zurückgeführt werden.

Zwischen November 1945 und August 1946 wurden die Vermögenswerte des deutschen Steinkohlenbergbaus und der deutschen Stahlindustrie beschlagnahmt. Am 1. Oktober 1946 erhielt die August Thyssen-Hütte AG die offizielle Mitteilung, daß sie unter das Gesetz Nr. 52 der alliierten Militärregierung über Kontrolle, Sperre und Beaufsichtigung von Vermögen gestellt sei. Im November 1946 wurde eine Inventur angeordnet. Daß dahinter

die Absicht stand, Anlagen zu demontieren, war von vornherein klar; denn die Aktion ging von der Abteilung „Reparations, Disarmament and Restitutions" aus. Der Vorstand der ATH bemühte sich nun, so viele Werksteile wie möglich aus der Inventur herauszuhalten. Das gelang freilich nur für einen Teil der Anlagen.

Die Größe der Thyssenhütte, die zuvor der Stolz der Hamborner war, wurde ihr nun zum Verhängnis. In eine deutsche Stahlindustrie, die ohnehin nur 5,8 Millionen Tonnen im Jahr erzeugen sollte, hätte die Thyssenhütte einfach nicht hineingepaßt. Ihre Rohstahlerzeugung von 2,3 Millionen Tonnen im letzten Vorkriegsjahr entsprach immerhin 40 Prozent der nun für ganz Deutschland erlaubten Erzeugung.

In Hamborn begann die eigentliche Demontage erst im Frühjahr 1948. Es gab zwar schon den Zweiten Industrieplan, der die erlaubte Höchstproduktion an Stahl in der britisch-amerikanischen Zone auf 10,7 Millionen Tonnen heraufgesetzt hatte. Zudem hatte schon der Kalte Krieg zwischen den Westmächten und der stalinistischen Sowjetunion eingesetzt, der die Deutschen in den drei westlichen Besatzungszonen mehr und mehr zu Verbündeten der Siegermächte aus dem Westen machte. Das änderte nichts an der Realisierung der einmal in Gang gesetzten Demontage-Aktionen. Das englische Demontagebüro in Hamborn, das rund hundert Leute beschäftigte, beauftragte fremde Firmen mit dem Abbau der Anlagen.

Kundgebung gegen die Demontage mit Kurt Schumacher am 8. April 1949 in Hamborn.

Blick in die Drehofenhalle. Alle Drehöfen sind demontiert, 1949.

Die Thyssenhütte muß wie bisher der Friedenswirtschaft dienen.

Demontage bedeutet Verelendung unserer Familien.

Wird die Thyssenhütte demontiert, dann ist Hamborn ruiniert.

Die Demontage der Thyssenhütte bedeutet für 10000 Arbeiter und Angestellte Arbeitslosigkeit für 40000 Angehörige der Familien: Elend, Hunger u. Not für Hamborn eine tote Stadt.

Protestaktion der Berufsschule Hamborn, 1948.

Die Demontage war von zahlreichen Protesten begleitet. Nicht nur die Vorstände der Vereinigten Stahlwerke und der August Thyssen-Hütte setzten sich für die Rettung des Werkes ein, sondern auch die nordrhein-westfälische Landesregierung, die Gewerkschaften, die Kirchen, die Industrie- und Handelskammer, der Oberbürgermeister und der Rat der Stadt Duisburg und in zunehmendem Maße auch Repräsentanten der Siegermächte, vor allem aus Amerika.

Einem großen Teil der Amerikaner war längst klargeworden, daß die Vereinigten Staaten gefordert sein würden, mit ihrer Hilfe am Wiederaufbau Europas mitzuwirken. Ein beträchtlicher Teil davon würde nach Deutschland gehen müssen. Es erschien ihnen unsinnig, an der einen Stelle wiederaufzubauen, während an anderen Stellen noch zerstört wurde. Unter anderem trug die Amerikanerin Freda Utley mit ihrem Buch „The High Cost of Vengeance" (Kostspielige Rache) zur Aufklärung bei. Eine bedeutsame Rolle spielte auch das unermüdliche Engagement der Amerikanerin Joan S. Crane, die sich mit Memoranden und anderen Aktivitäten für einen Demontagestopp einsetzte. In erster Linie ging es dabei immer um die Thyssenhütte, weil sie das am relativ härtesten getroffene Werk war. Die Thyssenhütte wurde damit geradezu zum Symbol des Widerstands gegen die Demontage.

Im April 1949 gelang eine Revision der Demontagepläne. Aber sie war enttäuschend: Auf der Liste blieben die wichtigsten Werke und mit ihnen die ATH. Die Deutschen Edelstahlwerke dagegen, deren Anlagen gleich der Thyssenhütte vollständig demontiert werden sollten, war zumindest mit ihrem Hauptwerk in Krefeld aus der Schußlinie heraus.

Für die Thyssenhütte änderte sich also nichts. Erst am 22. November 1949 wurde im Petersberg-Abkommen, das die wenige Monate zuvor gebildete erste deutsche Bundesregierung unter Konrad Adenauer mit den Hohen Kommissaren der drei Westmächte abschloß, das Ende aller Demontagen festgesetzt. Laufende Demontagearbeiten freilich wurden bis in das Jahr 1950 hinein zu Ende geführt. Auf der Reparationsliste für die ATH hatten Anlagenteile im Gewicht von 268.000 Tonnen gestanden. Davon waren bis zum Demontagestopp 109.000 Tonnen abgebaut.

Was bei der Thyssenhütte verblieben war, ist schneller aufgezählt als das Zerstörte: Es gab noch sieben Hochöfen, vier Siemens-Martin-Öfen, eine schwere Fertigstraße und eine Mittelstraße. Die Möglichkeiten dieses Torsos konnten aber nicht einmal genutzt werden. Denn es durften, wie dem Vorstand kurz nach dem Demontagestopp von der Militärregierung mitgeteilt wurde, jährlich nur 600.000 Tonnen Roheisen und 117.000 Tonnen SM-Stahl erzeugt werden. Das war für ein eisenschaffendes Unternehmen eine absolut unsinnige Relation. Die Herstellung von Walzprodukten war gar nicht erlaubt.

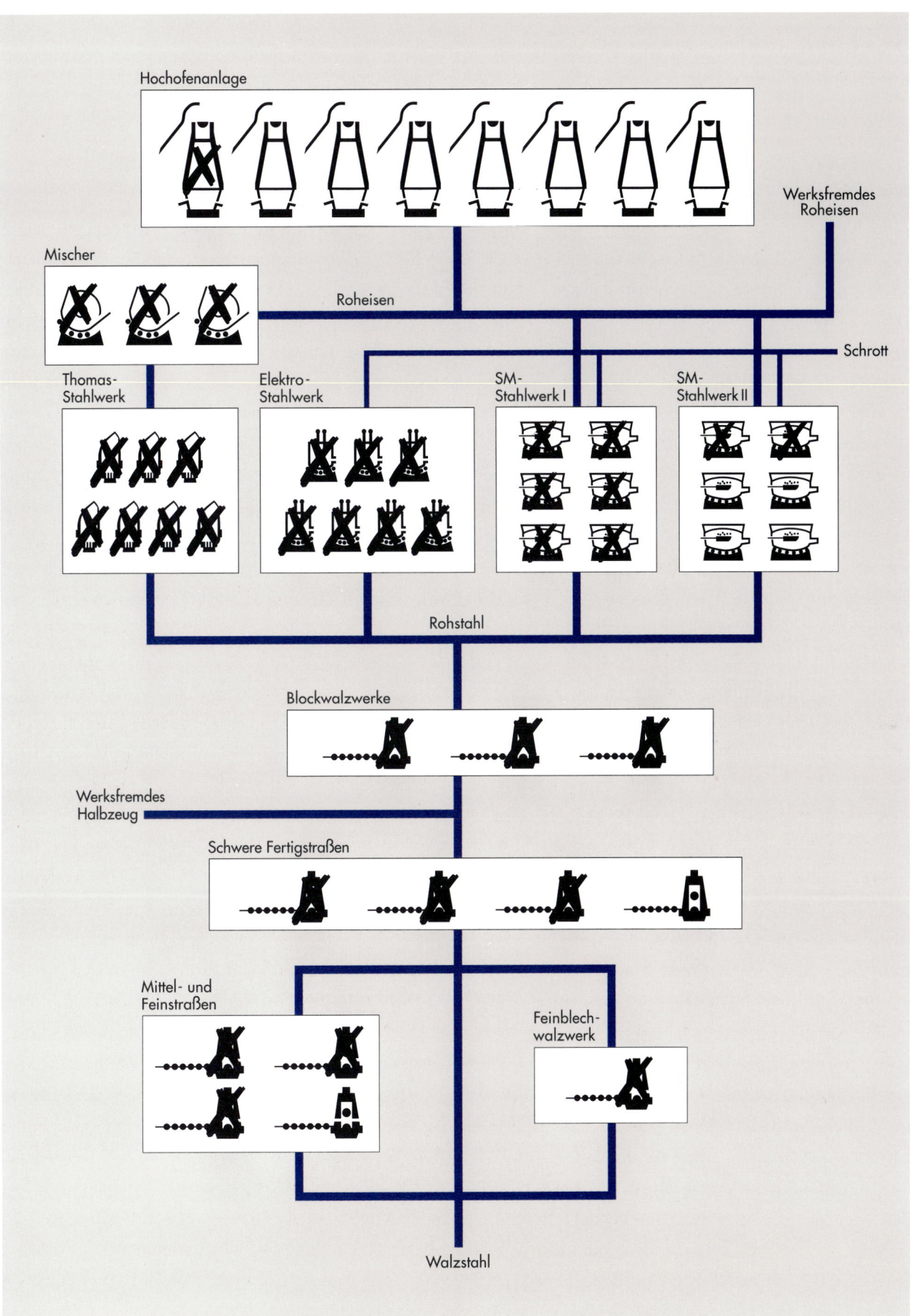

Hochofenanlage

Werksfremdes Roheisen

Mischer

Roheisen

Schrott

Thomas-Stahlwerk

Elektro-Stahlwerk

SM-Stahlwerk I

SM-Stahlwerk II

Rohstahl

Blockwalzwerke

Werksfremdes Halbzeug

Schwere Fertigstraßen

Mittel- und Feinstraßen

Feinblech-walzwerk

Walzstahl

Die Darstellung der Demontage-folgen erschien im Bericht der neuen August Thyssen-Hütte AG über die ersten beiden Geschäftsjahre 1952/53 und 1953/54. Sie zeigt die abgerissenen Anlagen und macht (hier gegenüber dem Original weiter schematisiert) deutlich, wie nachhaltig der Materialfluß unterbrochen war.

Entflechtung

Als die Thyssenhütte demontiert wurde, stand sie schon nicht mehr im Zusammenhang mit den Werken, die bei den Vereinigten Stahlwerken die August Thyssen-Hütte AG ausgemacht hatten. Denn bereits ein Jahr vor den Demontagen hatte die Entflechtung der deutschen Montanindustrie eingesetzt. Auf der Grundlage alliierter Gesetze wurden die Montankonzerne, denen es übrigens nicht besser ging als der Großchemie oder den Großbanken, zunächst unter Kontrolle gestellt. Das bedeutete: Jeder geschäftlich bedeutsame Schritt, etwa der Kauf oder Verkauf von Anlagegütern, mußte von der North German Iron and Steel Control und später von der UK/US Steel Group genehmigt werden. Die Stahlkonzerne wurden entflochten, ihre einzelnen Werke verschiedenen Nachfolgegesellschaften zugeteilt, die sie zunächst unter Anpachtung des Anlagevermögens als Betriebsführungsgesellschaften mit einem Minimalkapital von 100.000 DM weiterführten. Nach Klärung der schwierigen Bewertungs- und Eigentumsfragen erhielten die Nachfolgegesellschaften Jahre später auch das Anlagevermögen.

Die Entflechtung der Montankonzerne trug mit ihren Ergebnissen schon den Zwang zur Rückverflechtung in sich. Diese wenige Jahre später einsetzende Entwicklung hat aber keineswegs die alten Strukturen einfach wieder neu aufgelegt. Das gilt vor allem für die Nachfolgegesellschaften der Vereinigten Stahlwerke. Indessen darf man den Siegermächten nicht gerade das Motiv unterschieben, sie hätten auf dem Wege der Entflechtung optimale Unternehmensstrukturen für die deutsche Montanindustrie schaffen wollen. Die Motive waren vielschichtig: Bei den Amerikanern stand die Zerschlagung von Trusts und die Vermeidung von Marktmacht vornan. Den Briten schwebte zumindest in der ersten Zeit eine sozialisierte und in ihrer Wettbewerbsfähigkeit geschwächte deutsche Montanindustrie vor. Den Franzosen, deren Land innerhalb von siebzig Jahren dreimal von deutschen Truppen besetzt worden war, galt die Sicherheit als das herrschende Motiv.

Es gab damals ein intensives Bemühen deutscher Politiker und Wirtschaftler, die größten Schäden der Entflechtungsaktionen zu verhindern. Diesen Anstrengungen war im Laufe der Zeit in dem Maße wachsender Erfolg beschieden, als sich bei den Alliierten die Erkenntnis durchsetzte, daß eine Zerschlagung von Konzernen um ihrer selbst willen auf die Dauer auch die Interessen der Siegermächte schädigen mußte. So darf es denn auch als ein Vorteil gewertet werden, daß mit dem Gesetz Nr. 75 der Militärregierung die nur aus Deutschen bestehende Stahltreuhändervereinigung geschaffen wurde, die bei der Entflechtung mit eigenen Vorschlägen mitzuwirken hatte. Sie erarbeitete einen Neuordnungsplan, der 22 Gesellschaften vorsah. Nicht in jedem Fall konnte sie allerdings bei den Alliierten ihre Vorstellungen durchsetzen. Aufschlußreich ist die Tatsache, daß die Stahltreuhänder für die künftige August Thyssen-Hütte AG „wegen der besonders

Gründungsdaten der Stahl-Nachfolgegesellschaften der Vereinigte Stahlwerke AG	
Rheinische Röhrenwerke AG, Mülheim (Ruhr)	16. 7.1951
Gussstahlwerk Oberkassel AG vorm. Stahlwerk Krieger, Düsseldorf	18. 7.1951
Hüttenwerke Phoenix AG, Duisburg-Ruhrort*	18. 7.1951
Gussstahlwerk Witten AG, Witten	18. 7.1951
Niederrheinische Hütte AG, Duisburg	27. 8.1951
Dortmund-Hörder Hüttenunion AG, Dortmund	28. 8.1951
Stahlwerke Südwestfalen AG, Geisweid	21. 9.1951
Deutsche Edelstahlwerke AG, Krefeld	26.10.1951
Gussstahlwerk Bochumer Verein AG, Bochum	17.12.1951
Ruhrstahl AG, Hattingen	18.12.1951
Hüttenwerke Siegerland AG, Siegen	22. 4.1952
Rheinisch-Westfälische Eisen- und Stahlwerke AG, Mülheim	29. 5.1952
August Thyssen-Hütte AG, Duisburg-Hamborn	2. 5.1953

* früher: Hüttenwerke Ruhrort-Meiderich AG

günstigen standortlichen Produktionsbedingungen" den Bau einer Warmbreitbandstraße an Stelle der in Dinslaken demontierten ersten deutschen Anlage dieser Art für erwägenswert hielten.

Als Ergebnis mehrjähriger intensiver Verhandlungen zwischen Stahltreuhändern und Alliierten gab es 23 Nachfolgegesellschaften der Vereinigten Stahlwerke, die inzwischen zu einem großen Teil längst vergessen sind. Die als letzte Stahlgesellschaft im Mai 1953 gegründete August Thyssen-Hütte AG hatte mit der gleichnamigen Betriebsgesellschaft der Vereinigten Stahlwerke nichts mehr gemein. Von den fünf Werken, die zur alten ATH gehört hatten, war die Hütte Vulkan verschwunden. Die Hütte Ruhrort/Meiderich und das Werk Hochöfen Hüttenbetrieb waren der Hüttenwerke Ruhrort-Meiderich AG, der späteren Hüttenwerke Phoenix AG, zugeordnet worden. Als weiteres selbständiges Unternehmen ging aus der Entflechtung die neugegründete Niederrheinische Hütte AG, Duisburg, hervor. Die drei neuen Unternehmen repräsentierten zusammen ein Aktienkapital von 271,4 Millionen DM, und die Altaktionäre der Vereinigten Stahlwerke bekamen etwa, sofern sie sich nur auf diese drei Gesellschaften konzentrierten, auf jede Tausend-Reichsmark-Aktie nominell jeweils 250 DM Aktien der neuen ATH und der Hüttenwerke Phoenix AG und 90 DM der Niederrheinischen Hütte AG.

Von unmittelbarer Bedeutung für die Zukunft der neuen August Thyssen-Hütte AG wurden einige andere Nachfolgegesellschaften der Vereinigten Stahlwerke. So wurde die Deutsche Edelstahlwerke AG in Krefeld mit einem Grundkapital von 41,4 Millionen DM ausgegründet, die Rheinische Röhrenwerke AG in Mülheim (Ruhr) mit 92 Millionen DM Grundkapital und die Handelsunion AG in Düsseldorf mit 46 Millionen DM Grundkapital.

Bedeutende Teile des alten Stahlvereins landeten im Laufe der Zeit auch bei anderen traditionsreichen Konzernen, so die Hüttenwerke Siegerland AG bei der Dortmund-Hörder Hüttenunion AG, und diese einschließlich Siegerland dann später bei der Hoesch-Werke AG. Die Stahlwerke Südwestfalen AG und die Gussstahlwerk Bochumer Verein AG kamen im Laufe der Jahre auf Umwegen in den Krupp-Konzern.

Was den Steinkohlenbergbau des alten Thyssen-Konzerns anbetrifft, so wurde im Duisburger Raum die Hamborner Bergbau AG gegründet, die ihrerseits zusammen mit der Hüttenwerke Phoenix AG an der Friedrich Thyssen Bergbau AG in Duisburg-Hamborn beteiligt wurde. Die August Thyssen-Hütte AG erhielt indessen aufgrund alliierter Auflagen keine eigene Bergbau-Beteiligung, mußte also die benötigte Kokskohle für die ihr zugeordnete Kokerei August Thyssen kaufen.

Die Großaktionäre der Vereinigten Stahlwerke hatten im Zuge der Neuordnung ihren neuen Aktienbesitz auf einzelne Nachfolgegesellschaften zu konzentrieren. Vorübergehend durften sie an mehreren Nachfolgegesellschaften beteiligt bleiben, mußten solche transitorischen Beteiligungen aber spätestens nach fünf Jahren verkaufen. Hinter dieser alliierten Auflage stand der Wille, das Entstehen neuer Querverbindungen über gleichzeitige Beteiligungen an mehreren Nachfolgegesellschaften zu verhindern.

Entscheidend für die künftige Unternehmensstruktur der August Thyssen-Hütte AG wurden die Entscheidungen der Familie Fritz Thyssen über ihren Aktienbesitz. Im Nachlaß von Fritz Thyssen, der 1951 in Argentinien gestorben war, lagen aufgrund mehrerer Kapitalbereinigungen der Vereinigten Stahlwerke zuletzt noch 20,75 Prozent des VSt-Grundkapitals. Dieses Aktienpaket ging auf alliierte Anordnung zu gleichen Teilen an die Witwe Fritz Thyssens, Frau Amélie Thyssen, und an ihre Tochter, Anita Gräfin Zichy-Thyssen. Der Aktienbesitz von Amélie Thyssen wurde in die eigens dazu gegründete Fritz Thyssen Vermögensverwaltung AG und der der Tochter in die ebenfalls neu geschaffene Thyssen AG für Beteiligungen eingebracht. Die Fritz Thyssen Vermögensverwaltung AG konzentrierte ihren Besitz an Aktien der Nachfolgegesellschaften zunächst auf die Rheinische Röhrenwerke AG und übernahm als transitorische Beteiligungen Aktien der Hüttenwerke Phoenix AG und der August Thyssen-Hütte AG. Die Thyssen AG für Beteiligungen konzentrierte sich anfänglich auf die Deutsche Edelstahlwerke AG und beteiligte sich transitorisch an der Niederrheinische Hütte AG, an der Handelsunion AG und an der August Thyssen-Hütte AG.

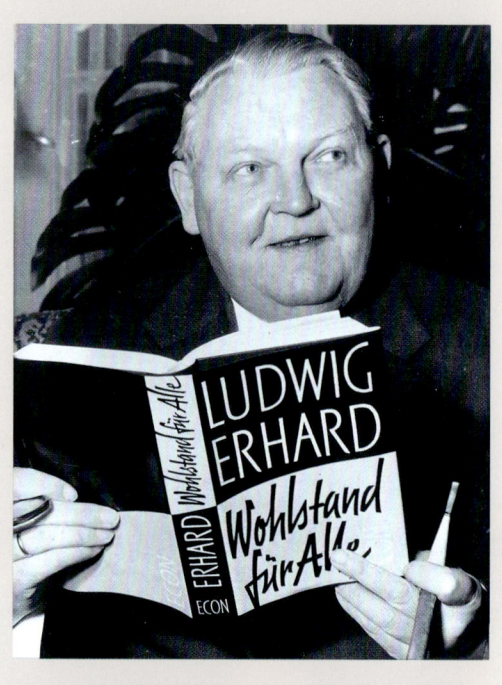

Ludwig Erhard, sein Konzept der sozialen Marktwirtschaft und sein Erfolgsbuch „Wohlstand für Alle" stehen für das Wirtschaftswunder.

Die Vespa und ein Urlaub in Italien sind Statussymbole der fünfziger Jahre. Für immer mehr Menschen werden diese Träume im Laufe des Jahrzehnts Wirklichkeit.

Die Gründung der Bundesrepublik Deutschland im Herbst 1949 war eine Folge des Kalten Krieges und ökonomischer Notwendigkeiten, vor allem aber eine politische Option für den Westen. Konrad Adenauer, der erste Bundeskanzler, stellte die Sicherung der demokratischen Freiheiten an die Spitze der Prioritäten. Während er die Wiedervereinigung durch eine Politik der Stärke zu erreichen hoffte, trieb er die Westintegration konsequent voran. Sie sollte die junge Republik vor einem kommunistischen Übergriff schützen und zugleich fest in den Verbund mit dem Westen einbinden. Den fernen Abschluß dieser Nachkriegsarchitektur sah man in einer gleichberechtigten Mitgliedschaft Deutschlands in einem zusammenwachsenden Europa.

Zu den Wegmarken auf dieser Strecke, die die Bundesrepublik auch aus den wirtschaftlichen Beschränkungen durch die Alliierten herausführte, gehörten die Gründung der Europäischen Gemeinschaft für Kohle und Stahl (Montanunion) 1952 und der Europäischen Wirtschaftsgemeinschaft 1958. Die Montanunion befreite die westdeutsche Stahlindustrie von den Fesseln, die ihr die Entflechtungs- und Limitierungspolitik der Siegermächte auferlegt hatte. Im Zuge von Rückverflechtungen, Neuorientierungen und hohen Investitionen konnten die Hüttenwerke an Rhein und Ruhr bald eine internationale Spitzenposition zurückgewinnen. Gerade die August Thyssen-Hütte AG stand weithin sichtbar für den eindrucksvollen Wiederaufbau der deutschen Stahlindustrie.

Die Bedeutung der europäischen Einigungsverträge ist kaum zu unterschätzen. Es steht außer Zweifel, daß die Politik der Westintegration von der großen Mehrheit der Bevölkerung mitgetragen worden ist. Zwar hat die Frage der deutschen Wiederbewaffnung die Gemüter heftig erhitzt und zu starken innenpolitischen Auseinandersetzungen geführt. Daß die Bundesrepublik diese Belastungsprobe gleichwohl bestand, war ein beruhigendes Signal für die Zukunft. Bonn, so zeigt sich jetzt erstmals, war nicht Weimar.

Ein wichtiges Fundament für die Stabilität der Bundesrepublik wird mit der Einführung der sozialen Marktwirtschaft gelegt. Sie ist untrennbar mit dem Namen des ersten Bundeswirtschaftsministers Ludwig Erhard verbunden. Im steilen Aufstieg des Wirtschaftswunders garantiert sie den sozialen Frieden und die Teilhabe breiter Bevölkerungsschichten am wachsenden Wohlstand. Am Ende des Jahrzehnts ist auch die anfänglich sehr hohe Arbeitslosigkeit, trotz der Millionen von Heimatvertriebenen, Flüchtlingen und Kriegsheimkehrern, überwunden. Die Bauwirtschaft boomt, die Nachfrage nach Gebrauchsgütern steigt stetig an, und die Deutschen haben Geld für einen Urlaub an Adria oder Riviera. Der Gewinn der Fußball-Weltmeisterschaft 1954 beschert den Bundesbürgern ein großes Gemeinschaftserlebnis. „Unsere glücklichsten Jahre" – so hat Botschafter Wilhelm Grewe, ein enger Berater Adenauers, die fünfziger Jahre einmal fast wehmütig genannt.

NEUES LEBEN

Sowohl der Wiederaufbau als auch die Neuorientierung der Konzernstruktur nach der Entflechtung müssen vor dem Hintergrund der Unternehmenskonzeption gesehen werden, die der Vorstand der neuen August Thyssen-Hütte AG entwarf. Diesen ersten Vorstand bildeten ab 2. Mai 1953 Hans-Günther Sohl (Vorsitzender), Walter Cordes (kaufmännischer Bereich) und Alfred Michel (Technik). Sohl hatte nach seiner Ausbildung zum Bergassessor zunächst bei Krupp gearbeitet und dann 1941 im VSt-Vorstand das Rohstoffressort übernommen. Nach dem Zweiten Weltkrieg war er einer der Liquidatoren der Vereinigten Stahlwerke. Im August 1955 wurde Johann Meyer, zuvor Betriebsratsvorsitzender, als Arbeitsdirektor in den ATH-Vorstand bestellt; im April 1956 kam Richard Risser hinzu und übernahm das Verkaufsressort.

Für den Vorstand stand fest, daß sich die August Thyssen-Hütte auf die Stahlerzeugung konzentrieren müsse. Das Schwergewicht sollte dabei, zum Unterschied von der Vorkriegs- und Kriegszeit, beim Flachstahl liegen. Gleichwohl wollte man, um krisensicher zu sein, ein möglichst umfassendes Walzprogramm vorweisen können. Die Verwirklichung dieser Ziele wird im Zusammenhang mit dem Wiederaufbau der Anlagen darzustellen sein. Indessen ist auch die Investitionspolitik nicht ohne Kenntnis der in den gleichen Jahren ablaufenden Reparatur der Entflechtungsschäden zu verstehen.

Die Wirtschaft braucht Stahl für den Wiederaufbau.

Beecker Kirmes,
1957.

Erste Motorisie-
rungswelle.
Parkplatz am Tor 1
der August Thyssen-
Hütte, 1955.

Reparatur der Entflechtungsschäden

Das erste Objekt einer Rückverflechtung bezog sich konsequenterweise auf den Duisburger Raum: Die August Thyssen-Hütte AG holte die Niederrheinische Hütte zurück in den alten Verbund. Niederrhein war damals ein bedeutender Stabstahl- und Walzdrahtproduzent und verfügte mit den Tochtergesellschaften Westfälische Union AG für Eisen- und Drahtindustrie in Hamm, Lennewerk Altena GmbH und Eisenwerk Steele GmbH über eine beachtliche Drahtverarbeitung.

Man schloß im September 1955, noch vor einer Kapitalverflechtung, einen Interessengemeinschaftsvertrag mit Gewinnpoolung ab. Der Vertrag wurde von der damaligen Hohen Behörde der Montanunion genehmigt. Das dann angewandte Verfahren sollte ein Muster für die späteren Kapitalverflechtungen werden. Die August Thyssen-Hütte AG ließ sich im Oktober 1955 von der Hauptversammlung ein genehmigtes Kapital von 57,5 Millionen DM bewilligen. Die Wirtschaftsprüfer ermittelten ein Umtauschverhältnis zwischen Aktien der August Thyssen-Hütte AG und der Niederrheinischen Hütte von 1:1,25. Von der Thyssen AG für Beteiligungen übernahm die ATH 68 Prozent des Kapitals der Niederrheinischen Hütte, also nominell 28,15 Millionen DM im Umtausch gegen 35,19 Millionen DM Aktien der August Thyssen-Hütte AG. Danach machte sie den außenstehenden Aktionären der Niederrheinischen Hütte ein Umtauschangebot im gleichen Verhältnis. Sie erhielt dadurch weitere 28 Prozent, so daß sie insgesamt mit 96 Prozent am Aktienkapital der Gesellschaft beteiligt war.

Das zweite Objekt der Rückverflechtung hatte zuvor nicht zur Duisburger Hüttengruppe gehört, wohl aber zum Stahlverein. Es ging um die Deutsche Edelstahlwerke AG. Daß man sich beim größten Edelstahlerzeuger engagierte, war vor allem darin begründet, daß die ATH in Duisburg keine eigene Elektrostahlerzeugung mehr hatte. Es bot sich vor allem auf dem Rohstahlgebiet die Möglichkeit einer produktionstechnischen Zusammenarbeit an.

Der Umtausch wurde dadurch vereinfacht, daß seit der Niederrhein-Transaktion die August Thyssen-Hütte AG und die Deutsche Edelstahlwerke AG den gleichen Großaktionär, die Thyssen AG für Beteiligungen, hatten. Wieder ließ sich der Vorstand der ATH von der Hauptversammlung ein genehmigtes Kapital geben, diesmal über 52,5 Millionen DM. Das Umtauschverhältnis wurde mit 1:1,5 ermittelt. Im Juni 1957 übernahm die ATH aus dem Besitz der Thyssen AG für Beteiligungen 55 Prozent des DEW-Kapitals, also nominell 22,77 Millionen DM, gegen 34,2 Millionen DM ATH-Aktien. Danach wurde im März 1958 den außenstehenden Aktionären ein Umtauschangebot gemacht, das sie mit 32,1 Prozent des Kapitals akzeptierten. Einschließlich weiterer Aktien, die die ATH hinzugekauft hatte, verfügte sie nun über insgesamt 94 Prozent des DEW-Aktienkapitals.

Die nächste Transaktion begann im Januar 1960. Aus dem Besitz der Thyssen AG für Beteiligungen übernahm die ATH 26,1 Prozent des Grundkapitals der Handelsunion AG, Düsseldorf. Das Umtauschverhältnis betrug diesmal 1:1,8. Im Dezember 1961 unterbreitete die ATH den außenstehenden Aktionären ein Umtauschangebot, diesmal im Verhältnis 1:2,2. Dadurch kamen weitere 25,7 Prozent des Kapitals der Handelsunion in den Besitz der ATH. Die Umtauschaktionen wurden bis Ende 1964 fortgesetzt; schließlich verfügte die ATH über 60,4 Prozent des Handelsunion-Kapitals.

Weitere 35,4 Prozent des Kapitals der Handelsunion waren von einem Unternehmen erworben worden, um das es, eben im Zuge der Wiederverflechtung, erhebliche Aufregungen geben sollte. Zur alten August Thyssen-Hütte AG hatte auch die Kombination der Werke Ruhrort/Meiderich und Hochöfen Hüttenbetrieb gehört. Sie gingen als Hüttenwerke Ruhrort-Meiderich AG aus der Entflechtung hervor und änderten ihren Namen später in Hüttenwerke Phoenix AG. Mit diesem Unternehmen wurde die ebenfalls aus dem Stahlverein entflochtene Rheinische Röhrenwerke AG 1955 zur Phoenix-Rheinrohr AG Vereinigte Hütten- und Röhrenwerke verschmolzen. Es lag nahe, den alten Verbund mit diesen benachbarten Werken wiederherzustellen. Der Vorstand der ATH verwies überdies darauf, daß die August Thyssen-Hütte wegen ihrer relativ unbe-

*Lehrlinge im
Gewerkensaal der
Hauptverwaltung,
1953.*

*Arbeitspause,
1955.*

Mitarbeiter der
August Thyssen-
Hütte bei ihrer
Demonstration am
1. Mai 1955.

deutenden Weiterverarbeitung ein möglichst vollständiges Walzstahlprogramm brauche.

Diesmal bereitete die Hohe Behörde der Montanunion unerwartete Schwierigkeiten. Querschüsse kamen offensichtlich auch von anderen Seiten; Konkurrenzeinflüsse aus dem In- und Ausland konnten nicht ausgeschlossen werden. Der Antrag auf Übernahme der Mehrheit an der Phoenix-Rheinrohr AG wurde in Luxemburg am 29. Oktober 1958 gestellt. Die Hohe Behörde reagierte mit einer Reihe von Auflagen. So verlangte sie, daß sich die August Thyssen-Hütte AG von ihrer Beteiligung von 34,8 Prozent an den Hüttenwerken Siegerland trennen solle, die sie 1957 erworben hatte, um den Absatz für ihr Warmbreitband zu sichern. Auch sollte die ATH ihre erst kurz zuvor erworbene Beteiligung an den Stahl- und Walzwerken Rasselstein auf 25 Prozent und an der Handelsunion auf eine Schachtelbeteiligung beschränken.

Im April 1960 zog der ATH-Vorstand den Antrag zurück, vor allem deshalb, weil die Hohe Behörde eine Investitionskontrolle über die ATH forderte, was eine vom Montanvertrag nicht gedeckte Sonderbehandlung bedeutet hätte. Die ATH wiederholte ihren Antrag im Mai 1962. Inzwischen hatte sie schon Anträge auf Übernahme der Handelsunion AG und auf Erhöhung der Rasselstein-Beteiligung auf 50 Prozent gestellt und im Zusammenhang damit ihre Beteiligung an Siegerland ver-

kauft. Sie konnte sich in ihrem Absatz allerdings auf einen langjährigen Coil-Liefervertrag mit Siegerland stützen. Diesen Vertrag sollte die ATH nun auf Anordnung der Hohen Behörde in der Laufzeit und in den Mengen kürzen. Das Unternehmen reichte zwar vorsorglich eine Klage gegen diese Auflage beim Europäischen Gerichtshof ein, schickte aber schließlich Ende 1963 einen in Fristen und Mengen abgeänderten Vertrag nach Luxemburg. Damit war endlich grünes Licht für die Übernahme der Phoenix-Rheinrohr AG gegeben.

Anfang Februar 1964 übertrug die Fritz Thyssen Vermögensverwaltung 52,16 Prozent des Phoenix-Rheinrohr-Kapitals und damit 143,95 Millionen DM im Umtausch gegen den gleichen Nennbetrag von ATH-Aktien auf die August Thyssen-Hütte AG. Schon wenige Wochen später wurde den außenstehenden Aktionären ein gleichlautendes Umtauschangebot vorgelegt. Sie machten mit 109,05 Millionen DM oder 39,51 Prozent davon Gebrauch. In einer zweiten Umtauschaktion im Spätsommer 1964 kamen noch einmal 10 Millionen DM Phoenix-Aktien in das Portefeuille der August Thyssen-Hütte AG. Damit war die ATH zu 95,3 Prozent an Phoenix-Rheinrohr beteiligt.

Der endgültige Vollzug der 1958 beantragten Übernahme von Phoenix-Rheinrohr erlaubte es auch, die Eigentumsverhältnisse der 1959 errichteten und schon 1960 der Öffentlichkeit vorgestellten Fritz

Thyssen Stiftung abschließend zu regeln. Frau Amélie Thyssen hatte die Absicht, der Stiftung nominell 75 Millionen DM Aktien der August Thyssen-Hütte AG aus dem Besitz der ihr gehörenden Fritz Thyssen Vermögensverwaltung AG zu übertragen; von der Thyssen AG für Beteiligungen, der Vermögensverwaltung von Anita Gräfin Zichy-Thyssen, sollten 25 Millionen DM ATH-Aktien auf die Stiftung übergehen. Solange die ATH aber Phoenix-Rheinrohr nicht übernehmen konnte, mußte man eine Ersatzlösung finden, um die Stiftung von Beginn an funktionsfähig zu machen. Laut Satzung brachten – über die jeweilige Vermögensverwaltungsgesellschaft – Amélie Thyssen nominell 300.000 DM und ihre Tochter nominell 100.000 DM ATH-Aktien in die Stiftung ein. Bis zum geplanten Umtausch von Phoenix-Rheinrohr-Aktien in ATH-Aktien erhielt die Stiftung den Nießbrauch an nominell 75 Millionen DM Phoenix-Rheinrohr-Aktien und an 25 Millionen DM ATH-Aktien. Nach der Übernahme von Phoenix-Rheinrohr konnte nun die Absicht der Stifterinnen, 75 und 25 Millionen DM ATH-Aktien in das Eigentum der Stiftung einzubringen, endgültig verwirklicht werden.

Auch die Beseitigung der Entflechtungsschäden war damit abgeschlossen. Die neue Thyssen-Gruppe verfügte 1964 über ein Grundkapital von 747 Millionen DM. Sie hatte mehr als 90.000 Aktionäre und beschäftigte rund 92.000 Menschen.

Vom Torso zur modernen Großhütte

Am 11. Juli 1955 feierten mehr als 2.000 Mitarbeiter der Hüttenbelegschaft zusammen mit 750 prominenten Gästen aus dem In- und Ausland, unter ihnen auch Fritz Thyssens Witwe Amélie, die Einweihung der ersten Warmbreitbandstraße, die nach dem Krieg in Deutschland in Betrieb kam. Daß unter den Gästen auch Bundeskanzler Konrad Adenauer und Bundeswirtschaftsminister Ludwig Erhard waren, beweist deutlich, wie stark die August Thyssen-Hütte zum Symbol für den Wiederaufbau der deutschen Stahlindustrie geworden war.

Lange hatte das riesige Areal der Thyssenhütte brachgelegen. Wo Thyssen-Arbeiter einst Roheisen und Rohstahl abgestochen hatten, wucherte das Unkraut. Mehr als 10.000 Arbeiter und Angestellte der Hütte hatten ihren Arbeitsplatz verloren. Erst im Mai 1951, sechs Jahre nach Kriegsende, wurde wieder Roheisen erschmolzen, und im Oktober 1951 floß im Siemens-Martin-Stahlwerk der erste Stahl in die Kokillen. Bis Anfang 1953 hatte die Hütte schon drei Hochöfen unter Feuer, im Dezember 1953 ging eine neue Blockbrammenstraße in Betrieb, und unterdessen machte auch der Wiederaufbau des Thomas-Stahlwerks Fortschritte.

Nicht von ungefähr hatte das Unternehmen schon zwei Jahre vor der Inbetriebnahme der Warmbreitbandstraße, nämlich am 23. Juli 1953, also kurz nach seiner Neugründung, eine Wiederaufbaufeier begangen, auch diese mit prominenten Gä-

sten. An dieser Feier nahm auch schon der erste Aufsichtsratsvorsitzende der ATH teil, der weit über die deutschen Grenzen hinaus geachtete Bankier Robert Pferdmenges, ein enger Freund von Konrad Adenauer.

Wie schnell die Hütte allein zwischen den beiden Feiern mit ihrem Wiederaufbau vorankam, wird auch darin deutlich, daß im Juli 1953 auf der Hütte nur 5.500 Menschen arbeiteten, daß es aber zwei Jahre später schon 7.800 waren. Auch die Produktion wurde zügig ausgeweitet. Im Geschäftsjahr 1952/53 hatte die ATH gerade 378.000 Tonnen Rohstahl erzeugt. Schon ein Jahr später erreichte man eine Erzeugung von knapp 900.000 Tonnen.

Viel half damals auch der Vertrag über die Gründung der Europäischen Gemeinschaft für Kohle und Stahl, durch den 1952 die Montanunion geschaffen wurde. Als dieser Vertrag in Kraft trat, wurden die alliierten Produktionsbeschränkungen aufgehoben, und jetzt erst konnte man mit dem Investieren richtig beginnen. Damals realisierte die Thyssenhütte schon ihre zweite Wiederaufbaustufe, die eine jährliche Rohstahlerzeugung von 1,4 Millionen Tonnen vorsah. Bereits ein Jahr später wurde diese auf 2,4 Millionen Tonnen heraufgesetzt.

Die Neuorientierung zu einem auf Stahl konzentrierten Konzern, der sich nun auch stärker auf Flachstahl ausrichtete, bestimmte nicht nur die bereits geschilderte Politik der Angliederung anderer Gesell-

Feierstunde auf der August Thyssen-Hütte am 7. Mai 1951 bei der Wiederinbetriebnahme des Hochofens 7. Im Vordergrund der älteste Hochofenmann der damaligen Belegschaft.

schaften, sondern auch die Richtung des Wiederaufbaus der eigenen Produktionsanlagen. Und das Herzstück des Wiederaufbaus war folgerichtig auch eine Warmbreitbandstraße.

Auf der Basis der wenigen stehengebliebenen Anlagen hatte die ATH ihre Wiederaufbauplanung betrieben. Ende 1953 lief die neue Blockbrammenstraße,

im Jahre 1955 wurde die Warmbreitbandstraße, im Jahre darauf das dazugehörende Kaltbandwalzwerk in den Produktionsprozeß eingeschaltet, und bis 1957 wurde das Thomas-Stahlwerk wieder aufgebaut. In der gleichen Zeit betrieb man den Wiederaufbau und die Erneuerung des Hochofenwerks. Im Jahre 1957 kam eine weitere Blockbrammenstraße in Betrieb. Vier

Tage nach der Einweihungsfeier für die Warmbreitbandstraße, die rd. 100 Millionen DM gekostet hatte, begannen die Bauarbeiten für ein weiteres Siemens-Martin-Werk. Seine vier Öfen mit je 250 Tonnen Fassungsvermögen wurden im Jahre 1957 angefahren. Wie stark sich der technische Fortschritt beschleunigt hatte, wurde offenbar, als diese Anlage schon zehn Jahre nach ihrer Inbetriebnahme wieder abgerissen wurde. Inzwischen hatten sich die Oxygenstahlwerke durchgesetzt.

Im Geschäftsbericht für 1956/57 konnte der Vorstand feststellen, der Wiederaufbau der Werksanlagen sei mit Abschluß dieses Geschäftsjahrs im wesentlichen vollendet. „Heute besitzt die Hütte wieder eine dem technischen Fortschritt der Nachkriegszeit angepaßte Struktur." Das Unternehmen beschäftigte 1957 schon 10.600 Mitarbeiter und erzielte einen Umsatz von 838 Millionen DM. Die Flachstahlerzeugnisse nahmen im Geschäftsjahr 1956/57 bereits 44 Prozent des Umsatzes ein. Zwei Jahre später erzielte die August Thyssen-Hütte eine Rohstahlerzeugung von 2,4 Millionen Tonnen, eine Walzstahlproduktion von 1,9 Millionen Tonnen und einen Umsatz von 1,1 Milliarden DM; beschäftigt waren 12.262 Mitarbeiter. Die ATH war wieder ein international wettbewerbsfähiger Stahlkonzern. Auch die Aktionäre sahen Erträge auf ihren Konten, erstmals für 1955/56 acht Prozent Dividende, drei Jahre später wurden zehn Prozent ausgeschüttet. Rund 800 Millionen DM hatte die ATH inzwischen für den Wiederaufbau investiert. Am Ende des Geschäftsjahrs 1958/59 standen Brutto-Anlagewerte von 1,2 Milliarden DM in der Bilanz und Beteiligungen im Wert von 278 Millionen DM.

EINWEIHUNG DER ERSTEN WARMBREITBANDSTRASSE

Auszüge aus der Rede von Bundeskanzler Konrad Adenauer am 11. Juli 1955

Wenn ich heute mitten aus drängendster und schwieriger politischer Arbeit heraus hierher komme, so bitte ich Sie, darin zu erblicken den Ausdruck meines Respektes vor dem Aufbauwerk, das hier in der August Thyssen-Hütte geleistet worden ist. [...] Als ich eben diese Breitbandstrasse besichtigte, da dachte ich an einen Tag vor langen Jahren, an dem ich mit dem Gründer des Werkes, der mit mir freundschaftlich verbunden war, Herrn August Thyssen, auf diesem Platz die damalige Walzstrasse besichtigt habe, und ich dachte an ihn zurück, an seinen Fleiss, an seine Bescheidenheit, an sein Masshalten, das Herr Dr. Pferdmenges vorhin uns mit Recht ans Herz gelegt hat; und ich dachte zurück an seinen Sohn Fritz Thyssen. [...] Lassen Sie mich auch den anderen Völkern sagen: Wenn ein Volk in der Welt den Frieden will, und wenn ein Volk in der Welt entschlossen ist, seine ganze Kraft für den Frieden in der Welt einzusetzen, dann ist es das deutsche Volk. Aber weder die deutsche Öffentlichkeit noch die Öffentlichkeit der anderen Länder darf vergessen, dass eine schwierige und langwierige Arbeit vor uns steht. Ich kann nur immer wieder auch dem deutschen Volk zurufen, Geduld zu haben und nicht auf schnelle Entwicklungen zu hoffen. [...] Nun lassen Sie mich zur August Thyssen-Hütte zurückkehren: ein interessantes und grossartiges Werk, geschaffen durch die Tüchtigkeit der hier arbeitenden Menschen. Ehe ich auf dieses Podium hinaufging, habe ich meinen Nachbarn gefragt, ob ich auch, ohne Bergassessor zu sein, schliessen dürfe mit dem Wunsch: Glück auf! Es ist mir gesagt worden, das sei der allgemeine Gruss an der Ruhr. Und so glaube ich, berechtigt zu sein, Ihnen allen, der Stadt Duisburg, der August Thyssen-Hütte und dem gesamten Industriegebiet von Herzen zuzurufen: Glück auf!

Inbetriebnahme der Warmbreitbandstraße der August Thyssen-Hütte am 11. Juli 1955.
Von links: Walter Cordes, Ludwig Erhard, Amélie Thyssen, Konrad Adenauer.

Neubau auf der Grünen Wiese

Da der Wiederaufbau der demontierten Hütte in Hamborn gegen Ende der fünfziger Jahre so gut wie abgeschlossen war, kam nun die Überlegung auf, wie man dem wachsenden Hunger nach Stahl entsprechen könne.

Nur war für die Dimensionen, in denen man Ende der fünfziger Jahre die Nachfrage nach Stahl voraussah, in den bestehenden Anlagen der August Thyssen-Hütte kein Platz mehr. Die ATH betrieb noch die Erweiterung des Kaltwalzwerks auf 45.000 Monatstonnen, das durch eine erste Band-Feuerverzinkungsanlage ergänzt wurde. Außerdem baute sie eine neue Universal-Trägerstraße, die im Februar 1960 die Arbeit aufnahm. Aber was dem Vorstand der August Thyssen-Hütte jetzt vorschwebte, das war auf dem vorhandenen Werksgelände in Bruckhausen nicht mehr zu verwirklichen.

So kam es denn zu dem Beschluß, ein vollkommen neues Werk auf der Grünen Wiese zu bauen, für das im technischen Ressort die Pläne bereits fix und fertig in der Schublade lagen. Dies ist zweifellos der Weitsicht Alfred Michels zu verdanken, der frühzeitig

Entwicklung der August Thyssen-Hütte AG im ersten Jahrzehnt nach Neugründung			
Geschäfts-jahr	Umsatz Mio DM	Belegschaft 30.9.	Rohstahl-produktion 1.000 t
1952/53	248	6.100	378
1958/59	1.072	12.300	2.412
1963/64	1.539	16.800	4.088

die Vorbereitungen für diese Großinvestition in Angriff genommen hatte. Die Gefahr eines Einspruchs der Hohen Behörde war gebannt, nachdem der Vorstand den Antrag auf Übernahme der Phoenix-Rheinrohr AG zurückgezogen hatte. Der Vorstand konnte den Neubau um so leichteren Herzens in der Hauptversammlung am 23. März 1961 ankündigen, als dem Unternehmen dank der großzügigen Grundstückspolitik des Gründers August Thys-

sen genug Gelände zur Verfügung stand. Es handelte sich um ein Areal im benachbarten Duisburger Stadtteil Beeckerwerth, wo eine weit nach Westen schwingende Rheinschleife einen Halbkreis bildet. Immerhin handelte es sich um eine Fläche von 1,5 Millionen Quadratmeter.

Es kennzeichnete die Konzeption des neuen Werkes, daß auch hier wieder eine Warmbreitbandstraße mit anschließendem Kaltwalzwerk im Mittelpunkt der Planung stand. Der Vorstand der ATH setzte also weiterhin auf das Vordringen des Flachstahls, was sich ja auch im Laufe der kommenden Jahre als richtig erweisen sollte. Man fing mit der Planung schon beim Antransport des Erzes an. Der Werkshafen Schwelgern am Rhein wurde entsprechend ausgebaut.

Mit Roheisen sollte das neue Werk von Hamborn aus versorgt werden. Auf der Planungsliste stand deshalb auch ein neunter Hochofen mit 9 m Gestelldurchmesser und einer Tagesleistung von 2.000 Tonnen. Dieser Großhochofen wurde am 4. Juni 1962 angeblasen und war ausdrücklich für die Roheisenversorgung des neuen Werkes Beeckerwerth bestimmt. Zwei Jahre später, im Juli 1964, kam ein weiterer Hochofen in Hamborn mit 9,5 m Gestelldurchmesser und 2.200 Tagestonnen Kapazität hinzu.

Die Beeckerwerther Produktionslinie begann mit einem Oxygenstahlwerk, das zunächst zwei und später drei Konverter von 180 Tonnen Fassungsvermögen umfaßte. Es wurde schließlich in der Praxis sogar ein mittleres Schmelzgewicht von 260 Tonnen je Konverter erreicht. In der ersten Stufe hatte das Oxygenstahlwerk eine Jahreskapazität von 1,2 Millionen Tonnen. Der erste Rohstahl in diesem Werk wurde am 22. Juni 1962 erblasen. Hinter das Stahlwerk setzte man eine Universal-Brammenstraße. Anfang der sechziger Jahre war das Stranggießen für Massenstähle in großen Quantitäten noch nicht eingeführt; damals wurden nur bestimmte hochwertige Stähle dafür als geeignet erachtet.

Das Herzstück des neuen Werkes, die 88-Zoll-Warmbreitbandstraße, die im April 1964 die Arbeit aufnahm, bedeutete gegenüber der ersten, in Bruckhausen gebauten Warmbreitbandstraße einen beträchtlichen Fortschritt. In Beeckerwerth können Coils bis zu

Besuch des französischen Staatspräsidenten Charles de Gaulle auf der August Thyssen-Hütte am 6. September 1962, neben ihm Hans-Günther Sohl.

Das Werk Beeckerwerth, 1970.

Bundeswettbewerb „Industrie in der Landschaft" 1971: Goldmedaille für das Werk Beeckerwerth.

2.030 mm Bandbreite gewalzt werden, während die erste Anlage nur für Coils bis 1.550 mm ausgelegt war. Zwei Monate nach dem Warmbreitbandwerk, nämlich im Juni 1964, nahm das Kaltbreitbandwerk die Produktion auf. Es umfaßt eine Vierfach-Tandemstraße, auf der Feinbleche in Breiten von 750 bis 1.900 mm und in Stärken von 0,35 bis 4,00 mm gewalzt werden können. An das Kaltwalzwerk wurden zwei Bandverzinkungsanlagen angeschlossen; eine für Feuerverzinkung, eine für die elektrolytische Beschichtung. Dies war der nächste wesentliche Schritt in das wachstumsträchtige Feld der Oberflächenveredelung.

Nummer eins
im Stahl

Im Sommer 1965 war in Beeckerwerth die vollständige Produktionslinie vom Oxygenstahlwerk über die Brammenstraße und die Breitbandstraßen bis zur Bandverzinkung in Betrieb. Es war ein Werk, das nicht nur durch seine Größe und durch die sinnvolle Anordnung seiner Anlagen imponierte, sondern auch durch seine Gestaltung. Erstmals war eine Industrieanlage geschaffen worden, bei der von vornherein die Ästhethik berücksichtigt war: Ein „Hüttenwerk im Grünen", dessen Silhouette sich harmonisch in die Landschaft einfügt.

Die Zeit, da die Thyssenhütte als Torso aus der Demontage hervorgegangen war, lag gerade ein Dutzend Jahre zurück. Damals hätte niemand vorauszusagen gewagt, welche Position die August Thyssen-Hütte AG gut zehn Jahre später erreichen würde. Die Leistungsbilanz, die der Vorstand für das Geschäftsjahr 1964/65 ziehen konnte, klang in der Tat imponierend: Die Thyssen-Gruppe war nun in der Rohstahlerzeugung mit 8,6 Millionen Jahrestonnen die Nummer eins in Europa; sie lag im Weltmaßstab an vierter Stelle und war mit ihrem Umsatz von fast sieben Milliarden DM hinter Volkswagen und Siemens das drittgrößte Unternehmen in der Bundesrepublik. Mehr als 94.000 Menschen waren in der Thyssen-Gruppe beschäftigt. Seit Mitte 1955 hatten die Unternehmen der Gruppe 4,8 Milliarden DM investiert.

Der Vorstand hatte schon bei der Vorstellung des Projekts Beeckerwerth vorausgesagt, daß man in den neuen Anzug, den man sich geschneidert habe, erst hineinwachsen müsse. Bei der Rohstahlerzeugung deutete sich schon ein merklicher Wandel an: Während der Thomasstahl 1959/60 in der Gruppe noch mit 47 Prozent an der gesamten Rohstahlerzeugung beteiligt war, stellte er 1964/65 nur noch 35 Prozent. Bereits damals war das Ende der Thomas-Stahlproduktion vorauszusehen. Mit dem Anlaufen von Beeckerwerth kam die Oxygenstahlerzeugung hinzu, die 1964/65 erst mit 23 Prozent an der Stahlerzeugung der Gruppe beteiligt war. Sie sollte aber schon ab Anfang der siebziger Jahre fast die gesamte Stahlerzeugung stellen.

Betriebsversammlung der ATH in der Lagerhalle der Bandverzinkung Bruckhausen, 1961.

Meßzentrale im Hochofenwerk Hamborn, 1957.

Getränkeautomat
im Breitband-
werk, 1956.

Sauerstoffbehälter
im Oxygenstahl-
werk Beecker-
werth, 1962.

Marilyn Monroe von Andy Warhol:
ein Beispiel für Pop Art.

1960 Motor 34 PS; Choke entfällt, Startautomatik; asymm. Abblendlicht, Blinker, Synchronisierung für 1. Gang, Lenkungsdämpfer.

The engine output increased to 34 bhp. The choke was replaced by an automatic starter on the carburettor. Other changes: asymmetrical headlights, turn signals synchromesh for first gear and a steering damper.

1961 Auch diesmal einige Änderungen: Lenkradschloß, Befestigungspunkte für Sicherheitsgurte und eine Benzinuhr.

Changes were again made this year: steering lock, anchorages for seat belts and a fuel gauge.

1963 Das große Faltschiebedach gibt es nicht mehr, stattdessen neu im Programm: das Stahlkurbeldach, ebenfalls für 250 Mark Aufpreis.

A steel sliding roof replaced the PVC sliding roof, also for an additional charge of 250 Marks.

1965 Der VW 1300 mit vergrößertem Fenster, 40 PS und flachen Radkappen. 34-PS-Motor nur noch im Standard-Käfer.

The VW 1300 with enlarged windows, 40 bhp and flat hubcaps. The 34 bhp engine only for the standard Beetle.

1966 Noch ein neues Modell: der VW 1500 mit 44 PS. Der Käfer erhält eine breitere Hinterachse, bei den Modellen 1300 und 1500 zusätzlich mit einer Ausgleichsfeder.

Another new model: the VW 1500 with 44 bhp. The Beetle was given a wider rear axle and the 1300 and 1600 models had in addition an equalizing spring.

1967 Der Käfer mit senkrecht stehenden Scheinwerfern, kastenförmigen Stoßstangen, Elektrik mit 12 Volt und für 465 Mark eine Automatik.

The Beetle changes its appearance: vertically placed headlights (only on models with higher engine capacity), box-section bumpers, 12 volt electrical system and, for 465 Marks, an automatic gearbox.

Der Käfer prägte das Straßenbild der sechziger und siebziger Jahre.

Das Ende der Ära Adenauer kam im Herbst 1963. Neuer Bundeskanzler wurde Ludwig Erhard, als Vater des Wirtschaftswunders ungemein populär. Doch als Kanzler traf er auf veränderte Konstellationen. Die Ausnahmesituation der Besatzungs- und Aufbaujahre wich einer überfälligen Normalisierung; die seit 1950 andauernde Hochkonjunktur flachte erstmals Anfang der sechziger Jahre ab. Daß ein den Bundesbürgern selbstverständlich gewordenes Wirtschaftswachstum vorübergehend nachließ, hatte politische Folgen. Vor dem Hintergrund von Inflationsangst, härteren Verteilungskämpfen und einem anwachsenden Haushaltsdefizit kam es im Dezember 1966 zur Bildung der Großen Koalition.

Unabhängig davon ging die wirtschaftliche Verzahnung der Bundesrepublik mit dem Ausland in großen Schritten voran. Dieser Prozeß eröffnete der Industrie auf dem Weltmarkt zusätzliche Chancen, führte aber im Inland auch zu verschärftem Konkurrenzdruck. Gerade die Stahlindustrie bekam dies zu spüren; der Importanteil stieg bis 1965 auf 22 Prozent. Das Vordringen des Öls ließ den Steinkohlenmarkt zusammenbrechen. Der historische Verbund Kohle – Eisen geriet, insbesondere wegen des Kostennachteils der deutschen Zechen, ebenfalls in die Krise. Die Antwort lag in einer Einheitsgesellschaft für die Ruhrkohle. Auch im Stahlbereich, der allerdings nicht von einer Strukturkrise betroffen war, suchte man nach Lösungen, um auf die gewandelte Marktsituation zu reagieren. Walzstahlkontore und Rationalisierungsgruppen waren die Stichworte für das Konzept, mit dem die deutsche Stahlindustrie und mit ihr die August Thyssen-Hütte AG den Herausforderungen zu begegnen suchte.

Die Weltpolitik stand im Zeichen ernster Zuspitzungen. Am 13. August 1961 war die Berliner Mauer errichtet worden, ein Jahr später führte die Kuba-Krise an den Rand eines Atomkriegs. In Südostasien verstrickten sich die Vereinigten Staaten immer tiefer in den Vietnam-Krieg. Mit dem Einmarsch des Warschauer Pakts im August 1968 setzte die Sowjetunion dem Prager Frühling ein gewaltsames Ende. Das neue Massenmedium Fernsehen bringt alle diese Ereignisse direkt in die Wohnzimmer.

1955 sind in der Bundesrepublik erst 100.000 Fernsehteilnehmer registriert, im Oktober 1963 sind es schon acht Millionen. Die „Sekundärzündungen" der Medien (Willy Brandt) schaffen nicht nur ein neues Niveau der Information, sondern sie stimulieren auch die politische Auseinandersetzung. Die pluralistische Gesellschaft gerät in heftige Bewegung. Seit Mitte der sechziger Jahre formiert sich der Protest der studentischen Jugend gegen das sogenannte Establishment. Aber auch in Pop Art und Pop Musik zeigt sich das Lebensgefühl dieser jungen Generation.

Am Ende des Jahrzehnts ist die Bundesrepublik nicht mehr das Provisorium, als das sie nach dem Krieg begonnen hatte. Die Menschen leben in einem stabilen Rechts- und Wohlfahrtsstaat westlicher Prägung. Auch der politische Extremismus von links und rechts ändert daran nichts; eine bestimmende Rolle in den Parlamenten hat er nie erlangt. Wohl aber ist die Bundesrepublik nun eine Republik im Wandel.

FESTIGUNG DES ERREICHTEN

„Ich glaube, es gibt kein zweites Unternehmen der deutschen oder europäischen Wirtschaft, das auf dem Gebiet der Zusammenschlüsse so viel unternommen hat wie die ATH ... Der Aufbau unserer Gruppe ist eine ununterbrochene Kette von Zusammenschlüssen." Mit diesen Worten hatte Sohl in der Hauptversammlung am 20. April 1967 die Entwicklung des Unternehmens gekennzeichnet. Freilich konnte es nicht beim Zusammenkaufen oder Zusammentauschen von Unternehmen bleiben. Man hatte gewissermaßen die Bausteine zusammengebracht; die Aufgabe, sie sinnvoll einander zuzuordnen, harrte noch der Erfüllung. Eine solche auf Optimierung zielende Neuordnung des Erreichten wurde nun mit Vorrang die Arbeit der späten sechziger Jahre.

Schon 1965 ließ sich der Vorstand von den Aktionären einen Betriebsüberlassungsvertrag für die Werke Ruhrort und Hüttenbetrieb Meiderich genehmigen. Der Betriebsüberlassungsvertrag galt ab 1. Oktober 1965. Die ATH übernahm pachtweise die Anlagen der beiden Werke. Mit übernommen wurde eine Belegschaft von 13.500 Mitarbeitern. Die anderen Werke von Phoenix-Rheinrohr, nämlich Mülheim, Düsseldorf, Hilden, Immigrath und Dinslaken, blieben bei der nun als Thyssen Röhrenwerke AG firmierenden bisherigen Phoenix-Rheinrohr AG.

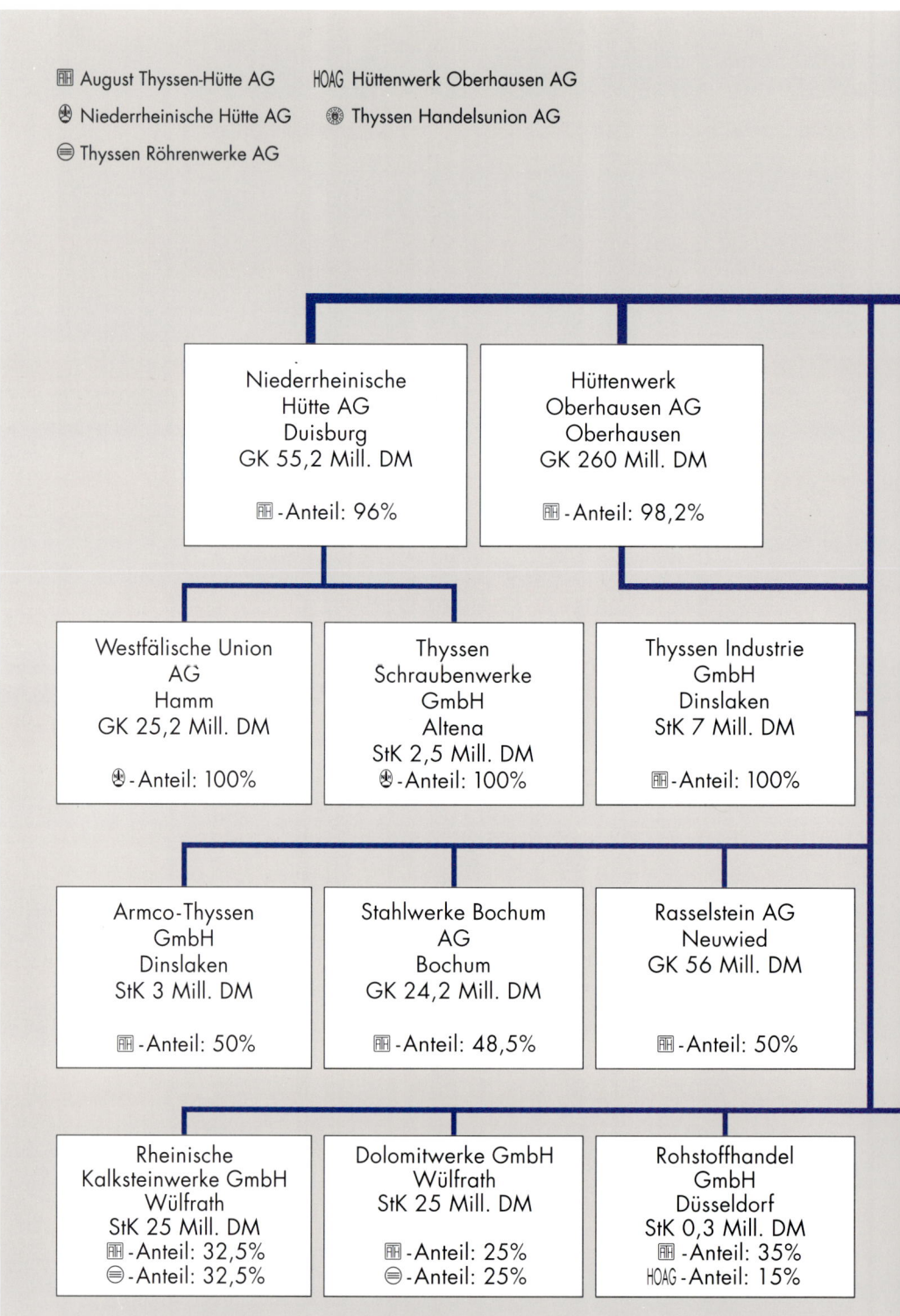

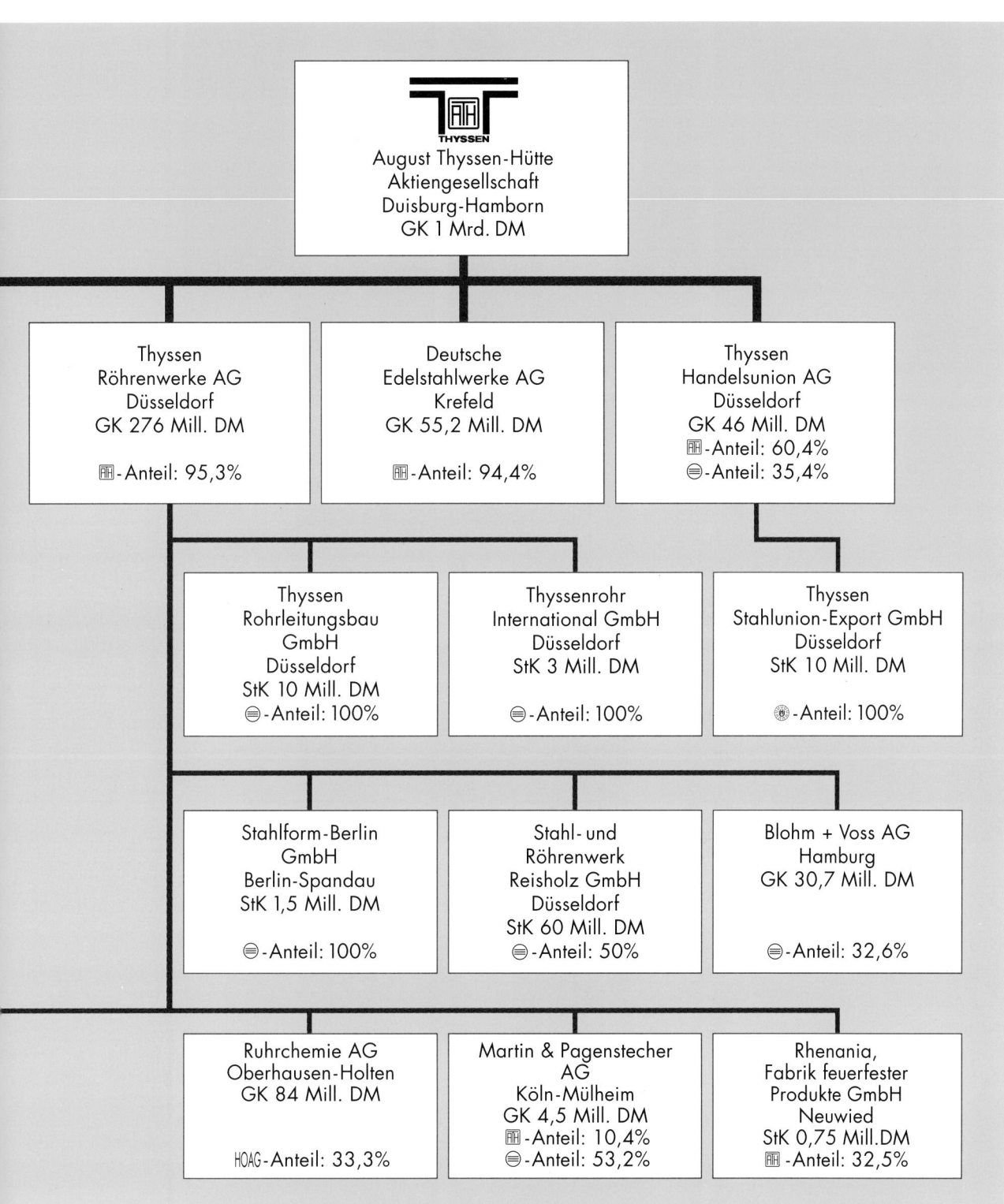

August Thyssen-Hütte
Aktiengesellschaft
Duisburg-Hamborn
GK 1 Mrd. DM

Thyssen
Röhrenwerke AG
Düsseldorf
GK 276 Mill. DM

▦-Anteil: 95,3%

Deutsche
Edelstahlwerke AG
Krefeld
GK 55,2 Mill. DM

▦-Anteil: 94,4%

Thyssen
Handelsunion AG
Düsseldorf
GK 46 Mill. DM
▦-Anteil: 60,4%
⊜-Anteil: 35,4%

Thyssen
Rohrleitungsbau
GmbH
Düsseldorf
StK 10 Mill. DM
⊜-Anteil: 100%

Thyssenrohr
International GmbH
Düsseldorf
StK 3 Mill. DM

⊜-Anteil: 100%

Thyssen
Stahlunion-Export GmbH
Düsseldorf
StK 10 Mill. DM

⊛-Anteil: 100%

Stahlform-Berlin
GmbH
Berlin-Spandau
StK 1,5 Mill. DM

⊜-Anteil: 100%

Stahl- und
Röhrenwerk
Reisholz GmbH
Düsseldorf
StK 60 Mill. DM
⊜-Anteil: 50%

Blohm + Voss AG
Hamburg
GK 30,7 Mill. DM

⊜-Anteil: 32,6%

Ruhrchemie AG
Oberhausen-Holten
GK 84 Mill. DM

HOAG-Anteil: 33,3%

Martin & Pagenstecher
AG
Köln-Mülheim
GK 4,5 Mill. DM
▦-Anteil: 10,4%
⊜-Anteil: 53,2%

Rhenania,
Fabrik feuerfester
Produkte GmbH
Neuwied
StK 0,75 Mill.DM
▦-Anteil: 32,5%

*Konzernschau-
bild aus dem ATH-
Geschäftsbericht
zum 30. September
1969.*

Arbeitsteilung im Konzern

Der Grundgedanke des Vorstands für die Neuordnung bestand darin, die gesamte Rohstahl- und Halbzeugversorgung der Thyssen-Gruppe, von der Thyssenhütte über Ruhrort und Meiderich bis zur Hütte Niederrhein, den Röhrenwerken, den Edelstahlwerken und der Beteiligungsgesellschaft Rasselstein aufeinander abzustimmen. Dies war der Beginn der eigentlichen Arbeitsteilung im Konzern. Das Herausarbeiten der Stärken der einzelnen Werke hat wesentlich dazu beigetragen, daß Thyssen die Stahlkrise, die 1975 einsetzte, am besten unter allen Stahlgesellschaften überstanden hat.

Hamborn, Ruhrort und Meiderich erhielten eine zentrale Produktionslenkung. Unter anderem konnte dank dieser engeren Zusammenarbeit Anfang 1966 das ältere Siemens-Martin-Stahlwerk in Bruckhausen stillgelegt werden. Jetzt war auch die Zeit gekommen, für die Niederrheinische Hütte ein neues Konzept zu entwickeln. So wurde bei dieser Tochtergesellschaft Ende September 1966 der letzte Hochofen ausgeblasen. Im November 1966 legte man das Stahlwerk und die Block- und Knüppelstraße still.

Kühlbett einer Drahtstraße.

Damit war Niederrhein ein reines Walzwerk geworden; zugleich wurden die eisenschaffenden Betriebe in Hamborn und Ruhrort besser ausgelastet. Niederrhein konzentrierte sich im wesentlichen auf die Produktion von Stabstahl und Walzdraht. Dazu trug der Neubau einer vieradrigen Walzstraße wesentlich bei.

Ein weiteres Objekt der konzerninternen Neuordnung war die Röhrenerzeugung. Die Thyssen Röhrenwerke AG übernahm im Herbst 1966 eine Mehrheitsbeteiligung an der Stahl- und Röhrenwerk Reisholz GmbH, einem seit jeher auf die Fertigung von Sonderqualitäten ausgerichteten Unternehmen. Dadurch wurde die Konzentration der Erzeugung von Präzisionsrohren in Reisholz ermöglicht.

Auch die Schraubenfertigung der Thyssen-Gruppe wurde neu geordnet. Die Produktionsanlagen des Eisenwerks Steele auf diesem Gebiet wurden pachtweise auf das Lennewerk Altena übertragen, das künftig als Thyssen Schraubenwerke GmbH geführt wurde.

Im Jahre 1966 beteiligte sich die August Thyssen-Hütte AG zunächst mit einer Schachtel an der Stahlwerke Bochum AG, einem der führenden europäischen Hersteller von Elektroblech. Man strebte auch auf diesem Gebiet eine paritätische Beteiligung gemeinsam mit der Gruppe Otto Wolff an, mit der man seit Jahren bereits bei Rasselstein im Weißblech- und im Feinstblech-Bereich eng zusammenarbeitete.

Meßwarte eines Hochofens, 1970.

Ansicht der Niederrheinischen Hütte mit Hochofengruppe, Erzumschlag- und Sinteranlage, 1959.

Teilnehmer am ersten Thyssentag bei einem Werksbesuch in Bruckhausen, 1964.

Erste Schatten einer Stahlkrise

Mitte der sechziger Jahre galt es Abschied zu nehmen von der Phase des Wiederaufbaus. Die „Männer der ersten Stunde", jene Unternehmer, die unter großen Mühen, unter alliierten Auflagen und mit viel Einfallsreichtum die zerstörte Industrie und ihre Infrastruktur wieder aufgebaut hatten, gestützt auf hervorragend ausgebildete und erfahrene Mannschaften, jene Männer wurden plötzlich mit einem Rückgang der Stahlnachfrage konfrontiert. Es gab Warner, die davon abrieten, hiergegen mit alten Rezepten anzugehen. Gleichwohl setzte sich in der zweiten Hälfte der sechziger Jahre in der deutschen Stahlindustrie die Auffassung durch, daß es ohne Kartelle kaum eine Chance gab, mit der Abschwächung des Stahlmarkts fertig zu werden.

Mit der Diversifikation, also mit der Ausweitung des Geschäfts auf andere Aktivitäten, war es in der deutschen Stahlindustrie zu jener Zeit noch nicht weit her. Die August Thyssen-Hütte machte in dieser Hinsicht keine Ausnahme. So erklärte der Cheftechni-

ker der ATH im Sommer 1968: „Nach allem, was wir in den letzten Monaten überlegt haben, komme ich nicht zuletzt auf Grund der Modernitätsanalyse und der damit zusammenhängenden Kostenkonkurrenzlage zu dem Ergebnis: Wir sollten bei unserer einseitigen Ausrichtung auf Stahl bleiben und unsere Investitionsmittel vorerst, d. h. in den nächsten zehn bis fünfzehn Jahren, im Stahl einsetzen." Diese Einschätzung prägte die Investitionspolitik jener Jahre.

Im Jahre 1965 ging die deutsche Rohstahlerzeugung um 1,5 Prozent zurück; die Thyssen-Gruppe erhöhte im Geschäftsjahr 1964/65 die Rohstahlerzeugung zwar noch leicht um 1,6 Prozent auf 8,6 Millionen Tonnen, doch lag dies im wesentlichen an einem relativ ordentlichen ersten Quartal des Geschäftsjahrs. Was die Stahlindustrie vor allem drückte, war der wachsende Importanteil, der schon im Jahre 1965 fast 22 Prozent erreichte.

Im Januar 1966 besprach ein kleiner Kreis von Stahlvorständen die ernste Lage der Branche. Im Mai einigten sich die deutschen Stahlunternehmen während einer Tagung in München auf die Gründung von Walzstahlkontoren. Schon am 1. Juli 1966 wurden die Genehmigungsanträge bei der Hohen Behörde der Montanunion gestellt. Es folgten dann Gespräche mit der Bundesregierung, den Gewerkschaften und der Hohen Behörde. Die Genehmigung wurde im März 1967 erteilt; sie galt bis Juni 1971.

„Trainingszentren für die Unternehmenskonzentration" nannte der damalige Bundeswirtschaftsminister Karl Schiller, der wegen seiner plastischen Metaphern bekannt war, die Walzstahlkontore. Auch die Wirtschaftsvereinigung Eisen- und Stahlindustrie bezeichnete sie als eine „Art von Fusionssurrogat". Zu den erklärten Zielen der Kontore gehörten die Zusammenfassung von Aufträgen, die Einsparung von Frachtkosten, die Abstimmung von Produktionsprogrammen und die vorübergehende oder auch endgültige Stillegung von Produktionsanlagen.

Vier Walzstahlkontore faßten den Verkauf von 30 Unternehmen zusammen. Sie betrieben sowohl das Inlands- als auch das Exportgeschäft. Ihre Aufgabe bestand im gemeinsamen Verkauf der Vertragserzeugnisse und in der Absatzplanung für die Mit-

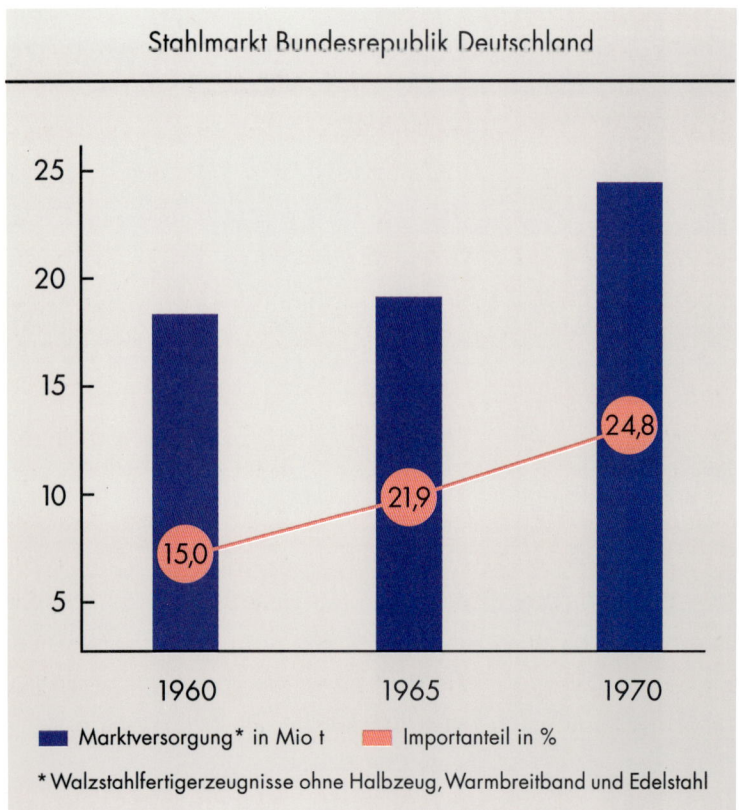

Stahlmarkt Bundesrepublik Deutschland

■ Marktversorgung* in Mio t   ■ Importanteil in %

* Walzstahlfertigerzeugnisse ohne Halbzeug, Warmbreitband und Edelstahl

gliedswerke. Ausgenommen vom gemeinsamen Verkauf blieben Edelstahl, Halbzeug, Röhren und andere nicht dem Montanunion-Vertrag unterliegende Erzeugnisse sowie einige Spezialprodukte.

Die Walzstahlkontor West GmbH war das größte der vier Kontore vor den Kontoren Westfalen, Nord und Süd. Folgende Unternehmen und ihre walzstahlerzeugenden Beteiligungsgesellschaften bildeten neben mehreren kleineren Unternehmen die Walzstahlkontor West GmbH: August Thyssen-Hütte AG, Fried. Krupp Hüttenwerke AG, Mannesmann AG und Otto Wolff AG.

Das Kontor West repräsentierte im Herbst 1966 eine Monatsproduktion von 794.000 Tonnen Walzstahl. In der Walzstahlkontor Westfalen GmbH waren neben Firmen wie Hoesch und Dortmund-Hörder Hüttenunion als größte Mitglieder auch die Rheinstahl Hüttenwerke AG mit der Henrichshütte vertreten. Die Walzstahlkontor Nord GmbH umfaßte neben der Ilseder Hütte, Klöckner und Salzgitter auch die HOAG. Die Walzstahlkontor Süd GmbH bestand vor allem aus den Saarhütten.

Es ist eine alte Erfahrung, daß in einem Kartell der Größte die meisten Opfer bringt. So hat denn auch die Thyssen-Gruppe von der Kontorlösung eher Nachteile gehabt. Sie hätte wahrscheinlich ohne die Fesseln, die man sich als Kontor-Mitglied freiwillig auferlegte, am Markt besser abgeschnitten. Kritische Beobachter

stellten ohnehin schon bald nach Gründung der Kontore die Frage, welchem Stahlunternehmen diese Einrichtungen überhaupt nutzen. Von vielen Kunden wurde behauptet, sie reagierten schwerfällig auf das Marktgeschehen. Auch in der Öffentlichkeit stießen die Kontore auf Kritik. Das wurde vor allem deutlich, als sich das Walzstahlkontor West mit dem Branchen-Außenseiter Willy Korf auf einen scharfen Preiskampf auf dem Betonstahlmarkt einließ. Das Kontor wurde schließlich von der Europäischen Kommission zur Zurücknahme der ergriffenen Maßnahmen gezwungen.

Auch gegen den wachsenden Importdruck vermochten die Kontore nichts auszurichten. Denn in dem Maße, in dem sie am Inlandsmarkt die Preise stabilisierten, schufen sie eine Sogwirkung für Stahlimporte. Der Importanteil für Stabstahl etwa, bei Kontorgründung noch mit neun Prozent recht bescheiden, wuchs rasch auf 29 Prozent; er nahm beim Grobblech von sechs auf 30 Prozent zu und beim Feinblech von 19 auf 38 Prozent.

Gerade weil der Wettbewerb nicht so funktionierte, wie man das bei Beantragung der Kontore erwartet hatte, ließ die Kommission in Brüssel die Unternehmen früh genug wissen, daß sie eine Verlängerung der Kontore über Juni 1971 hinaus ablehnen würde. Die Stahlindustrie verließ deshalb das Kontorkonzept und beantragte rechtzeitig, nämlich zum Jahresbeginn 1971, die Genehmigung von drei Rationa-

lisierungsgruppen unter Fortführung des Kontors Westfalen in abgewandelter Form. Inzwischen waren aber auch schon beachtliche Veränderungen eingetreten. So war von den zahlreichen Gesellschaftern der vier Kontore nur noch gut die Hälfte übriggeblieben. Durch die im Jahre 1969 vereinbarte Neuordnung zwischen Thyssen und Mannesmann, bei der die Rohrproduktion auf Mannesmann und die Walzstahlerzeugung auf Thyssen konzentriert worden waren, schied Mannesmann als Mitglied der Rationalisierungsgruppe West aus.

Die Vertragsdauer der Rationalisierungsgruppen war bis Mitte 1975 angesetzt. Doch wurde die Frist gar nicht ausgefüllt, zumal die sehr gute Auftragslage der Hochkonjunkturjahre 1973 und 1974 die Produktionsquoten überflüssig machte. Ein anderes wichtiges Ereignis, auf das noch ausführlich einzugehen sein wird, war der im Dezember 1973 genehmigte Zusammenschluß zwischen Thyssen und Rheinstahl. Diese Fusion bedeutete auch eine Klammer zwischen der Rationalisierungsgruppe West und dem Walzstahlkontor Westfalen. Deshalb entschied die Kommission der Europäischen Gemeinschaft am 20. Dezember 1973, daß Thyssen und Rheinstahl bis Ende März 1974 aus der jeweiligen Gruppe ausscheiden mußten. Damit aber war der Gruppe West und dem Kontor Westfalen die Existenzgrundlage entzogen.

Thyssen nimmt die HOAG auf

Wenn die Walzstahlkontore wirklich ein Trainingszentrum für die Unternehmenskonzentration gewesen sein sollten, dann war das Ergebnis dieses Trainings enttäuschend. Es gab während ihrer Zeit nur einen einzigen nennenswerten Konzentrationsfall, die Übernahme der Hüttenwerk Oberhausen AG (HOAG) durch die August Thyssen-Hütte AG im Jahre 1968. Diese Konzentration aber ging über Kontorgrenzen hinweg, und sie hat die Schwergewichte in den Walzstahlkontoren so verlagert, daß auch hierin schon ihr Ende angelegt war. Mit der HOAG gliederte sich die ATH außerdem erstmals ein Unternehmen ein, das nicht aus dem früheren Bereich der Vereinigten Stahlwerke stammte.

Die HOAG war das älteste westdeutsche Hüttenwerk. Schon in der zweiten Hälfte des 18. Jahrhunderts wurden auf dem Gebiet der heutigen Stadt Oberhausen die Eisenhütten St. Antony, Gute Hoffnung und Neu-Essen gegründet. Sie kamen 1808 unter einheitliche Leitung, zwei Generationen später entstand hieraus die Gutehoffnungshütte, Aktienverein für Bergbau und Hüttenbetrieb. Die Hüttenwerk Oberhausen AG ist nach dem Zweiten Weltkrieg aus der Entflechtung der Gutehoffnungshütte in einen Bergbau-, einen eisenschaffenden und einen verarbeitenden Teil hervorgegangen. Der eisenschaffende Bereich wurde in die HOAG eingebracht, die bedeutende Verarbeitung fand sich in dem neuen Gutehoffnungshütte Aktienverein wieder. Der Bergbau landete in

Oxygenstahlwerk Bruckhausen in der Bauphase, 1969.

der Bergbau AG Neue Hoffnung, die sich die Hüttenwerk Oberhausen AG 1959 wieder eingliederte.

Die HOAG war anlehnungsbedürftig. Sie hatte schon einige Jahre zuvor mit Klöckner, der Ilseder Hütte und dem Salzgitter-Konzern wegen einer Fusion im Gespräch gestanden. Zu den Problemen der HOAG hatte eine unausgewogene Produktionsstruktur ebenso beigetragen wie jahrelang unzureichende Investitionen trotz der in den fünfziger Jahren erzielten guten Erträge.

Damals rechnete sich der Vorstand der ATH beträchtliche Vorteile aus. Einmal wirkte die Überlegung mit, daß in Duisburg eine Ausweitung der Kapazitäten nicht mehr ratsam, wahrscheinlich auch gar nicht möglich sein würde. Berechnungen über die Gefahr von Doppelinvestitionen kamen hinzu. Im Frühjahr 1967 hatte die HOAG den Bau eines Oxygenstahlwerks und einer Stranggießanlage sowie die Modernisierung der Brammenstraße angekündigt.

Zur gleichen Zeit war bei der ATH schon der Bau des Oxygenstahlwerks Bruckhausen mit damals 3,6 Millionen Tonnen Jahreskapazität angelaufen. Im Zusammenhang damit sah man in Duisburg einen Roheisen-Engpaß auf sich zukommen und kam deshalb mit Oberhausen ins Gespräch. Die ATH konnte vorerst auf den Neubau von Hochöfen verzichten, weil die HOAG eine stattliche Roheisen-Kapazität einbringen würde. Außerdem hatte die HOAG ein ungewöhnlich breites Walzprogramm.

Der Fusionsantrag wurde im September 1967 bei der Europäischen Kommission eingereicht, die Genehmigung am 19. Juni 1968 erteilt. Gleich danach folgte ein Umtauschangebot an die HOAG-Aktionäre. Ein beachtlicher Teil der Aktien lag bei den Gründerfamilien. Thyssen bot ein Umtauschverhältnis von zehn HOAG-Aktien gegen sechs ATH-Aktien an. Zusätzlich wurden zehn Prozent des Nominalwerts der im Umtausch hingegebenen ATH-Aktien in bar geleistet. Für die HOAG-Aktionäre war dies eine gewinnbringende Transaktion. Wäre die HOAG selbständig geblieben, so hätte sie in der Strukturkrise der Stahlindustrie, die 1975 ausbrach, wohl nicht lange überlebt.

„Die Thyssen-Gruppe hat heute – und erst recht nach dem Zusammenschluß mit der HOAG – eine Größenordnung, die für ein Stahlunternehmen international als optimal gilt." Dies stellte der ATH-Vorstand 1968 in der Hauptversammlung fest. Im Geschäftsjahr 1968/69 erzeugte die um die HOAG vergrößerte ATH 12,2 Millionen Tonnen Rohstahl und 10,5 Millionen Tonnen Walzstahl; der Umsatz betrug insgesamt 9,9 Milliarden DM.

Die Zusammenfassung der HOAG mit der Niederrheinischen Hütte zur Thyssen Niederrhein AG wurde rasch in Angriff genommen. Es galt, den Produktionsfluß abzustimmen und eine produktionstechnische Einheit zu schaffen. Stabstahl und Walzdraht sollten die Schwerpunkte der künftigen neuen Einheit bilden. Es galt vor allem, veraltete Anlagen stillzulegen und Ungleichgewichte in den Produktionsprogrammen zu beseitigen. Außerdem wurden auf der Grundlage des Umwandlungssteuergesetzes Verschmelzungsvorgänge der HOAG und der Niederrheinischen Hütte mit der August Thyssen-Hütte AG durchgeführt.

Auch nach den Umstrukturierungen zu Anfang der siebziger Jahre hat das Werk Oberhausen dem Thyssen-Vorstand noch lange Zeit große Sorgen bereitet. Seit dem Ausbruch der europäischen Stahlkrise erwies sich vor allem das dortige Siemens-Martin-Werk als große Verlustquelle. Die Lage spitzte sich 1976/77 zu. Dieter Spethmann, seit 1973 Vorsitzender des Thyssen-Vorstands, stellte 1977 fest: „Das SM-Stahlwerk unserer Tochtergesellschaft Thyssen Niederrhein in Oberhausen ist durch Veränderung des Marktes und der Technik zu einer Quelle untragbarer Verluste geworden." So lag es nahe, dieses Siemens-Martin-Stahlwerk und die dahinter stehende Block-Brammenstraße stillzulegen und die Rohstahlversorgung von Bruckhausen und Beeckerwerth aus zu übernehmen.

Das war freilich nicht ganz einfach. Erstmals sah sich das Unternehmen massiven Protesten vor allem aus dem gewerkschaftlichen und kommunalpolitischen Raum gegenüber. Das war ein Vorbote dessen, was Thyssen und andere Konzerne in späteren Jahren bei unvermeidbaren Stillegungen an den betroffenen Standorten erleben sollten. Schließlich aber erwies sich, daß im Zeichen des technischen und wirtschaftlichen Wandels solche Einschnitte zwar verzögert, aber nicht vermieden werden können. Im Sommer 1977 wurde ein umfassendes Sanierungsprogramm für den Niederrhein-Bereich beschlossen. Die Betriebe in Duisburg-Hochfeld und Oberhausen wurden an die Thyssen AG verpachtet, Thyssen Niederrhein wurde eine Betriebsführungsgesellschaft.

Einschneidender war die Stillegung des Siemens-Martin-Werks und der Block-Brammenstraße. Als Ersatz für diese Produktionsstätten wurde ein Elektrostahlwerk mit einer Monatskapazität von 50.000 Tonnen und eine Knüppel-Stranggießanlage gebaut. Das Projekt erforderte Investitionen von 140 Millionen DM. Mit der Einführung der Elektrostahl-Erzeugung in Oberhausen wurde nun auch die dortige Roheisenerzeugung überflüssig. Im August 1979 wurde die letzte Tonne Roheisen in Oberhausen erschmolzen.

Mit der Stillegung von Roheisen- und Rohstahlanlagen in Oberhausen ging dort auch der Abbau von Walzstraßen einher. Er betraf zunächst vor allem die Halbzeug- und Profilseite. Hierdurch wurde ein Abbau der Belegschaft unvermeidbar. Dies geschah, ohne daß Leute entlassen werden mußten. Ein Teil ging in den vorzeitigen Ruhestand, ein anderer wurde von benachbarten Werken der Thyssen-Gruppe übernommen.

Dies sollte nicht der letzte Schritt auf dem Wege der Kapazitätskürzungen in Oberhausen, aber auch an anderen Stahlstandorten von Thyssen sein. Er macht deutlich, mit welcher Energie schon in den siebziger Jahren bei Thyssen Kapazitäten den veränderten Marktverhältnissen angepaßt wurden.

Burg Vondern in Oberhausen.

Röhren gegen
Walzstahl

Man kann die Investitionen in Werksanlagen auf Jahre hinaus sorgfältig planen. Aber wenn es um Kooperationen oder Fusionen geht, muß rasch entschieden werden. So war die HOAG-Übernahme gerade erst vollzogen, als am 8. Februar 1969 der Thyssen-Vorstand gemeinsam mit dem Vorstand der Mannesmann AG vor die Öffentlichkeit trat, um das Projekt einer unternehmensübergreifenden Kooperation anzukündigen: Beide Unternehmen hatten sich auf eine „arbeitsteilige Spezialisierung" geeinigt. Sie hatten beschlossen, ihre Röhrenwerke in eine gemeinsame Gesellschaft einzubringen, an der Mannesmann zu zwei Dritteln und Thyssen zu einem Drittel beteiligt werden sollten. Die Walzstahlkapazitäten von Mannesmann, soweit sie nicht der Versorgung der Röhrenwerke mit Vormaterial dienten, sollten auf Thyssen übergehen.

Der Anlaß zu diesen Beschlüssen lag darin, daß Mannesmann seit Frühjahr 1968 mit Hoesch über den Bau einer gemeinsamen Warmbreitbandstraße in Duisburg-Huckingen verhandelte. Diese geplante Kooperation Mannesmann-Hoesch, die auf dem deutschen Flachstahlmarkt eine vollkommen neue Situation geschaffen hätte, konnte dem Thyssen-Vorstand nicht gleichgültig sein. Da sich Mannesmann Alternativen offenhalten wollte, verhandelte man ab Anfang 1969 parallel zu Hoesch auch mit der ATH, bis schließlich am 4. Februar 1969 die Entscheidung zugunsten einer Zusammenarbeit mit Thyssen fiel.

Die Unternehmensführungen mußten sich damals gegen den Vorwurf wehren, sie wollten ein Monopol schaffen. In der Tat gab es in der deutschen Röhrenindustrie nur zwei Großunternehmen, nämlich die Mannesmann AG und die Thyssen Röhrenwerke AG. Eine Zusammenfassung der beiden Röhrenproduzenten, so errechneten die Kritiker, würde einen Produktionsanteil in der Bundesrepublik von fast 70 Prozent bedeuten. Dem hielten freilich die beteiligten Vorstände entgegen, daß die British Steel Corporation und der größte französische Röhrenerzeuger, die Gruppe Vallourec, auf dem jeweiligen Inlandsmarkt 86 Prozent der Röhrenproduktion repräsentierten. Außerdem seien die deutschen Röhrenerzeuger mit ihren hohen Ausfuhren in außereuro-

päische Länder einem schonungslosen internationalen Wettbewerb ausgesetzt.

Wichtig war auch die Aussicht auf erhebliche Kostensenkungen. Sie wurden von den Vorständen nach den ersten überschlägigen Berechnungen bei den Investitionen auf 300 Millionen DM und bei den Betriebskosten auf jährlich rund 100 Millionen DM veranschlagt. Die Investitionsersparnis wurde vom Thyssen-Vorstand ein halbes Jahr später sogar eher bei 400 Millionen DM angesetzt.

In die neu zu gründende Gesellschaft brachte Mannesmann mit Ausnahme des Rohrleitungsbaus seine gesamte Röhrenfertigung und -verarbeitung ein. Die dafür notwendigen Hütten- und Walzwerksanlagen in Huckingen verblieben bei Mannesmann, belieferten aber ausschließlich die Mannesmannröhren-Werke, und zwar auf Kostenbasis. Aus dem Thyssen-Kreis ging die gesamte Mülheimer und Düsseldorfer Röhrenfertigung auf die neue Gesellschaft über, einschließlich der großen 4-m-Grobblechstraße in Mülheim. Dazu kam die Röhrenverarbeitung von Thyssen in Dinslaken und ein Werk in Berlin. Ebenfalls Teil der gemeinsamen Röhrengesellschaft wurden die entsprechenden Tochter- und Beteiligungsgesellschaften, ausgenommen die später verkauften kanadischen Röhrenwerke von Thyssen und das Mannesmann-Hüttenwerk in Brasilien. Darüber hinaus wurden langfristige Verträge über die Belieferung der Mannesmannröhren-Werke mit Vormaterial abgeschlossen, er-

Transport von Großrohren für den Export.

gänzt durch einen Rohstahltausch zwischen Hamborn und Huckingen.

Die August Thyssen-Hütte AG übernahm von Mannesmann neben Blechverarbeitungswerken an verschiedenen Standorten vor allem das Grobblechwalzwerk mit Warmbandadjustage und das Kaltwalzwerk in Duisburg-Huckingen, ferner das benachbarte Breitflachwalzwerk Großenbaum. Ebenfalls an Thyssen gingen das Elektroblech-Walzwerk Grillo Funke in Gelsenkirchen und das Bandverzinkungswerk Finnentrop.

Mit der Übertragung des Walzstahlbereichs von Mannesmann auf die ATH, so Hans-Günther Sohl in der Hauptversammlung des Jahres 1970, habe ein neuer Abschnitt in der Geschichte des Unterneh-

mens begonnen. Die mit ihren Belegschaften übernommenen Werke umfaßten leistungsfähige Anlagen, die eine wertvolle Ergänzung für die ATH darstellten. So könne man mit dem modernen Kaltwalzwerk im Duisburger Süden die Feinblechproduktion erfreulich ausweiten. Das Grobblechwalzwerk sei ebenfalls erst einige Jahre alt und werde sinnvoll ergänzt durch das Breitflachstahl-Programm. Mit den Feuerverzinkungsanlagen in Finnentrop habe man die Position beim oberflächenveredelten Blech weiter verbessert, während die ATH durch das Werk Grillo Funke das Elektroblech-Geschäft ausbauen könne.

Auf die Gesamtgröße der Thyssen-Gruppe hatte die Transaktion mit Mannesmann bemerkenswert geringe Auswirkungen. Spürbar waren sie zunächst nur in der Personalstärke. Durch die Abgabe der Röhrenbetriebe wurden 20.000 Thyssen-Mitarbeiter zu „Mannesmännern". Durch die Übernahme der Walzbetriebe wechselten rund 3.000 Mannesmann-Mitarbeiter zu Thyssen. Vergleicht man 1968/69 als das letzte ATH-Geschäftsjahr vor der arbeitsteiligen Spezialisierung mit dem ersten Geschäftsjahr danach, nämlich 1970/71, so zeigt sich ein von 9,1 auf 10,4 Milliarden DM erhöhter Umsatz, dessen Exportanteil mit 26 Prozent unverändert blieb.

Durch die Arbeitsteilung mit Mannesmann war Thyssenrohr, deren Stahl- und Walzwerke in Ruhrort und deren Hüttenbetrieb Meiderich bereits seit Jahren an die ATH verpachtet waren, auch um seinen gesamten Röhrenteil „erleichtert". Dadurch wurde das Unternehmen zu einer reinen Vermögensverwaltungsgesellschaft. Es lag deshalb nahe, die Thyssen Röhrenwerke AG unter Abfindung der letzten außenstehenden Aktionäre auf die ATH zu verschmelzen. Den Beschluß dazu faßte die Hauptversammlung der Thyssen Röhrenwerke AG am 24. April 1970.

An der neuen gemeinsamen Röhrengesellschaft, die 1969 eine Belegschaft von 41.000 Mitarbeitern und eine Röhrenproduktion von 2,3 Millionen Tonnen repräsentierte, war die ATH zunächst mit einem Drittel beteiligt. Mit der Mannesmannröhren-Werke GmbH, kurz darauf in eine Aktiengesellschaft umgewandelt, wurde von Mannesmann und Thyssen ein Beherrschungs- und Gewinnabführungsvertrag abgeschlossen.

Im Zusammenhang mit dem Rheinstahl-Erwerb durch Thyssen mußte im Jahre 1974 der Thyssen-Anteil an der Mannesmannröhren-Werke AG gemäß Auflage der EG-Kommission auf ein Viertel reduziert werden; damit verbunden war eine Auflösung des gemeinsamen Beherrschungs- und Gewinnabführungsvertrags. Die Mannesmann AG, der nun 75 Prozent der Röhrengesellschaft gehörten, schloß mit ihr erneut einen Beherrschungs- und Gewinnabführungsvertrag ab. Thyssen als außenstehender Aktionär erhielt seitdem von der Mannesmann AG einen jährlichen Ausgleich in Höhe des anteiligen Ergebnisses, mindestens aber eine sogenannte Garantiedividende von sechs Prozent.

Werkshalle des Walzwerks Grillo Funke in Gelsenkirchen, 1973.

*Hochofenwerk
Schwelgern,
Bau des Kamins
einer Sinter-
anlage, 1970.*

*Das Werk
Finnentrop im
Sauerland betreibt
zwei Feuerverzin-
kungsanlagen.*

Abschied von
der Kohle

Die Strukturkrise im deutschen Steinkohlenbergbau setzte im Jahre 1958 ein. Die August Thyssen-Hütte AG hatte als einzige Stahl-Nachfolgegesellschaft der Vereinigten Stahlwerke keinen eigenen Steinkohlenbergbau erhalten. Als der Vorstand der ATH den Konzern neu arrondierte, stand die Angliederung eisenschaffender Betriebe im Vordergrund. Die Wiedergewinnung eines eigenen Steinkohlenbergbaus wurde hintangestellt, abgesehen von der vorübergehenden Mehrheitsbeteiligung an der Erin Bergbau AG. Später, nämlich ab 1959/60, mußten ohnehin Zweifel aufkommen, ob es noch angebracht sei, sich um eine eigene Kohlenbasis zu bemühen. Da türmten sich schon die Halden auf, und die ersten Stillegungen von Bergwerken standen zur Diskussion. Beteiligungen an Bergbau-Unternehmen erhielt die August Thyssen-Hütte AG in den sechziger und siebziger Jahren durch die Angliederung der Phoenix-Rheinrohr AG, der Hüttenwerk Oberhausen AG und der Rheinstahl AG.

August Thyssen hatte am Ende des 19. Jahrhunderts als einer der ersten den Gedanken des Rohstoffverbunds Kohle-Eisen in aller Konsequenz verwirklicht. Seine Nachfolger in der zweiten Hälfte des 20. Jahrhunderts mußten erkennen, daß der Besitz von Steinkohlenbergwerken eine schwere Last werden konnte. Im Jahre 1971 zog Sohl folgendes Fazit aus der bis dahin eingetretenen Entwicklung: Belgien und die Niederlande hätten ihren Bergbau stillgelegt und importierten billige Kohle, während der deutsche Bergbau künstlich erhalten bleibe und gegen Importe abgeschottet werde. Der daraus abzuleitende Wettbewerbsnachteil der deutschen Stahlindustrie sei eine der Ursachen dafür, daß der Anteil der Belgier und Niederländer an der europäischen Stahlproduktion stieg, während der deutsche Anteil zurückging.

Der entscheidende Grund für den Zusammenbruch des Steinkohlenmarkts lag im Vordringen des Heizöls. Die Mineralöl-Industrie baute erhebliche Raffineriekapazitäten auf, deren Produktstruktur zwangsläufig ein Überangebot von schwerem Heizöl als Konkurrent zur Kohle im industriellen Einsatz geradezu vorprogrammierte. Zudem verlor die Steinkohle in wachsendem Tempo den Wärmemarkt an das leichte Heizöl.

Es begann nun ein Ringen um die Erhaltung des deutschen Steinkohlenbergbaus. 1957 wurden rund 149 Millionen Tonnen gefördert. 1960 waren es noch 142 Millionen Tonnen, und es war vorauszusehen, daß der Abwärtstrend anhalten würde. Aus einer Erklärung, die Bundeswirtschaftsminister Erhard im Mai 1962 im Bundestag abgab, leitete der Steinkohlenbergbau eine Fördergarantie ab. Diese Richtzahl konnte in den folgenden Jahren nicht eingehalten werden, und 1965 gab die Bundesregierung das Förderziel von 140 Millionen Tonnen denn auch offiziell auf. An der Ruhr ging die Steinkohlenförderung von 122 Millionen Tonnen im Jahre 1958 auf 103 Millionen Tonnen im Jahre 1966 zurück; sie erreichte 1970 nur noch 91 Millionen Tonnen.

KOHLEPOLITIK IM SPANNUNGSFELD

Auszüge aus der Rede von Bundeswirtschaftsminister Ludwig Erhard vor dem Deutschen Bundestag am 16. Mai 1962

Die Bundesrepublik ist als Land mit großer Steinkohlenförderung und großem Kohlenexport von den Schwierigkeiten struktureller Veränderungen am Energiemarkt besonders betroffen. Seit dem Jahr 1958 steht daher die Anpassung des Steinkohlenbergbaus an die durch Wettbewerb der Einfuhrkohlen und des Heizöls grundlegend veränderte Lage im Vordergrund der energiepolitischen Maßnahmen der Bundesregierung.
[...] Der Anpassungsprozeß des Steinkohlenbergbaus ist im übrigen keineswegs beendet. Es muß damit gerechnet werden, daß der Steinkohlenbergbau unter dem Druck verschiedener Faktoren, der Konkurrenz anderer Energieträger, der Kostengestaltung und des zunehmenden Bergarbeitermangels, in der kommenden Zeit besonderen Anpassungsschwierigkeiten entgegensieht.
[...] Ich wollte nur deutlich machen, daß bei einem so ungeheuer dynamischen Geschehen, wie wir es erleben, Voraussagen keinen Wert haben. Bitte erinnern Sie sich daran, was 1956, 1957 und danach geschehen ist. Alle Berechnungen, die gewiß mit großer Sorgfalt von der Hohen Behörde u. a. angestellt worden sind, hat die lebendige Wirklichkeit einfach vom Tisch gefegt. Ich glaube, das Beste, was man für die Kohle tun kann, ist, ihr die ehrliche Versicherung zu geben: Wir wollen unsere Wirtschaftspolitik im ganzen so orientieren, daß sie bei eigenen Anstrengungen ihren Absatz mit 140 Millionen t wird behaupten können.

Letzte
Förderschicht.

Bundeswirtschaftsminister Karl Schiller kündigte 1967 ein Energieprogramm an, in das sich der deutsche Steinkohlenbergbau mit einer ihm gebührenden Rolle eingliedern sollte. Am 15. Mai 1968 schließlich wurde das „Kohlegesetz" verabschiedet. Der Gedanke einer Einheitsgesellschaft für den Ruhrbergbau war zu diesem Zeitpunkt schon so gut wie ausdiskutiert. Durchgesetzt hatten sich weitgehend die Vorstellungen des Rheinstahl-Plans, der seinen Namen deshalb erhalten hatte, weil er im Rheinstahl-Haus in Essen entstanden war. Dieses Konzept sah eine Einheitsgesellschaft im Eigentum der bisherigen Zechenbesitzer vor.

Am 27. November 1968 wurde die Ruhrkohle AG in Essen gegründet. Die Gründungsurkunde wurde von 19 Gesellschaften und einem Treuhänder für die noch abseits gebliebenen Bergwerksgesellschaften unterschrieben. Nicht eingebracht wurden Kraftwerke, Werkswohnungen und andere nicht dem unmittelbaren Zechenbetrieb dienenden Werksteile. Der Saldo aus dem eingebrachten Bergbauvermögen und den übertragenen Schulden wurde den Alteigentümern in Form von „Einbringungsforderungen" gutgeschrieben, die bei sechs Prozent Zins in 20 Jahren zu tilgen waren. Auf die Verzinsung mußten die Altgesellschaften später verzichten. Der Grundvertrag zur Neuordnung des Ruhrbergbaus zwischen Bundesregierung, Zecheneigentümern und Ruhrkohle AG stammt vom 18. Juli 1969. Für die Hüttenwerke war der damit verbundene „Hüttenvertrag" wichtig, der einerseits den Hüttenwerken vorschrieb, sich bei der Ruhrkohle AG mit ihrem Kokskohlenbedarf einzudecken und zum anderen die Ruhrkohle AG zur Versorgung der Hüttenwerke verpflichtete.

Auch die Steinkohlenzechen der Thyssen-Gruppe wurden gegen eine Beteiligung von 6,97 Prozent am Grundkapital der Ruhrkohle AG eingebracht. Mit der Übernahme von Rheinstahl wuchs der Anteil auf 12,69 Prozent. Die anhaltende Verlustsituation der Ruhrkohle AG führte dazu, daß bis Ende der achtziger Jahre diese Beteiligung auf Merkposten abgeschrieben werden mußte.

Daß die deutsche Steinkohle schon wegen ihrer geologischen Gegebenheiten, aber auch wegen des hohen Lohnniveaus in der Bundesrepublik international hoffnungslos wettbewerbsunfähig ist, hatte sich schon in den sechziger Jahren immer deutlicher gezeigt. Wollte man also den deutschen Steinkohlenbergbau als nationale Energiereserve in einem bestimmten Umfang aufrechterhalten, so mußte man eine politische Lösung finden. Deshalb riegelte die Bundesregierung schon 1959 den deutschen Kohlenmarkt mit einem restriktiv gehandhabten Kontingentierungssystem vor Importen weitgehend ab. Als Mitte der sechziger Jahre einige Stahlunternehmen, darunter auch die ATH, Anträge auf Kokskohleneinfuhren stellten, blieben diese formell unerledigt. Als Ausgleich dafür, daß die Stahlerzeuger ihren gesamten Bedarf beim deutschen Steinkohlenbergbau decken mußten, wurde statt dessen 1967, also schon vor Gründung der Ruhrkohle AG, das Instrument der Kokskohlenbeihilfe geschaffen. Sie sollte den Bergbau in die Lage versetzen, seine Stahlkunden zu Weltmarktpreisen zu beliefern. Hätten sich die Hüttenwerke zum deutschen Kostenpreis für Kokskohle versorgen müssen, wären sie genauso hoffnungslos wettbewerbsunfähig geworden wie die Bergbau-Unternehmen.

Eine ausreichende staatliche Kokskohlenbeihilfe war die entscheidende Geschäftsgrundlage für die gleichlautenden Hüttenverträge, die von der Ruhrkohle AG mit sieben Stahlunternehmen abgeschlossen wurden. Die Meßlatte bildete ein künstlicher Wettbewerbspreis, der aus einem Mix von internationalen Notierungen ermittelt wurde. Er sollte die Hüttenwerke so stellen, als ob sie ihre Kokskohle auf dem Weltmarkt einkaufen würden.

Beide Vertragsparteien, die Ruhrkohle AG und die Vertragshütten, hatten sich bei Vertragsabschluß auf Zusagen der öffentlichen Hand verlassen, daß ihnen eine stets ausreichende Kokskohlenbeihilfe gewährt würde. Diese Hoffnung aber wurde in der Folgezeit erheblich enttäuscht. Wiederholt reichte die Kokskohlenbeihilfe nicht aus, die Differenz zwischen dem stetig steigenden Kostenpreis der Ruhrkohle und dem Weltmarktpreis zu überbrücken; dazu trugen zum Teil auch die starken Wechselkursschwankungen bei. Es blieben erhebliche Selbstbehalte für die Ruhrkohle AG, aber auch für die Vertragshütten. Für die Hüttenwerke erwuchs ein weiterer Nachteil daraus, daß bei Koksgrus, der als Sinterbrennstoff für die Vorbereitung der Feinerze für den Hochofenprozeß unerläßlich ist, gar kein Preisausgleich gewährt wurde. Die Sonderbelastungen der Hütten addierten sich in den meisten Jahren auf dreistellige Millionenbeträge; 1988 waren es rund 350 Millionen DM. So nahm es nicht wunder, daß die Stahlindustrie das Thema Kohlenimporte immer wieder in die Diskussion warf.

Der Hüttenvertrag von 1969 war auf 20 Jahre befristet. Nach schwierigen Verhandlungen wurde 1985 eine modifizierte Fortsetzung vom 1. Januar 1989 an vereinbart, die bis Ende 2000 gilt. Mit der Anschlußregelung wurde eine Lösung gefunden, die wesentliche Nachteile des alten Vertrags für die Stahlerzeuger beseitigte. Zwar ist es im Prinzip dabei geblieben, daß die Hütten ihren gesamten Bedarf an Kohle und Koks bei der Ruhrkohle AG decken. Aber bei allen Bezügen gilt ohne Einschränkung, also ohne Selbstbehalt für Stahl, der Wettbewerbspreis, auch für Sinterbrennstoffe und Einblaskohle.

Sollte die Ruhrkohle nicht mehr in der Lage sein, alle Mengen zu Wettbewerbspreisen zu liefern, etwa weil die Kokskohlenbeihilfe dafür nicht ausreicht, können Teilmengen gekündigt werden. Dann wären die Hüttenwerke frei, entsprechende Mengen zu importieren. Auf diesen Eventualfall, der angesichts der Unwägbarkeiten von Wechselkursen und internationalen Energiepreisen nicht ausgeschlossen werden kann, hat sich Thyssen immer mit der eigenen Kokereikapazität eingestellt.

*Im April 1978
wurde der letzte
Förderturm der
Zeche Friedrich
Thyssen 2/5
demontiert.*

Der erste Mensch auf dem Mond, 1969.

Die Beatles: Idol der internationalen Pop Szene bis weit in die siebziger Jahre.

Die Bundestagswahl 1969 führte erstmals in der Geschichte der Bundesrepublik zu einem Machtwechsel. Mit dem Schlagwort „Mehr Demokratie wagen" nahm sich die sozialliberale Koalition auf vielen Gebieten des öffentlichen Lebens Reformen vor. Auch in der Ost- und Deutschlandpolitik schlug die Regierung von Bundeskanzler Willy Brandt neue Wege ein: Moskauer und Warschauer Vertrag strebten eine Normalisierung der Beziehungen mit der Sowjetunion und den anderen osteuropäischen Staaten an. Ende 1972 folgte der Grundlagenvertrag zwischen den beiden deutschen Staaten.

Die außenwirtschaftliche Entwicklung gab Anlaß zu Optimismus. Die Bundesrepublik hatte inzwischen unter den Welthandelsnationen eine führende Position eingenommen. Zum wichtigsten Absatzmarkt war die Europäische Wirtschaftsgemeinschaft geworden, deren Erweiterung durch Großbritannien, Dänemark und Irland 1973 verwirklicht wurde. Allerdings führten die zunehmenden Ungleichgewichte im internationalen Handel zu weiteren Spannungen innerhalb des Weltwährungssystems. 1971 hob Präsident Nixon die Goldbindung des amerikanischen Dollars auf. Zwei Jahre später brach das währungspolitische System von Bretton Woods, das auf der ökonomischen Vormachtstellung der Vereinigten Staaten basiert hatte, endgültig zusammen.

Im Zuge einer wachsenden Verflechtung der Weltwirtschaft gewann auch in der Stahlindustrie das Denken in globalen Maßstäben zunehmend an Bedeutung. Mit Japan, an dessen Küsten in rascher Folge leistungsfähige Hüttenwerke hochgezogen wurden, erstand ein neuer Konkurrent, der seine Rohstoffe ausschließlich aus überseeischen Erz- und Kohlenvorkommen bezog. Die Internationalisierung der Rohstoffversorgung und die wechselseitige Durchdringung der Stahlmärkte lösten auch bei der August Thyssen-Hütte AG Aufbruchsstimmung aus. Sie nahm ferne Küsten ins Visier.

Nicht nur in den Augen der Nachbarn stellt sich die Bundesrepublik in diesen Jahren als ein ausgesprochenes Wohlstandsparadies dar. Zwar klettert die Arbeitslosenquote langsam wieder nach oben, nachdem im Jahrzehnt zuvor der Arbeitskräftebedarf nur durch einen breiten Zustrom von Gastarbeitern gedeckt werden konnte. Daß es den Westdeutschen materiell so gut geht wie nie zuvor, davon zeugt nicht zuletzt die alljährliche Reisewelle nach Mallorca und zunehmend auch zu ferntouristischen Zielen. Die Motorisierung der Bundesbürger läßt kaum noch Wünsche offen – das eigene Auto ist für breite Schichten der Bevölkerung Selbstverständlichkeit geworden. Es kommt freilich im Herbst 1973 in langen Schlangen an den Tankstellen zum Stehen. Die erste Ölkrise beginnt.

FERNE KÜSTEN IM VISIER

In der Zeit von 1965 bis 1975 blickten immer mehr Stahlunternehmen bei ihrer Planung auf ferne Küsten. 1967 wurde in Brüssel das International Iron and Steel Institute (IISI) gegründet, dem nahezu alle stahlerzeugenden Unternehmen der westlichen Welt angehören. Sein erster Präsident wurde Hans-Günther Sohl. Sehr bald gingen von dieser Vereinigung Impulse aus, die das globale Denken in der Stahlindustrie befruchteten.

Aufmerksam beobachtete man in Duisburg die zunehmende internationale Durchdringung der Stahlmärkte. Zudem erwartete man, daß ein wachsender Teil des Stahlverbrauchs in rohstoffreichen Entwicklungs- und Schwellenländern anfalle, deren Regierungen denn auch an die Planung entsprechender Hüttenwerkska-

pazitäten herangingen. So gewann die Auffassung an Boden, es könnte wirtschaftlich sinnvoller sein, aus dem Erz in Afrika, Australien oder Südamerika an Ort und Stelle Halbzeug zu produzieren und konzentriertes Eisen in die Stahlzentren Europas oder Amerikas zu schicken, statt das Eisenerz einschließlich aller Ballaststoffe über die Meere zu transportieren.

Es wurde überdies klar, daß einem Kapazitätsausbau an Rhein und Ruhr von der verfügbaren Fläche und von der vertretbaren Umweltbelastung her Grenzen gesetzt waren. Auch vollzog sich in mehreren Schüben eine massive Aufwertung der D-Mark. Dies trug ebenso zu einer Verschlechterung der deutschen Standortbedingungen bei wie eine Steigerung der Lohnkosten in zweistelliger Größenordnung nach den wilden Streiks im Herbst 1969.

Daß es noch einen gewaltigen Kapazitätsbedarf geben werde, daran zweifelten nur wenige. Der damalige ATH-Vorstandsvorsitzende erklärte im Frühjahr 1970 auf einer Konzerntagung, der Trendwert der Rohstahlerzeugung in der Thyssen-Gruppe sei für die Zeit um 1980 herum mit 20 Millionen Tonnen anzusetzen. „Ich könnte mir", sagte Sohl, „durchaus vorstellen, daß die Thyssen-Gruppe gegen Ende der siebziger Jahre auch über die Grenze von 20 Millionen Tonnen vorstößt." Aus dieser Überlegung heraus stellte man auch detaillierte Kostenanalysen für viele Standorte in der Welt an.

Wachsende Bedeutung junger Industrieländer			
	Rohstahlproduktion in Mio t		Anteile in %
	Welt	junge Industrieländer	
1960	336	17	5
1965	448	27	6
1970	594	41	7
1975	643	59	9
1980	716	99	14
1985	719	131	18
1990	771	176	23

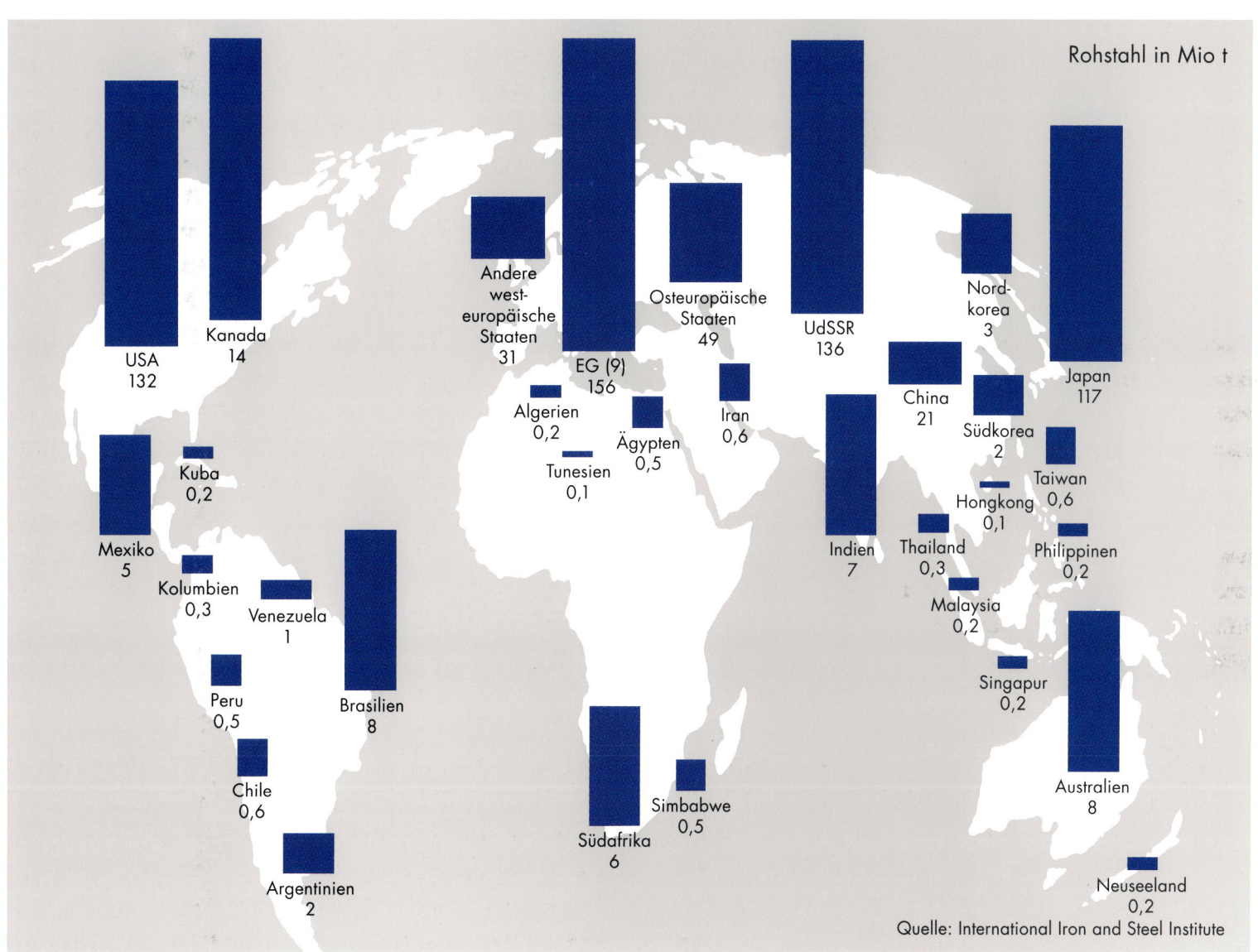

Rohstahl in Mio t

USA
132

Kanada
14

Andere
west-
europäische
Staaten
31

EG (9)
156

Algerien
0,2

Tunesien
0,1

Ägypten
0,5

Iran
0,6

Osteuropäische
Staaten
49

UdSSR
136

Nord-
korea
3

China
21

Südkorea
2

Hongkong
0,1

Japan
117

Taiwan
0,6

Philippinen
0,2

Kuba
0,2

Mexiko
5

Kolumbien
0,3

Venezuela
1

Peru
0,5

Brasilien
8

Chile
0,6

Argentinien
2

Südafrika
6

Simbabwe
0,5

Indien
7

Thailand
0,3

Malaysia
0,2

Singapur
0,2

Australien
8

Neuseeland
0,2

Quelle: International Iron and Steel Institute

Weltstahlproduktion 1974, insgesamt 704 Mio t.

Aufbau einer Erzbasis

Erste Engagements im Ausland war die ATH nach dem Zweiten Weltkrieg eingegangen, als es um die Sicherung der Erzversorgung ging. Dies war unvermeidlich: Mit der zunehmenden Erschließung von Vorkommen reicher Erze in Übersee verlor der deutsche Eisenerzbergbau rasch seine Bedeutung. Die letzten Gruben im Siegerland und im Salzgitter-Gebiet wurden in den sechziger Jahren stillgelegt.

Bei der Umstellung der Erzversorgung konnte die ATH zum Teil an eine alte Tradition anknüpfen. Schon seit 1913 betätigten sich deutsche Hüttenwerke am Aufschluß reicher brasilianischer Erzlagerstätten im Bundesstaat Minas Gerais. An der heutigen Ferteco Mineração S.A. ist Thyssen mehrheitlich beteiligt. Das Erz mit einem Eisengehalt von 65 Prozent wird über 700 Kilometer zum Hafen Tubarão transportiert. Es kommt gleich den anderen überseeischen Erzen nach Rotterdam, wo es im Europoort auf Schubschiffe umgeschlagen und nach Duisburg verschifft wird. Damit ist ein Teil des kontinentübergreifenden, integrierten Erzversorgungssystems dargestellt, das Thyssen im Laufe der Jahre aufbaute.

Im Jahre 1961 beteiligte sich die August Thyssen-Hütte AG mit deutschen und italienischen Partnern an der Bong Mining Company in Liberia. Der europäische Anteil beträgt heute 50 Prozent; die andere Hälfte des Kapitals liegt beim liberianischen Staat. Thyssen ist an der Grube mit 21,4 Prozent beteiligt. Der erste Erztransport der Bong rollte 1965 auf firmeneigener Bahn zum 80 km entfernten Hafen von Monrovia. Mit seinem Eisengehalt von 40 Prozent ist das Bong-Erz nicht gerade reich zu nennen. Es wird deshalb an Ort und Stelle zu Erzkonzentrat oder zu Pellets mit einem Eisengehalt von 65 Prozent aufbereitet. Da hierfür Mineralöl eingesetzt werden muß, war die Rentabilität des Grubenbetriebs in Zeiten hoher Ölpreise immer stark beeinträchtigt. Die Bürgerkriegsereignisse in Liberia machten im Sommer 1990 die Einstellung des Betriebs unvermeidlich.

Lange Zeit sah es so aus, als wolle die ATH ähnlich wie beim Eisenerz auch ihre Kokskohlenversorgung zumindest zum Teil auf überseeische Quellen umstellen. Solche Überlegungen stießen allerdings von Anfang an auf sehr viel mehr Schwierigkeiten als beim Erz; denn die Aufrechterhaltung des heimischen Steinkohlenbergbaus wurde von der deutschen Energiepolitik für unverzichtbar erklärt. So gibt es denn auch bis auf den heutigen Tag, abgesehen von geographisch geregelten Ausnahmen für Kraftwerkskohle, ein Importverbot für Kohle. Dennoch bemühte sich die ATH, durch eigene Kokereikapazität und durch Erschließung überseeischer Kohlenvorkommen, eine Option für Kohlenimporte offenzuhalten. Die untersuchten Projekte lagen überwiegend in den USA, in Kanada und auch in Kolumbien. Keines dieser Vorhaben ist über das Untersuchungsstadium hinausgekommen.

Grundschule der Bong Mining Company für die Kinder der Mitarbeiter.

Sechser-Schub-
schiffverband
für den Eisen-
erztransport auf
dem Rhein.

Erzgrube der brasilianischen Ferteco Mineração.

Erzumschlaganlage Europoort, Rotterdam.

Alternative Stahltechnik?

Eine wichtige Rolle spielte bei Auslandsprojekten der ATH die technische Entwicklung im Eisenhüttenwesen. Sie führte im Bereich der integrierten Hüttenwerke vor allem in den sechziger Jahren zu einem raschen Wachstum der optimalen Betriebsgrößen; gleichzeitig schien die Direktreduktion an Boden zu gewinnen. Bei der Direktreduktion wird über das Eisenerz ein Reduktionsmittel, in den meisten Fällen ein brennendes Gasgemisch, geschickt, das dem Erz den Sauerstoff entzieht, so daß ein hochgradig reduziertes Material in Stücken von poröser Beschaffenheit (Eisenschwamm) entsteht. Der Vorteil gegenüber dem klassischen Hochofen-Verfahren wurde in niedrigeren Kapitalkosten je produzierter Einheit gesehen und zudem darin, daß man bei Einzweckwerken mit kleineren Kapazitäten arbeiten kann, etwa mit 300.000 oder 500.000 Jahrestonnen.

Freilich hat dieses Verfahren auch beachtliche Nachteile gegenüber dem Hochofen. Sie bestehen vor allem in einer ungünstigeren Wärmebilanz. Ein weiterer Nachteil liegt darin, daß bei der Direktreduktion besonders reine und entsprechend teure Erze verarbeitet werden müssen; gemessen daran ist der Hochofen ein „Alles-Fresser". In Europa hat sich die Direktreduktion auch deshalb nicht durchsetzen können, weil das Reduktionsmittel Erdgas zu teuer wurde.

Die ATH kam an die Direktreduktion, als sie die Hüttenwerk Oberhausen AG übernahm. Die HOAG hatte auf der Grundlage eigener Forschungs- und Entwicklungsarbeiten eine Großversuchsanlage für die Direktreduktion nach dem Purofer-Verfahren mit einer Jahreskapazität von 150.000 Tonnen eingerichtet.

Purofer-Direkt-reduktionsanlage Oberhausen, 1968.

Erzlager im Werkshafen Schwelgern: Seit Anfang der sechziger Jahre wird in den Hochöfen von Thyssen überwiegend reiches Eisenerz aus Übersee eingesetzt.

Technische Probleme
in Brasilien

Die Direktreduktion spielte eine Rolle beim Engagement von Thyssen in der brasilianischen Stahlindustrie. In Brasilien hat die deutschstämmige Familie Johannpeter ihre stahlindustriellen Aktivitäten in der Gruppe Gerdau zusammengefaßt. Mit den Johannpeters untersuchte Thyssen seit Ende der sechziger Jahre die Möglichkeit gemeinsamer Beteiligungen an zwei Projekten, das eine mit Thyssen-Mehrheit, das andere unter Führung der Brasilianer. Beide Projekte wurden ursprünglich als Einheit gesehen.

Im Staate Espírito Santo wollten sich die beiden Gruppen zunächst an einem bestehenden Walzwerk in der Nähe der Hauptstadt Vitória beteiligen und danach ein neues integriertes Hüttenwerk für Halbzeug bauen. Das Projekt wurde nicht verwirklicht, weil der Staat Espírito Santo entgegen seiner ursprünglichen Zusage nicht bereit war, das Walzwerk einzubringen. Erst 1976 bauten die brasilianische Siderbrás, die japanische Kawasaki Steel und die italienische Finsider an diesem Standort ein Halbzeugwerk.

Ungeachtet der Entwicklung in Vitória gingen Thyssen und die Gruppe Gerdau an die Verwirklichung des anderen brasilianischen Projekts in Santa Cruz im damaligen Staate Guanabara. Im Geschäftsjahr 1970/71 beteiligte sich die August Thyssen-Hütte AG an der bereits seit 1962 bestehenden Companhia Siderúrgica da Guanabara (Cosigua). Nach dem Eintritt der International Finance Corporation, eines Tochterinstituts der Weltbank, bei der Cosigua mit 10,0 Prozent war die ATH zum 30. September 1972 unmittelbar und mittelbar mit insgesamt 40,8 Prozent beteiligt, die Gruppe Gerdau mit 42,5 Prozent. Bei freien Aktionären lagen 6,7 Prozent. Für Thyssen bedeutete das Engagement eine Investition von rund 125 Millionen DM.

Geplant war in der ersten Ausbaustufe die Errichtung eines Stahl- und Walzwerks von 250.000 Jahrestonnen Rohstahlkapazität, zunächst ganz auf Schrottbasis. Die Kapazität sollte in der zweiten Stufe auf gut 500.000 Jahrestonnen erweitert werden. Die Anlage war als reines Profilstahlwerk für die Versorgung des expandierenden brasilianischen Inlandsmarkts vorgesehen. Im Dezember 1972 erschmolz das Stahlwerk seine erste Charge, und das Walzwerk kam im Juli 1973 in Betrieb.

In der zweiten Baustufe sollte eine Direktreduktionsanlage nach dem Purofer-Verfahren das um einen zweiten Elektroofen vergrößerte Stahlwerk mit Eisenschwamm versorgen. Man wollte zudem eine Stranggießanlage für Knüppel und eine Drahtstraße bauen. Für die dritte Baustufe war neben einem weiteren Elektroofen eine zweite Purofer-Anlage vorgesehen. Dann sollten für eine Rohstahlproduktion von 825.000 Tonnen neben Schrott jährlich 550.000 Tonnen Eisenschwamm eingesetzt werden.

Das Purofer-Verfahren war eigentlich auf den Einsatz von Erdgas abgestellt. In Brasilien gab es aber keine Erdgasvorkommen. Andererseits hatten die brasilianischen Raffinerien Schwierigkeiten, das als Koppelprodukt anfallende Schweröl abzusetzen. Darum sollte die Direktreduktionsanlage mit einem aus Schweröl gewonnenen Gas betrieben werden. So mußte dem Purofer-Betrieb eine Gasanlage vorgeschaltet werden; sie kam im Herbst 1976 in Betrieb.

Schon im Dezember wurde von ungewöhnlich großen Schwierigkeiten beim Betrieb dieser Schwerölvergasung berichtet. Es gab Ablagerungen von Ölasche an wichtigen Stellen der Anlage und Korrosionserscheinungen. Auch bei der Purofer-Anlage selbst traten immer wieder Störungen auf, die sich trotz jahrelanger Mühen nicht beseitigen ließen.

Die Entscheidung fiel drei Jahre später. Es herrschte nun Klarheit darüber, daß selbst nach einer Neukonzeption verschiedener Anlagenteile die Jahresproduktion nicht die gegenüber der Gruppe Gerdau vertraglich festgelegte Höhe erreichen würde. Nach sorgfältigen Überlegungen blieb deshalb nichts anderes übrig, als die Direktreduktionsanlage stillzulegen. „Wir haben mit der Cosigua und dem führenden Mitaktionär, der brasilianischen Grupo Gerdau, eine unter Vorbehalt der Zustimmung der zuständigen Gesellschaftsorgane stehende Vereinbarung getroffen, die besagt, daß wir uns unter Übertragung unserer Cosigua-Aktien an Gerdau aus der Cosigua zurückziehen, und daß die bei der Cosigua auf Ölbasis arbeitende Direktreduktionsanlage abgebaut wird." So hieß es in einer Presseerklärung von Thyssen im November 1979. Damit war das Thyssen-Engagement zur Beteiligung an einer Stahlbasis in Brasilien beendet. Auch das Purofer-Verfahren erlitt einen Rückschlag, von dem es sich nicht wieder erholen sollte.

Werk Santa Cruz der brasilianischen Cosigua, 1977.

Versuch in Frankreich: Solmer

Der Plan einer deutsch-französischen Stahl-Gemeinschaftsgründung am Mittelmeer war von den Franzosen ausgegangen: Der Präsident der Chambre Syndicale de la Sidérurgie Française, Jacques Ferry, brachte im Oktober 1969 im Gespräch mit Sohl den Gedanken einer Beteiligung der deutschen Stahlindustrie an einem neuen Hüttenwerk in Fos bei Marseille auf den Tisch. Dieses Projekt, für das man 1971 eine eigene Gesellschaft, die Solmer, gründete, wurde in Frankreich von der Sollac betrieben, deren überwiegend veraltete Werke in der Stahlregion Lothringen lagen und die für ein neues Werk einen Küstenstandort suchte.

Die Diskussion über das Projekt Fos und über eine Thyssen-Beteiligung zog sich über mehrere Jahre hin. Dabei wurde vorübergehend mit der Sollac sogar über sehr viel weiter gehende Pläne gesprochen. Anfang 1972 kam in Duisburg der Gedanke auf, eine „Zentralgesellschaft" zu gründen, in die beide Partner ihre vorhandenen Flachstahlbetriebe, gegebenenfalls auch alle Profilstahlkapazitäten, einbringen sollten. Dieser Vorschlag, der praktisch auf eine Vollfusion der Massenstahl-Aktivitäten beider Unternehmen hinausgelaufen wäre, fand bei den Franzosen ein positives Echo. Sie rieten zur raschen Abfassung eines Letter of Intent. Der ATH-Vorstand rückte indessen mehr und mehr von diesen Plänen ab, je intensiver er sie geprüft hatte. Zwar brachte er zunächst noch die Idee einer Steuerungsgesellschaft ins Spiel, an der die ATH und die Franzosen zu je 50 Prozent beteiligt werden sollten. Sie hätte die Aufgabe gehabt, Absatz, Investitionen und Produktion zu koordinieren.

Aber auch dieser Gedanke wurde nicht weiter verfolgt.

Die Gespräche über die Thyssen-Beteiligung an Solmer waren einem überaus komplexen Kraftfeld der unterschiedlichsten Interessen, Wünsche und Vorstellungen ausgesetzt. Der damalige ATH-Vorstand sah in der Beteiligung an einem solchen neuen Hüttenwerk die Chance, am Wachstum der Stahlindustrie in internationalem Maßstab teilzuhaben und überdies an einer dritten Breitbandstraße neben Bruckhausen und Beeckerwerth zu partizipieren. Ein Engagement bei Fos wurde als letzte Möglichkeit gesehen, sich in Europa an einem modernen Küstenhüttenwerk zu beteiligen.

Die Sollac suchte einen finanzstarken Partner und bot dem umworbenen deutschen Unternehmen zunächst einen recht

AUSLANDSBETEILIGUNGEN STAHL

Auszüge aus den 1983 als Buch erschienenen Lebenserinnerungen „Notizen" von Hans-Günther Sohl

In den letzten Jahren meiner Vorstandstätigkeit bei der ATH beschäftigten wir uns [...] immer wieder mit Überlegungen, in der ausländischen Stahlproduktion Fuß zu fassen. Letztlich haben jedoch all diese Pläne nicht zu einem nachhaltigen Erfolg geführt, wobei die internationale Entwicklung des Stahlmarkts eine entscheidende Rolle spielte. [...] Für den Bau eines neuen europäischen Stahlwerks erschien uns Mitte der sechziger Jahre die Maasvlakte bei Rotterdam am besten geeignet. Dieses Gelände bot ideale Standortvorteile für ein europäisches Hüttenwerk. Ermuntert von der Stadt Rotterdam erklärten

Cordes und ich bei einem Besuch in Den Haag der niederländischen Regierung unsere grundsätzliche Bereitschaft zum Bau eines solchen Werks auf der Maasvlakte. [...] Am Ende der sechziger Jahre reifte ein anderes europäisches Gemeinschaftsprojekt: das französische Stahlwerk Solmer bei Marseille. Die Grundidee des Planes war, neben dem nordfranzösischen Küstenwerk Dunkerque der Usinor ein Stahlwerk an der Mittelmeerküste zu errichten und auf längere Sicht eine Kanalverbindung mit den lothringischen Hüttenwerken und dem Rhein zu schaffen. Eine solche Konzeption hätte langfristig für Thyssen interessant werden können. [...] Ende der sechziger Jahre trat die ATH mit der Armco Steel Corp. und der Kaiser Steel Corp. einem Konsortium bei, das den Bau eines Hüttenwerks „Jervis Bay" südlich von Sydney in Australien plante. Ein geeig-

netes Gelände war dort bereits von Armco erworben worden. [...] Etwa gleichzeitig mit Jervis Bay überlegten wir den Bau eines Halbzeugwerkes [in Brasilien] in Tubarão bei Vitória. Es war im Grunde eine Alternative zu Jervis Bay.
[... Bei der ebenfalls brasilianischen Cosigua] wurde insofern Neuland beschritten, als kein Erdgas für die [Direkt-] Reduktion zur Verfügung stand, sondern Heizölrückstände nach einem US-Verfahren vergast werden mußten. Während die Purofer-Anlage, ebenso wie im Iran, einwandfrei arbeitete, entstanden bei der Vergasungsanlage technische und nach der Ölkrise 1973 auch wirtschaftliche Schwierigkeiten mit Folgen für Cosigua, die leider zu einer Auflösung der Partnerschaft Thyssen-Gerdau führten.

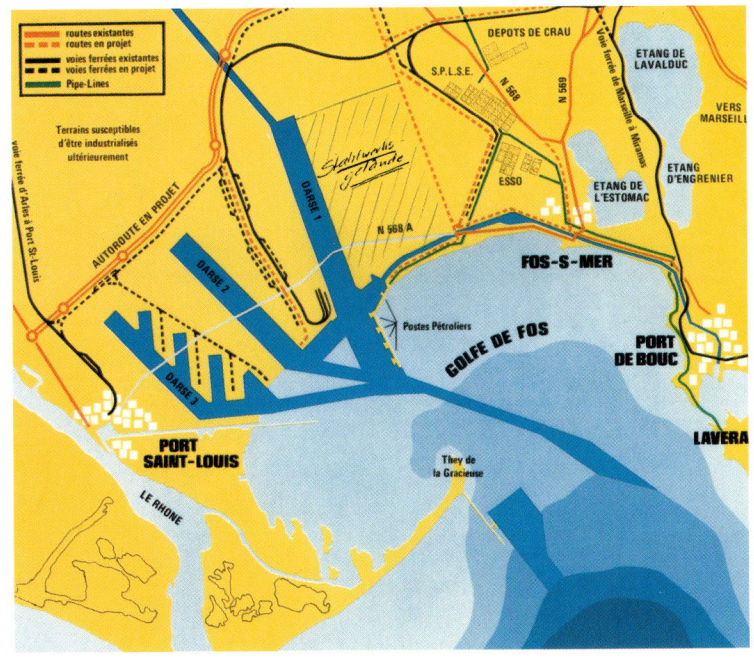

Plan des Industriegebiets Fos bei Marseille mit handschriftlicher Eintragung des Solmer-Geländes.

hohen Anteil an Fos an; man sprach von 50 Prozent. Im Laufe der Verhandlungen aber wechselte auch auf der deutschen Seite die Vorstellung über die wünschenswerte Höhe der Beteiligung. Bei der ATH gewann die Überzeugung an Boden, das Engagement in Fos, wenn es denn überhaupt eingegangen werden sollte, so niedrig wie möglich zu halten. Diese Meinung kam jenen Franzosen entgegen, die aus eher national gefärbten Gründen gegen eine starke deutsche Beteiligung waren. Vor allem das zweite große französische Stahlunternehmen, die Usinor, lehnte das Projekt Solmer ab; es sei verfrüht und störe den Markt. Freilich plante damals die Usinor, die schon in Dünkirchen eine Küstenhütte betrieb, selbst ein weiteres Werk am Atlantik zu bauen. Den Widerstand gegen Solmer gab die Usinor erst auf, als sie sich auf Druck der französischen Regierung später selbst daran beteiligte.

Am Ende der wechselvollen Vorgespräche stand im Dezember 1973 die Übernahme eines fünfprozentigen Anteils der ATH an Solmer mit der Option auf eine

spätere Aufstockung auf 25 Prozent. Mit der Beteiligung verbunden waren das Recht und die Pflicht, Werksanlagen des neuen Hüttenkomplexes entsprechend der Beteiligungsquote zu nutzen.

Die Planung für Solmer sah vor: In der ersten Ausbaustufe sollte eine Kapazität von 3,5 Millionen Jahrestonnen Rohstahl und 3,0 Millionen Tonnen Warmbreitband erreicht werden. Bei der vollen Leistung der ersten Stufe wollte man 1975 angelangt sein. Das Investitionsvolumen dieser ersten Stufe wurde mit 7,9 Milliarden Francs veranschlagt.

Vier Jahre später, im Dezember 1977, und damit drei Jahre nach dem Ausbruch der europäischen Stahlkrise, teilte der Vorstand der Thyssen AG dem Aufsichtsrat mit, man wolle die Option über die weiteren 20 Prozent an Solmer zurückgeben. Das bedeutete laut Vertrag zugleich, daß auch die bestehende Beteiligung von fünf Prozent wieder verkauft werden mußte. Im Sommer 1978 wurde die Rückgabe der fünf Prozent mitgeteilt. Daran schloß sich eine langwierige Abwicklung an. Nachdem zunächst direkte Verhandlungen zwischen Thyssen und Sollac/Usinor kein Ergebnis brachten, entschloß man sich zu einem Schiedsverfahren, das erst im April 1983 abgeschlossen wurde. Im Rückblick darf gesagt werden, daß sich Thyssen rechtzeitig und zu erträglichen Bedingungen aus Fos zurückgezogen hat. Die ehrgeizigen Pläne für Solmer, die in der Endstufe sieben Millionen Tonnen Rohstahl vorsahen, sind nie verwirklicht worden. Das Werk produzierte Ende der achtziger Jahre rund vier Millionen Tonnen Rohstahl.

Pläne rund um
die Erde

Während die Projekte in Frankreich und Brasilien immerhin ein finanzielles Engagement, wenn auch keinen Erfolg bedeuteten, hat es eine Reihe von Vorhaben gegeben, die meist nicht einmal über das Gesprächsstadium hinausgingen. Gleichwohl liefern auch die nicht zustande gekommenen Projekte einen plastischen Eindruck von den Gedanken, die Anfang der siebziger Jahre nicht nur bei Thyssen die Strategie prägten.

Unter anderem hätte sich die ATH beinahe in Spanien engagiert. Anlaß war die Absicht der spanischen Regierung, bei Sagunt, am Mittelmeer südlich von Valencia, ein Hüttenwerk mit einer Jahreskapazität von fünf Millionen Tonnen zu errichten; unter anderem sollte daran die ATH beteiligt werden. Das Projekt scheiterte daran, daß die private spanische Stahlgesellschaft Altos Hornos de Vizcaya, an der die US Steel Corporation mit einem Viertel beteiligt war, 60 Prozent des Kapitals übernehmen wollte. US Steel sollte sich mit 15 Prozent beteiligen. Der Rest von 25 Prozent war für die ATH und die Sollac vorgesehen. Die ATH zog sich von dem Vorhaben zurück, zumal dem Vorstand ein Anteil von 12,5 Prozent zu niedrig war.

In Saldanha Bay in Südafrika wollte Anfang der siebziger Jahre die staatliche South African Iron and Steel Industrial Corporation (ISCOR) ein Halbzeugwerk auf der Basis konventioneller Metallurgie errichten. Es sollten Brammen und Knüppel für den Export produziert werden. Die ISCOR lud die ATH zur Beteiligung ein. Angesichts der vorauszusehenden hohen Kosten nahm die ATH indessen Abstand von einem Engagement.

Intensiver verfolgte die ATH in dieser Zeit Pläne, in Australien Halbzeug zu produzieren. Australien hatte nach dem Krieg bedeutende Erz- und Kohlenvorkommen erschlossen und sich vor allem in Richtung Japan zu einem großen Rohstoffexporteur entwickelt. Die australische Bundesregierung befürchtete einseitige Abhängigkeiten und versuchte deshalb, Investoren aus den USA und aus Europa für die Stahlerzeugung im Lande zu gewinnen.

Im Hause der ATH wurden Überlegungen angestellt, im Bundesstaat New South Wales gemeinsam mit den amerikanischen Unternehmen Armco Steel und Kaiser Steel in der Jervis Bay, südlich von Sydney, ein integriertes Hüttenwerk mit Kokerei, Sinteranlage, Hochöfen, Oxygenstahlwerk, Brammen-Stranggießanlage und einer Grobblechstraße zu errichten. Das Vorhaben kam nicht zustande, weil sich die Regierung von New South Wales gegen die Versorgung eines von Ausländern betriebenen Hüttenwerks mit Erz sperrte.

Aus dem Erbe, das Phoenix-Rheinrohr bei Thyssen eingebracht hatte, stammte ein Engagement in Kanada: die Canadian Phoenix Steel & Pipe Ltd. mit vier Werken in Edmonton, Calgary, Port Moody und Toronto. Ein darüber hinausgehender Plan, gemeinsam mit kanadischen Partnern in der Provinz Alberta ein Elektrostahlwerk mit einer Jahreskapazität von 550.000 Tonnen zur Versorgung der Röhrenwerke mit Halbzeug zu bauen, mußte verworfen werden, weil eine Rentabilität nicht abzusehen war. Mitte der siebziger Jahre wurden die vier Werke verkauft.

Auch aus dem Plan der Provinzregierung von Nova Scotia, an der kanadischen Ostküste südlich von Neufundland ein Hüttenwerk zu errichten, wurde nichts, weil sich aus den Untersuchungen des Projekts ergab, daß die Kapitalkosten zu hoch sein würden. Inzwischen hatte überdies die Stahlkrise begonnen.

Messestand São Paulo, 1971.

Messestand Peking, 1975.

Messestand Tokio, 1984.

Messestand Moskau, 1986.

Standort Niederlande

Ein zweifelsfrei konkretes Ergebnis erzielte die ATH bei ihrem Bemühen, im Ausland Fuß zu fassen, gleichsam vor der eigenen Haustür. Aus dem Besitz des Philips-Konzerns wurde 1970 zunächst ein Anteil von 49 Prozent an der niederländischen Gesellschaft NKF Staal N.V., Alblasserdam in der Nähe von Rotterdam, übernommen. Das Unternehmen betrieb damals ein Stahlwerk mit 430.000 Tonnen Jahreskapazität sowie eine Blockstraße, eine Knüppelstraße, eine Drahtstraße und eine kombinierte Feineisen- und Bandstraße. Als Thyssen Ende 1974 vertragsgemäß die restlichen 51 Prozent des Kapitals übernahm, erreichte die Gesellschaft einen Jahresumsatz von 335 Millionen Gulden mit knapp 2.000 Mitarbeitern. Anfang 1978 wurde die Firma in Nedstaal B.V. um-

benannt. Im Geschäftsjahr 1989/90 erzielte das Unternehmen mit einer Belegschaft von knapp 1.200 Mitarbeitern einen Umsatz von 310 Millionen Gulden.

Wesentlich größere Dimensionen, aber keinen Erfolg hatten zwei andere Projekte in den Niederlanden. Es gab Mitte der sechziger Jahre Überlegungen, im Hafen Europoort vor Rotterdam, in dem Thyssen mit anderen Ruhrhütten eine gemeinsame Erzumschlaganlage errichtet hatte, auch ein Hüttenwerk zu bauen. Bei der ATH wurde 1968 ein Denkmodell entwickelt: Das Werk hätte eine Jahreskapazität von 3,5 Millionen Tonnen haben müssen, um wirtschaftlich zu arbeiten. Über die Planungsphase ist man aber nicht hinausgelangt.

Etwas konkreter waren die Pläne, in der Nähe von Rotterdam auf dem mehr in die Nordsee hineinreichenden Gelände Maasvlakte ein komplettes Hüttenwerk zu errichten. Der niederländische Hoogovens-Konzern hatte sein Interesse bekundet, dort zusammen mit Hoesch ein großes Projekt zu verwirklichen. In die Überlegungen zum Bau dieses Gemeinschaftswerks wurden auch Thyssen und Mannesmann einbezogen. Während die Unternehmen noch intensiv über das Vorhaben miteinander verhandelten, wuchs in der um die Umwelt besorgten Bevölkerung eine Protestbewegung gegen den Bau heran. Die beteiligten Unternehmen gaben dann, inzwischen nicht mehr ohne ein Gefühl der Erleichterung, das Projekt auf.

In der Umgebung von Alblasserdam.

Drahtlager bei der heutigen Nedstaal, 1965.

Das Werk in Alblasserdam in den fünfziger Jahren.

Leere Autobahnen durch Sonntags-Fahrverbot, 1973.

Franz Beckenbauer mit dem Cup: Die Bundesrepublik Deutschland ist Fußballweltmeister, 1974.

Im Mai 1974 erklärte Bundeskanzler Willy Brandt seinen Rücktritt. Nachfolger wurde der bisherige Finanzminister Helmut Schmidt. Er nahm seine Arbeit im Zeichen der ersten Ölkrise auf. Am 6. Oktober 1973, am Vorabend des jüdischen Versöhnungstags Jom Kippur, hatten ägyptische und syrische Streitkräfte Israel angegriffen. Um ihren Zielen Nachdruck zu verleihen, verknappten und verteuerten die arabischen Staaten wenig später ihr Rohöl. Der darauf folgende Konjunktureinbruch erreichte 1975 seinen Tiefpunkt. Die gesamte Weltwirtschaft geriet in Schwierigkeiten.

Die ölimportierenden Länder mußten einen beachtlichen Teil ihrer Kaufkraft an die OPEC-Staaten abgeben, ohne daß deren plötzliche Devisenüberschüsse sofort in den Weltmarkt zurückflossen. In der Bundesrepublik gab es 1975 wieder mehr als eine Million Arbeitslose. Das reale Bruttosozialprodukt schrumpfte, am stärksten war der Rückgang im industriellen Sektor. Beim Stahl kam es zu einem drastischen Einbruch der Nachfrage. Die durch politische Fehler verschärfte Stahlkrise sollte ein Jahrzehnt dauern. Auch die August Thyssen-Hütte AG mit ihren leistungsstarken Anlagen blieb hiervon nicht verschont. Durch die Zusammenschlüsse mit der Rheinstahl AG und der amerikanischen The Budd Company hat Thyssen seine Unternehmensbasis jedoch wesentlich verbreitert.

Innenpolitisch blies Mitte der siebziger Jahre ein rauher Wind. Seit 1970 suchten Extremisten aus der Protestszene zunehmend die militante Kraftprobe mit dem Rechtsstaat. Der Terrorismus nahm organisierte Formen an. Siegfried Buback, Jürgen Ponto und Hanns Martin Schleyer gehörten zu den Opfern eines menschenverachtenden Fanatismus. Mit der Befreiung der Geiseln in Mogadischu erreichten die Ereignisse im Oktober 1977 ihren dramatischen Höhepunkt. Der Terrorismus blieb noch für lange Zeit ein unheimlicher Begleiter der Gesellschaft, aber die Demokratie hatte bewiesen, daß sie nicht erpreßbar ist.

Die siebziger Jahre bringen auch ein neues Umweltbewußtsein. Der Club of Rome, ein Forum international renommierter Experten, veröffentlicht 1972 seine Studie über „Die Grenzen des Wachstums". Die aufbrechende Diskussion um das Für und Wider der Kernenergie bewirkt ein neues Nachdenken über das Verhältnis von Natur und moderner Industriegesellschaft. Die Mikroelektronik tritt ihren Siegeszug rund um die Erde an. Das Wort von einer zweiten oder sogar dritten industriellen Revolution macht die Runde.

Auch ein Kapitel Sportgeschichte wird in diesen Jahren geschrieben. 1972 finden sich erstmals nach dem Krieg wieder Sportler aus aller Welt in Deutschland ein, um in München die Olympischen Sommerspiele auszutragen; das Blutbad, das arabische Terroristen unter den israelischen Teilnehmern anrichten, versetzt die Menschen in Wut und Trauer. Zwei Jahre später findet in der Bundesrepublik die Fußball-Weltmeisterschaft statt. Den Titel holen sich die Gastgeber. Der Kapitän der deutschen Mannschaft sollte 1990 noch einmal Weltmeister werden; diesmal als Coach.

WEICHENSTELLUNG

Im Frühjahr 1973 erhielt die ATH eine neue Führungsspitze. Mit dem Ablauf der Hauptversammlung am 17. April 1973 legte Hans-Günther Sohl im 67. Lebensjahr sein Amt nieder, wechselte in den Aufsichtsrat und übernahm dessen Vorsitz. Zugleich traten Walter Cordes, zuletzt für Finanzen und Materialwirtschaft zuständig, und Richard Risser, langjähriger Chef des Verkaufsressorts, in den Ruhestand. Sie hatten gemeinsam mit Johann Meyer als erstem Arbeitsdirektor der ATH und mit dem für die Technik zuständigen Alfred Michel unter Sohls Leitung jene erste Führungsriege der August Thyssen-Hütte AG gebildet, die nach der Neugründung 1953 unter schwierigsten Umständen die Kriegs- und Demontagefolgen überwunden hatte und binnen weniger Jahre das Unternehmen zu neuer Blüte brachte.

Neu in den Vorstand berufen wurden Klaus Kuhn und Heinz Kriwet. Kuhn, seit 1956 bei der ATH tätig, war 1970 zum Vorstandsmitglied der Thyssen Handelsunion bestellt worden. Im ATH-Vorstand übernahm er das Ressort Rechnungswesen und Steuern. Kriwet, der bei der Fried. Krupp Hüttenwerke AG bis zum Vorstandsmitglied aufgestiegen war, wechselte nun von dort zu Thyssen. Er wurde Nachfolger von Risser.

Neuer Vorstandsvorsitzender wurde Dieter Spethmann, der schon seit 1955 der ATH angehörte. Er war zuvor bei der Gelsenkirchener Bergwerks-AG in Essen tätig gewesen und in dieser Zeit auch mit der Regelung der Auslandsschulden der Vereinigte Stahlwerke AG i.L. beauftragt. Bei der August Thyssen-Hütte AG übernahm er 1958 die Leitung der Abteilung Finanzen und Beteiligungen. 1962 wurde er Vorstandsmitglied der Handelsunion AG und 1964 Vorstandsvorsitzender der Deutsche Edelstahlwerke AG. Im Jahre 1970 bestellte der Aufsichtsrat der August Thyssen-Hütte AG Spethmann zum Vorstandsmitglied.

Nur wenige Wochen nach dem Stabwechsel im April 1973 wurde eine weitere Veränderung in der ATH-Führungsmannschaft notwendig. Der 1965 in den Vorstand eingetretene Cheftechniker Hermann Th. Brandi starb am 30. Juni 1973 auf einer Dienstreise in München. Sein Nachfolger in der technischen Leitung des Unternehmens wurde Karl-August Zimmermann, seit 1953 bei der ATH tätig und seit 1971 stellvertretendes Vorstandsmitglied.

Damit lagen drei zentrale Ressorts und der Vorstandsvorsitz nunmehr in neuen Händen. Keine Veränderungen hingegen gab es im Rohstoffbereich, der weiterhin von Klaus Haniel geführt wurde, und im Personal- und Sozialwesen, das seit 1964 von Arbeitsdirektor Kurt Doese geleitet wurde. Dem alten wie dem neuen Vorstand gehörte Karl-Heinz Kürten an, zugleich Vorstandsvorsitzender der Thyssen Niederrhein AG. Hans Müser, bis dahin stellvertretendes Vorstandsmitglied der ATH, übernahm eine andere Führungsaufgabe im Konzern. Neu berufen in den Vorstand als stellvertretendes Mitglied wurde Wolfgang H. Philipp, der die Stahl-Auslandsaktivitäten koordinieren und für die Betreuung der Verarbeitungsinteressen zuständig sein sollte.

Im Oktober 1974 trat Toni Schmücker im Zuge der engeren Zusammenarbeit zwischen Thyssen und Rheinstahl zusätzlich zu seiner Essener Funktion als Vorstandsvorsitzender in den Vorstand der August Thyssen-Hütte AG. Nach Berufung zum Vorstandsvorsitzenden der Volkswagenwerk AG legte Schmücker Anfang 1975 seine Vorstandsmandate bei Thyssen und Rheinstahl nieder, im April 1976 wurde er Aufsichtsratsmitglied bei Thyssen. Im Mai 1975 trat eine Änderung in der Leitung des Rohstoffressorts ein. Es wurde von Gerd Glatzel übernommen, der zuvor verschiedene leitende Funktionen bei Rohstoffgesellschaften der ATH wahrgenommen hatte.

Einen auch in der Öffentlichkeit mit Aufmerksamkeit verfolgten Wandel in der Führungsstruktur des Thyssen-Konzerns markierten drei Vorstandsberufungen im Oktober 1980. Damals wurden Werner Bartels, Harald Dehmer und Hans Hiltrop ohne Ressort und zusätzlich zu ihren Aufgaben als Vorsitzender des Vorstands der Thyssen Industrie AG beziehungsweise als Sprecher der Vorstände der Thyssen Edelstahlwerke AG und der Thyssen Handelsunion AG zu Mitgliedern des Vorstands der Thyssen AG bestellt. Bartels, seit 1960 im Thyssen-Bereich tätig, war

ATH-Hauptver-
sammlung, 1973.

zuvor zehn Jahre Vorstandsvorsitzender der Blohm + Voss AG gewesen. Dehmer war 1974 mit der Übernahme der Edelstahlwerk Witten AG zu Thyssen gekommen und hatte danach die Verantwortung für den Thyssen Maschinenbau. Hiltrop war bereits seit 1954 in verschiedenen Funktionen bei Thyssen tätig.

Mit den personellen Entscheidungen vom Herbst 1980 war ein deutliches Signal im Hinblick auf die veränderte Konzernstruktur und die Einbindung der größeren Tochtergesellschaften in die Unternehmenspolitik des Gesamtkonzerns gesetzt. In Fortführung dieser Grundsatzentscheidung wurde im Oktober 1983 Fritz Wälter, der früher im Rheinstahl-Vorstand gearbeitet hatte und inzwischen Sprecher des Vorstands der Thyssen Handelsunion AG geworden war, Vorstandsmitglied der Thyssen AG. Im April 1986 trat an seine Stelle Dieter H. Vogel, der zum gleichen Zeitpunkt den Vorstandsvorsitz der Thyssen Handelsunion AG übernommen hatte; er war zuvor in der Batig-Gruppe tätig.

Seit Januar 1985 ist Karlheinz Rösener, Vorsitzender des Vorstands der Thyssen Edelstahlwerke AG, als Chef dieser großen Tochtergesellschaft Mitglied des Vorstands der Thyssen AG. Rösener, der seit 1971 der Geschäftsführung der Rheinischen Kalksteinwerke und der Dolomitwerke angehörte, hatte von Oktober 1982 bis April 1983 bereits das Rohstoffressort der Thyssen AG als stellvertretendes Vorstandsmitglied geleitet, das er dann nach Ausgliederung des Stahlbereichs als Vorstandsmitglied der Thyssen Stahl AG bis Ende 1984 weiterführte.

In der Zwischenzeit hatte es wegen der Ausgliederung des Stahlbereichs und aus anderen Gründen weitere Änderungen bei wichtigen Vorstandspositionen im Thyssen-Bereich gegeben. Heinz-Gerd Stein, seit 1966 in verschiedenen Stabsfunktionen in Hamborn tätig, wurde im April 1982, zunächst als stellvertretendes Mitglied, in den Vorstand der Thyssen AG berufen; er übernahm dort die Verantwortung für die Bereiche Rechnungswesen

sowie Steuern und Zoll. Im Januar 1983 wurde Hans Gert Woelke, der 1956 zur damaligen Phoenix-Rheinrohr gekommen und nach mehreren Stabsfunktionen bei Thyssen Niederrhein und bei der ATH Arbeitsdirektor im Vorstand der Rasselstein AG geworden war, zum Vorstandsmitglied bestellt und übernahm als Arbeitsdirektor das Personal- und Sozialwesen.

Kriwet, Woelke, und Zimmermann gehörten seit April 1983 zugleich dem Vorstand der damals neugebildeten Tochtergesellschaft Thyssen Stahl AG an, Kriwet als Vorstandsvorsitzender und Zimmermann als langjähriger stellvertretender Vorstandsvorsitzender. Infolgedessen veränderte sich zu diesem Zeitpunkt auch die Funktion von Kriwet im Vorstand der Obergesellschaft Thyssen AG. Hatte er ihm zuvor als Leiter des Verkaufsressorts angehört, so war er von nun an in Konsequenz der seit 1980 eingeschlagenen Führungspolitik Vorstandsmitglied als Chef der großen Stahl-Tochtergesellschaft.

Veränderte Rahmendaten

Der Konzern, dessen Führung im Frühjahr 1973 eine neue Mannschaft übernommen hatte, war das größte europäische Unternehmen der Stahlindustrie in Privatbesitz. Die Thyssen-Gruppe repräsentierte damals ein konsolidiertes Umsatzvolumen von rund zehn Milliarden DM, das mit 92.000 Mitarbeitern erarbeitet wurde. Damit stand Thyssen in der Rangfolge der umsatzstärksten deutschen Unternehmen auf dem sechsten Platz. Welch gewaltige Aufbauleistung hinter diesen Zahlen steht, wird besonders deutlich, wenn man sich den bescheidenen Beginn des Unternehmens nach Neugründung im Jahre 1952/53 in Erinnerung ruft, als bei einer

Rohstahlerzeugung von 378.000 Tonnen mit rund 6.000 Mitarbeitern gerade ein Umsatz von 248 Millionen erreicht wurde.

Indessen darf nicht übersehen werden, daß zu Beginn der siebziger Jahre das wirtschaftliche Geschehen von anderen Einflußgrößen bestimmt wurde als während des deutschen Wirtschaftswunders. Der Wiederaufbau der deutschen Wirtschaft war abgeschlossen; das spürte auch die Stahlindustrie. Das Arbeitskräfte-Potential der Bundesrepublik war voll ausgeschöpft. Im Herbst 1969 rollte eine Welle von wilden Streiks über die Industrie hinweg, die zum Teil zweistellige Lohnsteigerungen zur Folge hatte. Nur mühsam gelang es damals Gewerkschaften und Arbeitgeberverbänden, diese Entwicklung wieder in den Rahmen der Tarifverträge einzubinden.

Auch durch eine veränderte Wechselkurspolitik geriet die Wettbewerbsfähigkeit der deutschen Stahlindustrie unter Druck. Noch herrschte dort die Einschätzung vor, daß die seit 1969 eingetretene Wechselkursentwicklung unabsehbare Folgen für den Stahlverkauf in Drittländermärkten, im heimischen Absatzraum und auch bei den Preisen für Übersee-Erz und Kokskohle haben würde. Als dann mit dem raschen Verfall der internationalen Währungsordnung von Bretton Woods die Bonner Währungspolitik eine Position nach der anderen räumen mußte, waren neue Daten gesetzt. Zusätzlich zu dem starken Dollarkursverfall kam es in den frühen siebziger Jahren auch bei den für Stahl wichtigen Weltmarktpreisen bei Kokskohle, Eisenerz und Legierungsmetallen zu beträchtlichen Veränderungen. So hatten sich innerhalb weniger Jahre die wirtschaftlichen Rahmenbedingungen einschneidend verändert.

Der Duisburger Stahlbereich der ATH war zu jener Zeit produktionstechnisch weitgehend optimiert. Bemerkenswert war die hohe Produktivität, die mit dem Wiederaufbau des Hüttenwerks in Hamborn und mit dem Bau des Werks Beeckerwerth geschaffen worden war. In diesen Kernanlagen lag die eigentliche Leistungskraft des Thyssen-Konzerns, die auch in der

Veränderte Wettbewerbsbedingungen für die deutsche Stahlindustrie			
	Kurs DM/US-$ Jahresdurchschnitt	Kokskohle Anpassungspreis DM/t Stand 31.12.	Tariflicher Ecklohn Stahlindustrie DM/h Stand 31.12.
1968	3,99	55,20	3,91
1969	3,92	64,62	4,43
1970	3,65	68,25	4,87
1971	3,48	83,10	5,09
1972	3,19	82,00	5,40
1973	2,66	81,50	6,50
1974	2,59	139,00	7,09
1975	2,46	155,00	7,44
1976	2,52	156,50	7,89

Streikende Stahlarbeiter, September 1969.

internationalen Stahlwelt als Vorbild galt. Es war deshalb keine besondere Überraschung, als die ATH für das Geschäftsjahr 1969/70, das von einer guten Gesamtkonjunktur gekennzeichnet war, ihre Dividende erstmals auf 14 Prozent anhob.

Im Herbst 1970 allerdings kam es auf den Stahlmärkten zu einer deutlichen Abkühlung, die rasch zu einer Schrumpfung des Stahlversands und auch zu stark sinkenden Erlösen führte, während gleichzeitig die Herstellungskosten kräftig anzogen. In den Geschäftsjahren 1970/71 und 1971/72 verschlechterte sich die Ertragslage drastisch. Sohl wiederholte im März 1972 vor der Presse, was auch schon kurz zuvor in „Thyssen aktuell" dazu geschrieben worden war: „Das Geschäftsergebnis 1970/71 war im Berichtsjahr ungenügend. Es konnte der Aufgabe, als Resultat aus der Arbeitsleistung von 96.000 Mitarbeitern und dem Einsatz von 7,8 Mrd. DM Vermögenswerten eine angemessene Dividende zu erwirtschaften, nicht gerecht werden." Und ein Jahr später, als es um den Abschluß 1971/72 ging, stellte Sohl fest, „daß das Berichtsjahr, das 20. Geschäftsjahr der August Thyssen-Hütte, das schlechteste

gewesen ist, das sie in ihrem Bestehen zu verzeichnen hatte".

Diese Hinweise offenbaren, daß der Stahlkonzern Thyssen verwundbar geworden war. Die Sorge um die Zukunft des Unternehmens wuchs, als im Sommer 1972 eine Analyse vorgelegt wurde, nach der die Gewinnschwelle der ATH, also der sogenannte Break-even-point, bei gegebenem Erlös- und Kostenniveau noch außerhalb der Rohstahlkapazität lag. In diesem Zusammenhang wurden erste Überlegungen angestellt, wie der bisher dominierenden Stahlproduktion und auch dem Stahlhandel andere Fertigungen und auch andere Dienstleistungen zur Seite gestellt werden könnten.

Anfang 1973 bot die Übernahme der Rheinstahl AG, die neben einer kleineren Stahlproduktion auch über eine breit gelagerte Fertigung von Investitionsgütern verfügte, die Chance zum Eintritt in eine neue Entwicklungsphase des Thyssen-Konzerns. In der Hauptversammlung am 17. April 1973 markierte der scheidende Vorstandsvorsitzende Hans-Günther Sohl den Wendepunkt mit den Worten: „Herr Cordes, Herr Risser und ich verlassen den Vorstand des Unternehmens zu einem Zeitpunkt, in dem sich eine verbreiterte Konzernbasis abzeichnet, die der Thyssen-Gruppe künftig eine vergrößerte Widerstandskraft gegen strukturelle Einbrüche verleiht. Das Bild, das sich nun für die Zukunft unseres Unternehmens abzeichnet, zeigt eine Thyssen-Gruppe, die auf vier etwa gleichgewichtigen Säulen ruhen wird: Stahlproduktion Inland, Handel, Verarbeitung, Auslandsproduktion. Hier sind die Weichen gestellt." Die Verwirklichung dieses Konzepts sollte sich allerdings in den kommenden Jahren als eine ungewöhnlich harte und langwierige Aufgabe erweisen.

Der Rheinstahl-Erwerb

Am 19. Februar 1973 wurde die Börsennotierung für die Rheinstahl AG ausgesetzt. Mit dieser Maßnahme, die eine Spekulation zu Lasten der Aktionäre verhindern soll, pflegen sich besondere Vorkommnisse im Leben einer Aktiengesellschaft anzukündigen. Der Börsenkurs für die 100-DM-Aktie, der im Durchschnitt des Vorjahrs bei 85 DM verharrt hatte, war bis Ende Januar auf mehr als 100 DM angestiegen.

Am gleichen Tag trat der Aufsichtsrat der August Thyssen-Hütte AG zu einer außerordentlichen Sitzung zusammen. Einziger Punkt der Tagesordnung:

„Der Aufsichtsrat möge genehmigen, daß der Vorstand gegenüber einem Bankenkonsortium, das den Erwerb der einfachen Mehrheit des Grundkapitals der Rheinstahl Aktiengesellschaft durch öffentliches Übernahmeangebot zum Kurs von 125 DM für die Rheinstahl-Aktie im Nominalbetrag von 100 DM beabsichtigt, die Haftung für den Fall übernimmt, daß sich, sollte das so erworbene Paket Rheinstahl-Aktien wider Erwarten nicht auf ATH übertragen werden, im Falle einer anderweitigen Verwertung dieses Aktienpaketes ein Mindererlös für das Bankenkonsortium ergeben sollte."

Dies war, zum Unterschied von den bisherigen Fällen, in denen die August Thyssen-Hütte andere Unternehmen übernommen hatte, der erste Fall eines Barerwerbs; bisher waren immer Thyssen-Aktien gegen die Aktien der zu übernehmenden Gesellschaften gegeben worden.

Dieter Spethmann, damals bereits designierter Vorstandsvorsitzender, schilderte in einem rückblickenden Gespräch, wie es zu diesem Zusammenschluß gekommen war: „Im Herbst 1972 sprach mich ein Bank-Vorstand an, der um die Kredite seines Instituts bei Rheinstahl fürchtete. Ich ließ mir von Herrn Sohl grünes Licht für Kommissionsverhandlungen geben. Ein Viererkreis, bestehend aus den Herren Höffken, Kuhn, Zimmermann und mir, hat bis Jahresende 1972 in mehreren Gesprächen mit dem Rheinstahl-Vorstand die Grundlagen für eine Übernahme erarbeitet. Am 21. Dezember 1972 hatten wir ein vorerst letztes Treffen. Den Inhalt dieses Gesprächs habe ich Herrn Sohl mit einem handschriftlichen Vermerk vom selben Tag unterbreitet. Das Fazit lautete: ‚In der Sache bin ich der Meinung, wir sollten es machen.' So beschloß der Vorstand, übrigens nicht einstimmig. Ich verstand das Zögern des Altvorstands übrigens sehr gut, schließlich war damals auch unsere eigene Ertragslage wenig überzeugend. Ich selbst hätte Rheinstahl auch nicht angefaßt, wenn nicht Höffken, Kuhn und Zimmermann mit mir dazu gestanden hätten."

Vorstand und auch Aufsichtsrat von Thyssen waren nicht ohne Skepsis an den Zusammenschluß mit Rheinstahl herangegangen. Allerdings hat der Altvorstand, der die ATH nach dem Krieg aufgebaut hat, auch diese Entscheidung voll mitgetragen. Bei verschiedenen Gelegenheiten wurde klargestellt, daß nicht Thyssen auf Rheinstahl, sondern Rheinstahl auf Thyssen zugegangen war. „Anfang November vorigen Jahres trat der Vorstand der Rheinstahl AG mit der Anregung an uns heran, die Möglichkeiten und Vorteile einer engeren Kooperation zu prüfen", stellte der Thyssen-Vorstand im Frühjahr 1973 in der Hauptversammlung fest. Und er betonte: „Wir waren uns klar darüber, daß die Übernahme der Mehrheit von Rheinstahl für die Thyssen-Gruppe auch große Risiken in sich birgt." Von April 1973 bis Oktober 1974 erzielte Thyssen im Stahlbereich noch stattliche Gewinne. Dies machte es möglich, der neuen Tochtergesellschaft einen dreistelligen Millionenbetrag zur Verfügung zu stellen, um not-

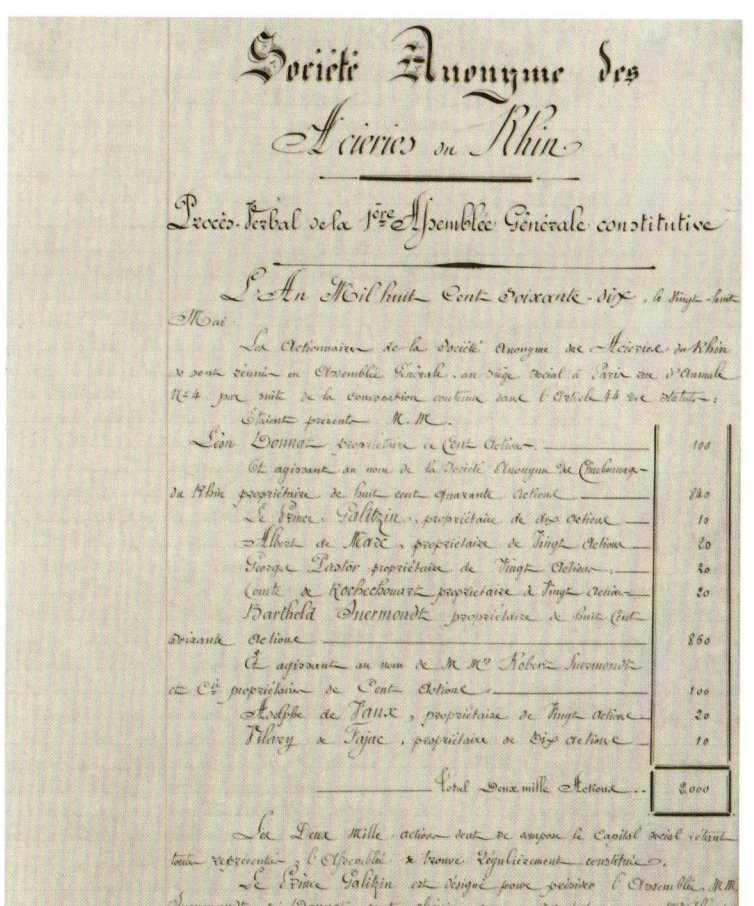

wendige Strukturmaßnahmen durchzuführen.

Rheinstahl war 1970 hundert Jahre alt geworden. Das Unternehmen war in Paris als Société Anonyme Aciéries du Rhin gegründet worden, die 1872 in Rheinische Stahlwerke umfirmierte. Sie errichtete in den ersten Jahrzehnten ihres Bestehens im Duisburger Raum ein integriertes Hüttenwerk. Auf dem Gebiet der Thomasstahl-Metallurgie war Rheinstahl gemeinsam mit dem Hoerder Verein einer der beiden Pioniere im Deutschen Reich.

Ab 1900 gliederten sich die Rheinischen Stahlwerke Bergbau- und Stahlverarbeitungsunternehmen an. Von Bedeutung waren dabei vor allem die Prosper-Schächte in Bottrop, die heute noch zu den besten Schachtanlagen an der Ruhr zählen. Im Jahre 1924 schloß Rheinstahl eine In-

teressengemeinschaft bei gegenseitiger Kapitalbeteiligung mit der späteren I. G. Farbenindustrie AG, die bis zum Ende des Zweiten Weltkriegs Bestand hatte. Das Motiv war das Streben von I. G. Farben nach stetiger Belieferung mit Kohle gleichbleibender Qualität. Das war nur durch die Beteiligung an einem Bergwerksunternehmen zu erreichen, weil man so die Herkunftszeche für seinen Kohlenbedarf bestimmen konnte. Für Rheinstahl lag der Reiz dieser Verbindung darin, daß man bei den Lieferungen an die I. G. Farben nicht an die Bedingungen des Kohlen-Syndikats gebunden war.

Als 1926 die Vereinigten Stahlwerke gegründet wurden, brachten die Rheinischen Stahlwerke ihre Erzgruben, Hüttenwerke und Stahlhandelsinteressen ein und wurden Aktionär des Stahlvereins mit zu-

nächst 8,5 Prozent und zuletzt 15,7 Prozent Anteil am Grundkapital. Der Zechenbesitz, der Kohlenhandel, die Binnenreederei und die I. G. Farben-Beteiligung blieben bei Rheinstahl.

Bei der Entflechtung nach dem Krieg mußten sich die Rheinischen Stahlwerke gleich den anderen Großaktionären auf bestimmte Unternehmen konzentrieren, die aus den Altkonzernen heraus entflochten wurden. Rheinstahl entschloß sich beim Stahlverein für die Verarbeitungsunternehmen, die in der Rheinstahl-Union Maschinen- und Stahlbau AG zusammengefaßt wurden. Außerdem übernahm Rheinstahl, zunächst mit der Auflage, sie später wieder zu verkaufen, maßgebliche Beteiligungen an verschiedenen Eisen- und Stahlgießereien, an der Ruhrstahl AG mit der Hattinger Henrichshütte sowie neben

Aktien der Handelsunion AG auch eine Beteiligung an der Gussstahlwerk Bochumer Verein AG. Die Beziehung zur I. G. Farben mußte Rheinstahl ebenfalls lösen; das Unternehmen verkaufte seine Beteiligung beziehungsweise tauschte sie in Aktien einer der I. G.-Beteiligungsgesellschaften um. I. G. Farben schüttete im Zuge ihrer Liquidation ihren Besitz an Rheinstahl-Aktien an die Aktionäre aus. Dies ließ die Zahl der Rheinstahl-Aktionäre sprunghaft wachsen.

Die bedeutendsten Unternehmen, die den Konzern der Rheinischen Stahlwerke nach der Entflechtung der Montanindustrie und nach einer ersten Neuordnung bildeten, waren

– Rheinstahl Bergbau AG,
– Rheinstahl-Union Maschinen- und Stahlbau AG mit zahlreichen Tochtergesellschaften, deren Tätigkeitsschwerpunkte in der Eisen- und Stahlverarbeitung lagen,

Standorte der Rheinstahl-Union Maschinen- und Stahlbau AG, 1954.

– Rheinisch-Westfälische Eisen- und Stahlwerke AG, ebenfalls mit mehreren Tochtergesellschaften, deren Hauptgebiete die Produktion von Gießerei-Erzeugnissen war,
– Ruhrstahl AG mit Werken in Hattingen, Witten, Brackwede und Düsseldorf-Oberkassel und den Schwerpunkten Grobblech, Stahlguß und Stahlverarbeitung.

Die spektakulärste und vom finanziellen Engagement her auch bedeutendste Erweiterung des Konzerns geschah 1964, als Rheinstahl die Henschel-Werke AG in Kassel kaufte, ein Unternehmen mit alter Tradition, das im Lokomotiv- und Maschinenbau, in der Wehrtechnik sowie damals noch im Bau von Nutzfahrzeugen tätig war.

Rheinstahl ist mit dem Paket von Beteiligungen, das nach der Entflechtung zusammenkam, auf die Dauer nicht glücklich geworden. Eine rechtzeitige Konzentration auf ertragsstarke Bereiche und deren Ausbau zu führenden Marktpositionen war unterblieben. Daher traten in der zweiten Hälfte der sechziger Jahre Ergebnisprobleme auf, die 1967 und 1968 zum Dividendenausfall führten. Nach Dividenden von sechs und fünf Prozent 1969 und 1970 war 1971 und 1972 wiederum keine Dividendenzahlung möglich.

In dieser kritischen Situation wurde die Organisationsstruktur der in Rheinstahl AG umfirmierten Gesellschaft völlig geändert. Neun Tochtergesellschaften wur-

Rheinische Stahlwerke Meiderich: Hammerhalle zum Schmieden von Lokomotiv- und Waggonbauteilen, 1872.

Schwere Schmiedepresse auf der Henrichshütte.

den dabei auf Rheinstahl umgewandelt, das Gesamtunternehmen in 15 Geschäftsbereiche unterteilt. „Die neue Organisation sichert eine straffe Führung bei eindeutiger Ergebnisverantwortung auf allen Ebenen des Konzerns", stellte der Vorstand bei der Ankündigung dieses Schritts fest. Man gab damit die althergebrachte Gliederung in selbständige Tochtergesellschaften weitgehend auf. Gleichzeitig wurden Bereinigungen vorgenommen, und in Teilbereichen sorgten Zukäufe für eine Verstärkung.

Aber auch diese Neuorganisation brachte nicht den endgültigen Durchbruch zu einer erfolgreichen Arbeit. Die Verlustquellen konnten nicht schnell genug gestopft werden. Gegen Ende des Jahres 1972 wurde erneut über Ergebnisbelastungen berichtet, die aus Strukturschwächen bei Rheinstahl herrührten. Ein noch helleres Schlaglicht warf der Vorstandsvorsitzende Toni Schmücker auf die bestehenden und noch zu erwartenden Schwierigkeiten, als er in einer Rheinstahl-Konzernsitzung am 23. Februar 1973 sagte, das Unternehmen habe in den letzten Jahren für die Strukturbereinigung nicht nur viel gearbeitet, sondern auch „einen guten Teil der Reserven" mobilisieren müssen. Aber weitere Maß-

nahmen seien notwendig, und das geplante Zusammengehen mit Thyssen biete hierzu die Chance.

Durch ein Zusammengehen von ATH und Rheinstahl würde, so hieß es, mit 16 Milliarden DM Umsatz, rund 160.000 Beschäftigten, einer Bilanzsumme von mehr als zwölf Milliarden DM und einem Abschreibungsvolumen von rund einer Milliarde DM das zweitgrößte Unternehmen nach dem Volkswagenwerk entstehen. Eben dies war freilich auch der Grund für kritische Kommentare.

Rheinstahl und Thyssen waren sich nicht fremd. Man hatte eine gemeinsame

Vergangenheit in den Vereinigten Stahl-werken, und Anfang der siebziger Jahre war die August Thyssen-Hütte AG immerhin der größte private Lieferant und Abnehmer von Rheinstahl.

Die Öffentlichkeit wurde am 21. Februar 1973 in einer gemeinsamen Pressekonferenz von Sohl, Spethmann und Schmücker über den geplanten Zusammenschluß unterrichtet. Der Thyssen-Vorstand stellte fest, Rheinstahl werde als Gesellschaft rechtlich selbständig bleiben. Die Arbeitnehmerseite habe in beiden Aufsichtsräten der Kooperation voll zugestimmt. Man könne so viele Rationalisierungsvorteile absehen, die die aus dem Engagement erwachsende Zinsbelastung

überwögen. Das Übernahmeangebot zum Kurse von 125 Prozent nannte der Rheinstahl-Vorstand „angemessen und fair".

„Die August Thyssen-Hütte AG ist daran interessiert, eine Mehrheitsbeteiligung an der Rheinstahl AG zu erwerben." So begann das Angebot an die Rheinstahl-Aktionäre, das am 23. Februar 1973 veröffentlicht wurde. Sie sollten in der Zeit vom 20. Februar bis 18. März 1973 die Möglichkeit haben, ihre Aktien zum Preise von 125 DM je 100-DM-Aktie an ein Bankenkonsortium unter Führung der Dresdner Bank AG und der Deutsche Bank AG zu verkaufen. Es war vorgesehen, daß das Bankenkonsortium die erworbenen und zunächst treuhänderisch gehaltenen

Rheinstahl-Aktien auf die August Thyssen-Hütte AG übertragen sollte, sobald die Genehmigung der Europäischen Kommission vorlag. Diese Genehmigung wurde am 20. Dezember 1973 erteilt. Allerdings machte die Kommission eine Auflage: Die ATH mußte ihre Drittelbeteiligung an der Mannesmannröhren-Werke AG, die aus der Arbeitsteilung mit Mannesmann stammte, auf eine einfache Finanzbeteiligung von 25 Prozent reduzieren. Dies geschah dann auch.

Schon am 14. März 1973 konnte Thyssen die Frist für das Kaufangebot vorzeitig beenden: Das Ziel war erreicht. Die Rheinstahl-Aktien über nominell 284 Millionen DM, die das Bankenkonsortium herein-

STIMMEN ZUM ZUSAMMENSCHLUSS THYSSEN/RHEINSTAHL

Handelsblatt am 21. Februar 1973

Für die Thyssen-Gruppe ist das neue Engagement aber interessant und zukunftsträchtig, weil dieser Konzern dadurch seine bisher zu einseitig auf die Stahlproduktion ausgerichtete Struktur verbreitert, nun auch stärker im Verarbeitungsbereich Fuß faßt und den Handelsbereich ausweitet.

Rheinische Post am 21. Februar 1973

Thyssen wird wissen, was man sich mit Rheinstahl für einen dicken Klotz an den Hals holt. Zweifellos haben die Thyssen-Männer aber wie kaum jemand anders Erfahrungen sammeln können, wie man notleidende Betriebe eingliedert.

Die Welt am 23. Februar 1973

Letztlich sollte nicht vergessen werden, daß Thyssen aus Selbsterhaltungsgründen den Weg der Diversifikation gehen mußte. Ohne die Essener Möglichkeit hätte Thyssen zweifellos versucht, in

kleinen Schritten das gleiche Ziel zu erreichen. Dann hätte es keine Schlagworte von der Konzentration der Giganten gegeben. Der Effekt wäre aber der gleiche geblieben.

Presseerklärung des Wirtschaftsrats der CDU am 23. Februar 1973

Der schleichende Abbau der Sozialen Marktwirtschaft als freiheitlichem sozialverpflichtetem Ordnungsprinzip [...] nimmt mit gefährlicher Geschwindigkeit zu. [...] Vor diesem Hintergrund muß auch die Signalwirkung einer jüngst angekündigten „Elefantenhochzeit" im Bereich der Stahlindustrie gesehen werden.

Hans-Günther Sohl am 2. März 1973 in einem Brief an den Wirtschaftsrat der CDU

Hätten Sie mich vorher angesprochen, so hätte ich Ihnen nahegelegt, das Projekt vor dem Hintergrund

der teilweise dramatischen Wettbewerbsverschlechterungen zu sehen, denen weite Bereiche der Industrie seit Oktober 1969 durch Kostenexplosionen und Währungsänderungen unterworfen worden sind.

Toni Schmücker in der Rheinstahl-HV am 15. August 1973

Die Beschleunigung des Ausleseprozesses im internationalen Wettbewerb durch Währungsverschiebungen war neben den Kooperationsvorteilen [...] ein wesentlicher Grund für die geplante Partnerschaft zwischen Thyssen und Rheinstahl.

[...] Die Möglichkeit, über unseren Verarbeitungsbereich zu diversifizieren, war für Thyssen ein wesentliches Motiv zur Zusammenarbeit. Daß unsere Verarbeitung hierfür attraktiv ist, bedeutet noch nicht, daß alle Probleme schon gelöst sind.

NRZ-Karikatur zur sogenannten Elefantenhochzeit Thyssen/ Rheinstahl, 22. August 1974.

genommen hatte, entsprachen 60,5 Prozent des Rheinstahl-Kapitals.

Wenn der ATH-Vorstand in diesem Zusammenhang betonte, er habe zu keiner Zeit Einfluß auf die Entwicklung des Rheinstahl-Börsenkurses genommen, so rührte er damit ein Thema an, das in jenen Wochen die Gemüter stark bewegte: Wie war es zu dem kräftigen Kursanstieg für die Rheinstahl-Aktie im Januar 1973 gekommen? Hatten Insider die Kursdifferenz nutzen wollen? Wollte jemand eine Schachtelbeteiligung bei Rheinstahl zusammenkaufen? Am 26. Februar 1973 befaßte sich das Präsidium des Vorstands der Rheinisch-Westfälischen Börse zu Düsseldorf mit diesen Fragen. Es wurden jedoch keine Verstöße festgestellt.

Die kommenden Monate waren angefüllt mit gemeinsamen Beratungen über die Optimierung des Zusammenschlusses. Es kristallisierte sich der Grundsatz heraus, den Stahlbereich, über den Rheinstahl verfügte, auf Thyssen zu übertragen und umgekehrt die bis dahin kleine Thyssen-Verarbeitung in Rheinstahl einzugliedern. Am 27. März 1974 verkündeten Thyssen und Rheinstahl in einer gemeinsamen Erklärung eine entsprechende Vereinbarung. Danach sollte die Henrichshütte in Hattingen mit dem Stahlbereich von Thyssen organisatorisch verbunden werden. Die beiden Handelsorganisationen sollten im Thyssen-Handelsbereich zusammengefaßt werden; das gleiche galt für das Anlagengeschäft. Dagegen kamen die Gesenkschmiede und die Gießereien aus dem Bereich der Deutschen Edelstahlwerke zu Rheinstahl. Auch der Grubenausbau der ATH und ihre Stahlblechverarbeitung wurden Rheinstahl zugeschlagen, ebenso die Stahlbau-Aktivitäten im Dortmunder Raum.

Offen blieb noch die Zusammenlegung der Edelstahlbereiche. Zwar war Rheinstahl seit 1959 zu 62,8 Prozent an der Gussstahlwerk Witten AG beteiligt; mit dem Münchener Bankhaus Merck, Finck & Co. gab es hier aber einen weiteren Großaktionär, mit dem zunächst Verhandlungen aufgenommen werden mußten.

Der Verbund
wird enger

Bei organisatorischen Maßnahmen, die derart tief in die Substanz der jeweiligen Gruppe eingriffen, ergab sich die Notwendigkeit, den Verbund noch enger zu gestalten. Das bedeutete den Abschluß eines Beherrschungs- und Gewinnabführungsvertrags. Nach den gesetzlichen Bestimmungen mußte in diesem Zusammenhang den außenstehenden Aktionären von Rheinstahl ein Umtauschangebot unterbreitet werden. Für nicht tauschwillige Aktionäre war eine Ausgleichzahlung für die entfallende Dividende vorzusehen.

Das Umtauschangebot von Thyssen fußte auf einer Stellungnahme von drei Gutachtern. Die angemessene Umtauschrelation belief sich danach bei hälftiger Zurechnung der erwarteten Kooperationserfolge auf eine Thyssen-Aktie zu zwei Rheinstahl-Aktien. Die angemessene Garantiedividende betrug nach dem Gutachten 50 Prozent der Thyssen-Dividende. Da Thyssen noch nicht über die erforderliche Dreiviertelmehrheit verfügte, die in der Rheinstahl-Hauptversammlung zur Genehmigung des Beherrschungs- und Gewinnabführungsvertrags erforderlich war,

Der Weg zu einem einheitlichen Firmenzeichen.

wurde den außenstehenden Rheinstahl-Aktionären zusätzlich zu einer Thyssen-Aktie für zwei Rheinstahl-Aktien ein Barbetrag von 40 DM oder eine Ausgleichzahlung von 6/10 statt 5/10 der Thyssen-Dividende angeboten.

Die Klage eines Aktionärs gegen Umtauschrelation und Ausgleichzahlung beschäftigte die Gerichte ein Jahrzehnt. Im Februar 1977 meinte das Landgericht Dortmund, einen höheren Ausgleich für angemessen halten zu sollen. Das Oberlandesgericht Düsseldorf hob dieses Urteil auf und verwies es an das Landgericht Dortmund zurück. Dieses ließ ein neues Gutachten erstellen mit dem Ergebnis, angemessen sei ein Verhältnis von 2,3 Rheinstahl- zu einer Thyssen-Aktie, da eine hälf-

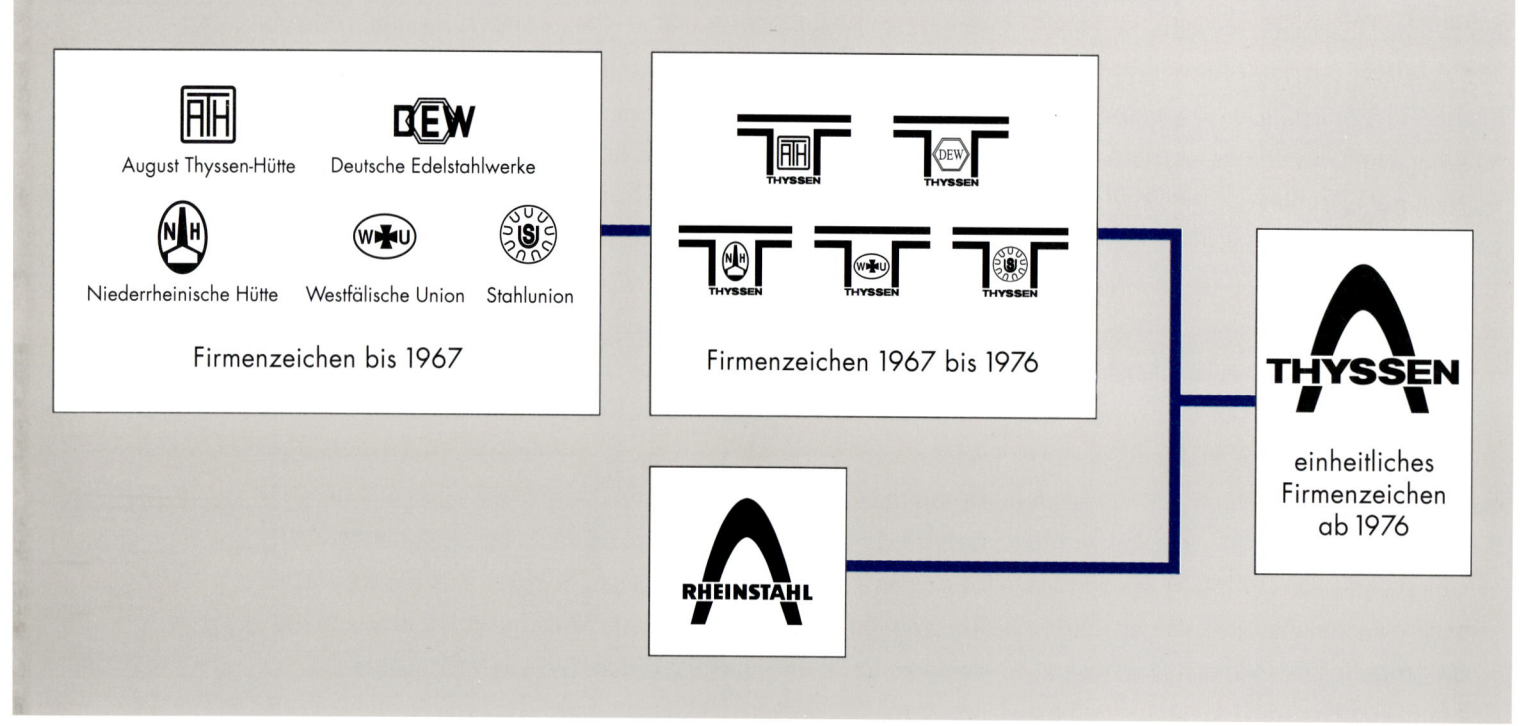

tige Zurechnung der Kooperationsvorteile betriebswirtschaftlich nicht begründbar sei. Damit war nicht nur das von Thyssen angebotene Umtauschverhältnis als weit über das notwendige Maß hinausgehend erwiesen, sondern auch der Dividendenausgleich. Im Februar 1984 bestätigte das Oberlandesgericht Düsseldorf endgültig die Angemessenheit der Umtauschrelation und des Dividendenausgleichs.

Eine außerordentliche Hauptversammlung der August Thyssen-Hütte AG beschloß am 27. August 1974 den Beherrschungs- und Gewinnabführungsvertrag und eine bedingte Kapitalerhöhung für den beabsichtigten Umtausch, nachdem schon einen Tag zuvor die Rheinstahl-Aktionäre zugestimmt hatten. Von dem Umtauschangebot machten so viele Rheinstahl-Aktionäre Gebrauch, daß die ATH bis Ende 1974 auf 88,5 Prozent des Grundkapitals der Rheinstahl AG kam.

Man konnte nun mit aller Kraft an die Neuordnung des erweiterten Konzerns gehen. Dies war um so leichter möglich, als inzwischen auch auf dem Gebiet des Edelstahls Klarheit gewonnen war: Thyssen erwarb im August 1974 von Merck, Finck & Co. ein Paket von 34,7 Prozent des Grundkapitals der Edelstahlwerk Witten AG in Witten.

Der Beherrschungsvertrag mit Rheinstahl machte es Thyssen möglich, alle Chancen der Optimierung über die Unternehmensgrenzen hinweg zu nutzen. Es folgte ein Bündel von Übertragungen, Pachtverträgen, Käufen und Verkäufen. Im Laufe der folgenden Jahre schälte sich die künftige Aufgabe von Rheinstahl in der Thyssen-Gruppe immer deutlicher heraus. Das Produktionsprogramm wurde zunehmend auf industrielle Komponenten sowie auf komplette Systemlösungen ausgerichtet.

Äußeres Zeichen für die Integration war die Änderung des Firmennamens: Die Hauptversammlung vom 27. April 1976 beschloß, Rheinstahl in Thyssen Industrie AG umzubenennen. Thyssen übernahm von seiner neuen Tochtergesellschaft das Firmenzeichen, den sogenannten Rheinstahl-Bogen, und machte ihn in veränderter Form als Thyssen-Bogen zum einheitlichen Merkmal fast aller Konzerngesellschaften im In- und Ausland.

Beide Maßnahmen waren für das Zusammenwachsen von bisher getrennten und gegeneinander konkurrierenden Unternehmen wichtig und förderten das Zusammengehörigkeitsgefühl der Belegschaften. Allerdings sagt dies noch wenig zu der Frage, ob damit schon alle Ziele verwirklicht waren, die sich Thyssen mit dem Einstieg bei Rheinstahl gesetzt hatte. Diese Ziele waren auf einer Konzerntagung im Frühjahr 1974 für die gesamte Thyssen-Gruppe wie folgt umschrieben worden:
- gleichgewichtige Strukturen zwischen den jeweils spezialisierten Unternehmensbereichen herausbilden,
- aussichtsreiche Fertigungen weiter nach vorn bringen,
- Auslandsaktivitäten verstärken.

Damit waren die Grundlinien festgelegt. Was jetzt anstand, war die Detailarbeit. Dazu gehörten im Bereich von Thyssen Industrie weitere Einschnitte und Bereinigungen, zumal hier konjunkturelle und strukturelle Veränderungen zusätzliche Schwachstellen aufgedeckt hatten. Gleichzeitig wurde es notwendig, die Ansatzpunkte für ertragsstarke Fertigungen durch gezielte Firmenerwerbe auszubauen. Thyssen Industrie sollte in den Stand versetzt werden, aus eigener Kraft Beiträge zum Konzernergebnis zu bringen, die der Größe und dem Potential dieser Tochtergesellschaft entsprachen. Es zeigte sich, daß für die Erreichung dieses Ziels etliche Jahre gebraucht wurden.

Europa-Begeisterung 1950: Deutsche und französische Studenten am Grenzübergang zwischen St. Germanshof und Wissembourg.

Europa-Probleme 1985: Vernichtung landwirtschaftlicher Überproduktion.

Die Wachstumsschwäche der Weltwirtschaft, die bis in die frühen achtziger Jahre anhielt, löste auch in der Bundesrepublik wirtschaftspolitische Gegenmaßnahmen aus. Schon im September 1974 hatte Bonn auf die beginnende Flaute mit einem Konjunktur-Sonderprogramm reagiert, dem weitere expansive Maßnahmen folgten. Doch die ökonomische Gesamtlage blieb über viele Jahre wechselhaft und labil, zumal neue starke Ölpreissteigerungen zusätzliche Störungen verursachten. Die enorme Auslandsverschuldung der Dritten Welt und vieler junger Industrieländer wurde zu einem Krisenfaktor. In Europa schwand die Begeisterung für die europäische Idee, wenngleich die Integration auf wirtschaftlichem Gebiet doch Schritt für Schritt weiterging.

Die Stahlindustrie geriet weltweit unter Druck. Noch 1974 war man allerorten von sehr optimistischen Zukunftsprognosen für den internationalen Stahlbedarf ausgegangen. Sie sollten sich als viel zu hoch herausstellen. Auf dem Stahlmarkt wurde es kritisch, hohe Verluste und Substanzverzehr forderten ihren Preis. Rasch schalteten sich die alarmierten Regierungen der betroffenen Länder in das Geschehen ein.

Die Montanunion – für Deutschland zunächst ein Segen, weil sie Anfang der fünfziger Jahre die Chance zum zügigen Anschluß an die internationalen Entwicklungen ermöglicht hatte – zeigte nun ein anderes Gesicht. Die unterschiedliche Auslegung der Aufgaben staatlicher Industriepolitik durch die Mitglieder der EGKS führte zu erheblichen Verzerrungen; nicht wenige nationale Regierungen hielten Ausschau, wie sie den Montanvertrag umgehen konnten. Das dort festgelegte Subventionsverbot stand quer zu den massiven finanziellen Hilfen, mit denen die meisten EG-Staaten ihrer bedrängten Stahlindustrie beisprangen. Es waren besonders die deutschen Stahlunternehmen, die dadurch gravierende Benachteiligungen hinzunehmen hatten. Auch Thyssen wurde von dieser stahlpolitischen Fehlentwicklung empfindlich getroffen.

Nicht nur beim Stahl dämpft das Aufeinanderprallen nationaler Interessen die anfängliche Begeisterung für die europäische Einigung. Butterberge und Erntevernichtungen prägen gerade in den siebziger Jahren sehr viel mehr das Europabild der Menschen als die mühsamen Fortschritte im Zusammenwachsen der europäischen Volkswirtschaften.

DER DORNIGE WEG DURCH DIE STAHLKRISE

Frei von konjunkturellen Ausschlägen ist die Stahlindustrie nie gewesen. Als ein Zweig der Grundstoffindustrie war sie nach ihrem Hineinwachsen in industrielle Dimensionen, also seit Mitte des 19. Jahrhunderts, immer wieder starken zyklischen Schwankungen unterworfen. Die zahlreichen Gründungen und Zusammenbrüche, die zur Stabilisierung immer wieder neu etablierten Kartelle und Syndikate zeugen davon. In den fünfziger Jahren dieses Jahrhunderts aber schien es so, als ginge es immer aufwärts, und als litte die Welt an einem ewigen Stahlhunger. Doch das resultierte vor allem aus dem Wiederaufbau- und aus dem Nachholbedarf der Nachkriegszeit. Schon Ende der fünfziger Jahre setzten in der internationalen Stahlwirtschaft wieder zyklische Wellenbewegungen ein, die zunehmend ausgeprägter wurden. Die 1967 gegründeten Walzstahlkontore waren eine Antwort auf ein solches zyklisches Tief gewesen, und nicht

Außenminister-Konferenz über den Schuman-Plan zur Gründung der Montanunion, Paris, Juli 1952. In der Mitte Robert Schuman, rechts von ihm Jean Monnet und Konrad Adenauer.

von ungefähr bezeichnet man Kartelle als Kinder der Not. Im Grunde ging es bei ihnen um den Versuch, das Problem zeitweiser Überkapazitäten durch gemeinschaftliche Lösungen zu bewältigen.

Sobald ein neuer Aufschwung einsetzte, waren allerdings die Überkapazitäten oft wieder vergessen. So war es jedenfalls 1974. Eine kräftige Hochkonjunktur am Stahlmarkt, ja sogar ein regelrechter Stahlboom, der selbst den letzten alten, längst abgeschriebenen Anlagen noch Vollbeschäftigung brachte, ließ Stahlindustrielle in aller Welt glauben, eine Zukunft mit kräftig wachsendem Stahlbedarf sei auf längere Zeit sichergestellt. Die deutsche Stahlproduktion war 1974 auf 53 Millionen Tonnen gestiegen, die größte Menge, die in der Geschichte der deutschen Stahlindustrie je erzielt worden ist. Es war auch die höchste damals erreichbare Erzeugung. „Sie sehen hier noch lauter frohe Menschen vor sich, aber das wird sich bald ändern", sagte ein prominenter Mann aus dem deutschen Stahlhandel dem Chronisten, als sie sich im Oktober 1974 auf der Münchener Jahrestagung des International Iron and Steel Institute im Foyer des Tagungshotels unter die festlich gekleideten Teilnehmer mischten. Es gab freilich auch Anlaß zur Freude: Die Wirtschaftsvereinigung Eisen- und Stahlindustrie verband dieses Treffen mit der Feier ihres eigenen hundertjährigen Bestehens. Die Stimmung war glänzend. Schließlich wirkte immer noch die Euphorie der gewaltigen Hausse.

Das Thyssen-Messehaus auf der Hannover-Messe, 1974.

Diese Hausse aber sollte bald in ein Debakel umschlagen. Der Generalsekretär des International Iron and Steel Institute hatte sich auf der Münchener Tagung noch den Kopf darüber zerbrochen, wie und woher die Stahlindustrie wohl 1975 die zusätzliche Kapazität zusammenkratzen könne, um der erwarteten Steigerung des Weltstahlverbrauchs von 710 auf 740 Millionen Tonnen zu entsprechen. Indessen wurden 1975 nur noch 649 Millionen Tonnen erzeugt; die Krise war in vollem Gange.

Auch Thyssen blieb davon nicht verschont. 1973/74 hatte die Rohstahlerzeugung des Konzerns mit 16,9 Millionen Tonnen einen Höhepunkt erreicht. Im Geschäftsjahr 1974/75 fiel die Produktion um knapp 20 Prozent, ein Jahr später um weitere 5,5 Prozent und 1976/77 nochmals um 8,5 Prozent auf 11,7 Millionen Tonnen. Das bedeutete innerhalb von drei Jahren einen Rückgang um ein knappes Drittel. Die Produktion von 1973/74 ist nie mehr erreicht worden.

Prognosen haben ihre Tücken

Die Stahlindustriellen und ihre Marktforscher waren nicht die einzigen, die mit Prognosen schiefgelegen haben. So hatten beispielsweise noch Ende 1957 wissenschaftliche Gutachter dem deutschen Bergbau eine anhaltende Knappheit an Steinkohle vorausgesagt. Wenige Monate später bildeten sich die ersten Kohlenhalden, und es mußten die ersten Feierschichten eingelegt werden. Auch die beamteten Propheten in den Bundes- und Länderministerien haben mit ihren Voraussagen erheblich danebengetroffen. In ihre Energieprognosen rechneten sie damals auf Jahrzehnte hinaus die Stromproduktion mit einer jährlichen Rate von sieben Prozent hoch. Das hätte eine Verdoppelung alle zehn Jahre bedeutet. Seit der ersten Ölkrise 1973 aber waren alle energiewirtschaftlichen Daten von Grund auf verändert. Dennoch entstanden weitere Kraftwerkskapazitäten, die eigentlich erst viel später notwendig geworden wären. Das Problem für die Investoren, ob sie nun Kraftwerke oder Hüttenwerke bauen wollen, besteht nämlich in der Langfristigkeit solcher Projekte. Kapazitäten, die in fünf bis zehn Jahren benötigt werden, müssen heute in der Planung sein. Der Widerspruch zwischen den unvermeidlich fehlerhaften Prognosen und der Notwendigkeit, langfristig zu planen, ist nicht aus der Welt zu räumen.

In ihren Entschlüssen konnten sich die Manager der Stahlkonzerne nur bestätigt fühlen, wenn sie die Prognosen von Fachvereinigungen und Universitätsinstituten, von Ministerien und internationalen Institutionen lasen. Ein besonders krasses Beispiel lieferte das International Iron and Steel Institute mit seiner „Pro-

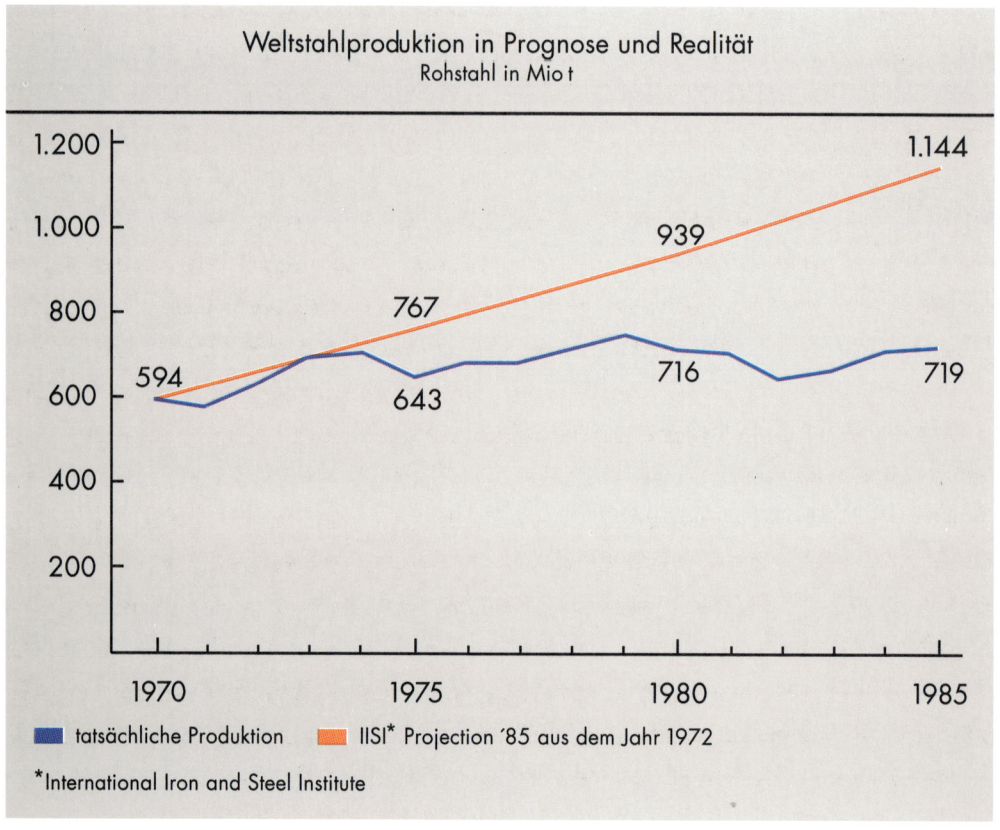

Weltstahlproduktion in Prognose und Realität
Rohstahl in Mio t

- tatsächliche Produktion
- IISI* Projection '85 aus dem Jahr 1972

*International Iron and Steel Institute

Kohlenhalden im Ruhrgebiet.

jection '85" aus dem Jahre 1972. Danach sollte die Welt-Rohstahlerzeugung bis 1980 auf über 900 Millionen und bis 1985 auf über 1,1 Milliarden Tonnen wachsen. Das Institut genoß eine so hohe Autorität, daß die Manager bedeutender Stahlunternehmen in aller Welt ihre Investitionsplanungen auf seine Prognosen stützten. Das sollte sich später als fatal herausstellen, denn die tatsächliche Stahlerzeugung von 1985 blieb um 37 Prozent hinter dem vom International Iron and Steel Institute Anfang der siebziger Jahre vorausgesagten Niveau zurück.

Daß die Zukunft um so dunkler ist, je weiter man vorausblickt, liegt auf der Hand. Aber die in den siebziger Jahren in der Stahlindustrie mit langfristigen Bedarfsvoraussagen, gleichviel, wo sie aufgestellt worden waren, gesammelten Erfahrungen haben später doch zu einer großen Ernüchterung geführt. Als im Herbst 1987 ein kräftiger Aufschwung die Stahlmärkte der ganzen Welt erfaßte, gab es kaum Stimmen, die nun meinten, jetzt gehe es auf lange Zeit immer nur bergauf.

Daß 1975 kaum jemand in der Stahlbranche sofort den starken Markteinbruch in seiner vollen Bedeutung als Strukturkrise erkannte, ist ganz verständlich. Zu oft schon hatte man das Auf und Ab der Stahlkonjunktur erlebt. Nur so läßt sich auch so manche Investition erklären, die im Rückblick als verfehlt erscheinen muß. Wer 1975 noch den Bau eines Stahlwerks oder einer Walzstraße begann, mochte auch ähnlich denken wie etwa August Thyssen, der immer Flautezeiten nutzte, um günstig investieren zu können. Zudem ist es schwer, ein einmal begonnenes Programm abzubrechen. Da sind die Fundamente schon fertig, da sind Ausrüstungsgüter bestellt, da gilt es Vertragsstrafen zu bedenken, da treten Probleme innerhalb der Gesamtkonfiguration der Anlagen auf.

So verständlich Beginn und Fortsetzung von Investitionsprogrammen noch unmittelbar nach 1974 waren, so unverantwortlich wurden Ausbauvorhaben, die später in voller Kenntnis des Charakters der Krise begannen. Dies gilt in Europa vor allem für die italienische Stahlindustrie, die die Berechtigung für einen weiteren Ausbau ihrer Werke aus dem Willen zu einer größeren Selbstversorgung des heimischen Marktes ableitete. Von 1974 bis 1982 sind die italienischen Walzkapazitäten um mehr als 60 Prozent ausgeweitet worden.

Über Denelux zu Eurofer

Die deutsche Stahlindustrie hatte sich bereits im Jahre 1975 zu einer zehnprozentigen Kürzung ihrer Rohstahlerzeugung bereit erklärt. Allerdings schrumpfte die Produktion tatsächlich noch stärker. Behördliche Interventionen kündigten sich schon an. Der Präsident des Verbands der französischen Stahlindustrie, Jacques Ferry, forderte im März 1975 die Ausrufung der „Manifesten Krise" nach Artikel 58 des Montanvertrags. Das hätte die Kommission der Europäischen Gemeinschaft ermächtigt, mit Zustimmung des Ministerrats ein System von Erzeugungsquoten einzuführen. Ferry stieß aber mit seinem Vorschlag nicht nur auf den Widerstand der deutschen Stahlindustrie, sondern zu

dieser Zeit auch noch auf die Ablehnung durch die Kommission.

Im Dezember 1975, also nur neun Monate später, leitete die Kommission dann selbst ein Konsultationsverfahren zur Einführung von Mindestpreisen beim Ministerrat und beim Beratenden Ausschuß ein, konnte sich aber zu diesem Zeitpunkt noch nicht durchsetzen. Noch im Februar 1976 lehnte der Ministerrat die Einführung von Mindestpreisen ab.

In diesen Monaten suchte die deutsche Stahlindustrie nach Wegen, um sich gemeinsam mit den Werken der Nachbarländer auf marktkonforme Weise der veränderten Lage anzupassen. Bei diesen Überlegungen spielten auch schon die ersten

Fälle von Subventionen für Stahlunternehmen in Partnerländern eine Rolle. Nach Artikel 4c des Montanvertrags hätte es solche Subventionen überhaupt nicht geben dürfen.

Die gegenseitige Durchdringung des europäischen Stahlmarkts war so weit fortgeschritten, daß Versuche auf nationaler Ebene, wie sie etwa in den Walzstahlkontoren ein knappes Jahrzehnt zuvor unternommen worden waren, wenig Aussicht auf Erfolg versprachen. Es kam hinzu, daß inzwischen einige grenzüberschreitende Gruppen in der europäischen Stahlindustrie am Markt operierten: die deutsch-niederländische Gruppe Estel (Hoogovens in Ijmuiden und Hoesch in Dortmund) sowie die luxemburgische Arbed, die sowohl in Luxemburg und in Belgien als auch in der Bundesrepublik tätig war.

Eine grenzüberschreitende Kooperation zur Bewältigung der Krise mußte solche Konzerne einbeziehen. So entwickelte sich die Idee einer internationalen Wirtschaftsvereinigung Eisen- und Stahlindustrie. Zunächst hatte man auch die belgischen und die französischen Stahlunternehmen als nächste Nachbarn beteiligen wollen. Mit dem Mandat seiner Kollegen reiste damals Spethmann, der 1974 das Amt des Vorsitzenden des deutschen Stahlverbands übernommen hatte, kreuz und quer durch Europa, sprach mit den Regierungen in den Hauptstädten und den Firmenchefs der europäischen Stahlindustrie und versuchte, eine einheitliche Lösung zu

Rohstahlproduktion Europäische Gemeinschaft						
		1974	1975	1980	1985	1990
EG (9 Länder)	Mio t	156	126	128	120	122
BRD	Mio t	53	40	44	41	38
	%-Anteil	34,2	32,1	34,3	33,8	31,4
Frankreich	Mio t	27	22	23	19	19
	%-Anteil	17,4	17,1	18,2	15,7	15,6
Italien	Mio t	24	22	27	24	25
	%-Anteil	15,3	17,4	20,7	19,9	20,8
Großbritannien	Mio t	22	20	11*	16	18
	%-Anteil	14,3	16,0	8,8	13,1	14,7
Übrige**	Mio t	30	22	23	20	22
	%-Anteil	18,8	17,4	18,0	17,5	17,5

* mehrmonatiger Stahlstreik
** Belgien, Niederlande, Luxemburg, Irland, Dänemark

finden. Aber aus Paris kamen ablehnende Signale. Auch der Vorschlag, die französische Stahlindustrie möge eine Art von Krisengemeinschaft mit den Belgiern bilden, während die Deutschen mit den Niederländern und den Luxemburgern eine Gemeinschaftslösung suchen sollten, fand bei Ferry keine Zustimmung.

So blieb nur die Möglichkeit, ohne die Franzosen und Belgier zu handeln. Am 31. Januar 1976 wurde in Luxemburg die Absichtserklärung für die Gründung der Internationalen Wirtschaftsvereinigung Eisen- und Stahlindustrie „Denelux" unterschrieben. Die Abkürzung verrät die Teilnehmer aus Deutschland, den Niederlanden und Luxemburg. Vergeblich versuchte man nochmals, die französische Stahlindustrie einzubinden; dann wurde mit Wirkung zum 1. Juli 1976 Denelux endgültig gegründet. Teilnehmer waren 14 deutsche Stahlunternehmen sowie Estel und Arbed.

Die Gründung stieß auf heftigen Protest aus Paris, weil sich die französische Stahlindustrie nun isoliert fühlte. Es wurde erneut verhandelt. Schließlich kam es doch zu einer Einigung auf europäischer Ebene: Am 21. September 1976 erzielten die Mitglieder des Club des Siderurgistes, des europäischen Stahlindustriellen-Clubs, dessen Präsident Spethmann war, Einigkeit über die Gründung einer europäischen Vereinigung, die dann am 9. Dezember 1976 erfolgte. Der dafür gefundene Name „Eurofer" war ebenso einprägsam wie international brauchbar, da er keiner Übersetzung bedurfte. Mitglieder waren alle nationalen Stahlverbände und über sie alle großen Unternehmen der europäischen Stahlindustrie.

Eurofer sollte in Abstimmung mit der Europäischen Kommission ein Marktordnungssystem entwickeln und durchsetzen, das die Lasten der Stahlkrise möglichst gleichmäßig auf alle Beteiligten verteilte. Zunächst unterstellten die Schöpfer von Eurofer, daß die Stahlindustrie der Gemeinschaft die Probleme aus eigener Kraft meistern würde. So führte Eurofer denn auch für ein knappes Drittel des Erzeugungsprogramms freiwillige Lieferquoten ein. Auf die Dauer freilich entsprach die Vorstellung, die Stahlindustrie könne die Probleme ohne fremde Hilfe lösen, angesichts des wachsenden Umfangs von nationalstaatlichen Interventionen nicht mehr der Realität. Damals begann die Re-Nationalisierung der europäischen Stahlpolitik. Außerdem entwickelte die Kommission der Europäischen Gemeinschaft mehr und mehr eigene, aus ihrer Natur heraus administrative Vorstellungen.

Ende 1977 beschloß der Ministerrat auf Antrag der Kommission mit Wirkung zum 1. Januar 1978 Mindestpreise für Warmbreitband und Stabstahl nach Artikel 61 des Montanvertrags sowie Orientierungspreise für die anderen Produkte. Diese Orientierungspreise waren unverbindlich. Deshalb werteten die deutschen Stahlindustriellen dieses Instrument auch noch als einigermaßen marktkonform. So hieß es auf der Mitgliederversammlung der Wirtschaftsvereinigung Eisen- und Stahlindustrie im Juni 1978, die deutsche Stahlindustrie dürfe eine Mitwirkung dafür in Anspruch nehmen, daß die tatsächlich ergriffenen Maßnahmen – mit der Ausnahme der Mindestpreise für Warmbreitband und Stabstahl – unterhalb der Schwelle der Krisenartikel des Montanvertrages geblieben seien. Gemeint waren damit der Artikel 58, der Erzeugungsquoten vorsieht, der Artikel 61 über Mindestpreise und der Artikel 74, der Importkontingente ermöglicht.

Eurofer wurde 1977 gegründet. Im Rückblick kann man sagen, daß diese Vereinigung bei allen Schwächen, die in ihrer Konstruktion lagen, viel Unheil verhindert hat. Allerdings sammelte sich in der europäischen Stahlindustrie im Laufe der Jahre immer mehr Konfliktstoff an. Häufiger kam es im Rahmen des Krisenkonzepts der EG-Kommission (Simonet-Plan) zu Auseinandersetzungen über die Lieferquoten. Sie kumulierten in einem Streit mit den deutschen Klöckner-Werken und der italienischen Italsider. Die Klöckner-Werke forderten eine bessere Beschäftigung für ihr Hüttenwerk in Bremen, vor allem für ihre Warmbreitbandstraße, die 1974 in Betrieb gekommen war. Ähnlich verlangte Italsider höhere Quoten für ihre neuen Anlagen. Die Forderungen beider Unternehmen stießen innerhalb von Eurofer, das von der EG-Kommission zur Ausformung der freiwilligen Krisenregelung herangezogen worden war, auf Ablehnung. Im Juli 1980 stellten die europäischen Konzernchefs fest, beide Unternehmen hätten die von ihnen eingegangenen Selbstverpflichtungen gegenüber der Kommission gebrochen; damit sei die Mengenregelung gescheitert. Danach setzte der Verdrängungswettbewerb mit aller Schärfe ein. Immer größere Preisunterbietungen führten

dazu, daß die Erlöse weit unter die Produktionskosten gedrückt wurden. Schließlich arbeiteten alle Unternehmen mit Verlust.

Die Folgen waren vorauszusehen: Zum Zeitpunkt der Jahrestagung des International Iron and Steel Institute in Madrid Anfang Oktober 1980 erklärte die Kommission der Europäischen Gemeinschaft die Manifeste Krise. Diese im Montanvertrag für den Krisenfall vorgesehene Erklärung macht jene Eingriffe möglich, die vor allem die deutschen Produzenten so fürchteten, weil damit die Marktwirtschaft in der Stahlindustrie abgemeldet wurde. Auch die Bundesregierung war zunächst keineswegs der Ansicht, daß das schwere Geschütz von behördlich festgelegten Produktionsquoten wirklich am Platze war. Gleichwohl stimmte Bonn, wenn auch unter schwachem Protest, im Ministerrat dem neuen Reglement zu. Dabei ging Bonn davon aus, daß die Quotenregelung nur für neun Monate gelten sollte. Tatsächlich ist das System immer wieder verlängert worden. Die letzten Quoten wurden erst im Juni 1988 abgeschafft.

Mit der Einführung der behördlichen Produktionslenkung wurden jedem Stahlproduzenten auf der Basis seiner bisherigen Höchstproduktion Quoten zugeteilt; die zulässigen Mengen wurden je nach absehbarer Marktlage von Quartal zu Quartal durch Kürzung um unterschiedliche Prozentsätze ermittelt. Die Kommission bedurfte, wollte sie die Quotenregelung mit Erfolg verwirklichen, der Mitarbeit

Rohstahlproduktion in Mio t

Welt   EG (12 Länder)   EG-Anteil %

von Eurofer, weil diese Organisation den aktuellen Einblick in das Marktgeschehen hatte. Mit den obligatorischen Produktionsquoten, die neue, freiwillige Vereinbarungen über die Lieferquoten notwendig machten, entwickelte sich der Eurofer-Verband gleichsam zu einem Erfüllungsgehilfen der Kommission.

Eurofer ebenso wie das Quotenreglement der EG-Kommission haben manchen Tadel einstecken müssen. Immerhin bot das von beiden gesteuerte Marktordnungssystem aber einen begrenzten Schutz gegen das totale Marktchaos und gegen das um sich greifende Subventionsunwesen in den Nachbarländern, durch das die private deutsche Stahlindustrie zusätzlich unter Druck geriet. Denn ein großer Teil dieser Subventionen wurde nicht für die Bereinigung überalterter Strukturen verwendet, sondern fand seinen Weg in den Markt in Form zusätzlicher Preisunterbietungen. Gegen diesen Verdrängungswettbewerb erwiesen sich die Quoten in einem gewissen Umfang als hilfreich, zumal die ab Herbst 1980 geltenden Regelungen nach Artikel 58 auch mit Sanktionsmöglichkeiten ausgestattet waren.

Das behördliche Quotensystem wurde im Laufe der achtziger Jahre immer komplizierter, weil einzelne Unternehmen, sei es wegen fiktiver, sei es auch wegen echter Härtefälle, Sonderregelungen mit der Kommission aushandelten. Bis zum Jahre 1983 hatte man einen Zustand erreicht, in dem niemand mehr wußte, was der Nach-

bar erzeugen durfte. Es kam wegen der schlechten Quotentransparenz wiederholt zu heftigen Auseinandersetzungen mit der Kommission und zu einer Klage vor dem Europäischen Gerichtshof.

Die gleichmäßige Verteilung des Beschäftigungsmangels auf alle Werke bewirkte überdies, daß es „leistungsfähigen Unternehmen verwehrt wurde, ihre Anlagen wirtschaftlich zu nutzen und ihre Belegschaften angemessen zu beschäftigen", wie der Thyssen-Vorstand 1983 in einem Brief an den Oberbürgermeister von Oberhausen schrieb, der Sorge wegen drohender Stillegungen im Oberhausener Werk geäußert hatte. Schließlich trat mit Eurofer auch eine andere Erscheinung auf: Die Quoten wurden gleichsam zu einem selbständigen Wirtschaftsgut; parallel zum Stahlmarkt entwickelte sich in der Gemeinschaft ein schwunghafter Handel mit Quoten.

Die Dampfwalze der Subventionen

Als es im Sommer 1983 um eine weitere Verlängerung des Quotensystems ging, erwies sich der damalige Bundeswirtschaftsminister Otto Graf Lambsdorff, der anfangs die Quotenregelung mit Argwohn betrachtet hatte, als ein Befürworter dieses Systems. Dahinter stand die Überlebensfrage der deutschen Stahlindustrie, die sich, wie Spethmann es einmal formulierte, nur zwischen dem „Nagelbrett der Quoten" und der „Dampfwalze der Subventionen" entscheiden konnte.

Nach Artikel 4c des EGKS-Vertrags sind als unvereinbar mit dem Gemeinsamen Markt für Kohle und Stahl untersagt „von den Staaten bewilligte Subventionen oder Beihilfen oder von ihnen auferlegte Sonderlasten, in welcher Form dies auch immer geschieht". Diese eindeutige Rechtslage war durch die Stahlkrise ausgehöhlt worden; gewaltige Subventionen verzerrten das Geschehen. Das Bemühen der Regierungen einzelner Länder, ihre Stahlindustrie mit Hilfe von Steuergeldern über die Krise zu retten, uferte mehr und mehr in einen Wettlauf der Subventionen zwischen den Mitgliedsländern und ihren Stahlunternehmen aus. Eine Ausnahme machte nur die Bundesrepublik, in der erst sehr viel später, und dann auch in einem vergleichsweise geringen Maße, öffentliche Hilfen geleistet wurden. Von Beginn der Krise bis Ende 1979 erhielten die Stahlunternehmen in der Gemeinschaft, vorwiegend in Frankreich, Belgien, Italien und Großbritannien, insgesamt rund 24 Milliarden DM Subventionen. In den Jahren von 1980 bis 1985 nahm diese Summe um 83 Milliarden DM auf insgesamt 107 Milliarden DM zu.

Die Europäische Kommission startete 1981 einen Versuch, Ordnung in diesen

STAHLPOLITIK IM BRENNPUNKT

Auszüge aus der HV-Ansprache von Dieter Spethmann am 25. März 1988

Reihum wurde es in Europa ab Mitte der 70er Jahre Praxis, Hüttenwerke, die in die roten Zahlen kamen, mit Milliarden von Staatsgeldern künstlich am Leben zu halten. Zunächst die seit langem als solche bekannten Grenzkostenstandorte, die es in jedem europäischen Land, auch in Deutschland, gibt. Später auch andere. Was Thyssen beanstandet, ist dieses: Weder die Bemühungen der Brüsseler Kommission noch die der deutschen Bundesregierung haben gegenüber diesen Rechtsverstößen jemals Wirkung gezeigt. Sollte das vielleicht daran liegen, daß weder Bonn noch Brüssel den Schmerz verspüren? [...] Uns als privatwirtschaftlichem Unternehmen blieb nur die Konsequenz, immer wieder Kapazitäten aus dem Markt zu nehmen, wenn diese gegen solche riesigen Subventionen nicht mehr mithalten konnten. Und dies ganz überwiegend auf eigene Kosten. Solche Erfahrungen machten und machen skeptisch. Auch im Hinblick auf die Euphorie vieler Politiker, die sich von 1992 einen gewaltigen Wachstumsimpuls für die deutsche Wirtschaft versprechen. Für Stahl ist der Katzenjammer von heute größer als das Hosianna von damals. Und das sollte keiner je vergessen. Oder glaubt jemand im Ernst, eine ausländische Regierung, die sich heute von ihrem verlustbringenden Stahl nicht trennen mag, wird morgen ihre junge „High-tech"-Industrie fallen lassen, wenn diese am Markt in Schwierigkeiten kommt? Europa ist immer noch vornehmlich ein geographischer Begriff, politisch eine Addition von Nationalstaaten, ihren unterschiedlichen Industrien, Interessen, Maßstäben und Kulturen. Das erklärt auch, warum europäische Institutionen in schwierigen Lagen supranationales Recht schlicht beiseite schieben, wenn stattdessen politische Proporzlösungen bequemer erscheinen. Oder soll es etwa Rechtens sein, einen völkerrechtlichen Vertrag, der nur mit Ratifikation durch die Parlamente in Kraft treten konnte, durch schlichte Entscheidung allein der Exekutivorgane in entscheidenden Punkten dauerhaft außer Kraft zu setzen?

Dieter Spethmann mit Gerald R. Ford, dem früheren Präsidenten der USA, 1983.

Dschungel zu bringen und zugleich die dringend erforderlichen Kapazitätsanpassungen in Gang zu setzen. Nach dem von der Kommission im August 1981 erlassenen, bis 1985 befristeten Subventionskodex durften die Unternehmen in Brüssel Anträge auf „Investitions-, Schließungs-, Betriebs- und Notbeihilfen" stellen, mußten aber zugleich nachweisen, daß sie ihre Anlagen umstrukturierten und Kapazitäten abbauten. Dieser Subventionskodex zog den öffentlichen Beihilfen eine gewisse Grenze. Allerdings bewirkte er zugleich, daß damit ein nach Artikel 4c des Montanvertrags ausdrücklich verbotener Tatbestand legalisiert wurde.

Von den Subventionen, die in den Jahren 1975 bis 1985 gezahlt wurden, erhielt die italienische Stahlindustrie mit 33 Milliarden DM den Löwenanteil. An zweiter Stelle stand Großbritannien mit 27 Milliarden DM. Der französische Staat subventionierte seine Stahlindustrie mit 24

Milliarden DM, und Belgien brachte es immerhin auf 13 Milliarden DM. Daraus errechnen sich, bezogen auf die durchschnittliche Rohstahlproduktion der vier Länder im relevanten Zeitraum, stattliche Beträge. Sie lagen zwischen 102 DM (Frankreich) und 142 DM (Großbritannien) pro Tonne. Die deutsche Stahlindustrie hat insgesamt rund sieben Milliarden erhalten, wovon fast die Hälfte allein auf Saarstahl entfiel. Ohne Saarstahl waren das gerade 10 DM pro Tonne Rohstahl. Der europäische Subventionswettlauf dürfte die deutschen Stahlunternehmen insgesamt mehr als 20 Milliarden DM gekostet haben.

Angesichts der Subventionsflut zugunsten der Konkurrenz standen die deutschen Stahlunternehmen mit dem Rücken an der Wand. Um wenigstens auf dem deutschen Markt wieder zu auskömmlichen Stahlpreisen zu kommen, hatte die Wirtschaftsvereinigung Eisen und Stahlindustrie im März 1981 den Antrag an die Bundesregierung auf Festsetzung von Ausgleichsabgaben auf subventionierte Stahlimporte aus EG-Ländern gestellt. Dieses Instrument kam jedoch nicht zur Anwendung, wie sich überhaupt die deutsche Politik äußerst schwer tat, etwas gegen die fortgesetzten Verletzungen des EGKS-Vertrags durch die Vertragspartner zu unternehmen. Das ganze Dilemma fand seine Zuspitzung schließlich in der Formulierung von den drei verbleibenden Handlungsalternativen „Hütten zu oder Grenzen zu oder Kassen auf".

*Eisenbahnbrücke
über die Elbe
bei Torgau, 1872.*

*Straßenbrücke
über den Rhein
bei Rees, 1967.*

Die Ära der sozialliberalen Koalition ging im Oktober 1982 zu Ende. Die Mehrheit der Bundestagsabgeordneten sprach Helmut Schmidt das Mißtrauen aus und wählte Helmut Kohl zum neuen Kanzler. Seine Amtszeit stand und steht im Zeichen tiefgreifender nationaler und weltpolitischer Veränderungen.

Die außen- und innenpolitische Situation zu Beginn der achtziger Jahre war bestimmt durch den im Dezember 1979 verabschiedeten NATO-Doppelbeschluß. Er führte in der Bundesrepublik wie in den meisten westeuropäischen Ländern zu Großdemonstrationen und Protesten. Nach einer langen Phase der Entspannungspolitik hatten sich die Beziehungen zwischen den Supermächten seit dem sowjetischen Einmarsch in Afghanistan wieder merklich abgekühlt. Es sah ganz nach einer neuen Eiszeit im Ost-West-Verhältnis aus.

Ökonomisch führte das Jahrzehnt in einen neuen Aufschwung. Die Weltkonjunktur entwickelte sich günstig. Die Grundstoffindustrien zeigten sich in den meisten Jahren ebenfalls in guter Verfassung. Thyssen Stahl erzielte nach mehreren Kapazitätsschnitten wieder hervorragende Ergebnisse und festigte seine Marktposition auch durch fertigungstechnische Fortschritte und durch neue Produkte.

Die Ölschocks der siebziger Jahre hatten ein Umdenken in der Nutzung von Energie und Werkstoffen bewirkt. Um den Energieverbrauch der Kraftfahrzeuge zu verringern, wurde die Entwicklung dünnerer und zugleich rostgeschützter Bleche zu einem vorrangigen Ziel der Stahlforschung. Die Karosserien der Autos sind inzwischen wesentlich leichter geworden, trotzdem halten sie länger. Noch imposanter sind die Fortschritte im Bauwesen, insbesondere bei Brücken. An die Stelle der massiven Konstruktionen, wie sie noch vor einigen Jahrzehnten üblich waren, sind leichtere Bauwerke aus hochbelastbaren Stählen mit klarer Linienführung getreten. Auch aufgrund seiner guten Recycling-Eigenschaften gewinnt der Werkstoff Stahl Terrain zurück.

Im Jahre 1985 beginnt unter den Stichworten Perestroika und Glasnost ein unerwarteter Kurswechsel in der UdSSR. Er führt zum Ende des Kalten Kriegs, zur allmählichen Auflösung des Ostblocks und ermöglicht schließlich am 3. Oktober 1990 die Wiederherstellung der staatlichen Einheit Deutschlands. Ebenfalls seit 1985 gewinnt der europäische Einigungsprozeß neue Dynamik. Sein nächstes Ziel ist die Einführung eines europäischen Binnenmarkts, der ab 1993 Wirklichkeit werden soll.

AUS DER KRISE IN EINE SICHERE ZUKUNFT

Die Vorstände der deutschen Stahlkonzerne haben es, vom Sonderfall Saar abgesehen, in den ersten Jahren der Krise vermieden, öffentliche Gelder in Anspruch zu nehmen. Die Gefahr, daß man über den Umweg der Subventionen auf kaltem Weg verstaatlicht würde, lag auf der Hand. In anderen Ländern gab der Staat günstige Kredite, die später in Kapital umgewandelt wurden, wenn die Unternehmen diese Gelder nicht zurückzahlen konnten. Auf diese Weise wurde die öffentliche Hand in Frankreich und in Belgien Eigentümer oder zumindest Miteigentümer der Stahlwerke. In Großbritannien und Italien waren die Großunternehmen der Stahlindu-strie ohnehin in Staatsbesitz, so daß die jeweilige Regierung keiner Umwege bedurfte, um die eigenen Gesellschaften zu stützen.

Allerdings war in den Jahren 1982 und 1983 in der deutschen Stahlindustrie trotz der zuvor in Gang gesetzten Preiserhöhung ein Stadium erreicht, in dem die Inanspruchnahme öffentlicher Hilfen zumindest für einen Teil der Unternehmen nicht mehr zu umgehen war. Schließlich waren durch den Subventionskodex auch neue Wettbewerbsdaten gegenüber der Konkurrenz in den Partnerländern geschaffen worden. Nachdem die zuvor gewährten öffentlichen Hilfen fast nur den saarländischen Hüttenwerken zugute gekommen waren, beschloß die Bundesregierung im Juni 1983, der deutschen Stahlindustrie insgesamt drei Milliarden DM Beihilfen zu gewähren. Sie bestanden aus 1,2 Milliarden DM Investitionszulagen und 1,8 Milliarden DM Strukturverbesserungshilfen. Während die Investitionszulagen echte Zuschüsse waren, mußten die Strukturverbesserungshilfen, die für Teilwertabschreibungen und Sozialplankosten gewährt wurden, zurückgezahlt werden. Der Stahlbereich von Thyssen wurde bei dieser Aktion gegenüber den Wettbewerbern innerhalb der Bundesrepublik benachteiligt. Er erhielt öffentliche Mittel in Höhe von nur 30 Prozent des Aufwands für Strukturverbesserungen, während fast alle anderen Werke 50 Prozent bekamen. Thyssen war der erste Konzern, der nach 1985 die Beihilfen auch zurückzahlte.

Staatshilfen für die Stahlindustrien in der Europäischen Gemeinschaft 1975 bis 1985		
	Mrd DM	DM/t Rohstahl-erzeugung
Italien	32,6	124
Großbritannien	27,1	142
Frankreich	23,6	102
Belgien	12,7	100
BR Deutschland	7,2	16
davon Saar	3,2	88
übrige Unternehmen	4,0 *	10
Luxemburg	1,5	33
Niederlande	1,1	19

* davon etwa die Hälfte rückzahlpflichtig

Thyssenhaus
Düsseldorf.

Verwaltungs-
gebäude in Duis-
burg-Hamborn,
das frühere
„Central-Büro".

Die Stahl-Moderatoren

Dem Stahlprogramm der Bundesregierung war freilich eine gründliche Untersuchung der Situation bei den Unternehmen vorausgegangen. Nach einem Gespräch der deutschen Stahlvorstände im Bundeswirtschaftsministerium wurden im November 1982 drei Persönlichkeiten in hohen Führungspositionen und mit Reviererfahrung, nämlich Markus Bierich, Alfred Herrhausen und Günter Vogelsang, mit der Erstellung eines Gutachtens über die Möglichkeiten unternehmensübergreifender Kooperationen und marktstabilisierender Maßnahmen beauftragt. Die drei Stahl-Moderatoren führten noch im Dezember des gleichen Jahres Gespräche mit allen deutschen Stahlunternehmen. Ende Januar 1983 legten sie der Öffentlichkeit ihr Gutachten vor.

Den Ausgangspunkt der Überlegungen bildete die Existenz von sechs Warmbreitbandstraßen in der Bundesrepublik. Warmbreitbandstraßen haben sich in der Stahlindustrie nach dem Zweiten Weltkrieg zu den eigentlichen Kernstücken integrierter Hüttenwerke entwickelt. Sie sind die Basis für eine leistungsfähige Flachstahlerzeugung. In der Bundesrepublik arbeiten zwei dieser Anlagen bei Thyssen und je eine bei Krupp, Hoesch, Peine-Salzgitter und Klöckner. Die Moderatoren empfahlen für diese Unternehmen die Bildung zweier Gruppen: Die Gruppe „Rhein" hätte aus Thyssen und Krupp bestanden und nach den Zahlen von 1981 über eine Erzeugung von monatlich 675.000 Tonnen Warmbreitband und 466.000 Tonnen Flachstahl-Fertigprodukten verfügt. Die Gruppe

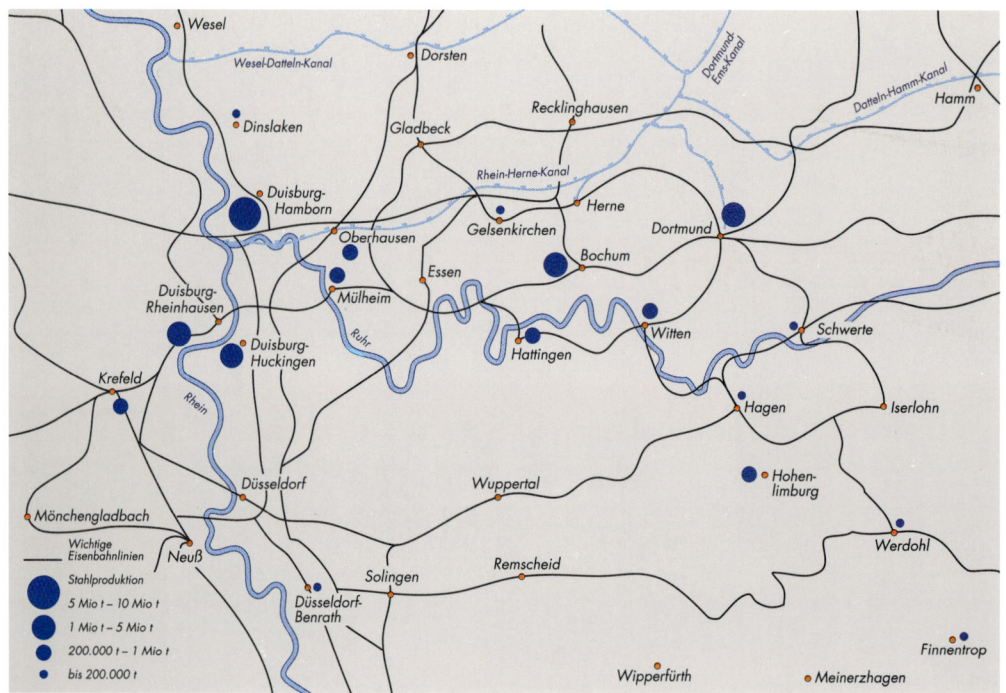

Stahlstandorte im Rhein-Ruhr-Gebiet sowie im Sauerland, 1983.

„Ruhr", die aus Hoesch, Peine-Salzgitter und Klöckner bestehen sollte, vereinigte auf sich eine monatliche Produktion von 589.000 Tonnen Coils und von 461.000 Tonnen Flachstahl-Fertigerzeugnissen. Beide Gruppen hätten ausreichende Anlagen zur Oberflächenbeschichtung besessen, nämlich im einen Falle Thyssen und im anderen Hoesch. Nach dem Urteil der Moderatoren wären auch die Kapazitäten beider Gruppen auf dem Gebiet des Profilstahls einigermaßen ausgeglichen gewesen. Noch vor der Gründung der Produktionsgruppen Rhein und Ruhr sollten Verkaufsgesellschaften unter den gleichen Namen eingerichtet werden, die unter anderem als Vorstufe für gesellschaftsrechtliche Zusammenschlüsse dienen sollten.

Warmbreitbandstraße Beeckerwerth.

Coil-Lager.

Gespräche mit Krupp

Während das Moderatoren-Konzept für die Gruppe Ruhr von den potentiellen Mitgliedern Hoesch und Peine-Salzgitter eine glatte Absage erhielt, wurde über das Zustandekommen der Gruppe Rhein intensiv verhandelt. Grundsätzlich begrüßte der Vorstand der Thyssen AG den Vorschlag eines Zusammengehens mit Krupp Stahl.

Mit Krupp war Thyssen ohnehin schon im Gespräch: Am 19. August 1982 hatten beide Häuser eine Absichtserklärung über eine Edelstahl-Kooperation unterzeichnet. Der Öffentlichkeit wurde mitgeteilt, daß die Vorstände der Krupp Stahl AG und der Thyssen Edelstahlwerke AG Untersuchungen mit dem Ziel eingeleitet hätten, durch die Zusammenfassung ihrer Edelstahlbereiche eine wesentliche Verbesserung der internationalen Wettbewerbsfähigkeit zu erreichen. An dem gemeinsamen Edelstahlunternehmen sollten beide Konzerne mit je 50 Prozent beteiligt sein.

Zu diesem Zeitpunkt standen Krupp und Hoesch in Verhandlungen über eine Zusammenfassung ihrer Stahlaktivitäten zu einer „Ruhrstahl AG"; die Mitteilung über die Edelstahlgespräche enthielt denn auch den Passus, daß neben Thyssen die künftige Ruhrstahl AG an dem neuen Unternehmen beteiligt werden sollte. Der Vorstand von Hoesch erklärte indessen die Fusionsgespräche mit Krupp für beendet, als die Edelstahlpläne von Krupp und Thyssen in der Öffentlichkeit bekannt wurden.

Als im Januar 1983 der Vorschlag der Moderatoren über die Zusammenfassung der gesamten Stahlaktivitäten auf dem Tisch lag, führten Thyssen und Krupp, zum Teil unter Assistenz der Moderatoren, darüber eingehende Gespräche. Die Verhandlungen litten darunter, daß wiederholt Einzelheiten in einem noch unreifen Stadium an die Öffentlichkeit drangen.

Daß die geplante Fusion nicht zustande kam, hatte aber andere Ursachen, nämlich gravierende finanzielle Probleme. Nachdem man die Bilanzen einander vergleichbar gemacht hatte, stellte sich eine Substanzdifferenz von zunächst 1,5 Milliarden DM zu Lasten von Krupp heraus. Bei der Hochrechnung bis Ende 1983 wurde eine Ausweitung dieser Differenz auf 1,8 Milliarden DM ermittelt. Hätte der Thyssen-Vorstand unter solchen Umständen die Stahlaktivitäten des Unternehmens ohne einen entsprechenden Ausgleich in gemeinsame Gesellschaften eingebracht, so wäre die Thyssen-Bilanz in einem schwer erträglichen Maße belastet worden. Krupp schlug daraufhin vor, rechnerisch ermittelte künftige Ertragsvorteile seines Stahlbereichs mit 900 Millionen DM zu kapitalisieren und auf diese Weise einen Teil des Bilanznachteils auszugleichen. Ein Gutachten der Wirtschaftsprüfungsgesellschaft Treuarbeit konnte jedoch keine nachhaltigen Ertragsvorteile von Krupp bestätigen.

Beide Unternehmen schlugen schließlich in einer Grundsatzvereinbarung vom

Gespräch am Hochofen.

19. Oktober 1983 vor, daß die öffentliche Hand zugunsten von Krupp Stahl sowie der neuzubildenden Gesellschaften Hilfen über insgesamt 1,2 Milliarden DM einräumen sollte, davon jeweils die Hälfte als verlorenen Zuschuß und als Schuldbuchforderung an die öffentliche Hand. Die Bundesregierung war jedoch allenfalls bereit, einen Barzuschuß von 500 Millionen DM zu gewähren.

Schon wenige Tage später wurde das bevorstehende Scheitern der Verhandlungen offenkundig. Einige Kritiker begriffen nicht, daß nicht etwa Thyssen für sich etwas herausschlagen wollte, sondern daß der Thyssen-Vorstand seiner gesetzlichen Verpflichtung nachkam, seine Aktionäre vor Schaden zu bewahren. Der damalige nordrhein-westfälische Wirtschaftsminister Reimut Jochimsen schreckte nicht davor zurück, Thyssen im Verhältnis zu Krupp mit den „Türken vor Wien" zu vergleichen, nur weil Thyssen ein Zusammengehen mit Krupp davon abhängig machte, daß zuvor die Finanzen von Krupp geregelt wurden.

„Mit der Grundsatzvereinbarung ist Thyssen im Interesse der Zusammenschlüsse an die Grenze seiner unternehmerischen Möglichkeiten gegangen", hieß es in einer Stellungnahme der Thyssen AG vom 2. November 1983. Mit Nachdruck erinnerte der Vorstand die Bundesregierung noch einmal daran, daß der entscheidende Ansatzpunkt für die Überwindung der Stahlkrise nicht in der gesellschaftsrechtlichen Neuordnung, sondern in der Lösung stahlpolitischer Probleme lag. Damit war vor allem der Subventionswettbewerb angesprochen, gegen den die Bundesregierung Jahre hindurch gar nicht oder nur halbherzig vorgegangen war.

„Wir konzentrieren uns jetzt ausschließlich auf den Alleingang, und sonst nichts." Dies teilte der Vorstand der Thyssen Stahl AG wenig später nach dem Scheitern der Zusammenschlußvorhaben seinem Aufsichtsrat mit.

Ein umfassendes Strukturprogramm

Für den Alleingang war Thyssen auch organisatorisch gewappnet. Die Hauptversammlung der Thyssen AG hatte am 8. April 1983 mit Wirkung vom 1. April die Ausgründung der Stahlaktivitäten in eine rechtlich selbständige Tochtergesellschaft, die Thyssen Stahl AG, beschlossen. Es wurde, auch im Hinblick auf den erwarteten Zusammenschluß dieser neuen Tochtergesellschaft mit der Krupp Stahl AG, kein Unternehmensvertrag abgeschlossen.

Schon während man mit Krupp verhandelte, hatte Thyssen Stahl vorsorglich ein Umstrukturierungsprogramm ausgearbeitet. Man ging davon aus, daß dauerhaft die einer Monatsproduktion von 900.000 Tonnen Rohstahl entsprechende Walzstahlmenge absetzbar sein wurde. Deshalb erhielt das Programm den Namen „Konzept 900". Die entsprechende Jahreserzeugung von 11 Millionen Tonnen Rohstahl lag beträchtlich über den 8,6 Millionen Tonnen, die Thyssen Stahl im Geschäftsjahr 1982/83 produzierte. Aber sie unterschritt in weit stärkerem Maße die Höchstproduktion von 1973/74, die für die jetzt zu Thyssen Stahl gehörenden deutschen Werke 15,8 Millionen Tonnen betragen hatte.

Bereits in den Jahren zuvor, sogar noch vor Ausbruch der Stahlkrise, waren von Thyssen unwirtschaftliche Kapazitäten in großem Umfang stillgelegt worden. Doch nun erforderte das Konzept 900 weitere gravierende Einschnitte. Dazu gehörten:

– im Werk Ruhrort Reduzierung der Stahlwerkskapazität und Stillegung der Block- und Halbzeugstraße,
– in Duisburg-Meiderich Stillegung des Hochofenwerks Hüttenbetrieb
– in Duisburg-Süd Stillegung des Kaltwalzwerks und des Breitflachstahlwalzwerks,
– in Oberhausen Stillegung der 3,4-m-Grobblechstraße mit der dazugehörenden Verarbeitung,
– in Hattingen Stillegung der 2,8-m-Grobblechstraße.

Demonstration in Hattingen, 1987.

Elektrostahlwerk Oberhausen, 1987.

Es war verständlich, daß diese Stillegungen, die immerhin 8.000 Mitarbeiter betrafen, vor allem in Hattingen und Oberhausen auf Protest stießen. Die Henrichshütte in Hattingen war dort der größte Arbeitgeber. Der Effekt von Stillegungen strahlte, wenngleich die betroffenen Arbeitskräfte über Sozialpläne abgesichert waren oder ihnen an einer anderen Stelle im Konzern ein Arbeitsplatz angeboten wurde, auch auf die Gemeinden sowie den örtlichen Einzelhandel und das Handwerk

aus. Das gleiche galt für die Stadt Oberhausen, die ohnehin schon zuvor von Stillegungsmaßnahmen betroffen worden war.

Das Konzept 900 wurde überwiegend bis 1985 abgeschlossen. Es hatte sich allerdings gezeigt, daß die Strukturbereinigung, die im Konzept 900 im wesentlichen der Grobblech- und Halbzeugseite gegolten hatte, noch einiger Ergänzungen bedurfte. So wurden weitere Anpassungsmaßnahmen im September 1985 beschlossen. Betroffen waren auch diesmal die

Henrichshütte in Hattingen und das Werk Oberhausen. Nach dem Profilstahl-Konzept von 1985, das auch Produktionsanlagen von Thyssen Edelstahl einbezog, wurden die Kapazitäten der Elektrostahlwerke in Oberhausen und Witten zurückgeführt. In Oberhausen wurde eine Profilstraße stillgelegt. Alle Anpassungsprogramme enthielten nicht nur Stillegungen, sondern auch erhebliche zusätzliche Investitionen.

Im Herbst 1986 kam es zu einem überraschend starken Einbruch auf den Stahl-

STILLEGUNGSBESCHLÜSSE THYSSEN STAHL IM JAHRE 1987

Auszüge aus einer Stellungnahme von Bundespräsident a. D. Walter Scheel, der den Aufsichtsräten der Thyssen AG und der Thyssen Stahl AG als neutrales Mitglied angehört, bei einem Pressegespräch am 23. Juni 1987

Die Thyssen AG ist entschlossen, die Stahlproduktion auch weiterhin als einen wesentlichen Schwerpunkt ihres Produktionsprogramms zu erhalten. Thyssen hat in den Jahren der Stahlflaute Mittel in Milliardenhöhe investiert, um die unter staatlich subventioniertem Wettbewerbsdruck – vornehmlich aus EG-Ländern – stehende Produk-

tion dem schrumpfenden Markt anzupassen und sie gleichzeitig wettbewerbsfähig zu halten. Die Rohstahlkapazität wurde von über 20 Mio jato auf ca. 10 Mio jato heruntergefahren, ohne daß es zu betriebsbedingten Kündigungen gekommen ist.
Um Arbeitsplätze im Stahlbereich auch in Zukunft zu sichern, bedarf es weiterer Anpassungsmaßnahmen. Vor allem gilt es, Anlagen aufzugeben, die Dauerverluste verursachen und damit Mittel aufzehren, die an anderer Stelle für Investitionen dringend gebraucht werden.
[...] In monatelangen intensiven Verhandlungen zwischen Vertretern der Arbeitnehmer und der Anteilseigner und mir in den Aufsichtsratsgremien ist der Versuch gemacht worden, eine gemeinsame Ent-

scheidungsgrundlage zu erarbeiten. Das ist nicht gelungen, nicht zuletzt weil die Verhandlungen über das gemeinsame Konzept der Wirtschaftsvereinigung Eisen- und Stahlindustrie und der IG Metall mit der Bundesregierung noch zu keinem Ergebnis geführt hatten.
Für die Haltung der Vertreter der Arbeitnehmer in den Aufsichtsratsorganen, die auch den letzten Rest an Risiko abgesichert haben wollen, bevor sie ihre Zustimmung zum ersten Schritt von Strukturanpassungen geben, habe ich Verständnis. Ich muß aber, letztlich im Interesse der Gesamtbelegschaft und auch im Interesse der Standorte, an denen ja auch weiterhin Produktionsanlagen bleiben, den erforderlichen Maßnahmen zustimmen.

märkten. Nun wurde offenbar, daß es für einige Produktlinien im bisherigen Umfang doch keine Perspektiven mehr gab. So waren in den Bereichen Quarto-Grobblech, Walzdraht und Profilstahl jahrelang selbst bei guter Stahlkonjunktur Verluste angefallen, die jetzt so stark wuchsen, daß sie die Gewinne aus den ertragsstarken Produkten aufzehrten. Den einzigen Ausweg sah man darin, die Quarto-Grobblechproduktion auf den Standort Duisburg-Hüttenheim und die Walzdrahtproduktion auf den Standort Duisburg-Hochfeld zu konzentrieren. Das aber bedeutete das Ende für das Hochofenwerk und für die

4,2-m-Quarto-Grobblechstraße der Henrichshütte in Hattingen. Im Werk Oberhausen standen eine Drahtstraße und die letzte Profilstraße zur Stillegung an, während das Elektrostahlwerk mit der Stranggießanlage erhalten blieb. Betroffen waren insgesamt erneut fast 8.000 Arbeitsplätze. Dieses Programm wurde im Juni 1987 vom Aufsichtsrat der Thyssen Stahl AG beschlossen.

Die Reaktionen in Hattingen und in Oberhausen reichten von ernster Sorge bis zur Verzweiflung. Lautstark äußerten damals die verschiedensten Gruppen, von den politischen Parteien bis zu Vertretern

der Kirchen, ihren Protest. Dabei waren es nicht zuletzt Fehlentwicklungen in der europäischen Stahlpolitik, die diese Unternehmensentscheidungen erzwungen hatten. Jedoch waren die betroffenen Arbeitnehmer noch nie zuvor so gut abgesichert wie die Belegschaften in Hattingen und Oberhausen. Zwischen der Wirtschaftsvereinigung Eisen- und Stahlindustrie und der Industriegewerkschaft Metall war am 10. Juni 1987 in der sogenannten Frankfurter Vereinbarung beschlossen worden, daß es keine Massenentlassungen geben dürfe. Die Arbeitnehmer wurden entweder in andere Betriebe der Konzerne übernommen,

Kulisse des Hüttenwerks Oberhausen, 1951.

142

*Der Wasserturm
in Oberhausen,
errichtet 1897,
ein Zeuge
alter Industrie-
Aktivitäten, 1990.*

vorzeitig in den Ruhestand versetzt, oder sie schieden mit Abfindungen aus. Es fiel keiner ins „Bergfreie", wie der Ausdruck im Revier lautet. Zu dieser sozialen Absicherung trugen auch öffentliche Mittel bei.

Die Henrichshütte in Hattingen hat mit den ihr verbliebenen Produktionsanlagen einen Platz in einem neuen Verbund gefunden. Mit wirtschaftlicher Wirkung vom 1. Januar 1988 wurde die Vereinigte Schmiedewerke GmbH in Bochum gegründet. Schon Anfang 1984 waren die Schmiedebetriebe von Krupp und Klöckner in der Schmiedewerke Krupp-Klöckner GmbH zusammengefaßt worden. Jetzt stieß Thyssen mit seiner Weiterverarbeitung in Hattingen hinzu. Bei der Umgründung wurde das Stammkapital der Gesellschaft von 130 auf 210 Millionen DM erhöht; die drei Stahlunternehmen sind je zu einem Drittel beteiligt.

Am 30. September 1988 erwarben die Schmiedewerke das Hattinger Oxygenstahlwerk von Thyssen Stahl AG. Aus der Thyssen Edelstahlwerke AG wurde überdies der Geschäftsbereich Titan auf die Vereinigten Schmiedewerke übertragen. Die gemeinsamen Titan-Aktivitäten kamen in der neugegründeten Deutsche Titan GmbH in Bochum zusammen. Die Stahlwerke Bochum AG übertrug zum Jahresbeginn 1989 die Fertigung des mittelschweren handgeformten Stahlgusses auf das Gemeinschaftsunternehmen.

Gefestigte Position

Thyssen Stahl erreichte mit seinen verschiedenen Anpassungs- und Investitionsprogrammen eine Struktur, die dem Unternehmen auch in einer verkleinerten europäischen Stahlwelt eine starke Position gab. Man ging gleichsam abgespeckt in den Aufschwung am internationalen Stahlmarkt, der im Herbst 1987, nach einem überaus schlechten Vorjahr, einsetzte.

Die Inlandsbelegschaft von Thyssen Stahl war von 51.000 Mitarbeitern im Durchschnitt des ersten vollen Geschäftsjahrs nach der Ausgründung des Stahlbereichs, nämlich 1983/84, auf 42.200 im Durchschnitt des Geschäftsjahrs 1987/88 zurückgegangen.

Der Jahresabschluß 1986/87 war nicht nur durch ein Tief des internationalen Stahlmarkts, sondern vor allem auch durch Strukturmaßnahmen bestimmt. Es wurde ein Verlust vor Steuern von 192 Millionen DM ausgewiesen. Im folgenden Geschäftsjahr aber erreichte Thyssen Stahl einen Gewinn vor Steuern von 540 Millionen DM. Die Stahlkonjunktur hatte sich überraschend gebessert, aber vor allem zeigten nun die Anpassungen und Investitionen der vergangenen Jahre ihre volle Wirkung.

Im Januar 1989 umriß der Vorstand der Thyssen Stahl AG vor der Presse das Erreichte mit einem Bild aus der Seefahrt: „Nachdem auch uns im Vorjahr bei rauher See ein arger Sturm die Segel zerzaust hatte, haben wir im Berichtsjahr alle entstandenen Schäden repariert, Takelage und Rumpf verstärkt, den guten Wind genutzt und Geld eingefahren für Eigentümer, Mannschaft und öffentliche Hand, und auch noch etwas eingebunkert für die Zukunft."

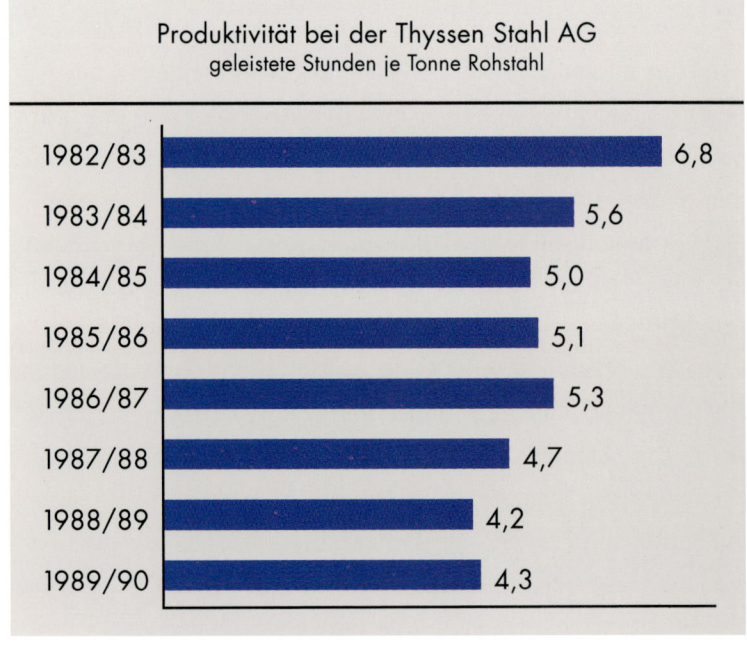

Produktivität bei der Thyssen Stahl AG
geleistete Stunden je Tonne Rohstahl

Geschäftsjahr	Stunden
1982/83	6,8
1983/84	5,6
1984/85	5,0
1985/86	5,1
1986/87	5,3
1987/88	4,7
1988/89	4,2
1989/90	4,3

In einem Kraftwerk von Thyssen Stahl.

*Im Leitstand des
Oxygenstahlwerks
Bruckhausen.*

*In der Adjustage
des Block- und
Profilwalzwerks
Bruckhausen.*

Junger Werkstoff Stahl

Harte Einschnitte waren notwendig gewesen, um im Stahlbereich von Thyssen auch jene Fertigungen, die über lange Jahre das Ergebnis belastet hatten, auf eine festere Grundlage zu stellen. Wie gut das schließlich gelungen war, zeigte sich im Geschäftsjahr 1988/89, als auch die Stahlmärkte voll in der Konjunktursonne standen. Denn der Gewinn vor Steuern stieg im Unternehmensbereich Stahl von den schon guten 540 Millionen des Vorjahrs auf glänzende 969 Millionen DM und war damit zu mehr als der Hälfte am Konzernergebnis beteiligt. Auch für das Geschäftsjahr 1989/90 konnte Thyssen Stahl mit 833 Millionen DM einen guten Gewinn ausweisen.

Während der Krise in den siebziger und achtziger Jahren ist viel darüber diskutiert worden, ob die Produktion von Stahl in Westeuropa überhaupt noch eine Zukunft habe. Kritiker stellten die Forderung auf, die deutsche Volkswirtschaft solle simple Fertigungen wie etwa Stahl aufgeben und sich statt dessen auf anspruchsvollere Felder wie Elektronik oder Biochemie konzentrieren. Überdies herrschte damals die Meinung vor, andere Werkstoffe, beispielsweise Kunststoffe und Aluminium, würden den Stahl ohnehin bald aus weiten Teilen seiner Verwendung verdrängen.

Beide Thesen sind von der Wirklichkeit widerlegt worden. Hochofen-, Stahl- und Walzwerke sind zwar weiterhin auch Statten der Massenproduktion, aber dies geschieht unter Nutzung der modernsten Fertigungstechnologien. Außerdem hat sich in den hochindustrialisierten Volkswirtschaften ein enger Technologieverbund zwischen Stahlerzeugern und -verbrauchern herausgebildet, der in diesen Ländern den Verzicht auf eine eigene Hüttenindustrie unvorstellbar macht. Bemerkenswert still ist es zudem um die Substitution des Stahls geworden. Manche hochgesteckten Alternativen zum Werkstoff Stahl wurden auf Messen einer staunenden Öffentlichkeit präsentiert, sind dann aber über Modellstudien doch nicht hinausgekommen. Eher zeichnet sich ab, daß in einer Kombination von Stahl, Nichteisenmetallen und Kunststoffen neue Problemlösungen gefunden werden können.

Prototyp einer Kunststoffkarosserie, 1967.

Es gibt kein Metall, das in seinen Eigenschaften eine solche schier unendliche Variationsbreite aufweist wie der Stahl. Es gibt harte und weiche Stähle, spröde, zähe und elastische, kälte- und hitzebeständige, magnetische und amagnetische. Kombinationen mit viel oder wenig Kohlenstoff und mit einem Zusatz fast aller Elemente, die im periodischen System existieren, verleihen dem jeweiligen Stahl andere, genau definierbare Eigenschaften. Das Problem des Recycling, das weltweit bei den Kunststoffen erhebliches Kopfzerbrechen bereitet, wurde beim Stahl durch das systematische Erfassen von Schrott und durch dessen erneuten Einsatz im Produktionsprozeß schon gelöst, als noch niemand vom Recycling sprach.

Es ist keine Übertreibung zu sagen, daß der technische Fortschritt in der Stahlindustrie in den vergangenen dreißig Jahren auf allen Stufen, vom Hochofen bis zum fertigen und veredelten Walzstahl, mehr Umwälzungen gebracht hat als in Jahrhunderten zuvor. Dieser Fortschritt geht in raschem Tempo weiter. Auch Thyssen Stahl arbeitet am traditionellen Duisburger Standort auf mehreren Gebieten intensiv an neuen Verfahren, die den alten Werkstoff Stahl jung erhalten.

Werkstoff-Kreislauf beim Stahl: Die Recycling-Rate beträgt 90 %.

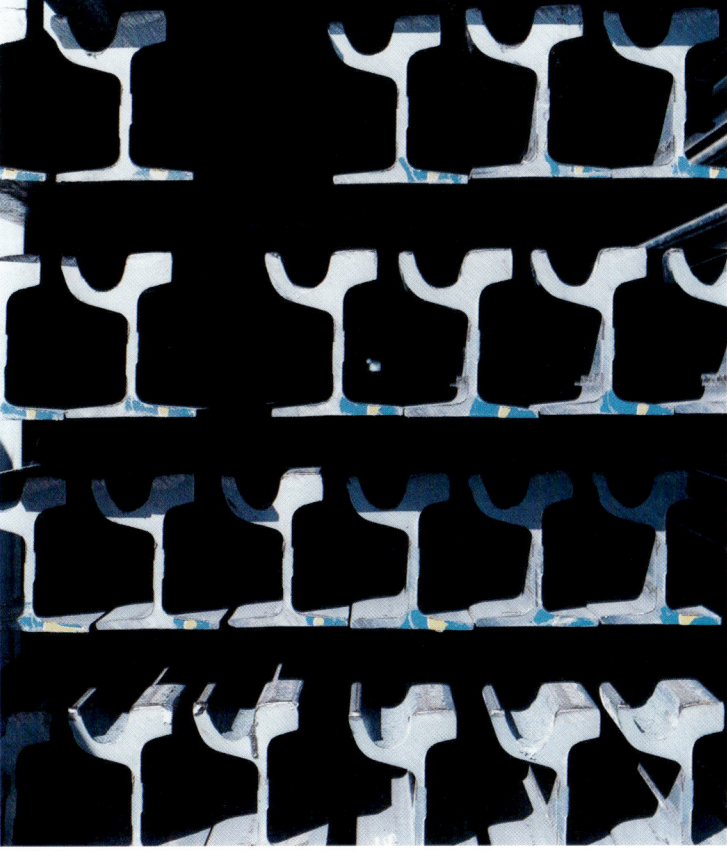

Der Hochofen lebt

Wenn Thyssen Stahl Ende 1990 beschlossen hat, am Standort Schwelgern einen zweiten Großhochofen mit einer Jahreskapazität von 3,5 Millionen Tonnen als Ersatz für die Neuzustellung älterer Hochöfen in Ruhrort und Hamborn zu bauen, dann ist dies ein deutliches Bekenntnis zur Hochofen-Technologie. Alternative Schmelzverfahren sind auch bei Thyssen immer wieder auf ihre Tauglichkeit hin überprüft worden. Dabei kam man zu dem Schluß, daß andere Verfahren der Schmelzreduktion allenfalls eine ergänzende Funktion zum Hochofen übernehmen können, nicht aber seine Ablösung. Diese Beurteilung gilt auch für die Reduktion der Erze im Festzustand, die sogenannte Direktreduktion, mit der Thyssen in den siebziger Jahren wenig erfreuliche Erfahrungen gesammelt hatte.

Indessen sind die modernen Hochöfen mit den Anlagen aus den ersten Nachkriegsjahrzehnten kaum noch vergleichbar. Sie sind nicht nur viel größer; auch die Technik hat sich in wesentlichen Punkten geändert. Noch in den fünfziger Jahren rechnete man für die Erzeugung einer Tonne Roheisen mit einem Verbrauch von knapp einer Tonne Koks. Schritt für Schritt ist dieser Satz unter die 500-Kilogramm-Marke gedrückt worden. Koks ist zwar weiterhin unentbehrlich als Stütze für den Möller, also das Erzgemisch und Zuschlagstoffe wie Kalk; er liefert auch den Kohlenstoff, der dem Erz den Sauerstoff entzieht. Jedoch kann die chemische und thermische Funktion des Kokses zum Teil durch andere Träger von Kohlenstoff ersetzt werden.

Hochofen mit Schrägaufzug, 1924.

Zweiter Großhochofen Schwelgern, Planung 1990.

Jahrelang haben die Hüttenwerke Mineralöl in die Hochöfen eingespritzt und dadurch Koks gespart. Dann wurde das Öl zu teuer, und man ging auf das Einblasen von Feinkohle über. Ungefähr die Hälfte der in Westeuropa erzeugten Roheisenmenge wird inzwischen unter Einblasen von Feinkohle erschmolzen. Bei Thyssen sind im Großhochofen Schwelgern Werte von 320 Kilogramm Koksverbrauch bei 170 Kilogramm Feinkohle-Einsatz je Tonne Roheisenproduktion erreicht worden. Feinkohle ist nicht nur billiger als Koks. Ihr Einsatz bedeutet auch, daß die Umwelt geschont wird, weil die bei der Kokserzeugung unvermeidbaren Belastungen vermindert werden, ohne daß es bei der Roheisenerzeugung zu zusätzlichen Emissionen kommt.

Die Hochofentechnik hat überdies in der Prozeßsteuerung wesentliche Fortschritte gemacht. Früher sprachen die Hochöfner davon, ihre Anlage sei eine „Black Box", bei der niemand so recht wisse, was darin geschehe und was schließlich dabei herauskomme. Heute sind dank einer exakt berechneten Zusammensetzung des Möllers und einer präzisen, durch Elektronik unterstützten Prozeßführung die Produktion von Roheisen und seine jeweiligen Qualitätsmerkmale sehr viel besser einstellbar. Diese Entwicklungen zeigen ebenfalls, daß die Hochofentechnik noch längst nicht ausgereizt ist.

Hafen Schwelgern mit Sinteranlagen und Hochofen.

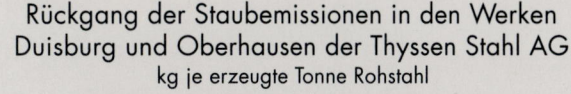

Rückgang der Staubemissionen in den Werken
Duisburg und Oberhausen der Thyssen Stahl AG
kg je erzeugte Tonne Rohstahl

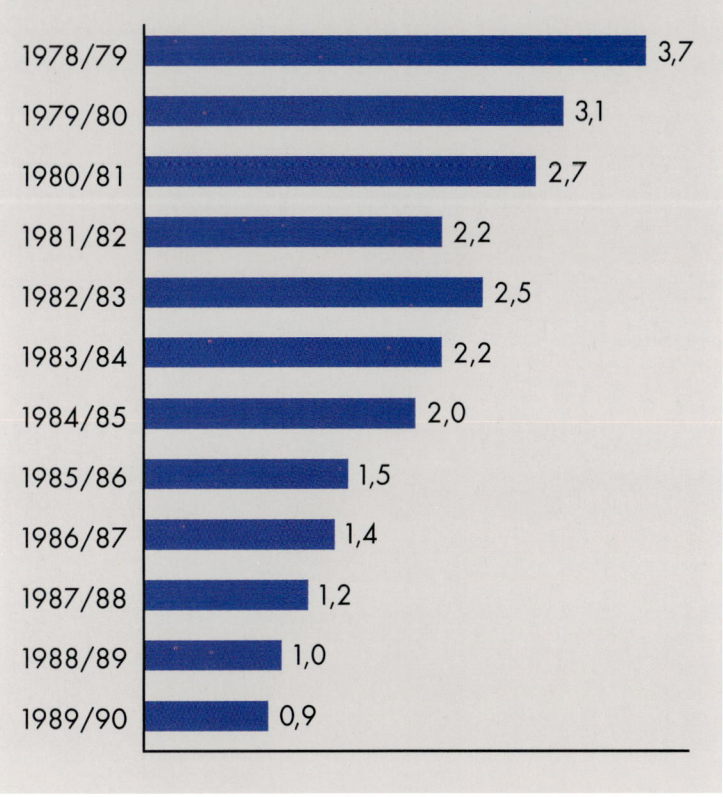

Jahr	kg
1978/79	3,7
1979/80	3,1
1980/81	2,7
1981/82	2,2
1982/83	2,5
1983/84	2,2
1984/85	2,0
1985/86	1,5
1986/87	1,4
1987/88	1,2
1988/89	1,0
1989/90	0,9

Stahlgüten in feinster Abstimmung

Die größte hüttentechnische Revolution hat in der Zeit nach dem Zweiten Weltkrieg in den Stahlwerken stattgefunden. Wer die Verfahren, mit denen August Thyssen begann, kennenlernen will, muß schon, wenn er in Westeuropa lebt, auf Lehrbücher zurückgreifen. Der letzte Siemens-Martin-Ofen in Westdeutschland wurde 1982 stillgelegt. Durchgesetzt hat sich statt dessen in den integrierten Hüttenwerken weltweit das Sauerstoff-Aufblasverfahren, während der Elektrolichtbogenofen in der Edelstahlerzeugung und in den auf Schrottbasis

arbeitenden Ministahlwerken seine Domäne hat. Bei Thyssen Stahl erzeugen die drei Oxygen-Konverter im Werk Beeckerwerth im Schnitt 260 Tonnen je Schmelze, und in Bruckhausen, wo zwei Konverter installiert sind, werden 380 Tonnen je Einheit erreicht. Das auf Spezialitäten ausgerichtete Oxygenstahlwerk Ruhrort verfügt über drei Konverter mit je 140 Tonnen Schmelzleistung.

Im Stahlwerk wird dank der modernen Hochofentechnik ein besseres Roheisen eingesetzt als früher. Der Prozeß der Stahl-

Im Oxygen-stahlwerk Beeckerwerth.

erzeugung selbst bringt ebenfalls exakter berechnete Qualitäten zustande. Zu diesem Zweck wurde bei Thyssen das TBM-Verfahren entwickelt. Die Abkürzung steht für Thyssen-Blas-Metallurgie, eine Bodenrührtechnik, bei der nicht nur, wie dies beim Oxygenstahl üblich ist, Sauerstoff von oben auf das Stahlbad geblasen wird, sondern ihm zugleich von unten Inertgas wie Stickstoff oder Edelgase zugeführt wird.

Ein weiterer Fortschritt im Stahlwerk ist die Sekundärmetallurgie, die nach der Gießpfanne, in der der Stahl dann weiterbehandelt wird, auch Pfannenmetallurgie heißt. Das Stahlbad wird in solchen Pfannen mit Inertgas (Argon) durchspült, und im Vakuum werden die Begleitelemente, vor allem Phosphor, Stickstoff, Kohlenstoff und Schwefel, auf genau berechnete und oft kleinste Anteile eingestellt. Es werden auch ganz spezifische Legierungsmetalle hinzugefügt. Die Stahlqualität kann damit heute in sogenannten Massenstahlwerken so exakt festgelegt werden, daß zu ihrem Produktionsprogramm oft auch Edelstahlgüten gehören.

Im Oxygenstahlwerk Bruckhausen.

Im Oxygenstahlwerk Ruhrort.

Bandgießen als Entwicklungsschwerpunkt

Das Stranggießen hat in den beiden letzten Jahrzehnten eine wesentliche Verkürzung des Verfahrenswegs zwischen Stahlkonverter und Fertigwalzstraßen gebracht. Früher wurde der Stahl in Kokillen vergossen. Die Kokillen wurden nach dem Abkühlen von den Blöcken abgezogen – im Hüttendeutsch sprach man vom Strippen. Nach Zwischenlagerung wurden die Blöcke in Tieföfen auf Walztemperatur gebracht und durchliefen Reversiergerüste, auf denen sie, sofern daraus Flachstahl werden sollte, zu Brammendicken von etwa 250 Millimetern heruntergewalzt wurden. Erst nachdem sie in Stoßöfen erneut aufgeheizt worden waren, kamen die Brammen zum Auswalzen auf die Warmbreitbandstraße.

Durch das Stranggießen sind Gieß- und Stripperhallen, Tieföfen und Brammen-

straßen überflüssig geworden. Zur kostensenkenden Verkürzung der Produktionslinie kommt die durch das kontinuierliche Verfahren erzielte Einsparung von Vormaterial: Für die gleiche Walzstahlproduktion wie früher werden heute gut zehn Prozent weniger Flüssigstahl gebraucht. Bei Thyssen Stahl liegt der Anteil des auf diesem Wege verarbeiteten Rohstahls bei rund 90 Prozent. Es gibt sechs Stranggießanlagen, drei für Flachstahl, drei für Profile.

Die aus der Stranggießanlage kommenden Brammen sind immerhin noch 200 bis 250 Millimeter dick. Sie müssen also vor der Warmbreitbandstraße noch ein Reversiergerüst durchlaufen, ganz abgesehen von dem zwischenzeitlichen Aufheizen der Brammen, ohne das die Walzgerüste der Breitbandstraße ihre gewaltige Verformungsarbeit gar nicht leisten könnten. Es ist naheliegend, daß die Vielzahl der Aufwärm- und der Walzvorgänge sowie die jeweilige Zwischenlagerung die Produktion verteuern. Deshalb ist es ein alter Traum der Stahltechniker, die kontinuierliche Fertigung so weit zu treiben, daß eines Tages vom flüssigen Rohstahl bis zum beschichteten Feinblech keine einzige Produktionsunterbrechung mehr vorzukommen braucht.

Bis dahin ist es allerdings noch ein langer Weg, wenngleich es in Japan und in den USA für die Verknüpfung einzelner Arbeitsgänge nach der Warmbandstraße, also Beizen, Kaltwalzen, Glühen und Dressieren, bereits interessante Beispiele gibt. Noch mehr Bedeutung geben die Anlagenbauer und Hüttenwerker aber seit einigen Jahren der Frage, wie im energieaufwendigen Teil des Fertigungsprozesses die Grenze der kontinuierlichen Produktion über das inzwischen schon klassische Stranggießen hinausgeschoben werden kann. Auch bei Thyssen Stahl ist dies ein wichtiger Entwicklungsschwerpunkt geworden.

Das erste Engagement von Thyssen Stahl auf diesem Gebiet betraf eine im Siegerland gebaute Pilotanlage der Firma Schloemann-Siemag für das Vorbandgießen, bei dem ein Stahlband von 50 Millimetern Dicke erzeugt wurde. In der nächsten Stufe errichteten Thyssen Stahl und Thyssen Edelstahl zusammen mit Schloemann-Siemag und dem französischen Stahlkonzern Usinor/Sacilor im Thyssenwerk Ruhrort eine Pilotanlage für das Gießpreß-

Gieß- und Stripperhalle in Bruckhausen, 1955.

walzen. Diese ermöglicht die unmittelbare Herstellung von Bändern mit 15 bis 20 Millimetern Dicke. Sie lassen sich dann auf wenigen Fertiggerüsten, also in einer verkürzten Warmbreitbandstraße, zu einem kaltwalzfähigen Material weiterverformen.

Die nächste Stufe, mit der sich Thyssen ebenfalls intensiv befaßt, ist das Dünnbandgießen. Dafür wird mit den gleichen Partnern am nordfranzösischen Standort Isbergues eine weitere Pilotanlage installiert, bei der es um unmittelbar aus flüssigem Rohstahl gewonnenes Band im Dickenbereich von 1,5 bis 8 Millimetern geht. Der flüssige Stahl soll hier zwischen zwei sich gegenläufig drehende Walzen gegossen und dabei zu einem Band geformt werden. An noch weiter gehenden Schritten arbeitet man gemeinsam mit wissenschaftlichen Instituten in Laborversuchen.

Neben den erheblichen Kostensenkungen, die diese Verfahren versprechen, verbinden sich mit ihnen auch wichtige qualitative Fortschritte des Stahls. So verbessern die hohen Erstarrungsgeschwindigkeiten das Gefüge und damit die Eigenschaften des Werkstoffs, zum Beispiel die Zähigkeit. Gelingt diesen Verfahren der technische und wirtschaftliche Durchbruch, womit die Fachleute rechnen, dann steht die Weltstahlindustrie vor neuen gewaltigen Umwälzungen. Die Flachstahlerzeugung wäre nämlich dann nicht mehr allein an die sehr kapitalintensiven Warmbreitbandstraßen gebunden, die bisher das Herzstück integrierter Hüttenwerke bilden.

Stranggegossene Brammen.

Pilotanlage für das Gießpreßwalzen.

Auf dem Weg zum maßgeschneiderten Stahl

Wer die Nachkriegsgeschichte der Thyssenhütte Revue passieren läßt, der stößt gleich zu Anfang der fünfziger Jahre auf eine wichtige Weichenstellung: die Ausrichtung des Produktionsprogramms auf Flachstahl. Daraus ist im Laufe der Jahrzehnte eine breite Palette von verkaufsfähigen Fertigerzeugnissen entstanden, unter denen die mit einem korrosionsschützenden Überzug versehenen Bleche schon früh eine bedeutende Rolle spielten. Lag der Anteil des beschichteten Materials an der Feinblecherzeugung der ATH im Jahre 1970 schon bei 29 Prozent, so waren es 1990 sogar 56 Prozent. Nur wenige Hüttenwerke in der Welt können vergleichbare Kennziffern vorweisen.

Der Einstieg in die Technik der Oberflächenbeschichtung erfolgte bei Thyssen 1959, als im Werk Bruckhausen eine erste Bandverzinkungsanlage in Betrieb genommen wurde; dies war auch die erste Beschichtungsanlage in Europa überhaupt. In rascher Folge wurden in Duisburg in den folgenden Jahren weitere Anlagen dieser Art gebaut, wobei alle gängigen Varianten im Übertragungsprozeß der metallischen und organischen Beschichtungsstoffe Anwendung fanden. Im Vordergrund stand dabei die Verzinkung, sei es mit Hilfe des Schmelztauchverfahrens, sei es durch elektrolytische Abscheidung. Zum Programm der beschichteten Flachstähle gehören bei Thyssen Stahl aber auch

Beschichtetes Feinblech.

aluminierte und verbleite sowie kunststoffbeschichtete Feinbleche. Bis 1990 war die Anzahl der von Thyssen betriebenen Beschichtungsanlagen auf neun gestiegen. Kennzeichnend für die mit den Anlagen erreichbaren spezifischen Produkteigenschaften sind auch die Markenbegriffe, unter denen die Erzeugnisse vertrieben werden; in der Stahlindustrie ist sonst, wenn man einmal vom Edelstahl absieht, die Verwendung von Markennamen ungewöhnlich. So finden sich im Verkaufsprogramm gleich mehrere Kunstworte wie FAL, Monogal, Galvannealed oder Neuralyt und Neuratern.

Lag der Anwendungsschwerpunkt für beschichtetes Feinblech anfänglich im Bausektor, so rückte ab Mitte der siebziger Jahre die Automobil-Industrie als Abnehmer eindeutig in den Vordergrund. Ausgangspunkt war die Vermeidung von Korrosionsschäden vor allem bei den Fahrzeugkarosserien, denn im Zuge des Strebens nach geringerem Kraftstoffverbrauch wurden die zu Karosserieteilen geformten Feinbleche immer dünner, aber damit auch anfälliger für das Durchrosten. Die Einführung der beschichteten Stahlbleche in den Karosseriebau geschah in enger Zusammenarbeit zwischen Thyssen und den Automobilherstellern. Eine Vorreiterrolle lag bei der Firma Porsche, die im Jahre 1975 auf der Frankfurter Automobil-Ausstellung erstmals ihr Modell 911 mit beidseitig vollverzinkter Karosserie aus Thyssenblech vorstellte; dies war

damals eine Weltpremiere. Recht bald folgten andere Automobilhersteller diesem Beispiel, wobei allerdings eine beidseitige Vollverzinkung nur von wenigen Firmen aufgegriffen wurde. In der Regel konzentriert sich der Einsatz von beschichtetem Material auf besonders korrosionsgefährdete Karosseriebereiche.

Indessen beschränkt sich die Zusammenarbeit zwischen Fahrzeugbauern und Stahllieferanten nicht nur auf die Auswahl des jeweils besten Korrosionsschutzes und die Festlegung der anderen Werkstoffeigenschaften, wie insbesondere Tiefziehfähigkeit. Das Material muß vom Hüttenwerk auch in einem Format geliefert werden können, das in etwa der Endabmessung des daraus herzustellenden Karosserieteils entspricht. So trat 1983 die Firma Audi an Thyssen mit dem Wunsch heran, künftig verzinkte Blechtafeln für die Bodengruppe ihres Modells 100 in einem Stück geliefert zu bekommen. Die Erzeugung der geforderten Bandbreite in verzinkter Ausführung war zu diesem Zeitpunkt nirgendwo in der Welt möglich.

Karosserie-Bodenblech aus lasergeschweißtem, feuerverzinktem Feinblech.

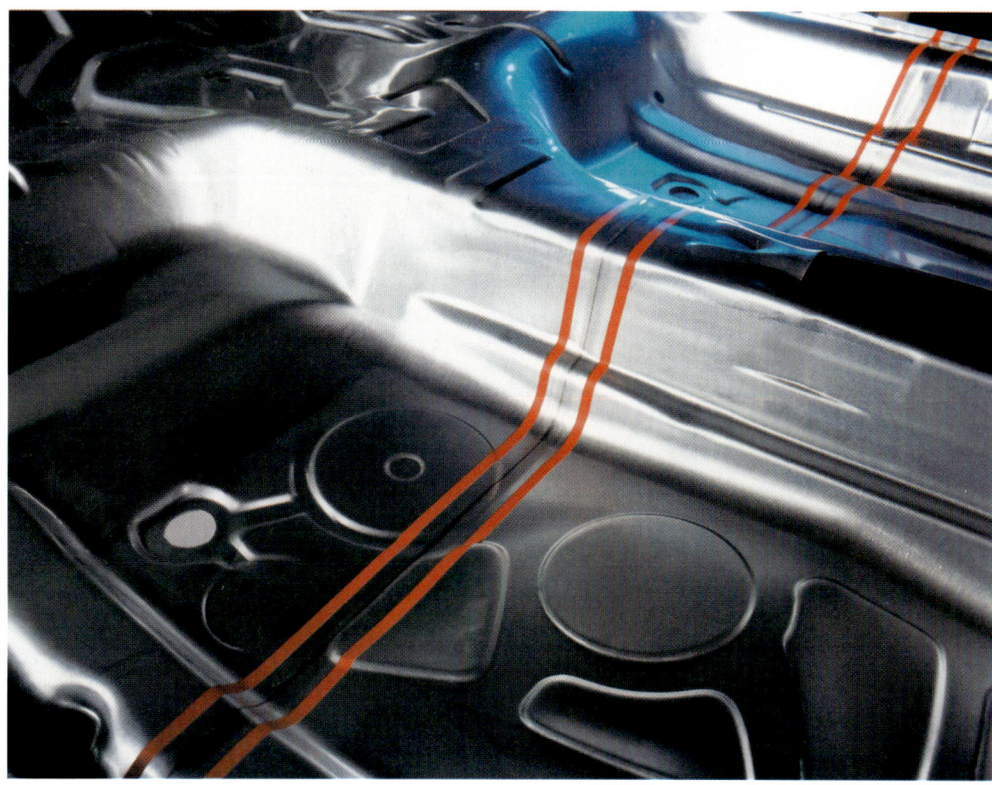

Damit stellte sich für Thyssen und Audi die Frage, mit welcher Verbindungstechnik ein solches Format erreicht werden konnte, ohne daß im Preßwerk oder später bei der Nutzung der Autos Schwierigkeiten auftreten würden. Die Schweißnaht mußte sehr schmal und nahezu blecheben sein; sie durfte zudem den Ziehvorgang im Preßwerk nicht behindern, und vor allem mußte der Korrosionsschutz erhalten bleiben. Aus dieser Aufgabenstellung erwuchs bei Thyssen Stahl innerhalb weniger Jahre eine eigenständige Produktfamilie: mit dem Laserstrahl zusammengeschweißte Feinblecherzeugnisse.

Als die Techniker von Thyssen Stahl an das ihnen gestellte Problem herangingen, betraten sie praktisch Neuland. Sowohl verfahrenstechnisch wie auch aus maschinenbaulicher Sicht war eine umfangreiche Entwicklungsarbeit zu leisten. Dabei fügte es sich günstig, daß im Konzern mit der Firma Nothelfer aus dem Bereich Thyssen Maschinenbau ein qualifizierter Partner zur Verfügung stand. Der vom Kunden vorgegebene enge Zeitrahmen konnte denn auch durch eine engagierte Zusammenarbeit aller beteiligten Mannschaften eingehalten werden.

Nachdem zunächst in Duisburg mit einer Pilotanlage Erfahrungen gesammelt worden waren, kam es im Dezember 1984 zu einem ersten Liefervertrag über monatlich bis zu 20.000 Tafeln. Schon neun Monate danach nahm die dafür gebaute vollautomatische Produktionsanlage den Be-

Porsche IAA 1973

**Haben Sie damals wirklich geglaubt,
unsere künftigen Modelle sehen so aus?**
1973 haben manche über uns gelächelt, andere haben uns kritisiert.
Heute werden Sie sich mit uns freuen.
Denn aus dem Forschungsobjekt Langzeitauto haben wir die erste Stufe verwirklicht:
Der Porsche wird jetzt aus beidseitig feuerverzinktem THYSSEN-Stahlblech hergestellt.
In enger Zusammenarbeit mit THYSSEN haben wir in langen Versuchen
ein Verfahren entwickelt, verzinkte Stahlbleche im Kraftfahrzeugbau zu verarbeiten.
Deshalb können wir jetzt unser Garantie-Angebot erweitern:
6 Jahre Garantie gegen Durchrosten auf die gesamte Bodengruppe.
Einschließlich aller tragenden Elemente.
1 Jahr allgemeine Garantie ohne Kilometer-Begrenzung.
Zwei vernünftige Gründe mehr, jetzt einen Porsche zu fahren.
Aber vergessen Sie nicht: Porschefahren macht auch mehr Spaß.

PORSCHE
mehr Spaß - mehr Garantie.

Porsche-Anzeige, 1975.

trieb auf. Dreieinhalb Jahre später konnte auf einer Konzerntagung berichtet werden, daß schon mehr als 1,1 Millionen Tafeln zur vollen Zufriedenheit des Kunden produziert worden seien.

So liest sich denn die Markteinführung dieses neuen Stahlprodukts wie eine Erfolgsstory. Weitere Aufträge von Audi folgten, später auch von anderen Autofirmen. Eine zweite Produktionsanlage ging Ende 1988 in Betrieb. Neben der Herstellung von Großformaten geht es dabei mehr und mehr auch um komplexere Teile, die aus Blechen unterschiedlicher Stahlgüte und Beschichtung oder sogar unterschiedlicher Dicke zusammengeschweißt sind. Dabei kann es durchaus vorkommen, daß es im Hinblick auf Gewicht und Korrosionsschutz zu einer optimierten Kombination von mehreren Eigenschaften kommt, maßgeschneidert für die spezifische Anwendung des Bauteils. Hierfür hat sich inzwischen der Fachausdruck „Tailored Blanks" eingebürgert. Solche „mitdenkenden" Bleche ermöglichen dem Autokonstrukteur eine vielfältige Gestaltung und damit eine bessere Nutzung seiner Ressourcen. Der nächste Schritt, das dreidimensionale Laserschweißen bereits geformter Bauteile, ist in Vorbereitung.

Mit der erfolgreichen Bewältigung des Problems „Schweißen mit Laser" hat Thyssen Stahl weltweit in der Automobilindustrie Aufmerksamkeit gefunden. In den USA wurde 1990 bei Thyssen Steel in Detroit eine Anlage für die Belieferung der dortigen Autofirmen gebaut; sie basiert auf den in Duisburg gemachten Erfahrungen. Eine weitere Anlage ist in den USA gemeinsam mit einem Partner in Planung. Andere Standorte im Ausland könnten folgen. Gleichzeitig befaßt sich Thyssen Stahl mit der Frage, wie das Unternehmen durch weitere Produktentwicklungen dieser Art über seine Rolle als reiner Materiallieferant hinauswachsen kann. Hier zeichnen sich Perspektiven ab, welche die bisherigen Produkt- und Standortgrenzen des Stahlbereichs im Thyssen-Konzern durchaus sprengen und ihm ein zusätzliches Wachstums- und Ertragspotential verschaffen können.

Thyssen-Anzeige, 1989.

Einzelhandel anno dazumal: Tante-Emma-Laden.

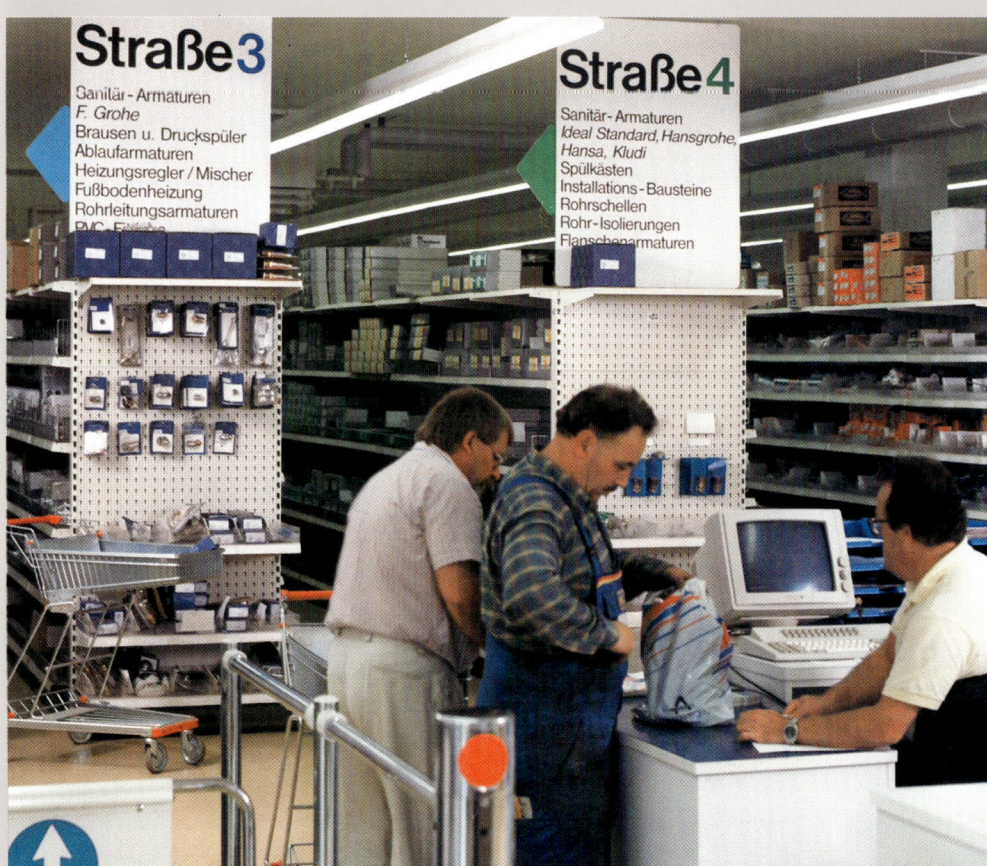

Auch im Großhandel dominiert heute Selbstbedienung.

Mit dem Ende der Bismarckschen Schutzzollpolitik wuchs zu Beginn des zwanzigsten Jahrhunderts die Verflechtung der deutschen Wirtschaft mit den Weltmärkten. Dieser Trend wurde mit dem Ersten Weltkrieg radikal unterbrochen. In den zwanziger und dreißiger Jahren, insbesondere nach der Weltwirtschaftskrise, wird der internationale Handel durch eine zunehmend protektionistische Haltung behindert. Zwar gibt es nach wie vor Außenhandel, der Schwerpunkt liegt dabei jedoch auf national nicht verfügbaren Waren. Erst die Einbindung der westlichen Industrienationen in das Welthandelsabkommen (GATT) schuf seit 1947 eine völlig neue Qualität der internationalen Wirtschaftsbeziehungen. Das Welthandelsvolumen vergrößerte sich von 1950 bis 1990 mit jährlich sechs Prozent wesentlich rascher als die allgemeine Wirtschaftsentwicklung. Besonders dynamisch verlief die Entwicklung des Warenverkehrs zwischen den hochentwickelten Industrieländern und innerhalb der sich herausbildenden Wirtschaftsblöcke wie EG, EFTA oder ASEAN.

Auch der Handel im Inland veränderte im Laufe der Jahrzehnte sein Gesicht grundlegend. In der Wirtschaft wird insgesamt mehr und differenzierter produziert und konsumiert als früher. Dadurch wächst die Anzahl und die Spezialisierung der Händler, die für den Ausgleich von Angebot und Nachfrage sorgen. Ob Kaufhaus oder Fachgeschäft, ob Supermarkt oder Tante-Emma-Laden, ob Groß- oder Einzelhandel – sie alle haben im Wirtschaftskreislauf eine eigenständige Funktion, zu der auch Lagerhaltung und Kundeninformation gehören. Die Wahrnehmung dieser speziellen Funktion wurde wesentlich erleichtert durch rasche Fortschritte in der Infrastruktur, angefangen mit dem Aufbau eines dichten Eisenbahn- und Fernmeldenetzes. Bereits am Ende des 19. Jahrhunderts hatten sich auch in Deutschland Großhandelsfirmen etabliert, die industrielle Produkte flächendeckend vertrieben.

Spätestens in der zweiten Hälfte des 20. Jahrhunderts wird das explosionsartige Wachstum von Dienstleistungen, die sich von der Ware gelöst haben, ein weiteres wichtiges Element vieler Volkswirtschaften. Während um die Jahrhundertwende nur etwa jeder vierte Erwerbstätige im tertiären Sektor beschäftigt war, verdiente hier schon 1950 jeder dritte und 1983 mehr als jeder zweite Erwerbstätige sein Geld. Parallel zur Verkürzung der Fertigungstiefe in der produzierenden Industrie setzt sich auch im Dienstleistungssektor das Prinzip einer arbeitsteiligen Wirtschaft immer stärker durch.

Diese Entwicklungslinien haben auch die Geschichte der Handelsgesellschaften der Thyssen-Gruppe maßgeblich geprägt. Mehr und mehr wird das Leistungsprofil der Thyssen Handelsunion durch neue Dienstleistungen – etwa in den Bereichen Umwelt, Logistik und Instandhaltung – differenziert und optimiert.

BINDEGLIED ZU DEN MÄRKTEN: DER HANDEL

Die Aufgaben und Betätigungsfelder der Handelsunion AG, an der die ATH seit 1961 mehrheitlich beteiligt war und mit der sie 1965 einen Organschaftsvertrag abschloß, haben sich im Laufe der Jahre mehr und mehr gewandelt. Dies spiegelt allgemeine Entwicklungstrends in der Rolle des Großhandels als Bindeglied zwischen Produzenten und Käufern. Es dokumentiert aber auch Besonderheiten, die im Handels- und Dienstleistungsbereich von Thyssen noch ausgeprägter anzutreffen sind als bei anderen früheren Montankonzernen. Dazu zählt auch der Aufbau neuer Aktivitäten, die mit der klassischen Handelsfunktion und den früher gehandelten Produkten nur wenig zu tun haben.

Handelsunternehmen im Eigentum von Stahlkonzernen fungierten noch in den siebziger Jahren vorwiegend als Werkshändler, also als verlängerte Absatzinstrumente der Hüttenwerke. Sie hatten nur einen begrenzten unternehmerischen Spielraum. Inzwischen hat sich im Stahlhandel die Landschaft verändert. Handelsfirmen müssen heute über den Vertrieb der Ware hinaus viele zusätzliche Leistungen erbringen. Hinzu kommt, daß sich die meisten Stahlerzeuger inzwischen auf ein bestimmtes Spektrum von Produkten konzentriert haben. Bei Thyssen ist beispielsweise die Produktion leichter Profile Mitte der achtziger Jahre weiter drastisch reduziert worden. Der Thyssen-Handel muß aber der Kundschaft auch in diesem Produktbereich ein komplettes Sortiment anbieten und deshalb sein Verkaufsprogramm aus verschiedenen Quellen zusammenstellen. Entsprechend wächst der Anteil des Stahls, der von fremden Hüttenwerken zugekauft wird.

Verwaltungsgebäude und Lager Berlin der Rheinstahl Handelsgesellschaft, 1925.

*Qualitätsmar-
kierung für Stahl-
Halbzeug.*

*Stahllager der
Handelsnieder-
lassung Erfurt,
1924.*

Die Ursprünge der Handelsunion

Bei Gründung der Vereinigten Stahlwerke wurden 41 Handelsgesellschaften und -niederlassungen eingebracht, darunter 16 aus dem damaligen Thyssen-Konzern. Innerhalb des Stahlvereins kam es dann zu einer Bündelung in drei Firmen, nämlich der Heinr. Aug. Schulte Eisen-AG, Dortmund, der Thyssen Eisen- und Stahl-AG, Berlin, und der Thyssen-Rheinstahl AG, Frankfurt/Main. Thyssen und Rheinstahl tauchten also schon fast ein halbes Jahrhundert vor ihrem Zusammenschluß gemeinsam in einem Firmennamen auf.

Die Heinr. Aug. Schulte Eisen-AG ging auf die 1896 in Dortmund gegründete Firma Heinr. Aug. Schulte, Eisenhandlung, zurück, die 1906 in eine Aktiengesellschaft umgewandelt worden war. Die Thyssen Eisen- und Stahl-AG stammte von der 1881 von August Thyssen gegründeten Vertretung von Thyssen & Co. in Berlin ab. Die Thyssen-Rheinstahl AG entstand 1926 aus den südwestlichen Niederlassungen der alten Thyssen'schen Handelsgesellschaften und aus dem Eisen- und Stahlhandel von Rheinstahl. Bei der Bildung der Vereinigten Stahlwerke wurde die Stahlunion-Export GmbH geschaffen, die die ausländischen Handelsorganisationen der VSt-Gründergesellschaften zusammenfaßte.

Trägerlager von Thyssen & Co., Berlin 1889.

Nach der Entflechtung kamen 1954 die Heinr. Aug. Schulte Eisenhandlung GmbH, Dortmund, die Eisen- und Stahlhandel GmbH, Frankfurt, die Berliner Eisen- und Stahl-GmbH, Berlin, und die Stahlunion-Export GmbH, Düsseldorf, unter dem Dach der neugegründeten Handelsunion AG, Düsseldorf, zusammen. Außerdem wurde in diesen Verbund einbezogen die Schrotthandelsgesellschaft der Vereinigten Stahlwerke, die spätere Schrotthandel vorm. A. Sonnenberg GmbH, Düsseldorf. Dieses Unternehmen spielte für die Rohstoffversorgung der ATH von Anfang an eine wichtige Rolle. Das Recycling, das in

den achtziger Jahren zu einem Modewort werden sollte, war für Sonnenberg längst Realität, als es noch keine ökologische Bewegung gab.

Die ATH schuf sich 1961 durch die Übernahme der Handelsunion ihren Vermarktungsarm. „Es muß eines der Ziele unserer Zusammenarbeit im Konzern sein, den eigenen Handel stärker als bisher in unser Geschäft einzuschalten", so erklärte Hans-Günther Sohl im Jahre 1964. Es ging der ATH darum, ihren Walzstahlabsatz, der Mitte der sechziger Jahre ungefähr zur Hälfte direkt ab Werk und mit einem knappen Drittel über fremde Händler ging, in einem stärkeren Maße über die Handelsunion zu leiten.

Die Aufgabenzuordnung zwischen den Handelsunion-Töchtern orientierte sich bis zum Beginn der siebziger Jahre überwiegend an historisch gewachsenen Strukturen. Schulte bearbei-

Handelsniederlassung Erfurt der Vereinigten Stahlwerke, 1926.

tete von Dortmund aus vorwiegend den nordwestdeutschen Raum, während sich das Frankfurter Haus dem süddeutschen Raum widmete. Beide Unternehmen waren vom Sortiment und von der Kundschaft her unterschiedlich ausgerichtet: Schulte betrieb zwar auch den Walzstahlverkauf, konzentrierte sich dabei aber mit einem weitverzweigten Netz von Niederlassungen stärker auf das Geschäft mit mittelständischen Kunden in Handwerk, Bauwirtschaft und Industrie. Man spricht dabei vom Produktionsverbindungshandel. Im Laufe der fünfziger und sechziger Jahre baute die Gesellschaft ihr Sortiment von Installations- und Heizungsmaterial sowie von Eisenwaren und Haushaltsgeräten aus. Mit dem Vordringen neuer Werkstoffe begann Schulte schon früh auch den Handel mit Kunststoffprodukten.

Die Eisen- und Stahlhandel GmbH pflegte in stärkerem Maße als Schulte das „Händler-Händler-Geschäft", also den Walzstahlverkauf an andere Stahlhändler als Wiederverkäufer. Beliefert wurden außerdem Großverbraucher, zu einem erheblichen Teil im Streckengeschäft, bei dem der Walzstahl unmittelbar vom Werk an den Kunden geliefert wird. So arbeitete die Eisen- und Stahlhandel auch mit wesentlich größeren Lagern als Schulte.

Die Stahlunion-Export fungierte als reines Außenhandelsunternehmen. Sie entwickelte sich zum größten deutschen Stahlexporteur. Eine wichtige Rolle spielten dabei ihre zahlreichen ausländischen Tochtergesellschaften insbesondere in Europa und seit Ende der fünfziger Jahre auch in Nordamerika.

Schlepper der Thyssen-Flotte auf dem Rhein, 1910.

Verwaltung der
Stahlunion-
Export GmbH
Düsseldorf, 1955.

Mit Thyssen Incorporated in die Neue Welt

Handelsfirmen im Ausland haben im Thyssen-Konzern eine lange Tradition. Schon August Thyssen und sein Sohn Fritz gingen bei der Gründung ausländischer Tochtergesellschaften und Niederlassungen auch nach Übersee. So konnte die Handelsunion nach dem Zweiten Weltkrieg auf dieser Basis recht bald ihre weltweiten Repräsentanzen und Büros reaktivieren. Darunter waren viele im Ausland ansässige selbständige Handelsfirmen, von denen einige später Tochtergesellschaften der Handelsunion wurden.

Nach Übernahme durch die ATH ging der Ausbau der Absatzorganisation im Ausland zügig weiter. Das Exportgeschäft mit Thyssenstahl wurde verstärkt, zugleich aber auch Stahl anderer Hersteller verkauft. Ein interessantes Beispiel hierfür

stellt die Nedeximpo dar, die Nederlandse Export- en Importmaatschappij in Amsterdam. Dieses Handelshaus wurde 1917 gegründet und betrieb zwischen den beiden Weltkriegen für deutsche Unternehmen den Stahl- und Röhrenhandel in den Niederlanden. 1954 kam Nedeximpo zur Handelsunion und mit dieser später zur Thyssen-Gruppe. Anfang der siebziger Jahre schuf sich Nedeximpo eine Struktur, die in ihrer Verbrauchernähe der von Thyssen Schulte ähnelt.

Zum bedeutendsten Auslandsunternehmen im Thyssenhandel hat sich die Thyssen Incorporated, kurz Thyssen Inc., in New York entwickelt. Ihre Geschichte geht auf das Jahr 1959 zurück, als die Thyssen-Werke auf dem riesigen Markt der Vereinigten Staaten Fuß fassen woll-

ten. Die Anfänge in New York waren bescheiden, der Firmenüberlieferung zufolge mußte im ersten Büro die einzige Schreibmaschine auf einem Klavier stehen. Doch intensive Unterstützung aus Deutschland, qualifiziertes und motiviertes Management sowie eine auf den amerikanischen Markt abgestimmte Produktpalette sorgten dafür, daß der Newcomer rasch zum Aufsteiger wurde. Daß damals Hochkonjunktur herrschte und die US-Stahlindustrie selbst den Bedarf nicht decken konnte, gab einen zusätzlichen Schub.

Um ein möglichst breites Programm von Qualitäten und Abmessungen anbieten zu können, führte Thyssen Inc. von Anfang an auch Produkte anderer europäischer Stahlhersteller. So fanden etwa Breitflanschträger nicht nur mit dem Thyssen-Zeichen, sondern auch mit dem Walzzeichen anderer deutscher Hersteller über Thyssen Inc. den Weg zu amerikanischen Kunden.

Als das Werk Beeckerwerth seine Produktion aufnahm, standen den New Yorker Stahlhändlern von Thyssen erheblich mehr Erzeugnisse der ATH für ihre amerikanischen Kunden zur Verfügung. Das Mißtrauen gegen Importstahl, vor allem bei qualitativ hochwertigen Feinblechen, war aber bei den Abnehmern in den USA zu dieser Zeit noch recht ausgeprägt. Zudem kannten sich nur wenige Einkäufer in den Usancen und Transportwegen des Außenhandels aus. Da war es für sie wichtig, einen international erfahrenen Partner zu

Amsterdam, Sitz der Nedeximpo.

Thyssen-Mitar-
beiter in New York.

haben, der auf ihrer Seite des Atlantiks saß. Qualität, akzeptable Preise und vor allem Zuverlässigkeit waren die entscheidenden Argumente, mit denen Thyssen Inc. Kunden gewann. Die Liefertermine über den Atlantik und über die im Winter oft zugefrorenen Großen Seen hinweg einzuhalten, bedeutete logistische Feinarbeit. 1968 wurden schon mehr als 900.000 Tonnen Thyssenstahl in die USA verschifft.

Ein Jahr später hatten sich Markt und politisches Umfeld verschlechtert. Handelsrestriktionen, die die USA 1969 gegen Importstahl erließen, machten den Thyssen-Händlern weiteres Mengenwachstum unmöglich. Um nicht nur Importquoten verwalten zu müssen, reagierte Thyssen Inc. hierauf mit dem Aufbau eigener Läger in wichtigen Marktzentren. Sie bearbeiteten die aus Deutschland angelieferten Walzstahlprodukte nach den Anweisungen der Kunden und übernahmen damit eine erste Verarbeitungsstufe. Außerdem boten diese Läger nicht nur Thyssenstahl an; in wachsendem Umfang wurde auch amerikanisches Material gehandelt. Das frühere Importbüro hatte sich zu einem ganz normalen amerikanischen Stahlhändler gewandelt. Da viele US-Stahlhersteller damals nicht über eigene Exportorganisationen verfügten, besorgte Thyssen Inc. für sie auch Ausfuhrgeschäfte, vor allem in Richtung Südamerika.

Mitte der siebziger Jahre dehnte der New Yorker Thyssenhandel die internationalen Geschäftsbeziehungen weiter aus. Stahl aus Japan und aus den damals jungen Industrieländern Südkorea und Taiwan wurde an US-amerikanische Kunden und auch an Kunden in anderen Teilen der Welt verkauft. Aus diesen Kontakten mit Fernost entwickelten sich außerdem Handelsgeschäfte mit Rohöl, Kohle, Eisenerz und Schrott sowie vorübergehend auch mit Düngemitteln. Insbesondere das von der Thyssen Carbometal betriebene internationale Kohlegeschäft erreichte zeitweise beträchtliche Größenordnungen.

Bei aller Bedeutung dieser zusätzlichen Handelsfelder blieb das Stahlgeschäft der

167

Dreh- und Angelpunkt für das New Yorker Handelsunternehmen. Im Jahre 1985 stand Thyssen Inc. bei einem Umsatz von gut einer Milliarde US-Dollar. Zwei Drittel davon wurden im Stahlhandel erzielt. Dies entsprach einer gehandelten Gesamtmenge von einer Million Tonnen, von denen 700.000 Tonnen, überwiegend Karosseriebleche für amerikanische Autohersteller im Raum Detroit, aus den Duisburger Thyssen-Werken stammten.

Duisburg, New York und Detroit sind insofern wie in einer Kette miteinander verbunden. Im Duisburger Hüttenwerk werden Produkte hergestellt, deren Eigenschaften von vornherein auf die Anforderungen der US-Kunden abgestellt sind. In New York arbeiten die Stahlhändler, die den Materialfluß über den Atlantik und die Großen Seen organisieren und die Aufträge nach Terminen, Mengen und Qualitäten abwickeln. In Detroit selber betreibt Thyssen seit 1975 ein Steel Service Center, das die Nahtstelle zu den Automobilfabriken bildet. Neben Lager und Versand bietet dieser Stützpunkt vielfältige Anarbeitungsmöglichkeiten, insbesondere das Längs- und Querteilen von Coils. Diese transatlantische Lieferkette ist der stärkste Aktivposten für den Thyssen-Handel in der Neuen Welt.

ERINNERUNGEN

Auszüge aus einem Bericht von Generalkonsul e. h. Günter Lisken, langjähriger Repräsentant der Thyssen Handelsunion in Ecuador, über wichtige Etappen seines Berufswegs

Nach dem Abitur in Düsseldorf fing ich im April 1935 meine Lehrzeit bei der Stahlunion-Export GmbH an. Die Ausbildung in der Zentrale, auf der Thyssenhütte sowie im Lager von Heinr. Aug. Schulte wurde durch theoretischen Unterricht und durch Abendkurse vervollständigt. Dies war eine umfassende und anstrengende Lehrzeit, die es möglich machte, daß ich aus dem Reichsberufswettkampf als Ortssieger für die Vereinigten Stahlwerke hervorging. Ende 1938 winkte die Verwirklichung des Zieles, von dem ich bereits auf der Schulbank geträumt hatte: im Ausland an verantwortlicher und maßgebender Stelle als Wegbahner deutscher Qualitätsarbeit und deutscher Technik eingesetzt zu werden. Im April 1939 wurde ich nach Ecuador zu der dortigen Vertretung der Stahlunion entsandt. [...] Meine Arbeit begann sehr vielversprechend, wurde aber durch den Ausbruch des Zweiten Weltkrieges vollständig unterbrochen. Um nicht auf eine Schwarze Liste zu kommen, mußte die Sociedad Continental alle deutschen Vertretungen aufgeben. Dies bedeutete für mich den ersten Schritt in die Unabhängigkeit. Mit 25 Jahren hatte ich nun völlig selbständig die Kontakte mit den vertretenen deutschen Firmen aufrechtzuerhalten. Ferner oblag es mir, alle Außenstände der Stahlunion in Mittelamerika und an der Westküste von Südamerika zu regulieren. [...] Nach schwierigen Zeiten während des Krieges übernahm ich im Frühjahr 1946 die Leitung einer Export-Import-Firma. Zusätzlich machte ich Vermittlungsgeschäfte, um eigenes Geld in die Hand zu bekommen. Ein Jahr später eröffnete ich ein Ladengeschäft für Eisenwaren, Werkzeuge und Haushaltsgeräte. Die übliche Arbeitszeit, von Montag bis Samstag, lag zwischen 12 und 14 Stunden. Parallel dazu habe ich meine Kontakte zur Stahlunion erneuert; Ende 1947 wurde ich ihr offizieller Vertreter für Ecuador. Durch die alliierten Auflagen in Deutschland war das Geschäft sehr erschwert; für Ecuador betrug das Exportkontingent ganze 75 t Stahl im Monat. Um überleben zu können, haben wir auf Anregung der Stahlunion verstärkt Material amerikanischer, holländischer und belgischer Werke verkauft. [...] Mitte Januar 1950 trat der erste nach dem Krieg abgeschlossene Handelsvertrag zwischen Ecuador und Deutschland in Kraft. Die Wirtschaftsbeziehungen zwischen beiden Ländern waren nun wesentlich erleichtert, und ich bin stolz darauf, daß ich am Zustandekommen des Abkommens mitwirken konnte. Ich bin immer gern bereit gewesen, der Thyssen-Gruppe mit Rat und Tat zu landesspezifischen Fragen zur Seite zu stehen. 1970 habe ich beim Thyssentag Ausland über das Thema „Die Chancen der lateinamerikanischen Märkte" referiert. Inzwischen verbindet mich seit 56 Jahren mit Thyssen eine harmonische Zusammenarbeit.

Service-Center der Thyssen Steel Detroit Comp.

Skyline New York.

Neue Strukturen für die inländische Handelsorganisation

Anfang der siebziger Jahre wurde bei den inländischen Handelsaktivitäten von Thyssen eine umfassende Neuordnung vorgenommen. Ihr Ziel war es, „ein rationeller arbeitendes Lager- und Distributionssystem zu schaffen sowie die Verkaufsorganisation auf die zukünftig in den verschiedenen Bereichen zu erwartenden Marktanforderungen vorzubereiten und neue Gesellschaften mit klar abgegrenzten Aufgaben und Verantwortungsgebieten zu bilden". Die Gruppe wurde unter Anwendung des Umwandlungssteuergesetzes in verschiedenen Schritten umorganisiert. Die Eisen- und Stahlhandel GmbH ging dabei unter.

Neu entstand dagegen die Thyssen Stahlunion, die nunmehr das gesamte Walzstahlgeschäft mit Großverbrauchern und mit anderen Stahlhändlern betrieb. Sie übernahm dazu die entsprechenden Aktivitäten von Schulte und vom Frankfurter Eisen- und Stahlhandel sowie das Stahlausfuhrgeschäft der bisherigen Stahlunion-Export. Im Inland operierte diese Gesellschaft mit Großlägern in Mülheim (Ruhr) und Mannheim sowie mit kleineren Lagerbetrieben in Hamburg, Essen, Frankfurt, Dillingen, Heilbronn, Nürnberg und München. Hinzu kamen Läger für Betonstahl und Baustahlgewebe sowie Biegeanlagen an zehn weiteren Plätzen.

Die neue Heinr. Aug. Schulte faßte alle Aktivitäten aus dem eigenen Hause und aus den Schwestergesellschaften zusammen, soweit sie der örtlichen Versorgung von Handwerk und mittelständischer Industrie mit Stahl und anderen Werkstoffen dienten. „Die Firma konzentriert sich auf den Vertrieb moderner Werkstoffe und verbrauchernaher Erzeugnisse in verschiedensten Sortimentsbereichen bis hin zur Haustechnik", so hieß es in einer Mitteilung über die veränderte Handelsstruktur bei Thyssen. Hier war, wohlgemerkt, nicht mehr ausschließlich von Stahl, sondern von „Werkstoffen" die Rede.

Bisher hatten Schulte und Eisen- und Stahlhandel nicht nur mit jeweils unterschiedlichen Programmen, sondern auch geographisch getrennt gearbeitet. Jede der beiden neuen Gesellschaften sollte künftig das ganze Bundesgebiet versorgen, und der Export lag ausschließlich bei der Thyssen Stahlunion. Ein die ganze Bundesrepublik abdeckendes Walzstahlgeschäft war auch deshalb notwendig geworden, weil

Export von Stahlrohren durch Thyssen Stahlunion.

Spaltanlage im Service-Center Mannheim von Thyssen Schulte.

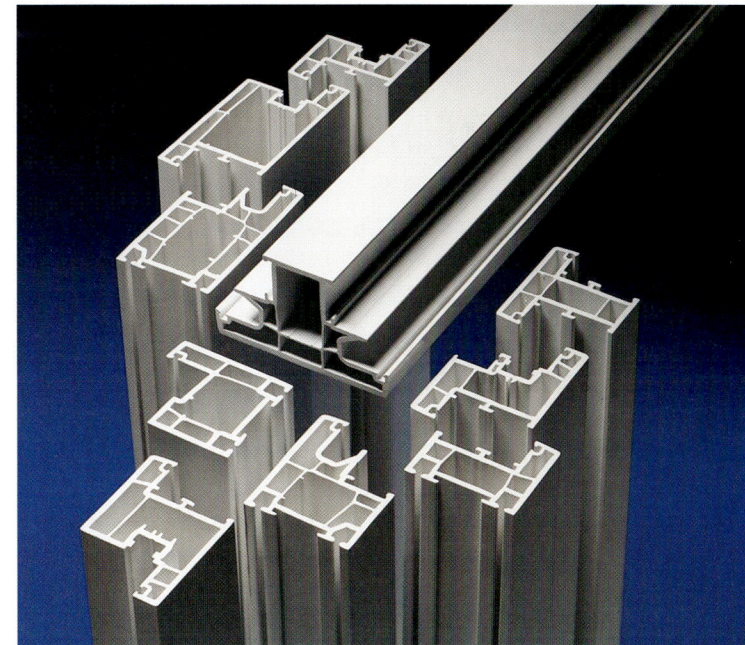

Wärmedämmende Kunststoff-Fensterprofile aus dem
Programm von Thyssen Schulte.

im Stahlhandel, ausgehend von der Entwicklung in den Vereinigten Staaten, Stahl-Service-Zentren an Bedeutung gewannen.

Der erste Lagerbetrieb dieser Art im Thyssen-Bereich wurde in Mannheim errichtet. „Wir machen mit Stahl, was Sie wollen!" erklärte das Stahl-Service-Center Mannheim in einer Werbekampagne im Jahre 1972. So wurden etwa Stahlprofile auf die gewünschte Länge zugeschnitten oder chemische, metallurgische und physikalisch-technische Prüfungen für die Kunden vorgenommen. Später kamen Längs- und Querteilanlagen für Bleche und Bänder hinzu, und allmählich hat sich der Mannheimer Lagerbetrieb ganz auf die Anarbeitung von Flachstahl spezialisiert. Den Anfang bildeten vier Hallen mit einer Lagerfläche von rund 12.000 Quadratmetern. In der zweiten Hälfte der achtziger Jahre waren schon fünf Hallen für das Service-Center belegt, das zunehmend Edelstahl und Aluminium im Programm führt.

Bei der Neuorganisation der Thyssen Handelsunion wurde das technische Exportgeschäft verselbständigt und auf eine neue Tochtergesellschaft, die Thyssen Stahlunion-Technik GmbH, übertragen. In dieser Firma wurden Aktivitäten wie die Ausfuhr von Schmiedestücken, Gußerzeugnissen, Schiffsausrüstungen und auch Maschinen zusammengefaßt, die schon die Vorgängergesellschaften der Handelsunion aufgebaut hatten. Außerdem befaßte sich die Thyssen Stahlunion-Technik mit dem sogenannten internationalen Anlagengeschäft, das später im Zuge der Industrialisierungsbemühungen von Schwellenländern ein kräftiges Wachstum erlebte.

Dieses Programm bezog seine Schwerpunkte aus den produzierenden Thyssen-Unternehmen. Daß rohrorientierte Anlagen wie insbesondere Raffinerien errichtet wurden, resultierte aus den früheren Stahlrohr-Aktivitäten von Thyssen. Ebenso lag der Bau von Hütten- und Walzwerksanlagen nahe. Im Laufe der Jahrzehnte wurden auch Zement- und Kalkfabriken oder Anlagen für die Nahrungsmittelindustrie geliefert.

Spezielle Aufgaben hatte ferner die Thyssen Röhren- und Roheisenhandel GmbH (RöRo). Sie betrieb ein überregionales Handelsrohrgeschäft, ein Spezialrohrgeschäft und einen Stahlrohrgerüstbau. Die Gesellschaft unterhielt ein Zentrallager in Düsseldorf sowie Läger in Frankfurt und Heilbronn. Sie entwickelte sich zu einem engen Partner der Bauwirtschaft, vor allem auf dem Gebiet der Fassadengerüste.

Die Neuordnung der Handelsunion mit ihren einschneidenden organisatorischen Änderungen hätte die August Thyssen-Hütte AG als Großaktionär nicht verwirklichen können, ohne zunächst die außenstehenden Aktionäre abzufinden. Ihnen unterbreitete das Unternehmen im Herbst 1972 ein Abfindungsangebot mit einem Umtausch der Handelsunion- in ATH-Aktien im Verhältnis 1:2,2. Danach gehörte die Handelsunion nun voll zur Thyssen-Gruppe.

Aufgabenteilung nach Rheinstahl-Übernahme

Die nächsten organisatorischen Änderungen wurden notwendig, nachdem Thyssen 1974 Rheinstahl eingegliedert hatte. Im Zuge der nachfolgenden Neuordnung des stark vergrößerten Gesamtkonzerns ging der bisher von Rheinstahl betriebene Handel auf die Thyssen Handelsunion über. Dabei übernahm die Thyssen Stahlunion den Walzstahl- und Röhrenexporthandel von Rheinstahl Export, der ebenso wie das inländische Walzstahl-Handelsgeschäft des Essener Konzerns nicht sonderlich umfangreich war.

Stärker ausgedehnt wurden die Handelsunion-Umsätze durch die Übernahme des Kohlen- und Mineralölhandels sowie der Binnenschiffahrt und des Baustoffhandels aus dem Rheinstahl-Bereich. Der Brennstoffhandel ging auf die 1862 gegründete Firma Joseph Schürmann zurück, die 1900 auch das Reedereigeschäft aufnahm. Die Thyssen Handelsunion brachte diese Geschäftszweige im Oktober 1975 in die neugegründete Tochtergesellschaft Thyssen Brennkraft Handel und Transport GmbH ein. Vier Jahre später wurden Brennstoffhandel und Verkehrsaktivitäten voneinander getrennt. Bei der Thyssen Brennkraft GmbH blieb der Mineralölhandel; das Verkehrsgeschäft kam unter das Dach der Thyssen-Gesellschaft Haeger & Schmidt GmbH.

Diese Firma war in den sechziger Jahren zur Thyssen-Gruppe gekommen. Sie blickt auf eine Geschichte von rund einem Jahrhundert zurück. Im Jahre 1887 gründeten Robert Haeger und Carl Schmidt das Unternehmen in Antwerpen. Nach dem Ersten Weltkrieg siedelte sich die Reederei in Duisburg-Ruhrort an, wo auch heute noch die Zentrale dieser Firmengruppe operiert. Neben der herkömmlichen Binnenschiffahrt baute Haeger & Schmidt, insbesondere durch Übernahme anderer Speditionsbetriebe, auch eine Sparte Straßengüterverkehr auf, die allmählich zur größten Säule dieses Verkehrsbereichs heranwuchs.

Ein vollkommen neues Feld war für die Thyssen Handelsunion der Mineralölhandel aus dem Rheinstahl-Bereich. Thyssen hatte auf diesem Gebiet nur einen geringen Bedarf und verfügte auch nicht über eigene Versorgungsquellen. Hinzu kamen die in den siebziger Jahren besonders hektischen Preisausschläge auf allen Mineralölmärkten, die das Handelsgeschäft äußerst riskant machten. Zwar blieb dieser Geschäftszweig von größeren Ergebniseinbrüchen verschont; aber die erzielbaren Gewinne waren trotz der Umsätze in Milliardenhöhe und trotz eines zeitweise bis auf 7,5 Millionen Tonnen gestiegenen Absatzes durchweg unbefriedigend. Der 1984/85 auf über vier Milliarden DM angestiegene Umsatz von Thyssen Brennkraft wurde deshalb in den folgenden Jahren gezielt zurückgenommen.

Auch das Anlagengeschäft der Thyssen Handelsunion erfuhr nach dem Zusammenschluß mit Rheinstahl eine Neuordnung. Die Thyssen Stahlunion-Technik GmbH wurde in Thyssen Rheinstahl Technik GmbH umbenannt. Sie übernahm das Anlagengeschäft von Rheinstahl. Die Gesellschaft konzentrierte sich in den kommenden Jahren vor allem darauf, als Generalunternehmer industrielle und an-

Raddampfer mit Kohlenkähnen vor der Düsseldorfer Rheinuferstraße, 1942.

Umschlaganlage im Hafen Duisburg-Ruhrort.

Raffinerie, errichtet von Thyssen Rheinstahl Technik.

dere Bauvorhaben in Entwicklungs- und Schwellenländern durchzuführen. Ihre Referenzliste wuchs im Laufe der Jahre auf 400 Projekte im Wert von mehr als 16 Milliarden DM.

Als die Eingliederung des Rheinstahl-Handels in den Thyssen-Bereich gerade abgeschlossen war, befand man sich in der beginnenden Strukturkrise der europäischen Stahlwirtschaft. Je länger sie anhielt, um so dringlicher wurde eine Straffung im bisher zweigleisigen Stahlhandel von Thyssen. Denn es hatte sich als nachteilig erwiesen, das Inlandsgeschäft nach Großkunden und nach Kleinabnehmern getrennt zu betreiben. Im Geschäftsjahr 1982/83 kam es deshalb zu einer abermaligen Neuordnung.

Das inländische Stahlhandelsgeschäft und die Haustechnik wurden bei Thyssen Schulte zusammengefaßt, während die Thyssen Stahlunion die Aufgabe erhielt, sich ausschließlich auf das Auslandsgeschäft im Stahlhandel zu konzentrieren. „Wir passen uns damit", so unterrichtete der Vorstand der Thyssen Handelsunion die Öffentlichkeit, „den veränderten Marktstrukturen an, ohne daß für unsere Kunden Einschränkungen eintreten. Der erweiterte Bereich Thyssen Schulte bietet der Kundschaft eine Zusammenarbeit mit über 40 Stützpunkten im Bundesgebiet und in Berlin. Der Bereich Thyssen Stahlunion betreibt unverändert das Exportgeschäft mit Stahl und Röhren und hat die Führung unserer weltweiten Auslandsaktivitäten im Stahlgeschäft."

Die Phase der organisatorischen Veränderungen im Inlandsbereich der Thyssen Handelsunion fand damit zunächst ihren Abschluß. Zwei Jahrzehnte gehörte das Unternehmen nunmehr zur Thyssen-Gruppe. Als die ATH 1961 die Mehrheit an der Handelsunion besaß, wies das Unternehmen einen Umsatz von zwei Milliarden DM auf und beschäftigte 8.000 Mitarbeiter. 1983, nach der Neuordnung des Stahlhandels, erreichte das Geschäftsvolumen 14 Milliarden DM, und zur Belegschaft zählten 12.500 Mitarbeiter. Das Unternehmen hatte sich zu einem stabilen Pfeiler für die gesamte Thyssen-Gruppe entwickelt und leistete auch in konjunkturell schwachen Jahren immer positive Beiträge zum Konzerngewinn. Die dabei erreichte Umsatzrentabilität fiel allerdings recht knapp aus. Was nun anstand, war deshalb der weitere Ausbau der Thyssen Handelsunion in Richtung höherer Wertschöpfung.

Neue Ziele

Mitte der achtziger Jahre entwickelte der Handelsunion-Vorstand neue Überlegungen zur Unternehmensstruktur. Der europäische Binnenmarkt kam in Sicht; außerdem beschleunigte sich die Verflechtung der Märkte über die Kontinente hinweg. Die Antwort auf diese Entwicklungen wurde in einer Umgestaltung zu einem Unternehmen von europäischem Zuschnitt gesehen, in dem ertragsstarke und wachstumsintensive Dienstleistungen die Hauptrolle spielen sollten.

Das reine Commodity-Geschäft, das nur von der Spanne zwischen Ein- und Verkauf lebt und das zudem hektischen Preisschwankungen unterliegt, erhielt deshalb einen im Vergleich zu früher geringeren Stellenwert. Das Hauptaugenmerk richtete sich auf den Aufbau ganz neuer Dienstleistungsaktivitäten, für die es zuvor allenfalls Ansatzpunkte aus der Verbindung zur Stahlproduktion gegeben hatte. Beispiele sind das Vordringen in andere Recycling-Gebiete aus dem Kerngeschäft des Schrotthandels heraus oder die Weiterentwicklung der Verkehrssparte zu einem umfassenden Logistikunternehmen. Ein weiterer Programmpunkt wurde der Ausbau von Liefer- und Dienstleistungsbeziehungen innerhalb der Auslandsmärkte und zwischen den großen Wirtschaftsregionen.

Die Erarbeitung einer neuen Unternehmensstruktur warf auch die Frage nach einer entsprechenden Organisationsform auf. Das betraf nicht die Einbettung der Thyssen Handelsunion in den Thyssen-Konzern, wohl aber die zahlreichen rechtlich selbständigen Tochter- und Enkelgesellschaften des Handels, die bis dahin überwiegend eigenständig im Markt operiert hatten. Die Antwort lag in einer dezentralen Spartenorganisation.

Zu diesem Zweck wurde die Thyssen Handelsunion zunächst in Produktgruppen gegliedert. Diese wurden sodann zu sieben Sparten, nämlich Werkstoffe, Recycling, Brennstoffe, Bautechnik, Logistik, Projektmanagement und Instandhaltung, zusammengefaßt. Jeder dieser Sparten wurde aufgetragen, sich national und international eine führende Position zu erarbeiten, und deshalb erhielten sie weltweite Zuständigkeit. Der Werkstoffbereich bekam also die Möglichkeit, beispielsweise amerikanischen Stahl nach China und brasilianisches Erz in die Türkei zu verkaufen.

Eine derartige Organisation kann ihre volle Effizienz erst dann entwickeln, wenn es Koordinierungsstellen gibt, die jeweils die regionalen Aktivitäten quer über die Sparten miteinander verknüpfen. Der regionale Koordinator für Ostasien und den pazifischen Raum bemüht sich zum Beispiel darum, daß der Transport von australischer Kohle für Japan auch durch ein Thyssen-Unternehmen aus dem Logistikbereich betreut wird.

Die Thyssen Handelsunion hat fünf solche regionalen Koordinierungsstellen eingerichtet: in New York für Nordamerika, in Rio de Janeiro für Südamerika, in Hongkong für den Fernen Osten einschließlich des pazifischen Raums, in Düsseldorf für den westeuropäischen Raum sowie für den Nahen Osten und für Afrika, ferner neuerdings in Berlin für die neuen Bundesländer und die osteuropäischen Märkte. Als Konsequenz dieser Matrix-Organisation haben die Vorstandsmitglieder der Thyssen Handelsunion sowohl Verantwortung für bestimmte Sparten als auch für bestimmte regionale Koordinierungsstellen. Ein elektronisches Kommunikationssystem, durch das die einzelnen Ergebniseinheiten über die Erdteile hinweg miteinander vernetzt sind, ermöglicht ein unmittelbares globales Agieren am Markt.

Berlin.

New York.

Rio de Janeiro.

Düsseldorf.

Hongkong.

Einschnitte bei Thyssen Schulte

Die Neustrukturierung der Thyssen Handelsunion war allerdings auch mit Einschnitten verbunden. Sie trafen vor allem den Haustechnik-Bereich von Thyssen Schulte, der in der ersten Hälfte der achtziger Jahre mit spürbaren Verlusten arbeitete. Sollte man ihn ganz aufgeben, wie es Konkurrenzunternehmen getan hatten? Man entschloß sich bei Thyssen zur Sanierung dieses Bereichs, die sich über einige Zeit hinzog, aber dann auch vollen Erfolg brachte. Viele Filialen wurden stillgelegt, das Personal mußte um 1.800 Mitarbeiter verringert werden. Der eigene Fuhrpark wurde weitgehend abgeschafft und auf die Speditionsbetriebe innerhalb der Thyssen Handelsunion übertragen. Andererseits entstanden auch neue Läger. In den wirtschaftlichen Schwerpunkt-Regionen wurden Zentralläger installiert, denen jeweils Satellitenläger zugeordnet sind.

Im Jahre 1987 erhielt Thyssen Schulte die Zuständigkeit für Lager und Anarbeitung von Werkstoffen in ganz Europa. Die Thyssen Stahlunion wurde innerhalb Europas auf das Streckengeschäft und im übrigen auf den Export konzentriert. Der Aufbau eines europaweiten Lagernetzes für Thyssen Schulte war Anfang der neunziger Jahre noch in vollem Gange. Etabliert war man bereits in den Niederlanden durch die in Amsterdam ansässige Nedeximpo und in Österreich durch Thyssen Austria. Durch Firmenbeteiligungen in Spanien, Großbritannien und Skandinavien wurde 1989 auch in diesen Ländern mit Service-Zentren im Walzstahl- und NE-Metallbereich sowie im Kunststoffhandel Fuß gefaßt. 1990 operierte Thyssen Schulte unter Einbeziehung der gerade von Otto Wolff hinzugekommenen Umsätze im Stahl- und Kunststoffhandel mit einem Geschäftsvolumen von sechs Milliarden DM. Das Programm der rund 100 Verkaufsstellen umfaßte 180.000 Artikel.

Wenn früher von der „Haustechnik" bei Thyssen Schulte die Rede war, später aber der übergeordnete Spartenbegriff „Bautechnik" gewählt wurde, so erklärt sich das daraus, daß man 1987 die qualifizierte Mehrheit an der international bekannten Gerüst- und Schalungsbaufirma Hünnebeck in Ratingen übernahm. Zum Jahresbeginn 1988 wurden Hünnebeck und Röro Gerüstbau in Düsseldorf zur Hünnebeck-Röro GmbH zusammengefaßt. Hünnebeck-Röro ist das führende Gerüstbau- und Schalungsunternehmen in der Bundesrepublik mit Stützpunkten in vielen Teilen der Welt. Angestrebt ist die Marktführerschaft in Europa; zunächst wurde die Vertriebsorganisation in Österreich, Italien und Spanien stark ausgebaut.

Verkaufs- und Lagerbetrieb Magdeburg von Thyssen Schulte, 1990.

THYSSEN SCHULTE präsentiert „Gute-Laune-Bäder"!

FACH-AUSSTELLUNG BAD

Ein „Gute-Laune-Bad" von Villeroy & Boch, Serie Magnum.

MS SÜDWIND

Viel Wind zu machen, liegt uns eigentlich nicht. Trotzdem sollten Sie wissen, daß es nur wenige Fachausstellungen gibt, in denen Sie so viele schöne und interessante Badbeispiele sehen können wie bei uns. Herzlich willkommen!

THYSSEN SCHULTE

Anzeige in Magazinen für Wohnen und Einrichten.

Schalungs- und Gerüstbau an einer Bundesbahn-Neubaustrecke.

Aufbau einer Logistiksparte

Am stärksten ist die Thyssen Handelsunion im letzten Jahrzehnt auf dem Gebiet der Logistik gewachsen. Hier wurde innerhalb weniger Jahre durch Übernahme anderer Speditionsfirmen ein weltumspannendes Netz für Dienstleistungen aufgebaut. Es umfaßt und koordiniert den Landtransport, die Binnen- und Seeschiffahrt, die Luftfracht, die Lagerung und die Distribution, mit der sich oft auch Kommissionierung und Etikettierung verbinden. Der Kristallisationskern dieses Logistikbereichs war die 1967 durch Thyssen übernommene Duisburger Speditionsfirma Haeger & Schmidt. Seit der zweiten Hälfte der achtziger Jahre kamen zahlreiche Unternehmen aus der Speditions- und Lagerbranche hinzu.

Erwähnenswert sind in diesem Zusammenhang die Hamburger Speditionsfirma Krogmann, die im fränkischen Raum verankerte Kanzler Spedition, die niederländische Transvenlo und die Betrako in Berlin, deren Erwerb erste Schritte in Richtung neuer Aktivitäten waren. Unter anderem sind mit Hilfe dieser Firmen Distributionsläger aufgebaut worden. Sie übernehmen die Warenlogistik für fremde Unternehmen, deren Kunden in Industrie und Handel just-in-time mit Rohstoffen, angearbeiteten Industrieerzeugnissen oder verkaufsfertigen Konsumgütern versorgt werden. Der Erwerb der Düsseldorfer OPT Overseas Project Trans-

PR-Anzeige der Thyssen AG, 1986.

Warum verladen Sie Ihre Transportprobleme nicht auf uns?

Transport, Lagerung, Umschlag und Spedition – das gehört für die Experten von Thyssen zum Tagesgeschäft. Aber die Ansprüche steigen auch in diesem Bereich. Ganze Transportketten müssen gebildet werden, die exakt nach Zeitplan funktionieren, bis in den entferntesten Winkel der Welt. Die Fachleute von Thyssen sorgen dafür, daß die richtigen Güter genau zur richtigen Zeit am richtigen Ort sind. Thyssen verstärkt seine Transportleistungen im In- und Ausland.

Thyssen heute – das ist ein weltweites Unternehmen mit großer Bandbreite. Wir transportieren Güter, betreiben Handel und internationale Anlagengeschäfte. Wir bauen Maschinen und stellen ganze Verkehrssysteme her. Und wir sind Werkstoffproduzent, vor allem mit Stahl und Edelstahl.

THYSSEN
THYSSEN AKTIENGESELLSCHAFT

Weltweites Luft-
frachtgeschäft.

Europaweite
Transportketten.

port eröffnete den Weg zu einem groß-räumigen Dienstleistungsnetz in der See-schiffahrt. Mit dem Einstieg bei der TAC transaircargo in Hamburg und bei der ame-rikanischen Amerford-Gruppe erschloß sich Thyssen dann auch ein internationa-les Luftfrachtgeschäft. Durch diese Expan-sionspolitik wuchs die Verkehrs- und Lo-gistikgruppe mit ihren zahlreichen Gesell-schaften unter dem Dach der Thyssen Trans GmbH, der früheren Haeger & Schmidt GmbH, auf ein Geschäftsvolu-men von einer Milliarde DM.

Kaum waren die ersten Maßnahmen zur Integration dieser Firmen abgeschlossen, entschied sich die Thyssen Handelsunion im Frühjahr 1990 zu einer weiteren und von der Größe her bedeutenden Akquisi-tion: Man einigte sich mit der Franz Haniel & Cie. GmbH über eine Verbindung der Verkehrs- und Logistikaktivitäten beider Unternehmen. Die Haniel Spedition brach-te mit 4.000 Mitarbeitern und einem Um-satz von 1,5 Milliarden DM ein beträchtli-ches Marktgewicht mit. Aus beiden Berei-chen wurde die Thyssen Haniel Logistic

GmbH gebildet, an der sich die Thyssen Handelsunion mit zwei Dritteln und Haniel mit einem Drittel beteiligten. Das neue Unternehmen mit seinen 7.000 Mitarbei-tern an 120 Standorten in der ganzen Welt und einem Geschäftsvolumen von gut 2,5 Milliarden DM gliedert sich nach Größe und Breite in die Spitzengruppe des euro-päischen Wettbewerbs ein. Es verfügt über eine flächendeckende und international angelegte Servicepalette und hat nun ein Potential erreicht, das die Aussicht auf eine angemessene Ertragskraft eröffnet.

Chancen bei neuen Umweltaktivitäten

Ansätze zu höherer Wertschöpfung im Thyssen-Handel liegen seit jeher auch im Schrottgeschäft. Der Handel mit Schrott ist eine der ältesten Formen des Rohstoff-Recyclings. Ursprünglich geht dies darauf zurück, daß die Neugewinnung von Metallen aus Erz früher ein extrem aufwendiger Vorgang war. Darum lohnte sich das immer wieder neue Einschmelzen ausgedienter Gebrauchsgegenstände aus Metall. Während dieses Motiv bei Edelmetallen weiterhin gültig ist, rückte bei den Massengütern in jüngster Zeit die Aufgabe der Entsorgung in den Vordergrund.

Stahl weist mit 90 Prozent eine außerordentlich hohe Recycling-Rate auf. Ohne sie würden die meisten Länder der Welt im Schrott geradezu ersticken. Stellt man sich einmal vor, alle in den letzten hundert Jahren gebauten Autos und Schiffe wären irgendwo gelagert, dann erkennt man auch den ökologischen Rang einer gut funktionierenden Schrottwirtschaft. Ihr kommt dabei die magnetische Eigenschaft des Stahls zugute.

Das Handeln mit diesem metallischen Rohstoff blickt bei Thyssen in Form der früheren Schrotthandel vorm. A. Sonnenberg, die heute als Thyssen Sonnenberg firmiert, bereits auf eine mehr als siebzigjährige Geschichte zurück. Sonnenberg ist mit einem Umsatz von knapp zwei Milliarden DM die größte Schrotthandelsfirma in der Bundesrepublik. An mehreren deutschen Standorten verfügt sie über eigene Läger und Aufbereitungsbetriebe, die mit einem beträchtlichen Maschinenpark an Scheren, Pressen und Shreddern ausgestattet sind. Der größte dieser Betriebe arbeitet auf der sogenannten Schrottinsel im Duisburger Hafen immerhin auf einer Fläche von 200.000 Quadratmetern.

Mit Blick auf den europäischen Binnenmarkt greift die Firma inzwischen auch über die Landesgrenzen hinaus; 1989 wurde mit der auf diesem Gebiet führenden Compagnie Française des Ferrailles eine Zusammenarbeit im Elsaß eingeleitet. Gemeinsam mit dem französischen Partner will Thyssen auch in Großbritannien und in den USA im Schrotthandel Fuß fassen. Daß Thyssen Sonnenberg entsprechende Absichten auch in Ost-Deutschland verfolgt, liegt auf der Hand.

In der Recycling-Sparte geht es längst um mehr als um das Sammeln, Aufbereiten und Verkaufen von Schrott, zumal man sonst auch allzusehr den heftigen Preisschwankungen auf diesem Markt ausgesetzt bliebe. So betreibt Thyssen Sonnenberg seit langem auch eine eigene Abbruchtechnik; ganze Kraftwerke oder Chemieanlagen wurden im Laufe der Jahre

Abbruch des RWE-Braunkohlenkraftwerks Bergheim.

Edelstahl-Recycling.

Papier-Recycling.

wieder in ihre Materialbestandteile zerlegt, die anschließend der erneuten Nutzung zugeführt werden.

Ausgestattet mit diesen Entsorgungserfahrungen baut das Unternehmen inzwischen auch Tätigkeiten auf, die mit Schrott nichts zu tun haben. Das betrifft einmal die Entsorgung von Kühlschränken, bei der es vor allem um die Rückgewinnung von Fluorchlorkohlenwasserstoff aus den Kühlflüssigkeiten und aus den Kunststoff-Schäumen der Geräte geht. Für das künftig wachsende Recycling von Autokatalysatoren, durch das man die seltenen Metalle Platin, Rhodium und Palladium wiedergewinnen kann, wurde ein logistisches Netz aufgebaut. Als ebenfalls expansiv

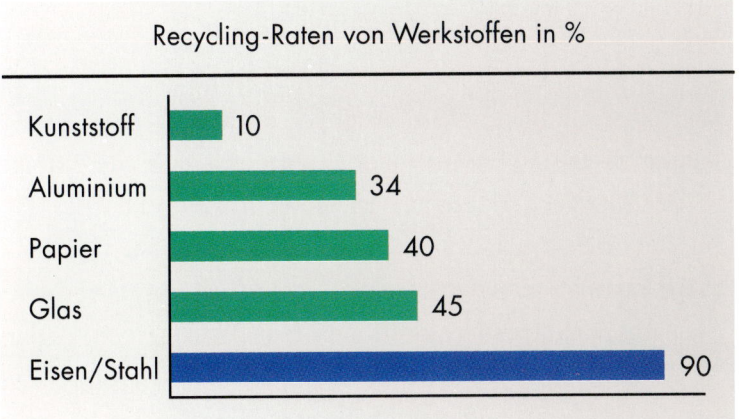

Recycling-Raten von Werkstoffen in %

Kunststoff	10
Aluminium	34
Papier	40
Glas	45
Eisen/Stahl	90

erwies sich der Einstieg in das Recycling von Altpapier und Datenträgern wie Magnetbänder und Mikrofilme; hier werden für Unternehmen, Verlage und Behörden komplette Entsorgungskonzepte entwickelt.

Eine auch kapitalmäßig stärker ins Gewicht fallende Entwicklung gilt der Mitwirkung an Errichtung und Betrieb von entsorgungstechnischen Großanlagen, da die Kommunalwirtschaft hier immer deutlicher an Grenzen stößt. Teilweise in Partnerschaft mit Energieversorgungsunternehmen plant die neugebildete Thyssen Entsorgungstechnik GmbH entsprechende Anlagen; dort sollen Rückstände aus der Verschrottung von Altautos, aber auch Sondermüll und kontaminierte Böden unter Einsatz modernster Verfahren aufgearbeitet werden. Ähnliche Betreiberkonzepte verfolgt man in Ost-Deutschland auf dem Gebiet der Wassertechnik gemeinsam mit einem versierten Partner aus Frankreich.

Einige von diesen neuen Aktivitäten der Recycling-Sparte standen zu Beginn der neunziger Jahre noch in der Aufbauphase. Sie alle reichen weit über den schon traditionellen Schrotthandel hinaus, und ihre wesentlichen Kennzeichen liegen dort, wo zwei Elemente zusammenkommen: Wachstumschancen und Wertschöpfungspotential.

Bestandsaufnahme

Als der Vorstand der Thyssen Handelsunion im Herbst 1990 auf einer Führungstagung eine Bestandsaufnahme seiner bisherigen Arbeit präsentierte, konnte er auf bemerkenswerte Fortschritte verweisen. Die fünf Jahre zuvor entwickelten Zielvorstellungen waren verwirklicht. Dieses Resultat wurde bei gleichzeitiger Rückführung des Geschäftsvolumens erreicht, das 1989/90 bei 14 Milliarden DM lag und damit um drei Milliarden DM niedriger war als 1984/85.

Gut zwei Drittel dieses Umsatzrückgangs entfielen auf den bewußt eingeschränkten Mineralölhandel. Im Sommer 1989 wurde das finnische Mineralöl- und Chemieunternehmen Neste Oy mit 50 Prozent an der Thyssen Brennkraft beteiligt, um so zu einer stabileren Versorgungsbasis zu kommen. Die neugebildete Thyssen Neste Oil GmbH erreichte 1990 ein Absatzvolumen von fast 5 Millionen Tonnen Mineralöl und Mineralölerzeugnissen; der

Kohlenhandel der Thyssen Carbometal GmbH kam auf eine Gesamttonnage von beinahe 6 Millionen Tonnen.

Erheblichen Umstellungen sah sich im Laufe der Jahre auch die Sparte Projektmanagement gegenüber, deren traditionelles Großanlagengeschäft, vor allem in der Petrochemie, unter den Finanzierungsproblemen der Entwicklungs- und Schwellenländer litt. Erst versuchte man, in diesen Wirtschaftsräumen andere Geschäftsfelder aufzubauen; dann verlagerte sich die Zielrichtung auf die hochentwickelten Industrieländer. So wurde gemeinsam mit einem Partner eine umweltfreundliche Zellstofftechnik aufgebaut. Die vielen Erfahrungen mit industriellen Großprojekten konnten auf das schlüsselfertige Bauen von Einkaufs- und Geschäftszentren sowie von Hotels und zuletzt auch von Freizeitanlagen übertragen werden. Im Marineschiffbau entwickelte sich eine enge Kooperation mit den Werften der Thyssen-Gruppe. Der Handel mit technischen Erzeugnissen, unter anderem mit Werkzeugmaschinen, markiert ein weiteres expansives Gebiet.

Günstig entwickelt hat sich unter den sieben Sparten der Thyssen Handelsunion auch der mit einem Umsatz von 284 Millionen DM noch kleinste Bereich, die Instandhaltung. Der Einstieg in dieses neue Tätigkeitsfeld wurde im Herbst 1988 vollzogen durch den Erwerb von Mehrheitsbeteiligungen an den Firmen WIG Industrieinstandhaltung GmbH & Co. KG, Köln, sowie EuP Anlagenbau und Anlagenwartung GmbH, München. 1990 kam die Oberhausener Firma SMR de Haan hinzu. Mit 30 Standorten in der Bundesrepublik und in Österreich gehört diese Sparte zu den Marktführern ihrer Branche. Zum Leistungsspektrum zählen Wartung, Inspektion und Instandsetzung von Industriewerken; weitere Dienstleistungen etwa im Bereich der Asbestsanierung sind im Aufbau und zeigen ebenfalls gute Erfolge.

Der Weg der Thyssen Handelsunion, die 1990 auch die Handels- und Dienstleistungsaktivitäten der Otto-Wolff-Gruppe übernahm, markiert eine dynamische Entwicklung. Am historischen Ausgangspunkt stand 1926 die Zusammenfassung von 41 Handelsfirmen und -niederlassungen aus dem Kreis der Gründergesellschaften der Vereinigten Stahlwerke. Als die ATH 1961 eine

Anteil des Rohertrags an der Gesamtleistung der Thyssen Handelsunion in %

Jahr	Prozent
1984/85	8,2
1985/86	8,4
1986/87	11,6
1987/88	12,5
1988/89	13,6
1989/90	16,3

Mehrheit an der Handelsunion besaß, dominierte unter ihren Geschäftsfeldern weitgehend das Strecken- und das Lagergeschäft mit Stahlerzeugnissen. In den letzten zwei Jahrzehnten bildete sich nach einer Reihe von Neuordnungen eine deutlich veränderte Struktur heraus. Zwar gibt es zum gegenseitigen Nutzen für Teilmärkte weiterhin eine enge Verzahnung mit Produktionsgesellschaften der Thyssen-Gruppe, vor allem im Stahlexport oder im Schrotthandel. Daneben stehen aber immer mehr auch Tätigkeitsgebiete, die sich völlig unabhängig von den übrigen Konzernbereichen entwickeln. Dieser Trend wird sich fortsetzen.

Kundenberatung im Bereich Haustechnik.

Projektmanagement für ein Einkaufs- und Bürozentrum in Saudi-Arabien.

Deutsches Werkzeugmuseum Remscheid: Elektroofen aus dem Stahlwerk Richard Lindenberg, 1906.

Edelstahl als Designwerkstoff.

Kaum ein anderer Werkstoff übt auf den Menschen eine dem Stahl vergleichbare Faszination aus. Seine sprichwörtliche Härte ist dafür sicherlich ein Hauptgrund – kurioserweise aber ist nichts so irreführend wie gerade diese höchst einseitige Vorstellung vom Stahl. Denn Stahl muß viel mehr sein als bloß hart, und selbst seine Härte ist je nach den spezifischen Bedarfsanforderungen ganz unterschiedlich angelegt. Eben diese schier unerschöpfliche Bandbreite seiner Eigenschaften, die der Vielfalt der Anwendungsmöglichkeiten entspricht, überzeugt Fachleute wie Laien gleichermaßen von den Vorteilen des Werkstoffs Stahl.

Diese Vielseitigkeit demonstriert besonders eindrucksvoll sein vornehmster Vertreter – der Edelstahl. Er trägt sein Adelsprädikat zu Recht, denn er unterscheidet sich nicht nur durch den höheren Preis vom normalen Stahl. Legierungsmetalle und aufwendige Verfahrenstechniken ermöglichen ganz spezifische Materialeigenschaften, die kombinierbar sind: Festigkeit auch bei hohen Temperaturen und Drücken, Rostfreiheit in feuchter Atmosphäre, Beständigkeit selbst gegen scharfe Säuren und das Ausbleiben von Sprödigkeit bei extremer Kälte machen Edelstahl für zahlreiche Anwendungsgebiete zum idealen Werkstoff. Vom Suppenlöffel bis zum Motorventil, von der Klaviersaite bis zum Flugzeugtriebwerk, vom Chip-Träger bis zum Bio-Reaktor reicht die Palette.

Und auch Kunst und Design haben den ästhetischen Reiz des Edelstahls in den vergangenen Jahrzehnten für sich entdeckt.

Die Zukunft des Edelstahls birgt sicher noch manche Überraschung. So variabel er als Werkstoff auch heute schon ist, seine Möglichkeiten sind bei weitem noch nicht ausgeschöpft. Daß er sich wie alle Stähle im Gegensatz zu manch anderen Materialien vollständig recyceln läßt und somit als Umweltfreund präsentiert, erhöht seine Attraktivität zusätzlich. Die Edelstahlerzeugung hat seit 1906, als in Remscheid im Stahlwerk von Richard Lindenberg der erste Elektroofen in Deutschland in Betrieb genommen wurde, ständig an Bedeutung gewonnen. Auch August Thyssen hat sich schon früh im Edelstahl engagiert. Seine Krefelder Beteiligung ist heute das Stammwerk von Thyssen Edelstahl.

AUCH IM EDELSTAHL FÜHREND

Die August Thyssen-Hütte AG hat sich schon in den fünfziger Jahren darum bemüht, ihr Programm zum Edelstahl hin zu erweitern. Sie übernahm 1957 von der Thyssen AG für Beteiligungen die Kapitalmehrheit an der Deutsche Edelstahlwerke AG und stockte ein Jahr später diesen Besitz durch Aktientausch auf. Im Jahre 1959 wurde ein Organschaftsvertrag zwischen der ATH und den Deutschen Edelstahlwerken abgeschlossen; die letzten freien Aktionäre wurden 1972 abgefunden.

Was ist eigentlich Edelstahl? Schon seit Jahrzehnten ziehen Produzenten und Verbraucher einen Trennungsstrich zwischen Grund- und Qualitätsstahl auf der einen und Edelstahl auf der anderen Seite. So berichtet die Thyssen AG getrennt nach den Unternehmensbereichen Stahl und Edelstahl, die denn auch in zwei Tochtergesellschaften organisiert sind. Es ist freilich gar nicht so einfach, den Begriff Edelstahl zu definieren. Falsch wäre es, ihm alle legierten Stähle zuzuordnen. Es gibt auch legierte Stähle, die keine Edelstähle sind, und es gibt andererseits unlegierte Edelstähle. Man kommt der Sache näher, wenn man sagt, daß es sich um Stahlqualitäten besonderer Reinheit und Gleichmäßigkeit handelt, deren Eigenschaften spezielle Verfahren in der Erschmelzung und der Formgebung erfordern. Dabei sind auf allen Stufen immer wieder Qualitätskontrollen eingeschaltet. So nimmt es auch nicht wunder, daß die Edelstahlproduzenten für einen Teil ihrer Produktion die Preise nicht nach Tonnen, sondern nach Kilogramm berechnen. In allen Industrieländern zeigt die Nachfrage nach Edelstahl ein stärkeres Wachstum als die anderen Stahlmärkte.

Im Edelstahl offenbart sich die Vielfalt der Verwendungsmöglichkeiten des Werkstoffs Stahl in ihrer ganzen Fülle. Durch die Höhe des Kohlenstoffgehalts, durch die Zufügung von Legierungsmetallen in jeweils anderer Kombination und durch Nachbehandlungen lassen sich Feineinstellungen für jeden Zweck erreichen: Stähle, die leicht oder schwer verformbar sind, die amagnetisch, von Säuren nicht angreifbar, verschleißfest oder besonders hart, bei extrem niedrigen Temperaturen noch elastisch oder bei extrem hohen Temperaturen fest sind.

Auch von der Rohstoffversorgung her ist Edelstahl vom Stahl zu trennen. Einige Märkte, auf denen die Edelstahlindustrie ihre Rohstoffe einkauft, werden von geradezu abenteuerlichen Preisschwankungen geschüttelt. Ein Auf und Ab an den Metallbörsen um mehrere hundert Prozent innerhalb eines Jahres ist keine Seltenheit etwa bei Chrom, Nickel, Molybdän oder Wolfram. Diese Preisschwankungen, von denen manchmal erhebliche Auswirkungen auf die Gewinnentwicklung der Edelstahlproduzenten ausgehen, werden oft in Form von „Legierungsanhängern" an die Kunden weitergegeben.

Geopolitisch ist die Versorgung mit Legierungsmetallen nicht unproblematisch. So liegen 80 Prozent der Weltvorräte an Chromerz im Süden des afrikanischen Kontinents. Thyssen Edelstahl deckte in den letzten Jahren seinen Bedarf an Ferro-Chrom zu 60 Prozent in Südafrika und Zimbabwe. Ein Drittel des gesamten Verbrauchs an Legierungs-Chrom in der Bundesrepublik geht in die Schmelzöfen der Thyssen Edelstahlwerke. Bei Nickel, dem für Thyssen zweiten wichtigen Legierungsmetall, ist das Unternehmen sogar mit 45 Prozent am deutschen Verbrauch beteiligt. Hier liegen die wichtigsten Quellen in Kanada und im pazifischen Raum. Die Weltvorräte von Molybdän befinden sich zu 90 Prozent auf dem amerikanischen Kontinent. Die Versorgung mit Vanadium stammt zur Hälfte aus Südamerika, zu 20 Prozent aus

Wachsende Bedeutung des Edelstahls			
	Welt-Rohstahlproduktion	Anteil Edelstahl	
	Mio t	Mio t	%
1950	190	16	8,5
1960	336	30	8,9
1970	594	65	10,9
1980	716	91	12,8
1990	771	92	11,9

Labor-Untersuchung von Legierungsmetallen.

Edelstahl-Elektroofen.

den USA und zu zehn Prozent aus China. Auch die Schrottversorgung ist nicht unproblematisch. Bei der Präzision, mit der in der Edelstahlindustrie gearbeitet wird, können nur Schrottsorten besonders hoher Reinheit eingesetzt werden. Von dem in der Bundesrepublik anfallenden legierten Schrott verbraucht Thyssen Edelstahl ein gutes Drittel.

In den Herstellungsverfahren unterscheidet sich Edelstahl ebenfalls vom Massen- und Qualitätsstahl. Überwiegend wird Edelstahl auf Schrottbasis in Elektrolichtbogenöfen erschmolzen. Um höchstmögliche Reinheit zu erzielen, werden Vakuum- oder Umschmelzbehandlungen nachgeschaltet. So ist denn auch bei Thyssen Edelstahl im Werk Witten die Vacuum-Oxygen-Decarburisation (VOD) entwickelt worden, eine Kombination der Vakuum- und Oxygenstahl-Metallurgie. Auch das Umschmelzen unter Elektro-schlacke hat sich immer mehr durchgesetzt. Dabei wird der umzuschmelzende Stahlblock als Elektrode tropfenweise abgeschmolzen. Der abschmelzende Stahl durchläuft ein Schlackenbad, wird von nichtmetallischen Bestandteilen gereinigt und wieder zu einem Block aufgebaut. Ein Charakteristikum der Edelstahlindustrie sind ferner spezielle Wärmebehandlungen des gewalzten oder geschmiedeten Materials.

Es begann im Stahlverein

In den zwanziger Jahren steckte der Edelstahl, gemessen an den heutigen technischen Möglichkeiten, vielleicht nicht mehr in den Kinderschuhen, jedoch noch in den Jugendjahren. Aber der Vorstand der Vereinigten Stahlwerke berücksichtigte durchaus die Unterschiede zwischen der Massenstahlerzeugung und der Edelstahlproduktion, als er im Jahre 1927 sieben Edelstahlwerke aus dem Kreis der Gründerunternehmen zur Deutsche Edelstahlwerke AG vereinigte. Einige der damals fusionierten Unternehmen stammten aus der Frühzeit der deutschen Eisen- und Stahlindustrie.

Dazu gehörte etwa die Bergische Stahl-Industrie in Remscheid, die 1854 als Dampfschleiferei gegründet worden war. Sie wurde 1926 vom Stahlverein übernommen und als Gießerei weitergeführt. Ihr Stahlwerk und ihre Schmiede kamen zu den Deutschen Edelstahlwerken. Auch die auf das Jahr 1870 zurückgehende Gesellschaft für Stahlindustrie in Bochum

war eines der Unternehmen, deren Werksanlagen damals Teil des neuen Edelstahlverbunds wurden. Jünger war die Magnetfabrik Dortmund, die 1920 als Abteilung Magnetbau bei der Dortmunder Union entstanden war.

Von allen Betrieben, die in die Deutschen Edelstahlwerke eingebracht wurden, war das Werk Krefeld der 1900 gegründeten Krefelder Stahlwerk AG das bedeutendste. Diese Stadt wurde denn auch der Firmensitz. Die Krefelder Stahlwerk AG war eine gemeinsame Gründung von Franz Burgers, Peter Klöckner, Carl Spaeter und August Thyssen. Die Väter des neuen Unternehmens hatten eigentlich ein integriertes Hüttenwerk vom Hochofen bis zum Walzwerk im Sinn gehabt, weil sie mit dem Bau eines Kanals zwischen Rhein und Maas rechneten, der das Werk frachtgünstig mit Rotterdam verbunden hätte. Der Kanal kam indessen nicht zustande; darum schaltete man auf ein Edelstahlwerk um. Es wurde bis zum Ersten Welt-

Briefkopf aus dem Jahre 1906.

Industrie- und Gewerbe-Ausstellung für Rheinland-Westfalen in Düsseldorf, 1902.

krieg zu einem bedeutenden Lieferanten von Profil- und Flachprodukten, von Wälzlagerstahl, von Automobilfedern und Gesenkschmiedestücken ausgebaut. Dieser Programmvielfalt, der Modernität seiner Anlagen und den stattlichen Grundstücksreserven verdankte das Krefelder Unternehmen seine dominierende Rolle im Rahmen der VSt-Edelstahlaktivitäten.

Nach dem Zweiten Weltkrieg verlor die Deutsche Edelstahlwerke AG einen Teil ihrer Anlagen durch Demontage-Maßnahmen. Sie konnte aber das zunächst auch auf der Demontageliste stehende Hauptwerk Krefeld retten. Das Unternehmen ging dann im Jahre 1951 unter dem alten Namen als Einheitsgesellschaft mit den Werken Krefeld, Remscheid, Dortmund und Werdohl aus der Entflechtung hervor.

Im Laufe der folgenden Jahre erweiterte die Gesellschaft, vor allem unter der ATH-Ägide, den eigenen Unternehmenskreis beträchtlich. So gründete sie 1960 gemeinsam mit einem österreichischen Partner die Sinterstahl GmbH in Füssen und erwarb 1970 die Stahlwerk Carp + Hones KG in Düsseldorf und die Kuhbier & Söhne OHG in Dahlerbrück. Als Thyssen und Mannesmann 1970 ihre Röhren- und Walzstahlkapazitäten miteinander austauschten, wurde das Wälzlagerrohr-Geschäft beider Konzerne in der Wälzlagerrohr GmbH in Krefeld zusammengefaßt; die Mannesmann AG und die Deutsche Edelstahlwerke AG wurden daran je zur Hälfte beteiligt.

Mit der Rheinstahl-Übernahme durch Thyssen im Jahre 1974 gelangte auch eine Beteiligung von 62,8 Prozent an der Edelstahlwerk Witten AG in den Thyssen-Konzern. Mit diesem Unternehmen kam ein weiteres Stück deutscher Edelstahlgeschichte zu Thyssen. Carl Berger hatte 1853 in Witten eine Tiegelstahlfabrik unter der Firma „Etablissement Berger & Co. für die Herstellung von Stählen für Werkzeuge und Gewehrläufe" eröffnet. Das Werk wechselte mehrmals Rechtsform und Eigentümer, wurde aber stetig ausgebaut. 1930 kam es zur Ruhrstahl

AG und damit in den VSt-Konzern. Bei der Neuordnung der Eisen- und Stahlindustrie nach 1945 entstand die Gussstahlwerk Witten AG, die 1965 ihren Namen in Edelstahlwerk Witten AG änderte.

Nachdem Thyssen im August 1974 von Merck, Finck & Co. deren Beteiligung über 34,7 Prozent erworben hatte, war der Weg für eine Neuordnung der gesamten Edelstahl-Aktivitäten im Thyssen-Konzern bereitet. Zum 1. Mai 1975 wurden die Krefelder und Wittener Werke in der Thyssen Edelstahlwerke AG zusammengefaßt. Schon vorher hatte es Veränderungen bei den Gießerei- und Schmiede-Aktivitäten gegeben. Die Edelstahl-Gießereien in Bochum, Moers und Verneis wurden an die Rheinstahl Gießerei AG und das Werk Remscheid an die Rheinstahl Umformtechnik und Bergbautechnik verpachtet.

Seit vielen Jahren arbeiten die Stahl- und Walzwerke in Krefeld, Witten und Duisburg produktionstechnisch eng zusammen. So deckt Thyssen Edelstahl rund ein Viertel seines Rohstahlbedarfs beim Ruhrorter Oxygenstahlwerk der Thyssen Stahl AG. Es handelt sich dabei überwiegend um Bau- und Wälzlagerstähle, die in Ruhrort in Vakuum-Entgasungsanlagen behandelt und in Krefeld und Witten weiterverarbeitet werden. Daneben gibt es traditionell eine Verzahnung im Flachstahlsektor. Edelstahlbrammen aus Krefeld werden in Beeckerwerth zu Coils von zwei bis zehn Millimeter Dicke gewalzt. Die Coils gehen zurück nach Krefeld, wo sie auf den Sendzimir-Kaltwalzgerüsten zu Kaltbreitbändern von 0,4 bis 6,0 Millimeter Dicke ausgewalzt werden.

Chemisches Labor eines Edelstahlwerks, 1910.

*Härterei in einem
Edelstahlwerk,
1910.*

*Elektroofen mit
einem Schmelz-
gewicht bis zu
vier Tonnen, 1910.*

Vom Motorventil bis zur Medizintechnik

Man unterscheidet im Bereich der Edelstähle, von denen es bei Thyssen rund 1.000 Qualitäten gibt, zwischen drei Gruppen: Der Bereich Edelbau- und Wälzlagerstähle ist mit rund 50 Prozent der Produktion mengenmäßig der bedeutendste. Diese Qualitäten werden ausschließlich als Langprodukte und Blankstahl hergestellt, gehen zu 40 Prozent in die Automobilindustrie und finden sich etwa im Motor, im Getriebe oder in der Lenkung wieder. Im übrigen werden diese Stähle an den Maschinenbau, den Schiffbau und die chemische Industrie geliefert.

Den zweiten Gütebereich bilden die Werkzeug- und Schnellarbeitsstähle. Auch sie werden als Langprodukte und Blankstahl geliefert. Bohrer, Fräser, Sägen sowie Zieh- und Preßwerkzeuge werden hieraus gefertigt, außerdem Gesenke für Schmieden oder Werkzeuge für Spritzguß. Thyssen Edelstahl hat bei Werkzeug- und Schnellarbeitsstählen in der Welt eine Spitzenposition.

Die dritte Gruppe besteht zu 80 Prozent aus Flachprodukten, also aus Blechen und Bändern. Es handelt sich um die rost-, säure- und hitzebeständigen Stähle. Man findet sie beispielsweise bei Spül- und Waschmaschinen, in der Außenhaut von Schienenfahrzeugen, in der Medizintechnik oder im Automobilmotor als Ventil.

Nach Meinung der Marktkenner ist noch kein Ende für das Wachstum abzusehen. Produkte aus rostfreiem Edelstahl helfen in zunehmendem Maße bei der Lösung von Umweltproblemen. So müssen Rauchgasentschwefelungsanlagen mit besonders korrosionsfesten Werkstoffen ausgerüstet werden, die zugleich hohe Temperaturen vertragen. Das gleiche gilt für Entstickungsanlagen in Kraftwerken. Zunehmend werden eigens dafür entwickelte Rostfreigüten an korrosionsgefährdeten Stellen im gesamten Abgassystem und in den Katalysatoren der Autos eingesetzt. Bei den rost-, säure- und hitzebeständigen Stählen steht Thyssen weltweit in den vordersten Rängen.

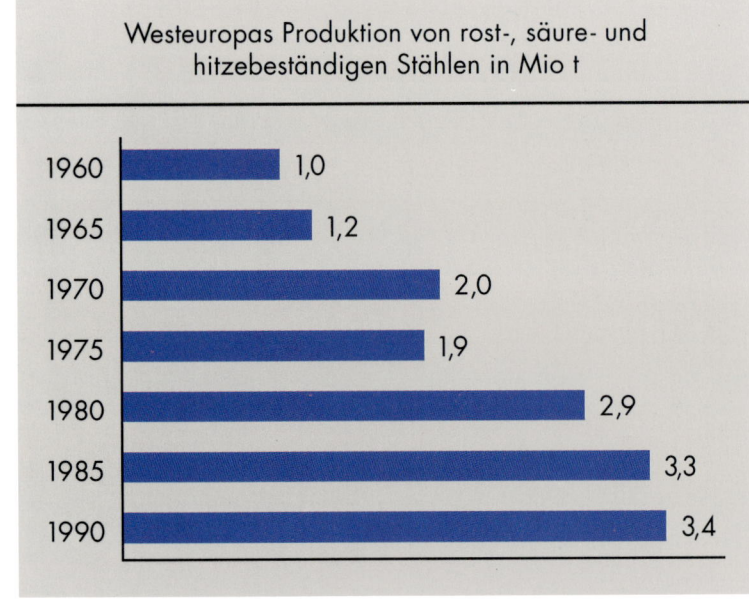

Parabol-Konzentrator zur Gewinnung von Sonnenenergie.

Westeuropas Produktion von rost-, säure- und hitzebeständigen Stählen in Mio t

Jahr	Mio t
1960	1,0
1965	1,2
1970	2,0
1975	1,9
1980	2,9
1985	3,3
1990	3,4

Prototyp einer Edelstahl-Karosserie, 1969.

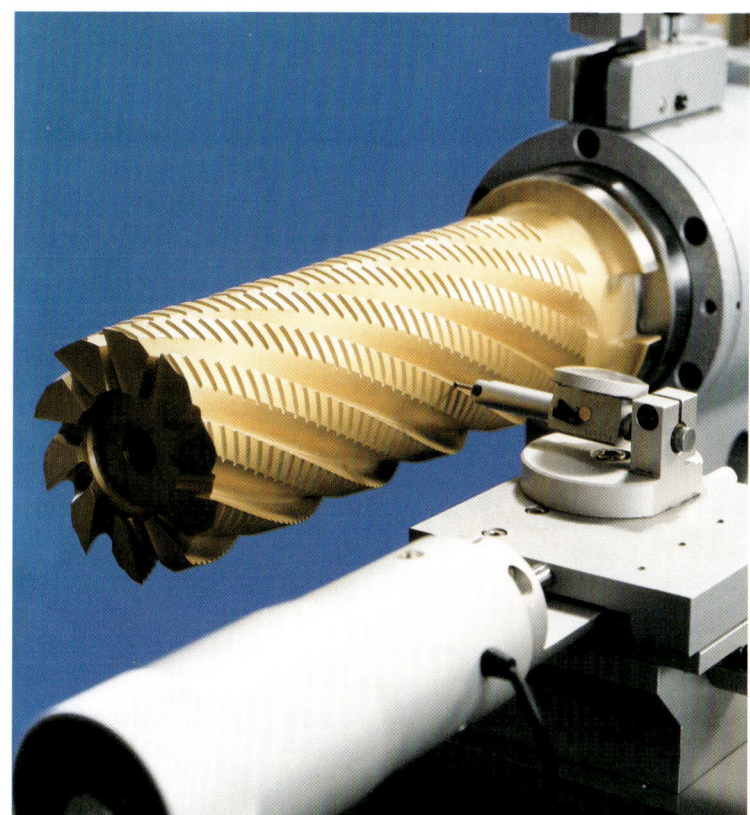

Fräser aus Schnellarbeitsstahl mit verschleißfester Beschichtung.

Einsatzgebiet Medizintechnik.

Verkauf über den eigenen Vertrieb

Thyssen Edelstahl hat in der Bundesrepublik gut 12.000 Kunden, im Ausland sind es fast dreimal soviel. Das Geschäft erfordert eine intensive Kundenberatung; hierfür sind unter Einbeziehung des Qualitätswesens rund 100 Ingenieure tätig. Wegen der Notwendigkeit, eng mit den Abnehmern zusammenzuarbeiten, hat das Unternehmen einen eigenen Vertriebsapparat aufgebaut. Nur ein knappes Zehntel des Umsatzes im Inland wird über externe Händler abgewickelt; am Auslandsabsatz sind fremde Händler auch nur mit fast einem Viertel beteiligt. Im eigenen Vertrieb arbeiten im Inland 1.300 und im Ausland 1.500 Fachkräfte.

Es werden sowohl Zentralläger mit einem breiten Sortiment als auch kleinere lokale Läger mit einem auf den jeweiligen Bedarf abgestellten Programm unterhalten. Zunehmend wird hier die Ware für den Kunden in Service-Zentren auf den speziellen Bedarf hin angearbeitet. Das beginnt beim Werkzeugstahl mit dem Sägen von Zuschnitten und führt über die Oberflächenbearbeitung bis hin zur Herstellung vorgefertigter Werkzeugformen. Flachprodukte werden längs- oder querzerteilt, Spezialzuschnitte auf Laser- oder Plasmaanlagen hergestellt. Zunehmend an Bedeutung gewinnt auch die Härte- und Oberflächentechnik.

Thyssen Edelstahl behält mit diesen Dienstleistungen eine beachtliche Wertschöpfung in eigener Hand. Auch deshalb hat das Unternehmen auf eine externe Handelsstufe weitgehend verzichtet und ist in gewissem Umfang selbst Händler geworden: Man hat die Herstellung wenig gängiger und kostenungünstiger Produkte aufgegeben und kauft sie zur Komplettierung des Sortiments hinzu.

Das Auslandsgeschäft des Unternehmens macht rund 45 Prozent vom Umsatz aus. Auch hier spielen Dienstleistungen eine wichtige Rolle als Wettbewerbsinstrument. Die Kunden im Ausland wollen ebenfalls kurzfristig das jeweils benötigte Material in den gewünschten Qualitäten und Abmessungen beziehen, und sie erwarten, daß jederzeit ein Berater zur Verfügung steht. Das setzt eine entsprechende Logistik des Lieferanten voraus.

ERFAHRUNGEN IN JAPAN

Auszug aus einem Gespräch mit dem heute in München lebenden Alfred Zernecke, der über mehr als vier Jahrzehnte zuerst für Thyssen Edelstahl und danach für die gesamte Thyssen-Gruppe in Japan tätig war

Nach dem Arbeitsdienst bewarb ich mich bei DEW in der Exportabteilung. Ich hatte einen leitenden Herrn beim Rudern kennengelernt, der mich fragte, ob ich zu ihm in den Verkauf Ausland kommen wolle. Wenig später wurde jemand gesucht, der nach Japan zu gehen bereit war und etwas von Buchhaltung verstand. 1939 war es soweit, ich erhielt einen Fünf-Jahres-Vertrag. Wir fuhren völlig unvorbereitet. Von Sprache und Kultur hatten wir keine Ahnung. Das war nicht wie heute, wo jeder in Fernsehen und Zeitschriften fernöstlichen Verhältnissen begegnet. Man mußte schon Abenteuerlust, Neugier und viel Mut mitbringen, wenn man auf solche Außenposten ging. Die Überfahrt nach Yokohama dauerte fünf Wochen. In einer engen Vier-Mann-Kabine war das kein Vergnügen. [...] Über die Firma Doitsu Seiko („Deutscher Stahl") verkaufte VSt vor allem Spundwandmaterial und Straßenbahnschienen. In den dreißiger Jahren war das Geschäft mit Schnelldrehstahl hinzugekommen; das wurde mein Feld. Die Japaner begannen damals, ihre Werkzeuge selbst herzustellen, besaßen aber keine Edelstahlproduktion. Das Fernost-Geschäft, das voll über Tokio abgewickelt wurde, nahm kräftig zu: Bei Kriegsausbruch waren zehn DEW-Mitarbeiter in diesem Teil Asiens tätig, und 56 % des in Krefeld produzierten Schnelldrehstahls gingen in diesen Raum. Ab 1939 haben wir zunächst den Edelstahl aus den USA bezogen, das dauerte aber nur bis Ende 1940. Dann kamen die Lieferungen eine Zeit lang per Bahn quer durch Rußland und Sibirien. Schließlich waren alle größeren Zufuhren durch den sich ausbreitenden Weltkrieg abgeschnitten. Nur U-Boote brachten noch Edelstähle aus Deutschland. [...] Nach Ausweisung aus Japan meldete ich mich 1948 bei meinem Arbeitgeber DEW und wurde zunächst in der Exportabteilung beschäftigt. Im Januar 1953 ging ich erneut nach Japan, um die Geschäfte wieder in Gang zu bringen. Einiges kam auch zustande. Aber die Erfolge der Vorkriegszeit waren passé, denn inzwischen hatten die Japaner eine eigene Edelstahlindustrie aufgebaut. Es gab Verträge über Know-how-Transfer, den ersten schon 1954 über die Produktion von Hartmetall. [...] Zahlreiche Besuche aus der Thyssen-Gruppe brachten es mit sich, daß ich mich immer häufiger als landeskundiger Begleiter betätigen mußte. Dadurch weitete sich mein Tätigkeitsfeld aus. 1963 wurde ich zum Repräsentanten der gesamten Thyssen-Gruppe in Japan berufen.

Verwaltung der Thyssen Specialty Steels, Inc., Chicago.

Ausländische Vertriebsgesellschaften von Thyssen Edelstahl Stand 30.9.1990
S.A. Thyssen Edelstahl N.V. (Belgien)
Thyssen Acciai Speciali S.p.A. (Italien)
Thyssen Aceros Especiales S.A. (Chile)
Thyssen Aceros Especiales S.A. (Spanien)
Thyssen Aciers Spéciaux S.A. (Frankreich)
Thyssen Aços Finos Lda. (Portugal)
Thyssen Edelstaal Nederland B.V. (Niederlande)
Thyssen Edelstahl AG (Schweiz)
Thyssen Fine Steels Ltd. (Großbritannien)
Thyssen Marathon Canada Ltd./Ltée. (Kanada)
Thyssen Marathon Edelstahl Verkaufsgesellschaft mbH (Österreich)
Thyssen Marathon S.A. de C.V. (Mexiko)
Thyssen Marathon Speciality Steels (Pty.) Ltd. (Südafrika)
Thyssen Specialstål AB (Schweden)
Thyssen Specialstål A/S (Norwegen)
Thyssen Special Steels Australia Pty. Ltd. (Australien)
Thyssen Specialty Steels, Inc. (USA) einschl. Accurate Tool Steel, Inc. (USA)
Thyssen Tokushuko K.K. (Japan)
German-Steels Co. Ltd. (Hongkong) – Kapitalanteil 25 %
Pacific German Special Steel & Services Pte. Ltd. (Singapur) – Kapitalanteil 40 %
Thai-German Special Steel Center Co. Ltd. (Thailand) – Kapitalanteil 49 %

Flächendeckendes Vertriebsnetz in Frankreich.

In 18 Ländern arbeiten für Thyssen Edelstahl eigene Vertriebsgesellschaften. Die mit Abstand größte ist die französische Thyssen Aciers Spéciaux S.A. in Maurepas, deren Geschäft einen besonders hohen Anarbeitungsgrad aufweist. Der Bedeutung nach folgen die Vertriebsgesellschaften in den Vereinigten Staaten, in Kanada und den Niederlanden. Immerhin arbeitet auch eine eigene Vertriebsgesellschaft in einem so typischen „Edelstahl-Land" wie Schweden. In weiteren 28 Ländern vertreten selbständige Handelsfirmen die Interessen von Thyssen Edelstahl.

Um auch produktionsmäßig die Globalisierung der Markterschließung abzusichern, beteiligte sich Thyssen Edelstahl im April 1990 mit zunächst knapp einem Drittel an der Mexinox S.A. de C.V. Das Unternehmen ist der einzige Hersteller von kaltgewalzten Flachstahlprodukten in Mexiko und beliefert schwerpunktmäßig den nordamerikanischen Markt.

Straffungen auch beim Edelstahl

Bis es zu der heutigen Struktur von Thyssen Edelstahl kam, waren in wiederholten Schüben Anpassungsprogramme notwendig. Dabei hatte das Unternehmen eigentlich eine recht günstige Ausgangsposition, weil in allen Werken frühzeitig moderne Anlagen errichtet worden waren. So wurde bei den Deutschen Edelstahlwerken schon 1957 das erste Sendzimir-Gerüst für das Kaltwalzen von Bändern in Betrieb genommen.

Die Jahre 1972 bis 1974 waren durch mehrere Strukturmaßnahmen gekennzeichnet. So wurden 1972 im Werk Krefeld die Tafelblechfertigung und die Hartmetall- und Werkzeugproduktion sowie im Werk Bochum die Produktion von

Teil eines Sendzimir-Gerüsts im Kaltwalzwerk.

Form- und Schleuderguß eingestellt. Das Programm der Zieherei in Dahlerbrück mußte eingeschränkt werden. Im Geschäftsjahr 1974/75 folgte die Schließung des Hammerwerks in Krefeld und des Werks Rummenohl, das Magnete und Magnetsysteme fertigte. Der Schmiedebetrieb in Werdohl und die Bearbeitungswerkstatt in Witten stellten 1975/76 die Arbeiten ein.

Als im Juni 1979 die nächsten Strukturmaßnahmen beschlossen wurden, standen Investitionen von 230 Millionen DM zur langfristigen Sicherung der Standorte Krefeld und Witten im Vordergrund. In Krefeld kam es zu einer Erweiterung der Produktion von Rostfrei-Flacherzeugnissen. Dafür wurde eine Vorbrammen-Stranggießanlage gebaut und die Kapazität des Kaltbandwerks erweitert. Außerdem errichtete man eine weitere Langschmiedemaschine. Stillgelegt wurden die Block-Brammenstraße und eine schwere Stabstahl- und Halbzeugstraße. Das Werk Witten, das in jüngster Zeit auch mit einer Stranggießanlage ausgestattet wurde, erhielt damals einen 110-Tonnen-Elektroofen mit einer monatlichen Leistung von 40.000 Tonnen als Ersatz für ein Siemens-Martin-Werk und ein Elektrostahlwerk. Modernisiert wurden dort die Block-Grobstraße, die Feinstraße, die Schmiedebetriebe; außerdem wurde die Blankstahlfertigung im Werk Wengern konzentriert. Die Freiform-Schmiedeproduktion kam zur Henrichshütte, die Magnetfabrik Dortmund erhielt eine neue Fertigungslinie.

Diese Investitionen halfen Thyssen Edelstahl ganz wesentlich, die Marktposition im Inland zu festigen und den Absatz im Ausland zu intensivieren. In die Produktpalette kamen neue Erzeugnisse, das Serviceangebot wurde erweitert. Zum 1. Oktober 1987 folgte die Einführung einer Spartenorganisation. Sie sollte dazu beitragen, das an Werksgrenzen orientierte Denken zugunsten der Kundenorientierung zu überwinden. Diese starke Ausrichtung zum Markt hin wurde im Geschäftsbericht der Thyssen Edelstahlwerke AG 1989 mit folgender Aussage untermauert: „Das Vertriebsnetz soll durch zusätzliche Stützpunkte ergänzt werden. Investitionen in Anarbeitung und Serviceleistungen bleiben ein wichtiger Schwerpunkt der Unternehmensstrategie."

Autokatalysatoren aus Präzisionsband.

„Vogel im Wind" von René Broissand, 1989.

Formenvielfalt von Spezialprofilen.

Dodge-Karos-
serien, 1916.

Cadillac-Coupé
aus dem
Jahre 1959.

Die deutsche Wirtschaftsgeschichte nach dem Zweiten Weltkrieg ist von einer enormen Verdichtung des transatlantischen Güteraustausches gekennzeichnet. Die wechselseitigen Im- und Exporte sind kontinuierlich gestiegen. Begünstigt durch eine jahrelange Unterbewertung der Deutschen Mark, florierte vor allem der Absatz der deutschen Wirtschaft in den Vereinigten Staaten in einem zuvor ungeahnten Ausmaß. Mit dem Wertverfall des Dollars seit 1970 wurde es für die deutsche Industrie auch wieder attraktiv, in den USA als Produzent tätig zu werden. Für Thyssen bot sich mit dem Budd-Erwerb ferner die Chance, die schon bestehenden Beziehungen zur amerikanischen Automobil-Industrie zu intensivieren.

Die Vereinigten Staaten sind das klassische Land des Autos. Nirgendwo sonst ist die wirtschaftliche Entwicklung so eng mit den jeweiligen Trends der Automobil-Industrie verknüpft. Von Henry Fords Tin Lizzy bis zu den chromglänzenden Straßenkreuzern der fünfziger Jahre war das Auto in den USA immer mehr als ein bloßes Fortbewegungsmittel, stets auch Ausdruck des amerikanischen Lebensgefühls und Symbol persönlicher Freiheit. Um so tiefer gingen die Schockwellen, als durch die explodierenden Ölpreise in den siebziger Jahren das automobile Selbstverständnis der Amerikaner erschüttert wurde. Zwangsläufig hatte dies auch gravierende Auswirkungen auf die zuvor so mächtige Branche und ihre Metropole Detroit.

In den achtziger Jahren konnte sich die amerikanische Automobil-Industrie nach teilweise schmerzlichen Einschnitten wieder erholen. Das heutige amerikanische Auto ist nüchterner geworden, Funktionalität steht im Vordergrund. Äußerlich unterscheidet es sich kaum noch von seinen europäischen oder japanischen Konkurrenten. Die US-Autos werden längst nicht mehr nur in den Produktionsstätten der großen Drei gebaut, sondern kommen zunehmend auch aus den brandneuen Produktionsstätten japanischer Konzerne, die sich etwa in Kentucky oder Kalifornien angesiedelt haben. In dieser völlig gewandelten Autowelt Nordamerikas hat sich das Thyssen-Unternehmen Budd schon seit Jahren auf sein Kerngeschäft konzentriert, die Produktion von Teilen für den Automobilbau.

DER SPRUNG ÜBER DEN ATLANTIK: THE BUDD COMPANY

Wer ist The Budd Company in Troy/Michigan? So mochte sich mancher Journalist gefragt haben, als ihm im Januar 1978 die Mitteilung auf den Tisch kam, Thyssen wolle in den USA dieses Unternehmen erwerben. Sehr viel konnten die Journalisten in der Kürze der Zeit nicht ausfindig machen; erst in den Wochen danach wurde die Bedeutung des Firmenerwerbs erkennbar.

In Automobil-Fachkreisen war die Gesellschaft schon eher bekannt. Ihre Firmengeschichte reicht zurück bis in das Jahr 1912, als der Amerikaner Edward Gowen Budd in Philadelphia sein erstes Unternehmen, die Edward G. Budd Manufacturing Company, gründete. Nach einer gründlichen technischen Ausbildung führte sein Berufsweg zu einem Unternehmen der Metallverarbeitung, dessen Spezialität Sitze für Eisenbahnwagen waren. Budd erhielt die Aufgabe, die dafür benötigten Gußteile durch Preßteile aus Stahlblech zu ersetzen. Daraus entwickelte sich bei ihm die Idee, auch in der aufstrebenden Automobil-Industrie Stahlpreßteile einzusetzen. Er machte sich dann selbständig, um seine Ideen in einer eigenen Firma zu verwirklichen.

Edward G. Budd stand als Erfinder und Pionier in der besten amerikanischen Unternehmertradition. Er war überzeugter Anhänger des Werkstoffs Stahl; für ihn gab es nichts Großartigeres als den Anblick von rotglühendem Stahlband auf einer Walzstraße. Zu jener Zeit war die Verwendung von Stahl im Karosseriebau noch wenig verbreitet; die ersten Wagen, mit denen etwa Gottlieb Daimler fuhr, waren nichts anderes als umgebaute Kutschen. Später baute man die Karosserien zwar aus Stahlrahmen, in die aber Wände und Türen aus Holz eingesetzt wurden.

Fertigung von Stahlspeichenrädern im Werk Philadelphia, 1916.

Translating Ideas Into Steel

● The bodies of the spectacular new Studebaker were once no more than a daring idea—something drawn on paper by Studebaker designers.

Budd made them things of steel—strong and beautiful.

Translating ideas into new and better products that contribute to your happiness, your welfare and your safety has always been Budd's way of life.

Among the results have been the development of the all-steel automobile body. Improved wheels, brakes, hubs and drums for highway vehicles of all kinds. The stainless steel railway passenger car and disc brakes which stop it quickly, smoothly and safely. Lighter, stronger stainless steel highway trailer bodies.

The Budd Company, Philadelphia, Detroit, Gary.

**PIONEERS IN
BETTER TRANSPORTATION**

*PR-Anzeige von
Budd, 1953.*

Stahl-Preßwerk Shelbyville, US-Bundesstaat Kentucky, 1989.

Erfolgreicher Pionier und Erfinder

Die Anfänge der Edward G. Budd Manufacturing Company waren bescheiden. Das Kapital betrug zunächst ganze 100.000 Dollar; drei Viertel davon kamen von Budd selbst. Wichtiger für den Start aber waren die ersten 13 Mitarbeiter, allesamt Spezialisten in der Metallverarbeitung. Noch im gleichen Jahr wurde das Kapital auf 200.000 Dollar aufgestockt; die einzige Presse war zunächst in einem Zirkuszelt untergebracht.

Budd konzentrierte sich von Anfang an auf Karosserieteile aus Stahl. Sie waren qualitativ besser als Teile aus Holz, und sie konnten maschinell hergestellt werden. Der erste, noch kleine Auftrag kam von General Motors für eine Buick-Karosserie. Aber bereits 1917 wurden Zehntausende von Stahlkarosserien für Dodge, Buick oder Ford produziert; 1923 baute Budd dann die erste geschlossene, auf Rahmen montierte Ganzstahlkarosserie.

Schon zuvor, nämlich 1916, hatte er Ganzstahl-Räder mit Drahtspeichen auf den Markt gebracht. Für diese Fertigung war die Budd Wheel Company, ebenfalls in Philadelphia, gegründet worden. Das Radprogramm und die Fertigung von Bremsteilen wurden im Laufe der Jahre ausgebaut, sie deckten die ganze Palette vom Personenwagen bis zum schweren Lastkraftwagen ab.

In den zwanziger Jahren errichtete Budd auch Betriebe im Großraum Detroit, dem Zentrum der amerikanischen Automobil-Industrie. 1926 zählten seine Unternehmen 10.000 Mitarbeiter, davon 4.000 in Detroit. Budd blieb in den folgenden Jahrzehnten führend in der Weiterentwicklung der Karosseriefertigung. Ende der dreißiger Jahre wurde die erste selbsttragende, also rahmenlose Ganzstahlkarosserie für Personenwagen vorgestellt. Im Jahre 1954 präsentierte Budd mit einem Studebaker-Wagen das erste Hardtop aus verstärktem Kunststoff und schuf so den Ansatzpunkt für die heutigen Kunststoff-Aktivitäten des Unternehmens.

Budd ging mit seiner Stahlpreßtechnik frühzeitig nach Europa. 1924 wurde für Citroën ein neues Werk ausgerüstet, 1925 gründete Budd zusammen mit einem Partner die Pressed Steel Company of Great Britain, und 1926 wurde, gemeinsam mit dem deutschen Unternehmer Arthur Müller, „Ambi-Budd" gestartet, ein Joint-venture in Berlin, an dem Budd zunächst mit 49 Prozent beteiligt war. Die Ambi-Budd Preßwerk GmbH entwickelte sich zwischen den Kriegen in Deutschland zum größten unabhängigen Hersteller von Autokarosserien. Bei vielen deutschen Modellen war das Unternehmen mit von der Partie; auch bei dem 1936 von F. Porsche gebauten Prototyp des Volkswagens haben Budd und Ambi-Budd mitgewirkt. Im Mai 1942 wurde das Berliner Unternehmen als Feindvermögen von den deutschen Behörden konfisziert. Nach dem Krieg wurde das Werk demontiert, die Fertigungsanlagen in die Sowjetunion geschafft. Mitte der sechziger Jahre erhielt Budd eine Ent-

---

VON UMGEBAUTEN KUTSCHEN ZUR GANZSTAHLKAROSSERIE

Auszug aus einer Ansprache von Edward G. Budd aus Anlaß des 25jährigen Firmenjubiläums am 22. Juli 1937

Nur wenige Leute verstanden [1912] etwas von der neuen Kunst, aus Stahlblech Formteile und andere Produkte herzustellen, die sehr hohen und wechselnden Beanspruchungen ausgesetzt sein würden. Wir selbst hatten auf diesem Gebiet bereits Erfahrungen gesammelt, und zwar in der Fertigung von stählernen Riemenscheiben, von

Autositzen und von Innenverkleidungen für Eisenbahnwaggons. Deshalb war es ganz natürlich, daß wir nun die Möglichkeit sahen, komplette Autokarosserien aus dem gleichen Material und mit ähnlichen Verfahren zu fertigen. Dabei kam uns einerseits zu Hilfe, daß viele Leute im Automobilgeschäft völlig anderer Meinung waren als wir. Andererseits hatten wir das Glück, daß einer total mit uns übereinstimmte. Viele von Ihnen werden sich daran erinnern, daß die Autofirma Dodge Brothers [heute Chrysler] unsere Idee der Karosseriefertigung voll

übernahm, und daß alle Dodge-Fahrzeuge Karosserien bekamen, die wir hergestellt hatten. Dies verschaffte der Firma Dodge einen Vorteil im Hinblick auf Gewicht, Festigkeit, Sicherheit und Haltbarkeit der Autos, wodurch sie in den Genuß eines beträchtlichen Wettbewerbvorteils kam. Die übrigen Hersteller übernahmen unsere Methoden nach und nach, so daß die Ganzstahlkarosserie weitestgehend in der Form, wie wir sie konzipiert hatten, nunmehr universell im Automobilbau verwendet wird.

Design-Studie, 1919.

Denver-Zephyr, 1936.

Transportflugzeug Conestoga RB-1 aus rostfreiem Stahl, 1944.

Musterblatt von Ambi-Budd für Mercedes-Benz 500 K, 1935.

schädigung für die vom Deutschen Reich vorgenommene Enteignung in Höhe von 1,9 Millionen Dollar.

Die automobilorientierten Fertigungen waren bei Budd immer Umsatzschwerpunkt, doch wirklich bekannt wurde das Unternehmen mit seinen Eisenbahnzügen. Der Beginn der Eisenbahnfertigung im Jahre 1931 hatte zwei unterschiedliche Beweggründe: Einmal war ein neuer Werkstoff für die Außenhaut von Schienenfahrzeugen verfügbar, nämlich rostfreier Edel-

stahl. Sodann galt es, Ausgleich zu schaffen für die Unterbeschäftigung der Autoproduktion im Zuge der Großen Depression. 1934 wurde der „Pioneer Zephyr" konstruiert, der erste einer Serie von stromlinienförmigen Eisenbahnzügen aus rostfreiem Stahl. Budd wurde in jenen Jahren einer der führenden amerikanischen Hersteller auf diesem Gebiet. Vorausgegangen waren Ausflüge in den zivilen Flugzeugbau, ebenfalls mit rostfreiem Stahl als Werkstoff. In beiden Weltkriegen

produzierte Budd militärische Erzeugnisse, bis hin zu Transportflugzeugen für die Marine. Im Juli 1946 wurde die Edward G. Budd Manufacturing Company, die schon seit 1929 eine börsennotierte Publikumsgesellschaft war, mit der Budd Wheel Company fusioniert: The Budd Company entstand. Wenig später verstarb der Firmengründer im Alter von 75 Jahren, bis zuletzt voll im Geschäft.

Thyssen kauft Budd

Im Herbst 1977 beschäftigte The Budd Company weltweit fast 22.000 Mitarbeiter. Das Unternehmen hatte Tochtergesellschaften in Kanada, Brasilien, Argentinien, Mexiko, Frankreich und in der Bundesrepublik. In Nordamerika gab es insgesamt über 30 Werke, die zu Produktgruppen zusammengefaßt waren, darunter als größte die Gruppen Preßteile und Rahmen sowie Räder und Bremsteile. Weitere Aktivitäten waren glasfaserverstärkte Kunststoffteile, Reisezugwagen und Nahverkehrszüge, Sattelauflieger, Gußerzeugnisse, Karosserie-Prototypen sowie verschiedene Zubehörprodukte für die Autoindustrie.

Das Unternehmen hatte nie den Ehrgeiz, ein „Budd-Auto" zu bauen. Zulieferfirmen dieser Art sind in den Vereinigten Staaten nicht selten. Die amerikanischen Autobauer haben immer einen beträchtlichen Teil der Produktion außer Haus ferti-

gen lassen. In Europa dagegen setzten die Firmen stärker auf die Fertigung auch der Vor- und Zwischenprodukte im eigenen Haus. Erst in den achtziger Jahren hat sich die Verlagerung von Teilen der Produktion nach außen auch in Europa etwas stärker durchgesetzt.

Als der Vorstand der Thyssen AG aus verschiedenen Quellen vernahm, daß The Budd Company zum Verkauf stand, wurde man in Duisburg hellhörig. Ein bedeutender Produzent von Fahrzeugteilen in unmittelbarer Nachbarschaft zur US-Automobil-Industrie: Dies mußte für ein Unternehmen wie Thyssen interessant sein. Die Übernahme von Rheinstahl war einigermaßen verdaut, weitere Firmenkäufe in Deutschland waren nach dem Hüller-Erwerb durch das Bundeskartellamt de facto blockiert. Statt dessen bot sich die Chance zum Sprung über den Atlantik. Es ging, wie Spethmann 1984 in der Thyssen-

Hauptversammlung im Rückblick erklärte, um die Frage: „Wollten wir als Produzent in den USA, dem größten Einzelmarkt der Welt, mit einer eigenen, uns nahestehenden Fertigung vertreten sein?" Die Antwort fiel auch deshalb positiv aus, weil die Dollarkurs-Entwicklung zu jener Zeit solche Engagements eher sinnvoll machte als etwa noch Anfang der siebziger Jahre.

An einem Samstag im Dezember 1977 trafen sich Dieter Spethmann und Klaus Kuhn vom Thyssen-Vorstand in New York mit Gilbert F. Richards, Chairman und Chief Executive Officer, Dudley A. Ward, Vice Chairman, und James H. McNeal, President und Chief Operating Officer. Die Mitglieder des Budd-Managements zeigten ein deutliches Interesse daran, Budd an einen starken Partner zu binden. Vielleicht mochte dabei auch der Wunsch mitwirken, Budd-Aktien zu einem günstigen Kurs zu verkaufen. Den stärksten Besitz

Board-Sitzung, November 1978.

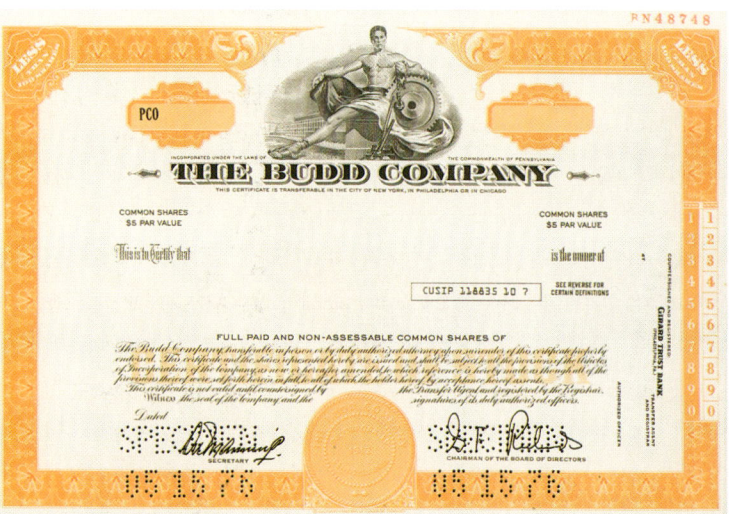

Budd-Aktie, 1976.

„Gentleman's Speedster" von Duesenberg, 1936.

Teilansicht des Karosseriewerks Philadelphia, 1914.

unter den Board-Mitgliedern hatte David Ginsburg, der Gründer und vormalige Eigentümer der Trailer-Aktivitäten; er besaß zusammen mit seiner Frau 6,8 Prozent der acht Millionen umlaufenden Aktien. Insgesamt waren Board-Mitglieder mit gut zehn Prozent an Budd beteiligt.

Am 11. Januar 1978 wurde im Düsseldorfer Thyssenhaus erneut über die Einzelheiten der Übernahme verhandelt. Denn um eine komplette Übernahme, einen sogenannten Cash-merger, der ein Einvernehmen mit den Verantwortlichen von Budd voraussetzte, ging es den Thyssen-Managern. Ein Cash-merger kann nach amerikanischem Recht mit der einfachen Hauptversammlungsmehrheit der zu übernehmenden Firma beschlossen werden.

Thyssen bot den Budd-Managern 34 Dollar je Aktie; die amerikanischen Forderungen lagen bei mehr als 40 Dollar. Schließlich setzte sich aber der Thyssen-Vorstand mit seinen Vorstellungen durch. Sechs Tage später, am 17. Januar 1978, kam aus den USA die Entscheidung: Das Board von Budd hatte dem Thyssen-

Angebot zugestimmt. Am 25. April 1978 beschloß eine außerordentliche Hauptversammlung der Budd Company mit einer Mehrheit von 68 Prozent den Zusammenschluß. Er wurde noch am gleichen Tag wirksam. Der Kaufpreis von 34 Dollar je Aktie bedeutete eine Summe von 295 Millionen Dollar entsprechend 617 Millionen DM. Davon finanzierte die Thyssen AG unmittelbar die Hälfte, die andere kam durch eine Kreditaufnahme der Thyssen Holding Corporation in den USA herein.

Mußten die Aktionäre froh sein, ihre Aktien los zu werden? Stand es vielleicht schlecht um Budd? So etwas kann ja das Motiv eines Verkaufs sein. Tatsächlich aber erzielte Budd damals recht gute Gewinne. Schon dem Abschluß für 1976 war attestiert worden, er sei der beste in der Geschichte des Unternehmens. Bei einem Umsatz von 1,1 Milliarden Dollar konnte das Ergebnis nach Steuern von 10,4 auf 27,2 Millionen Dollar gesteigert werden. Im Geschäftsjahr 1977 stieg der Umsatz weiter auf 1,3 Milliarden Dollar, der Gewinn erreichte 45,2 Millionen Dollar.

Detroit kommt
ins Schleudern

Budd erwirtschaftete auch 1978 und 1979, also in den beiden ersten Jahren nach Übernahme, gute Ergebnisse. Bei normalem Konjunkturverlauf wäre das neue Thyssen-Unternehmen schmerzlos in den Konzern integriert worden, und es wäre nicht zu einer Diskussion über diesen Firmenerwerb gekommen. Doch es kam anders. Im Sommer 1979 setzte die zweite Ölkrise ein. Es war die Zeit, da sich Autofahrer in Kalifornien an den Tankstellen um das Benzin prügelten, und das Auto als Energieverschwender in Verruf geriet. Eine der Folgen: Der US-Absatz von Automobilen schrumpfte drastisch. Die Fahrzeugproduktion in Nordamerika stürzte von 14,7 Millionen Personenwagen und Nutzfahrzeugen in 1978 auf 9,4 Millionen in 1980 und dann weiter auf 8,3 Millionen in 1982. Detroit geriet ins Schleudern, alle Zulieferer wurden mitgerissen.

Amerikanische Reisezugwagen.

Zu diesem Verfall der Stückzahlen kam ein qualitativer Einschnitt, der sich für Budd auf Teilgebieten besonders nachteilig auswirken sollte. Es setzten sich im Zeichen der Forderung nach sparsameren Autos immer mehr Personenwagen der Kompaktbauweise durch. Das bedeutete einen extremen Rückgang der Nachfrage nach tragenden Fahrzeugrahmen, wie sie für die größeren Automobile gebraucht werden. Davon war die Rahmenfertigung im Budd-Werk Philadelphia betroffen. Überproportional beeinträchtigt wurde auch die Produktion von Bremsteilen für Personenwagen mit Hinterachsantrieb. Durch die Kompaktbauweise rückten nun für eine Zeitlang vorderachsgetriebene Fahrzeuge in den Vordergrund.

Für Budd kam es also knüppeldick. Im Jahre 1978 hatte das Unternehmen mit Herstellern von Personenkraftwagen noch über 800 Millionen Dollar umgesetzt; dieser Umsatz sank innerhalb von zwei Jahren unter 500 Millionen Dollar, ein Verfall um 42 Prozent. Auch das Geschäft mit Teilen für Lastkraftwagen ging deutlich zurück, ebenso erging es der Trailer-Fertigung. Hatte Budd 1978 insgesamt noch einen Umsatz von 1,5 Milliarden Dollar erreicht, so waren es 1980 nur noch 1,1 Milliarden, und in den Jahren danach wurde es nicht viel mehr. Die Werke konnten nur unzureichend ausgelastet werden; die Stückkosten stiegen sprunghaft. Auf die Ertragslage mußte sich das verheerend auswirken.

Wie sollte das Management von Budd reagieren? Auf den ersten Blick erschien die Lösung, für die man sich entschied, durchaus vernünftig. Der Individualverkehr war von der Energiekrise getroffen, alle Welt redete vom Ausbau des öffentlichen Nahverkehrs. In diesem Bereich hatte Budd etwas zu bieten. So erschien als der einzige ausbaufähige Zweig, der rasch einen Ausgleich bringen könnte, die Produktion von Eisenbahnwagen. Dieser Schluß lag um so näher, als sich dieses Geschäft bis dahin recht ordentlich rentiert hatte. Die Sparte von Budd, bei der die Fertigung von Reisezugwagen lag, war in den sechs Jahren von 1971 bis 1976 mit 21 Prozent am Umsatz beteiligt, doch trug sie mit 38 Prozent zum Gewinn vor Steuern bei. Dem entsprach im

Detroit, Zentrum der US-Automobilindustrie.

gleichen Zeitraum eine Umsatzrendite von sechs Prozent, verglichen mit knapp drei Prozent bei den vom Automobil abhängigen Bereichen.

Indessen war der Eisenbahnmarkt nicht frei von Risiken. Wettbewerber aus Europa und Japan, oft begünstigt durch staatliche Subventionen, bedrängten plötzlich den amerikanischen Markt mit Niedrigpreis-Angeboten. Es kam hinzu, daß die Lohntarife für die Eisenbahnfertigung in Philadelphia mit der amerikanischen Automobilarbeiter-Gewerkschaft ausgehandelt werden mußten, deren Mitglieder zu den höchstbezahlten Industriearbeitern in den Vereinigten Staaten gehören. Doch war der Druck des schrumpfenden Absatzes auf die Automobilindustrie so stark, daß das Budd-Management diese Risiken in Kauf nahm und sich für eine rasche Expansion des Eisenbahngeschäfts entschied.

Man nahm fünf Großaufträge über zusammen rund 1.300 Eisenbahn- und Nahverkehrswagen herein; die Auslieferung sollte von 1982 an auf Touren kommen. Für diese Aufträge mußten zusätzliche Arbeitskräfte eingestellt werden. Die Belegschaft des Eisenbahnwerks wurde von 700 Personen im Jahre 1978 auf 2.500 bis 1981 verstärkt. Dadurch aber entstanden neue Probleme, denn die zusätzlich eingestellten Arbeitskräfte waren auf ihre Aufgabe nicht hinreichend vorbereitet. Hier wurden die Budd-Manager mit einem in den Vereinigten Staaten verbreiteten Problem konfrontiert: Es gibt nur wenige befriedigende Ausbildungssysteme für Facharbeiter. Als dann ein längerer Streik bei einem wichtigen Zulieferer den Bau der Wagen monatelang verhinderte, geriet man mit der Erledigung der Aufträge in Verzug. Das trieb die Kosten ebenso in die Höhe

wie unerwartet starke Steigerungen bei den Materialpreisen und den Arbeitskosten. Hinzu kamen organisatorische und innerbetriebliche Schwierigkeiten im Fertigungsablauf. Das Budd-Management und die Muttergesellschaft in Deutschland mußten zu der bitteren Erkenntnis kommen, daß die knapp kalkulierten Preise bei weitem nicht ausreichten, um die tatsächlichen Kosten zu decken. Wenn in den Jahren von 1977/78 bis 1982/83 im Eisenbahngeschäft die Umsätze von 56 auf 235 Millionen US-Dollar wuchsen, so half das überhaupt nicht. Im Gegenteil: Mit wachsendem Umsatzanteil steigerte der Eisenbahnbereich überproportional seinen Verlustbeitrag. Ohne das Wagnis mit dem Bau von 1.300 Eisenbahnwagen hätte Budd die Folgen der Autokrise sicherlich sehr viel leichter bewältigt.

Ringen um eine bessere Struktur

Im Geschäftsjahr 1977/78, dem ersten Jahr im Thyssen-Konzern, hatte Budd noch einen guten Gewinn erzielt; auch 1978/79 blieb das Unternehmen deutlich im Plus. Dann aber kam es zu einem scharfen Ergebniseinbruch, und diese Verlustperiode hielt über vier Jahre an. Diese Jahre waren die härtesten für Budd. Sie trafen auch die Muttergesellschaft Thyssen in einer ohnehin schwierigen Phase, denn die deutsche Stahlindustrie stand damals in einem erbitterten Kampf gegen das Subventionsunwesen in Europa. Außerdem hatte Thyssen noch einige Schwachstellen bei der aus Rheinstahl gebildeten Thyssen Industrie AG zu bereinigen. Dies alles wurde in einer denkwürdigen Hauptversammlung am 30. März 1984 heftig diskutiert. Hier konnte der Vorstand allerdings schon über erste Erfolge bei der Bewältigung der bei

Budd aufgetretenen Probleme berichten und auch dadurch neues Verständnis für seine Unternehmenspolitik gewinnen.

Bis sich die Zahlen bei Budd ab Herbst 1983 allmählich besserten, mußte allerdings viel Arbeit geleistet werden. Der Vorstand der Thyssen AG reagierte jeweils in wenigen Stunden auf neue Vorschläge aus Troy. Dieses reibungslose Miteinander hat viel zur Bereinigung der Schwachstellen beigetragen. Bei den gemeinsam erarbeiteten Maßnahmen ging es einmal um den Abbau von Überkapazitäten. Budd mußte sich von zahlreichen Fertigungen trennen und bei den überlebensfähigen Werken alle Anstrengungen zur Steigerung der Produktivität unternehmen. Das zweite Bündel von Maßnahmen bestand aus der beschleunigten Entwicklung neuer Produkte, der Einführung verbesserter Pro-

duktionsverfahren und einer größeren Ausgewogenheit der Kundenstruktur.

Die Produktion von Bremsteilen im Werk Detroit wurde eingestellt und auf das neue Werk Johnson City im Bundesstaat Tennessee verlagert; dies war im April 1981 abgeschlossen. Die Rahmenfertigung im Werk Red Lion in Philadelphia litt unter starkem Auftragsschwund und hatte zudem zu hohe Lohnkosten. So wurde sie stillgelegt und die Herstellung von Rahmen ganz auf das Werk Kitchener in der kanadischen Provinz Ontario konzentriert. Dies vollzog sich zwischen September 1980 und März 1981. Von November 1980 bis Januar 1983 wurde das Preßwerk in Gary zurückgefahren und dann stillgelegt; die Produktion übernahmen die Werke in Philadelphia und Detroit. Die Trailer-Fertigung wurde in mehreren Stufen zurückgenommen, die Werke wurden schließlich verkauft. Aufgegeben wurde auch die Produktion von Rädern für Personenwagen und Lastkraftwagen mittlerer Größe; die Produktion schwerer Räder kam nach Frankfort/Ohio. Auch das Bremsteile- und Räderwerk Clinton wurde stillgelegt, die Produktion auf die Werke Johnson City und Ashland/Ohio verteilt. Abgegeben hat Budd die Beteiligungen Borlem S.A. in Brasilien und Ruedas y Estampados S.A. in Mexiko ebenso wie die Beteiligungen an den französischen Firmen Carel Fouche Languepin und Drouet-Diamond.

Nicht minder hart war das Ringen um eine Besserung in der Eisenbahnfertigung.

Bremsteile-Werk Johnson City, US-Bundesstaat Tennessee, 1980.

Truck auf einem Highway in Kalifornien.

LKW-Räder aus der Budd-Fertigung.

Der Geschäftsbereich erhielt ein neues Management. Außerdem waren mehr als 40 Fachleute aus deutschen Thyssen-Werken in Philadelphia, um beim Kampf gegen die verfahrene Situation zu helfen. Es ging darum, Lieferanten wegen Terminüberschreitungen in die Pflicht zu nehmen, Preiskorrekturen bei den Lieferverträgen durchzusetzen, Fertigung und Auslieferung zu beschleunigen und die Kosten zu senken. Dabei half eine Änderung der Lohntarifverträge. Auch wurde die Belegschaft drastisch reduziert. Dies führte bei konstanter Jahresproduktion zu einer erheblichen Steigerung der Produktivität.

Die Abwicklung der Großaufträge zog sich bis in das Jahr 1987 hinein. Ob man danach überhaupt noch Eisenbahnwagen herstellen würde, blieb offen. Budd war der letzte amerikanische Produzent von Schienenfahrzeugen für den Personen-Nahverkehr. Die Kapazität von 400 Fahrzeugen im Jahr hätte ausgereicht, den gesamten Bedarf aller amerikanischen Verkehrsbetriebe auf Jahre hinaus zu decken. Aber diese Gesellschaften, soweit sie überhaupt Aufträge vergaben, kauften mittlerweile der niedrigen Preise wegen neue Waggons lieber in Japan oder in Kanada.

Alle Möglichkeiten, etwa das Weiterproduzieren in eigener Regie, die Umstellung des Fertigungsprogramms, den Verkauf des Werks oder seine Liquidation, ließ man offen, als zum 1. Januar 1985 der Eisenbahnbereich als Transit America Inc. rechtlich verselbständigt wurde. Es zeigte sich dann aber, daß die amerikanische Regierung kein Interesse daran hatte, durch Maßnahmen gegen subventionierte Billigangebote aus dem Ausland den letzten einheimischen Waggonproduzenten am Leben zu erhalten. So verkaufte Thyssen schließlich das Know-how der Transit America Inc. und schloß das Werk.

Konzentration auf das Kerngeschäft

Im Februar 1983 hatte der Thyssen-Vorstand zur Situation bei Budd festgestellt: „Die bei unserer US-Tochter eingetretenen Entwicklungen sind schmerzlich. Die Einbußen bei Budd sind noch groß und lassen sich auch nur Schritt für Schritt reduzieren." Allerdings waren die Grundlagen für den Gesundungsprozeß zu diesem Zeitpunkt schon gelegt, und erste Erfolge zeichneten sich ab, auch wenn sie sich in den Ergebniszahlen noch nicht dokumentierten. Längst hatte sich Thyssen bei Budd für eine Konzentration auf das Kerngeschäft entschieden, also die Herstellung von Autoteilen. Soweit hier Überkapazitäten bestanden hatten, waren sie stark reduziert worden, freilich mit noch nachwirkenden Stillegungskosten. Auch die Kundenstruktur war bereits ausgewogener als früher. Außerdem waren neue Produkte in Vorbereitung, und es wurde intensiv an einer Verbesserung der Produktionsverfahren gearbeitet.

All dies bündelte sich bei Budd in deutlichen Produktivitätssteigerungen; einige Monate später traten auch die entsprechenden Ergebnisverbesserungen ein. Im Herbst 1983 kam der Geschäftsbereich Preßteile und Rahmen in die Gewinnzone, Anfang 1984 erreichte der Geschäftsbereich Räder und Bremsteile ebenfalls dieses Ziel. Nach vier Verlustjahren zeigten im Kerngeschäft die Budd-Zahlen für das Geschäftsjahr 1983/84 wieder einen deutlichen Gewinn. Sicherlich hatte eine inzwischen kräftig an-

Vollautomatische Pressenstraße für Karosserieteile im Werk Shelbyville, 1989.

gezogene Autokonjunktur hierzu einen Beitrag geleistet. Ohne die vorangegangenen Sanierungsmaßnahmen wäre die Ertragswende bei Budd aber wohl kaum möglich gewesen.

Nach einem Jahrzehnt Zugehörigkeit zu Thyssen hatte sich Budd zu einem Unternehmen entwickelt, das mit 11.000 Mitarbeitern ein Umsatzvolumen von jährlich 1,5 Milliarden US-Dollar erreichte. Damit lag der Umsatz pro Kopf doppelt so hoch wie zum Zeitpunkt des Einstiegs von Thyssen. Zu dieser Leistungssteigerung haben neben den zahlreichen Straffungsmaßnahmen, von denen schon die Rede war, insbesondere die entsprechend dem Thyssen-Standard Jahr für Jahr hohen Investitionen beigetragen, alles in allem über 700 Millionen Dollar.

Connelly-Wasserski: Eine kleine Spezialsparte des Budd-Kunststoffbereichs.

Besser gerüstet

Ende der achtziger Jahre führte Budd zwei große Investitionsvorhaben durch, nämlich den Neubau von Preßwerken für Stahlkarosserieteile in Shelbyville/Kentucky und für Kunststoffteile in Kendallville/Indiana. Ausgerüstet mit drei Pressenstraßen und rund hundert Industrierobotern ist Shelbyville das modernste Preßwerk in der amerikanischen Autozulieferindustrie. Das Werk Kendallville ist zwar kleiner, aber doch beachtlich in seiner technischen Ausstattung. Hier wurde die in der Welt größte Presse für SMC-Kunststoffprodukte installiert, mit der großflächige Karosserie-Außenteile in einem Stück gefertigt werden können.

Budd hatte sich schon früh mit den Anwendungsmöglichkeiten für SMC-Kunststoffe im Automobilbau beschäftigt. Die Abkürzung SMC steht für Sheet Molding Compound, also in Polyesterharz getränkte Glasfasermatten, die unter hohem Druck etwa zu Kofferraumdeckeln, Kotflügeln oder Dächern verformt werden. Solche aus Kunststoff hergestellten Karosserieteile haben sich in den USA eher durchgesetzt als in Europa. Budd ist in den USA Vorreiter auf diesem Gebiet und hat gerade in den letzten Jahren neue Verfahren zur Verkürzung des Zeitaufwands bei der Herstellung entwickelt und produktionstechnisch umgesetzt. Für solche

Aufgaben gibt es ein spezielles Forschungszentrum, das Budd Plastics Research and Development Center.

Allerdings beschränkt sich das Potential von Budd keineswegs auf Kunststoff-Karosserieteile. Auch die anderen Geschäftsbereiche tun etwas für den technischen Fortschritt. So betreibt der weiterhin mit Abstand größte Geschäftsbereich Preßteile und Rahmen ein Automation Research Center, in dem beispielsweise Handhabungs-, Schweiß- und Kleberoboter unterschiedlicher Fabrikate auf ihren Einsatz in den Budd-Werken hin getestet werden. Die Erfahrungen stehen den Herstellern der Maschinen zur Verfügung; außerdem werden die eigenen Mitarbeiter an diesen Geräten geschult.

Das Budd Technical Center, die größte Forschungseinrichtung des Unternehmens, arbeitet bereichsübergreifend und auch für externe Kunden. Arbeitsschwerpunkte sind Materialforschung sowie Prozeß- und Produktentwicklung.

Metallurgische Forschung betreibt die Waupaca Foundry, die mit ihren vier Werken im Bundesstaat Wisconsin ansässig ist. Hier wird vor allem Grauguß und duktiler Guß für die Automobilindustrie hergestellt. Die 1955 gegründete Gesellschaft, die 1968 von Budd übernommen wurde, verfügt über große und leistungsfähige Serienguß-Maschinen. Sie hatte 1955 mit 13 Beschäftigten und 1.000 Tonnen Jahresproduktion begonnen; Ende der achtziger Jahre lag die Belegschaftsstärke bei

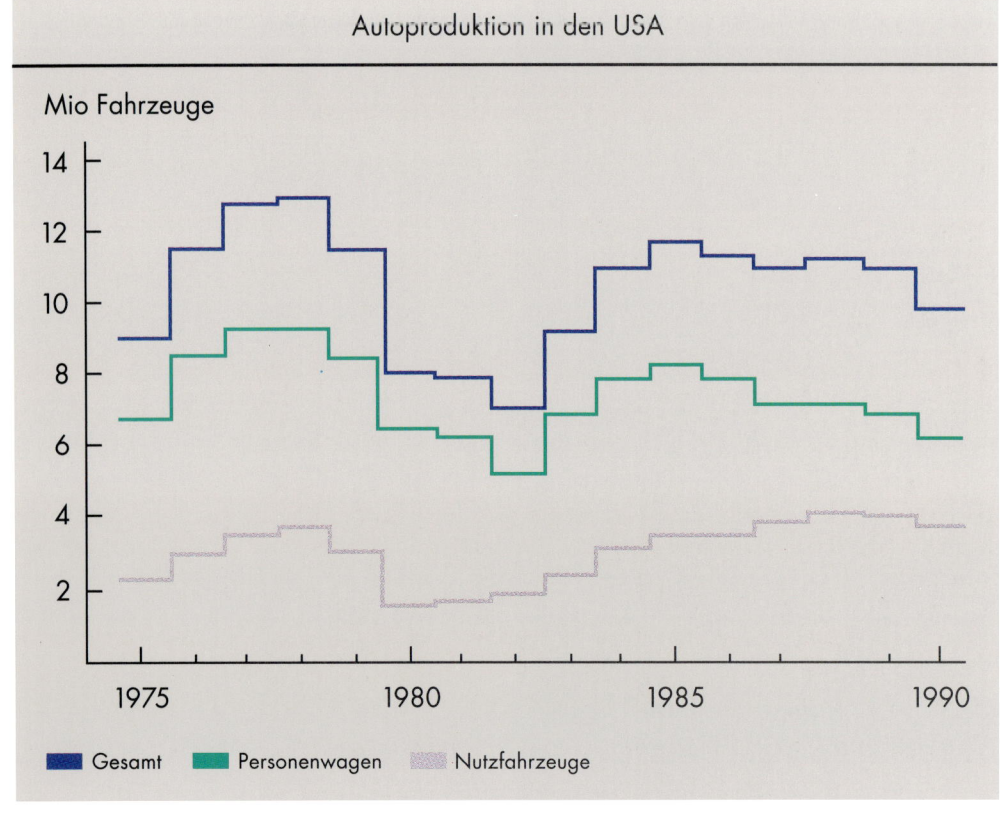

Autoproduktion in den USA

Mio Fahrzeuge

■ Gesamt   ■ Personenwagen   ▨ Nutzfahrzeuge

Budd-Mitarbeiter im Preßwerk Shelbyville, 1989.

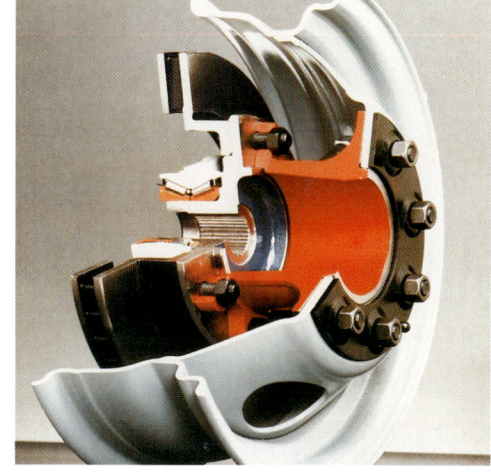

Modell einer Budd-Scheibenbremse.

800 Mitarbeitern, die jährlich 300.000 Tonnen Guß erzeugten. Die Produkte gehen auch in den Heizungsbau und die Landmaschinenindustrie.

Eine Klammer zwischen den einzelnen Budd-Bereichen ist die Milford Fabricating Company in Detroit. Sie versteht sich als Zentrum für Computer Integrated Manufacturing. Milford entwickelt und fertigt Karosserie-Prototypen vor allem für amerikanische Autofirmen. Hier werden komplette Fahrzeuge entworfen, gebaut und in Zusammenarbeit mit dem Kunden modifiziert. Die 1952 gegründete und 1969 von Budd übernommene Gesellschaft verfügt über einen Werkzeugbau, über Pressen für die Blechverformung und über Einrichtungen zur Herstellung von Kunststoffteilen. Milford gilt als Pionier für faserverstärkte Kunststoffteile im Karosseriebau. Eine Gießerei stellt Werkzeugformen aus Zinklegierungen bis zum Gewicht von 30.000 Kilogramm her. Milford entwickelt für Kunden auch die erforderlichen Werkzeuge.

Werk Marinette, US-Bundesstaat Wisconsin, der Waupaca Foundry, Inc., 1989.

*Personenaufzug
um die Jahr-
hundertwende.*

*Personen-
aufzüge, 1990.*

Investieren heißt den Boden bereiten für künftiges Wachstum. Mit dem Einsetzen der Industrialisierung gewann dieser Prozeß seine uns heute selbstverständliche Dynamik. Sie erhält immer wieder neue Anstöße aus dem technischen Fortschritt, der gerade in der deutschen Investitionsgüterindustrie tief verwurzelt ist.

Die eigentliche Geschichte dieser Branche begann in Deutschland Mitte des vorigen Jahrhunderts. Aus Handwerksbetrieben entwickelten sich nach und nach Werkzeug- und Maschinenfabriken. Im Gegensatz zu den Gründungen der Eisen- und Stahlindustrie, die in der Regel auf hoher Kapitalbasis erfolgten, blieben die Produzenten von Investitionsgütern lange Zeit in der Tradition des Handwerks verankert, also in der Einzelfertigung. Das galt für den frühen Bau von Dampfmaschinen wie für die Werften, natürlich ebenfalls für die Gießereien, obgleich diese seit alters her auch schon in Serie fertigten. Während die Dampfkraft den Aufbau einer Investitionsgüterindustrie überhaupt erst ermöglichte, entstand mit der neuen Antriebskraft Elektrizität die Voraussetzung für den nächsten großen Entwicklungsschub.

Die deutschen Maschinen- und Anlagenbauer konnten sich schon Ende des 19. Jahrhunderts einen guten Ruf auf dem Weltmarkt erwerben. Heute gilt diese Branche, nicht zuletzt aufgrund ihrer breiten Staffelung von Großunternehmen bis zu hochspezialisierten mittelständischen Betrieben, als eine der leistungsfähigsten der Welt. Sie trägt unmittelbar mit 15 Prozent zum Bruttosozialprodukt Deutschlands bei, gibt fast vier Millionen Beschäftigten Arbeit, ist eine wichtige Stütze des deutschen Exports und hat Kunden in aller Welt. Ihre Vielseitigkeit ermöglicht flexible Reaktionen auf die sich ständig wandelnden technischen und wirtschaftlichen Bedürfnisse.

Viele Tochtergesellschaften von Thyssen Industrie haben diesen Entwicklungsprozeß begleitet und mitgestaltet. Die Namen ihrer Gründer, wie etwa Hermann Blohm, Carl Anton Henschel, Karl Hüller, Anton Nothelfer oder Ernst Voss, die sich bei Thyssen in zahlreichen Firmierungen erhalten haben, stehen als Beispiele für Tradition und Fortschritt im Investitionsgüterbereich des Konzerns.

EIN ZENTRUM FÜR INVESTITIONSGÜTER ENTSTEHT

Anfang 1991 berichtete der Vorstand der Thyssen Industrie AG in Essen, die Verarbeitungstochter von Thyssen befinde sich nun schon im siebten Jahr in der Gewinnzone, und zwar mit steigender Tendenz. In den 17 Jahren seit dem Rheinstahl-Erwerb durch Thyssen waren freilich viel Mühe und viel Geld aufzuwenden, bis diese klare Aussage getan werden konnte. Die Schleifspuren der Probleme, die mit Rheinstahl übernommen worden waren, zogen sich durch zehn Jahre hindurch. Die klare Wende zum ertragreichen Arbeiten wurde erst 1984/85 erreicht.

Rheinstahl war 1973 ein recht heterogenes Gebilde. Es gab gute Ansätze; es war aber auch viel versäumt worden. Der Essener Konzern verfügte neben der Verarbeitung über eine Stahl- und eine Edelstahlbasis sowie über eine Handels- und Verkehrssparte. Wie weit das Ganze harmonisch zueinander paßte, wo Stärken und Schwächen lagen, konnte, wie das bei solchen Übernahmen immer der Fall ist, von außen niemand bis ins letzte ausmachen. Nach dem Erwerb durch Thyssen zeigte sich schnell, daß es erhebliche Schwächen gab, die das erfolgreiche Arbeiten anderer Be

Rheinstahl-Stand auf der Hannover-Messe, 1974.

reiche in der Rheinstahl-Ertragsrechnung unter dem Strich zunichte machten.

Zunächst einmal gliederte der Thyssen-Vorstand den um Rheinstahl erweiterten Konzern neu nach Sachgebieten. Das bedeutete: Stahl und Edelstahl, Handel und Verkehr wurden aus Rheinstahl ausgegliedert und den jeweiligen Bereichen bei Thyssen zugeordnet. Dafür kamen die Thyssen-Aktivitäten auf dem Gebiet der Verarbeitung zu Rheinstahl. Das Umsortieren innerhalb des erweiterten Verbunds konnte freilich nur einen ersten Anfang bedeuten. Es ging um die innere Verfassung der einzelnen Felder des neugegliederten Verarbeitungsbereichs, der seit 1976 als Thyssen Industrie AG operiert.

Als die Thyssen-Betriebswirte die Ertragslage der einzelnen Verarbeitungszweige untersuchten, erkannten sie eine paradoxe Situation: Gewinne erzielten damals, im Geschäftsjahr 1974/75, genau jene Sparten, für die schon vorauszusehen war, daß sie auf längere Sicht Probleme bekommen könnten, wie etwa die Gießereien, der Stahlbau, der Schiffbau und die Bergbautechnik. Hohe Verluste indessen erlitten gerade solche Zweige, die als zukunftsträchtig galten, wie Henschel in Kassel und andere Maschinenbaufertigungen. Schließlich hatte auch Thyssen einige Werke eingebracht, die noch der Bereinigung bedurften.

Der Vorstand in Essen hatte zwei Aufgaben zugleich zu lösen: Er mußte die ergebnisschwachen Bereiche durch Rationalisierung und neue Produkte schnell wettbewerbsfähig machen, wenn möglich auch durch Zukauf anderer Firmen. Weiterhin mußten Bereiche, die damals zwar Gewinne einfuhren, aber deren Strukturschwäche erkennbar war, reduziert oder ganz aufgegeben werden. Daß solche Überlegungen richtig waren, merkte man spätestens, als die Gewinne der Gießereien und Schmieden 1977/78 in hohe Verluste umschlugen. Langwierige Probleme im Stahlbau und im Waggonbau kamen hinzu.

Wenn die Schwierigkeiten von außen nicht in vollem Umfang erkennbar waren, dann lag das daran, daß Thyssen Industrie über erhebliche stille Reserven verfügte. Sie bestanden vor allem in einem umfangreichen Immobilienbesitz. Außerdem konnten die Verluste der Geschäftsbereiche teilweise durch Pachterträge ausgeglichen werden. Dies löste allerdings nicht die Probleme; man mußte sie in ihrer Grundstruktur anpacken.

Geschäftsbereiche der Rheinstahl AG; Übersicht aus dem Geschäftsbericht 1973.

RHEINSTAHL
AKTIENGESELLSCHAFT

Grundstoffe	Gießereien	Maschinenbau	Verkehrswirtschaft	Sonstige Geschäftsbereiche
Rheinstahl Hüttenwerke AG Henrichshütte Hattingen (Ruhr)	Rheinstahl Gießerei AG Mülheim (Ruhr)	Rheinstahl AG Maschinenbau Witten-Annen	Rheinstahl AG Transporttechnik Kassel	Rheinstahl Handel und Verkehr GmbH Duisburg-Ruhrort
	Friedrich Wilhelms-Hütte, Mülheim (Ruhr) Werk Meiderich, Duisburg-Meiderich Gußstahlwerk Oberkassel, Düsseldorf-Oberkassel Gußstahlwerk Gelsenkirchen, Gelsenkirchen Concordiahütte, Bendorf (Rhein) Lintorfer Eisengießerei GmbH, Lintorf Fritz Völkel, Wuppertal	Werkzeugmaschinen Hille-Henschel, Kassel und Witten-Annen	Henschel Lokomotiven, Kassel	
Rheinstahl Export GmbH Essen		Kunststoffmaschinen Henschel, Kassel Kestermann, Bad Oeynhausen Lockweiler (Saar)	Getriebe und Achsen Henschel, Kassel Friedrich Wilhelms-Hütte, Mülheim (Ruhr)	Henschel Export GmbH Düsseldorf
Rheinstahl Blech-Service GmbH, Hattingen			Henschel Schmiedeteile, Kassel	
	Bergische Stahl-Industrie KG, Remscheid Beteiligung der Rheinstahl AG rd. 58%	Apparatetechnik Witten-Annen	Rheinstahl Flughafentechnik, Kassel	
		Ruhrpumpen und Armaturen Witten-Annen	Rheinstahl Sonderfertigung, Kassel N. V. Henschel Engineering S. A. Antwerpen (Belgien) Henschel Flugzeug-Werke AG, Kassel Beteiligung der Rheinstahl AG 50%	
Rheinstahl Energie GmbH Bottrop	Rheinstahl AG Bau- und Wärmetechnik Gelsenkirchen		Waggon Union GmbH, Siegen und Berlin, Beteiligung der Rheinstahl AG 50%	
	Rheinstahl Schalker Verein GmbH, Gelsenkirchen	Rheinstahl AG Umformtechnik und Bergbautechnik Duisburg-Wanheim		
	Wärmetechnik Hilden, Hilden			
	Kunststoffwerk Gebr. Anger GmbH + Co., München, Beteiligung der Rheinstahl AG 90%	Umformmaschinen Duisburg-Wanheim Wagner, Dortmund Walther Nothelfer KG, Ravensburg Beteiligung der Rheinstahl AG rd. 86%	Rheinstahl AG Stahlbau und Fördertechnik Hamburg	
		Formteile Ruhrstahl, Brackwede Wanheim, Duisburg-Wanheim	Stahlbau Hamburg, Dortmund und Duisburg-Wanheim	
Beteiligung	Rheinstahl AG Anlagentechnik Essen	Bergbautechnik Duisburg-Wanheim	Fördertechnik Rheinstahl Eggers-Kehrhahn GmbH, Hamburg und Travemünde R. Stahl Aufzüge GmbH, Stuttgart	**Weitere Konzernunternehmen**
Edelstahlwerk Witten AG Witten rd. 63%			Hebetechnik, Dortmund	Rheinstahl Wohnungsbau gem. GmbH, Essen
		Rheinstahl AG Hanomag Baumaschinen, Hannover	Rheinstahl Nordseewerke GmbH Emden	Rheinstahl Berlin GmbH, Berlin
		Flach- und Hydraulikbagger Hannover		Essen-Bottroper Handelsgesellschaft mbH, Essen
				Industrie-Werkstätten GmbH, Wattenscheid

Radikalkur für
die Gießereien

Der Gießereibereich von Thyssen Industrie fußt mit einigen Werken auf langer Tradition. Das größte Werk, die Friedrich Wilhelms-Hütte in Mülheim (Ruhr), wurde am Beginn des 19. Jahrhunderts von Johann Dinnendahl als Maschinenbau-Werkstätte gegründet. Die Concordiahütte geht auf ein integriertes Hüttenwerk zurück, das Carl Lossen Mitte des vorigen Jahrhunderts in Bendorf am Rhein baute. Das Werk Schalker Verein in Gelsenkirchen weist alte Verbindungen zu Thyssen auf: Zur Sicherung des Roheisenbedarfs beteiligte sich August Thyssen an diesem

Kokille für einen 100-Tonnen-Schmiedeblock. Friedrich Wilhelms-Hütte, um 1930.

Unternehmen und war viele Jahre dort Aufsichtsratsvorsitzender.

Gerade die schon lange anstehende Neuordnung der Gelsenkirchener Roheisen- und Gußproduktion erregte seit Mitte der siebziger Jahre Aufsehen. Mit ihr verband sich einer der ernstesten Problemfälle, die Thyssen mit Rheinstahl übernommen hatte. Das Werk stellte in zwei Hochöfen vorwiegend Gießereiroheisen her und produzierte Gußrohre und Formstücke. Einer der beiden Hochöfen wurde schon kurz nach dem Zusammenschluß mit Thyssen stillgelegt. Der andere versorgte die Gießereien mit Flüssigeisen, war damit aber nur schlecht ausgelastet.

Man erwog deshalb, mit der Einrichtung einer großen Seriengießerei die vorhandene Infrastruktur des Werks besser zu nutzen. Eingehende Untersuchungen ergaben aber, daß sich eine solche Investition nicht rechnen würde. So wurde im Januar 1982, nachdem es zu einem Durchbruch des Hochofens gekommen war, beschlossen, diesen nicht zu reparieren, sondern das benötigte Roheisen im Flüssigtransport aus Duisburg zu beziehen. Aufgegeben wurde auch die Dämmstofferzeugung aus Hochofenschlacke, zumal man im Wettbewerb mit größeren Spezialisten hoffnungslos unterlegen war. Seit Abschluß dieser Maßnahmen steht das Werk Schalker Verein wesentlich besser da. Das Werk Hilden konnte dagegen nicht gehalten werden. Bei den wichtigsten Produkten, nämlich bei Kesseln und Radiatoren, wurde der

Vierpfannen-Guß eines 120 Tonnen schweren Werkstücks. Friedrich Wilhelms-Hütte.

Guß zunehmend durch das Stahlblech verdrängt; hinzu kam der starke Rückgang des Wohnungsbaus.

Mitte der siebziger Jahre setzte in vielen Bereichen der Wirtschaft eine langjährige Investitionsschwäche ein, die vor allem den Hüttenwerksbau und den Energiesektor traf, beides wichtige Abnehmer von Stahlguß. Mehrere Stahlgießereien von Thyssen gerieten in tiefrote Zahlen. Als ärgste Verlustquelle offenbarte sich der schwere handgeformte Stahlguß. Bei ihm und bei maschinengeformtem Stahlguß kam hinzu, daß der Eisenguß durch neue Verfahren in seiner Qualität an die des aufwendigeren Stahlgusses herankam. Im schweren Stahlguß war Thyssen Industrie zwar Marktführer, doch bot dies wenig Trost. Das Werk Düsseldorf-Oberkassel mußte stillgelegt werden, die Stahlgußproduktion des Werks Gelsenkirchen kam zur Henrichshütte. Die auf Serienfertigung spezialisierte Gießerei in Remscheid stellte den Stahlguß ebenfalls ein; erhalten blieben dort der Serien-Temperguß für die Automobilindustrie und der Bau von Kupplungen und Bremsen für Nahverkehrsfahrzeuge.

Technische Neuerungen bei wichtigen Abnehmern wirkten sich ebenfalls ungünstig auf den Gießereisektor aus. So war früher das Gießen von Kokillen für Stahlwerke ein bedeutender Zweig. Mit dem Vordringen des Stranggießens beim Stahl schrumpfte der Bedarf an Kokillen von Jahr zu Jahr. Deshalb wurde ihre Produktion auf die Friedrich Wilhelms-Hütte und die Lintorfer Eisengießerei konzentriert. Die Gießerei Meiderich, früher auch ein bedeutender Kokillenhersteller, ist völlig auf das Gießen von Stahlwerkswalzen spezialisiert worden.

So war der Geschäftsbereich Thyssen Guss viele Jahre hindurch von Produktionsverlagerungen, Werkschließungen und Programmbereinigungen gekennzeichnet. Erst in der zweiten Hälfte der achtziger Jahre entstand um den gestrafften Kern herum, vor allem durch mehrere Firmenkäufe, ein Gießereisektor von neuem Zuschnitt. Der erste Schritt war 1987 eine Kooperation mit der kanadischen Cercast Inc. Daraus entstand die Thyssen Feinguss GmbH mit Werken in Soest und Moers. Soest konzentrierte sich auf Aluminium-Feinguß, Moers auf Stahl- und NE-Metallguß. Um die Jahreswende 1989/90 erwarb Thyssen weitere Unternehmen mit starker Verankerung im Serienguß von Aluminium-Teilen: Die Kloth-Senking Metallgießerei GmbH in Hildesheim, die DGT Druckgiesstechnik GmbH in Radevormwald und in Großbritannien die Birmid Holdings Ltd.

Diese Firmenkäufe ordnen sich in das strategische Konzept ein, sowohl mit den

Gegossenes Schwungrad, 1938.

Gießereien als auch mit anderen Fertigungen am weiteren Wachstum des Fahrzeugbaus teilzuhaben. Außerdem wirkte die Beobachtung mit, daß auch die europäische Automobil-Industrie zunehmend einbaufertige Komponenten, die sie bisher selbst erzeugt hat, von anderen bezieht. Ermöglicht wird dies durch verbesserte Fertigungstechniken bei den Zulieferern, die die Herstellung etwa von Gußteilen mit Toleranzen von wenigen tausendstel Millimetern und mit absoluter Gratfreiheit erlauben, so daß langwieriges Nacharbeiten in den Autofabriken entfällt.

Der Erwerb des britischen Gießereiunternehmens bestätigt, daß Thyssen künftig noch stärker als bisher auch mit Produktionsbetrieben in den Nachbarländern vertreten sein will. Damit bereitet sich der Konzern rechtzeitig auf den europäischen Binnenmarkt vor.

Die Gießereien von Thyssen erzielten in den ersten acht Jahren ihrer Zugehörigkeit zum Konzern Umsätze von durchschnittlich 1,1 Milliarden DM. Wegen der Trennung von den ertragsschwachen Bereichen gingen die Umsätze in der Folgezeit auf rund 900 Millionen DM zurück. Durch Gesundung und Zukauf neuer Aktivitäten wuchs das Geschäftsvolumen dann in eine Größenordnung von 1,5 Milliarden DM hinein. Damit entstand die größte Gießereigruppe Europas, die sich in Programm, Kundenstruktur und Ertragsbasis deutlich vom alten Rheinstahl-Gußbereich unterscheidet.

Abguß von Turbi-nenschaufeln.

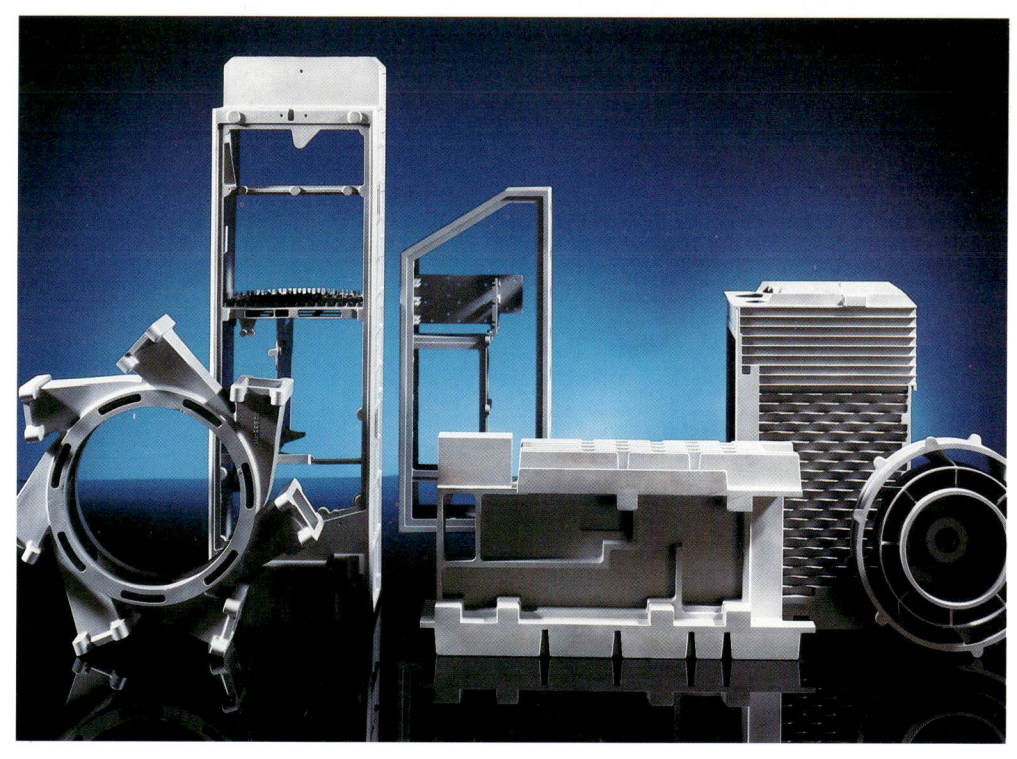

Einbaufertige Feingußteile.

Auch in der Umformtechnik: Präzision in Serie

Der Geschäftsbereich Thyssen Umformtechnik, dessen Jahresumsatz bei einer Milliarde DM liegt, faßt Aktivitäten mit zwei unterschiedlichen technischen Verfahrenslinien zusammen: die Massiv- und die Blechumformung. Massivumformung heißt Schmiedetechnik – vom Gesenkschmieden, auch isothermisch, bis zum Kaltfließpressen und Ringwalzen. Zur Blechumformung gehört das Pressen, Ziehen, Stanzen und Schweißen von Teilen aus metallischen Werkstoffen; hinzu kommt in Augsburg eine kleinere Produktion von Teilen aus glasfaserverstärkten Kunststoffen. Beide Bereiche beliefern vor allem Autofirmen, aber auch den Flug-

zeug- und Maschinenbau. Die Durststrecke für diese Fertigungen war lang, bis sich die Zahlen allmählich besserten. Auch die Wege zur heutigen Struktur verliefen keineswegs geradlinig. So manche Umformung, organisatorisch verstanden, mußte dieser Geschäftsbereich über sich ergehen lassen.

Zunächst waren die Aktivitäten von Thyssen und Rheinstahl miteinander zu harmonisieren. Von Thyssen kamen die Werke Dinslaken, Hausach, Langschede und Wolnzach, allesamt in der Blechverarbeitung tätig, aber wenig erfolgreich. Schon 1974/75 wurde das Werk Wolnzach aufgegeben, 1987 das Werk Hausach ver-

kauft. Das Werk Dinslaken gehört als Thyssen Bausysteme GmbH seit Oktober 1987 zu Thyssen Stahl.

Das Werk Wanheim hatte früher stattliche Gewinne mit Ausrüstungen für den Grubenausbau erzielt. Mit dem Schrumpfen der deutschen Steinkohlenförderung aber verlor dieser Markt an Bedeutung. Vorübergehend hatte Wanheim beachtliche Lieferungen an den polnischen Bergbau. Aber auch dieses Geschäft war nicht von Dauer. Die Bergbautechnik wurde schließlich 1986 abgegeben; Wanheim konzentriert sich seither auf das Schmieden von Achsteilen und auf Gleisbremssysteme.

Differential- und Schaltgetriebeteile.

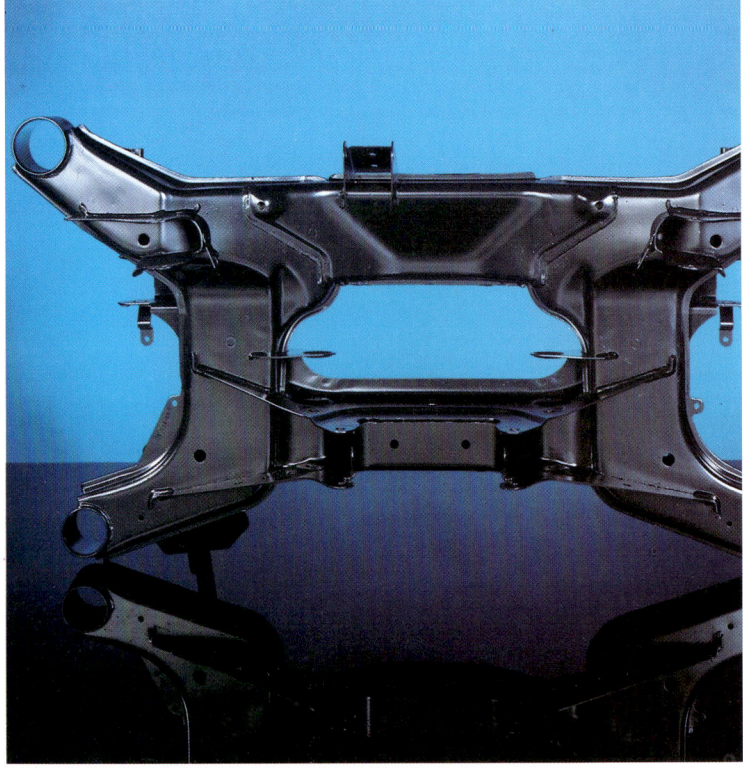

PKW-Achsträger.

LKW-Frontplatte.   *Kurbelwelle im Gesenk.*

Anfang des Jahres 1987 entstand aus den Geschäftsbereichen Umformtechnik und Schmiedetechnik/Bergbautechnik die Thyssen Umformtechnik. Sie umfaßt die Schmiedebetriebe in Remscheid und Wanheim sowie die auf den verschiedenen Feldern der Umformung tätigen Werke Brackwede, Langschede und Augsburg. Brackwede ist ein erfahrener Lieferant von Längsträgern für Lastkraftwagen und von Achskomponenten für Personenkraftwagen, die zum Teil aus Stahlblech und Gußteilen zusammengeschweißt werden. Gerade die Fertigung solcher Teile wird in zunehmendem Umfang von Automobilfabriken an Spezialisten ausgelagert. Das Werk Langschede wurde auf Regalsysteme spezialisiert. Die Gesenkschmiede in Remscheid hat eine bedeutende Position bei Kurbelwellen; ihr zweiter Schwerpunkt ist die Produktion präzisionsgeschmiedeter Turbinen- und Verdichterschaufeln für Flugzeugtriebwerke und für Turbinenläufer in Kraftwerken.

Höchste Anforderungen an das verfahrenstechnische Know-how erfordert das Präzisionsschmieden. Mit ihm werden auch Teile wie Zahnräder und Synchronringe hergestellt, die keine oder nur noch eine geringe mechanische Nachbehandlung erfordern. Im Jahre 1988 bot sich für Thyssen Industrie die Gelegenheit, die Präzisionsschmiede-Aktivitäten durch den Erwerb eines auf diesem Gebiet führenden Münchener Unternehmens auszubauen. Die Gesellschaft wird als BLW Präzisionsschmiede GmbH geführt.

Ähnlich wie bei der Übernahme einer britischen Gießereigruppe hat auch bei dem Anfang 1990 erfolgten Kauf der britischen APM Group Ltd., Cannock, der Gedanke mitgewirkt, vor der Haustür der dortigen Autofabriken mit eigenen Produktionsstätten vertreten zu sein. APM ist Hersteller von Stahlkarosserieteilen, mit denen alle großen Fahrzeugbauer in Großbritannien beliefert werden.

Mittelständische Struktur im Maschinenbau

Der Maschinenbau hat im Thyssen-Konzern eine alte Tradition. Sie geht auf August Thyssen zurück, der in Mülheim auch die Maschinenfabrik Thyssen aufgebaut hatte. Mit Gründung der Vereinigten Stahlwerke wurde sie abgegeben. Erst 1974 kam mit Rheinstahl wieder ein beachtlicher Maschinenbau in den Konzern. Er wies zahlreiche Schwachpunkte auf, an deren Bereinigung Rheinstahl schon vor dem Zusammenschluß mit Thyssen herangegangen war. In der Folgezeit wurde dieser Sektor gestrafft und das Programm gezielt ausgebaut.

Anfang der neunziger Jahre wurden bei Thyssen Industrie mit Maschinenbauerzeugnissen im weitesten Sinne Umsätze in Höhe von 3 Milliarden DM erzielt. Die Aktivitäten auf den Gebieten Werkzeugmaschinen sowie Fertigungs- und Montagesysteme sind im Geschäftsbereich

Thyssen Maschinenbau zusammengefaßt; er repräsentiert einen Umsatz von mehr als einer Milliarde DM. Die Firmen dieses Geschäftsbereichs sind, wie häufig in dieser Branche, von mittelständischem Zuschnitt und jeweils Spezialisten auf ihrem Gebiet. Es sind überschaubare Betriebe mit hochqualifizierten Stammbelegschaften.

Zum Rheinstahl-Maschinenbau hatte ursprünglich auch die Produktion von Hanomag-Ackerschleppern und -Baumaschinen gezählt. Diese Fertigungen wurden bis Mitte der siebziger Jahre nach und nach eingestellt oder verkauft. Mit hohen Verlusten hatte auch die Hebetechnik in Dortmund gearbeitet, die Autokrane und Bagger produzierte. Sie ging an den amerikanischen Lizenzgeber Harnischfeger Corporation. Das Werk Wagner in Dortmund, das früher ein vielseitiges Werk-

Bearbeitungs-
zentrum.

zeugmaschinen-Programm hatte, wurde auf Ringwalzanlagen spezialisiert.

Ein kostspieliges Erbe der jüngeren Vergangenheit von Rheinstahl war der Bau von Kunststoffmaschinen. Diese Fertigungen wurden zeitweise mit der Kunststoffverarbeitung in einem gesonderten Geschäftsbereich zusammengefaßt. Vorübergehend versuchte man, die Aktivitäten durch Zukäufe zu arrondieren; schließlich aber wurde der Bereich Kunststoffmaschinen 1981 an die Battenfeld-Gruppe verkauft.

Das eigentliche Wachstum des Maschinenbaus von Thyssen hat sich, ähnlich wie bei den Komponentenfertigungen, aus dem Geschäft mit der Automobil-Industrie entwickelt. In den Konzern war mit Rheinstahl auch die Walther Nothelfer KG mit Werken in Ravensburg und Lockweiler (Saar) gekommen. Sie stellte für den Fahrzeugbau insbesondere Preßwerkzeuge und Formen für Kunststoffteile her. Auf dieser Grundlage wurden beide Werke zielstrebig ausgebaut, zunächst vor allem auf dem Gebiet der Schweißstraßen für den Karosseriebau. Nothelfer nimmt einen führenden Platz auf diesem Markt ein und konnte sich auch eine gute Position in Entwicklung und Produktion von Fertigungssystemen für komplette Karosserien erarbeiten.

Im Jahre 1975 bot sich die Chance, einen bedeutenden Hersteller auf dem Gebiet der Transferstraßen, die Karl Hüller GmbH mit Werken in Ludwigsburg und

Preßwerkzeug.   *Endmontage eines Mehrwege-Automaten.*

Rottenburg, zu erwerben. Thyssen Industrie verfügte mit Fertigungen bei Henschel in Kassel und mit dem Hille-Programm in Witten bereits über verwandte Aktivitäten, vor allem mit Bearbeitungszentren. Dies war die Basis für den Ausbau einer mit modernster Technologie arbeitenden Werkzeugmaschinen-Sparte. Hüller und Hille wurden zur Hüller Hille GmbH zusammengefaßt, die Programme auf Ludwigsburg, Rottenburg und Witten konzentriert. Darüber hinaus hat das Unternehmen Tochtergesellschaften in Brasilien, Großbritannien und in den USA.

Das 1975 wegen dieser Akquisition befragte Bundeskartellamt signalisierte zunächst keine Bedenken, formulierte aber ein Jahr später beim Genehmigungsverfahren seinen Einspruch. Thyssen Industrie stellte dann beim Bundeswirtschaftsministerium den Antrag auf eine Ministererlaubnis. Sie wurde 1977 auch erteilt, freilich mit der Auflage, daß sich Thyssen bis 1984 von 55 Prozent der Anteile trennen müsse. Nach Ablauf dieser Frist ent-

schied das Kartellamt, Thyssen Industrie dürfe Hüller Hille ganz behalten, weil der Zusammenschluß doch nicht zu einer marktbeherrschenden Stellung führe.

In die Konzeption eines stark auf die Ausrüstung der Autoindustrie ausgerichteten Maschinenbaus paßte nahezu nahtlos die im Mai 1983 erworbene Maschinenfabrik Diedesheim GmbH in Mosbach, die ebenso wie Hüller Hille auf dem Gebiet der spanabhebenden Werkzeugmaschinen, aber mit anderen Schwerpunkten, tätig ist.

Im Jahre 1987 bot sich für Thyssen eine weitere Chance zur Programmabrundung, diesmal durch Beteiligung an der Johann A. Krause Maschinenfabrik GmbH in Bremen, die inzwischen ganz zu Thyssen gehört. Krause baut automatische Montageanlagen mit flexiblen Robotersystemen, vor allem für den Zusammenbau von Motoren und anderen Fahrzeugaggregaten. Krause besitzt Tochtergesellschaften in Frankreich, Großbritannien und Spanien.

Jüngstes Glied in der Kette mittelständischer Maschinenbaufirmen im Thyssen-

Konzern ist die von Otto Wolff übernommene Hommelwerke GmbH in Villingen/Schwenningen, die auf meßtechnische Geräte und Maschinen spezialisiert ist. Zum Bereich Maschinenbau gehören auch das Wittener Ruhrpumpen-Programm sowie die dortige Fertigung schweißtechnischer Komponenten.

Der Maschinenbau ist ein Schrittmacher für den technischen Fortschritt, er gilt zugleich als wichtiges Element einer ausgewogenen Wirtschaftsstruktur aus Großunternehmen und spezialisierten Mittelbetrieben. In diesem Schlüsselbereich der Investitionsgüterindustrie nimmt Thyssen mit seiner Maschinenbau-Gruppe einen beachtlichen Platz ein. Der Geschäftsbereich verfügt, auch durch die Hille GmbH Systemtechnik sowie die Nothelfer Planung GmbH, über ein ausbaufähiges technologisches Potential. Die Schwerpunkte dieser beiden Neugründungen liegen in der Entwicklung von Software für die CNC-Technik und in Planungs- und Entwicklungsaufgaben für die Autoindustrie.

Henschel – Tradition und Fortschritt

Henschel ist das älteste Unternehmen innerhalb von Thyssen Industrie. Georg Christian Carl Henschel machte sich 1810 in Kassel mit einer Gießerei selbständig. Der Sohn Carl Anton erweiterte den väterlichen Betrieb und erhielt vom Kurfürsten das Privileg zum Bau von Dampfmaschinen. Im Jahre 1848 wurde die erste Lokomotive ausgeliefert. Der Lokomotivbau hat die Geschichte des Unternehmens geprägt; mehr als 33.000 Lokomotiven hat Henschel seitdem hergestellt.

Doch dieses Geschäft unterlag immer starken Schwankungen, weil die Bahngesellschaften ihre Fahrzeugparks in Schüben aufbauen und modernisieren. Darum mußten die Henschels schon früh für einen Ausgleich durch verwandte Fertigungen sorgen, etwa durch Maschinen für Mühlen und Bergwerke oder andere Zwecke. Dennoch hatte Henschel bereits im letzten Drittel des vorigen Jahrhunderts als Lokomotivbauer Weltgeltung erlangt. Das Werk in Kassel wuchs, und im benachbarten Rothenditmold wurde eine zweite Fabrik gebaut. Ab 1917 entstand im Stadtteil Mittelfeld ein drittes Werk.

Briefkopf aus dem Jahre 1870.

Carl Anton Theodor Henschel, der bis 1924 das Unternehmen in fünfter Generation führte, dehnte die Aktivitäten in das Ruhrgebiet aus. Er kaufte 1904 die Henrichshütte in Hattingen, die 1930 Teil der Vereinigten Stahlwerke wurde. Als sein Sohn Oscar in die Führung des Unternehmens eintrat, beschäftigten die Kasseler Werke rund 10.000 Mitarbeiter. Der Bau von Nutzfahrzeugen kam 1925 hinzu, Mitte der dreißiger Jahre machten diese schon die Hälfte des Umsatzes aus. Damals wurde auch die Produktion gepanzerter Fahrzeuge aufgenommen.

Es ist dem Unternehmen nach dem Zweiten Weltkrieg nicht gelungen, mit dem raschen Wachstum in der Wiederaufbauphase der deutschen Wirtschaft Schritt zu halten. Dazu mag beigetragen haben, daß bei Henschel die Entwicklung von Diesel- und Elektrolokomotiven zu spät aufgenommen wurde. Oscar R. Henschel, der letzte Nachkomme des Gründers in der Unternehmensführung, versuchte 1954 vergeblich, über einen Lizenzvertrag mit der General Motors Corporation den technischen Rückstand aufzuholen. Zudem lähmte die Ungewißheit über die künftigen Abmessungen der Nutzfahrzeuge im Rahmen der europäischen Verkehrspolitik den Absatz von Lastkraftwagen. Verluste im Lokomotivexport taten ein übriges. So mußte im Herbst 1957 das Vergleichsverfahren beantragt werden, das aber nach der Übernahme durch Fritz-Aurel Goergen und die Morgan Guaranty Trust Company abgewendet werden konnte. 1964 kaufte Rheinstahl die zwei Jahre zuvor in eine Aktiengesellschaft umge-

wandelten Henschel-Werke. In der Goergen-Ära war das Programm stark ausgeweitet worden, vor allem bei Kunststoff- und Werkzeugmaschinen.

Rheinstahl hatte bereits 1969 die Übertragung des Nutzfahrzeugbereichs an die Daimler-Benz AG eingeleitet, was dann zu Auslastungsproblemen bei den in Kassel liegenden Vorstufen führte. Das betraf den Schmiedebetrieb in Rothenditmold, der erst nach Modernisierungen gesundete. Er behielt seine Aufgabe, Vorderachskörper für Lastkraftwagen zu schmieden, und wurde stark auf den Export ausgerichtet. Die Gießerei im Werk Mittelfeld war 1972 stillgelegt worden. Probleme gab es auch mit der Getriebefertigung. Die Arrondierung dieses Sektors im Jahre 1981 durch Erwerb der Westdeutsche Getriebe- und Kupplungswerke GmbH in Herne brachte nicht die erwarteten Markterfolge; im März 1991 stimmte das Bundeskartellamt dem Verkauf des Herner Werks an den Marktführer Flender in Bocholt zu. Die Kasseler Getriebefertigung, die auf Eisenbahngetriebe spezialisiert ist, bleibt dagegen bei Henschel.

Aufgegeben wurde in Kassel auch die Herstellung von Kunststoffmaschinen. Henschel behielt allerdings das Programm von Mischern für die Kunststoff-, Farben-, Pharma- und Lebensmittelindustrie. Ausgebaut wurde die Fertigung von Schrottaufbereitungsanlagen. Mit hydraulischen Schrottscheren, Paketierpressen, Schrottmühlen und Shredderanlagen liefert Thyssen Henschel Geräte für den Wachstumsmarkt Recycling.

Die Stärke von Thyssen Henschel liegt vor allem dort, wo schon die Gründerfamilie den Schwerpunkt angesiedelt hatte: in der Verkehrstechnik. Es waren freilich gerade auf diesem Gebiet immer wieder Probleme zu überwinden, die ihre Ursache in den zu geringen Stückzahlen der von den Eisenbahngesellschaften

Die erste Henschel-Lokomotive, 1848.

FRÜHINDUSTRIELLER PIONIER

Auszüge aus dem 1905 erschienenen Band 50 der Allgemeinen Deutschen Biographie über die Familie Henschel

Der Staatsdienst bot für ihn [Carl Anton Henschel] nicht die volle Befriedigung, und da sein Vater und Bruder infolge der [napoleonischen] Fremdherrschaft mit ihrem Geschäfte in schwere

Sorgen gerathen waren, so beschloß H. in die väterliche Firma einzutreten. [...] So konnte H. seine technischen Fähigkeiten dem Vaterlande sowol wie der Familie widmen. Von diesem Zeitpunkt [1817] an datirt die heutige Firma Henschel & Sohn darum mit Recht ihr Bestehen als Maschinenfabrik, an Stelle des früher vorwiegenden Gießereibetriebs. [...] Im Jahre 1833 ging H. nach London, um die

neuen Bahnen Englands zu studiren. Bei dieser Gelegenheit lernte er Brunell und Stephenson kennen. In einem Brief [...] sagt H.: „In der Eisenbahnsache erkenne ich eine Wohlthat für die Menschheit und will mich ihr ernstlich widmen, so gut ich vermag."

vergebenen Aufträge hatten. Nach dem Wiederaufbau in der Nachkriegszeit gingen die Bundesbahn-Aufträge von Jahr zu Jahr zurück. Henschel suchte den Ausgleich im Export, aber auf dem Weltmarkt stieß man allenthalben auf härteste internationale Konkurrenz.

So reifte denn im Konzern die Einsicht heran, daß für den Kasseler Lokomotivbau und auch für die Waggonfertigung in Siegen und Berlin eine neue und langfristig stabile Grundlage entwickelt werden mußte. Sie hatte die weltweite Konzentrationswelle auf diesem Sektor in Rechnung zu stellen und mußte zugleich berücksichtigen, daß die Führungsrolle in den neu entstehenden Gruppierungen überall den beteiligten Elektrofirmen zuwuchs. Der Grund liegt darin, daß in einem modernen Schienenfahrzeug inzwischen zwei Drittel des Wertes im elektrischen Antriebssystem stecken. Auch die attraktiven Aufträge der Deutschen Bundesbahn für die ICE-Hochgeschwindigkeitszüge, zu deren Entwicklung Henschel wesentlich beigetragen hat, führten an dieser Erkenntnis nicht vorbei.

Für die Branche war es deshalb keine Überraschung, als Thyssen Industrie im Dezember 1989 ankündigte, man wolle die Aktivitäten auf dem Gebiet der Schienenverkehrstechnik mit

denen der Asea Brown Boveri AG (ABB), Mannheim, zusammenlegen. Die unternehmerische Führung der Gesellschaft, an der sich beide Partner ab 1. Oktober 1990 je zur Hälfte beteiligten, erhielt ABB. Die ABB Henschel AG repräsentierte Anfang der neunziger Jahre einen Jahresumsatz von einer Milliarde DM und beschäftigte 3.600 Mitarbeiter. Brown Boveri (BBC) ist ein alter Kooperationspartner von Henschel. Unter anderem haben beide Unternehmen schon 1971 gemeinsam die erste Lokomotive mit Drehstrom-Leistungsübertragung in der Welt gebaut, die für hohe Geschwindigkeiten ebenso geeignet ist wie für den schweren Güterzugdienst.

Einen nicht geringen Anteil an den Aktivitäten von Henschel hatte in den vergangenen Jahren auch die Wehrtechnik. In Kassel wurden zwar im Zweiten Weltkrieg auch Kampfpanzer gebaut, doch liegt die Stärke heute bei den leichten und mittleren gepanzerten Fahrzeugen. Welche Konsequenzen sich auf diesem Gebiet aus den politischen Umwälzungen in Osteuropa ergeben, wird die Zukunft zeigen.

Die Henschel-Werke haben ihre Wurzeln im klassischen Lokomotivbau. Aber das Kasseler Unternehmen hat auch bewiesen, daß es eine neue, das Rad-Schiene-System ergänzende Technik des spurgebundenen Verkehrs erfolgreich entwickeln kann. Gemeint ist die Magnetschnellbahntechnik, deren Grundprinzip bereits Anfang der dreißiger Jahre von deutschen Wissenschaftlern erarbeitet wurde. Im Jah-

In 110 Jahren baute Henschel in Kassel 25.198 Dampflokomotiven.

*Transrapid 07
auf der Versuchs-
strecke im
Emsland, 1989.*

re 1966 nahmen mehrere deutsche Firmen diese Erkenntnisse auf und verfolgten zunächst drei verschiedene Entwicklungslinien. Ein Jahrzehnt später entschied sich das Bundesforschungsministerium bei einem Systemvergleich für die Langstator-Magnetfahrtechnik.

Dieses Prinzip war 1974 von Thyssen Henschel aufgegriffen worden. Es wurde in den folgenden Jahren zum Schnellbahnsystem Transrapid entwickelt und im Sommer 1979 einer staunenden Öffentlichkeit bei der Internationalen Verkehrsausstellung in Hamburg vorgestellt. Die Systemführerschaft ging auf Thyssen Henschel über. Auf der 32 km langen Versuchsstrecke im Emsland erreichte der Transrapid 07 im Dezember 1989 eine Geschwindigkeit von 435 km/h. Mit diesem Einsatzfahrzeug-Prototyp konnte nach weiteren Tests im Frühjahr 1991 die technische Einsatzreife realisiert werden.

Der Transrapid ist eine Magnetschnellbahn, die nach dem Prinzip des Langsta-

tor-Linearmotors arbeitet. Statt eines magnetischen Drehfelds wie bei einem rotierenden Elektromotor wird ein Wanderfeld erzeugt. In diesem Wanderfeld bewegt sich das Fahrzeug, schwebend gehalten und dadurch reibungsfrei gleitend. Der Transrapid kann Geschwindigkeiten bis zu 500 Kilometern pro Stunde erreichen. Da der Fahrweg in der Regel aufgeständert ist, zerschneidet er, zum Unterschied vom Schienenstrang, nicht das Gelände. Unter ihm können Landwirte ihr Feld bestellen, kann das Wild wechseln und auch der Straßenverkehr verlaufen. Ein weiterer Vorteil: Die Magnetschnellbahn vermag wesentlich größere Steigungen zu bewältigen als eine Schienenbahn. Dadurch werden in vielen Fällen große Kurven und Tunnelbauten überflüssig.

Von dem im Dezember 1989 gefaßten Beschluß der Bundesregierung, die Flughäfen Düsseldorf und Köln/Bonn mit der Magnetschnellbahn Transrapid zu verbinden, verspricht sich Thyssen einen Durch-

bruch für die neue Bahntechnik. Parallel dazu werden von dem Münchener Produktbereich Neue Verkehrstechnologien gemeinsam mit anderen deutschen Industrieunternehmen Transrapid-Projekte im Ausland, vor allem in den USA, bearbeitet.

„Der ständige Weg in die Zukunft" – so lautete im Jahre 1985 der Untertitel einer Jubiläumsschrift, mit der Henschel auf sein damals 175jähriges Bestehen zurückblickte. Auch in der Thyssen-Gruppe findet das Kasseler Unternehmen besondere Anerkennung angesichts des Potentials an Erfindungsgeist und Erfahrungsschatz. Ohne dieses Potential hätte das Schicksal der Kasseler Werke mehr als einmal an einem seidenen Faden gehangen. Als Henschel mit Rheinstahl zu Thyssen kam, wurden in Kassel tiefrote Zahlen geschrieben. Erst sechs Jahre später, im Geschäftsjahr 1979/80, gelang die Ertragswende, und seitdem hat dieser wichtige Bereich Jahr für Jahr positive Ergebnisbeiträge geliefert.

Flottes Tempo für Aufzüge und Fahrtreppen

Schon zur Rheinstahl AG gehörten zwei bekannte Aufzugfirmen. Da gab es einmal in Hamburg die Rheinstahl Eggers-Kehrhahn GmbH, die 1955 aus dem Zusammenschluß des Stahlbaubetriebs Eggers mit dem alteingesessenen Aufzugunternehmen Kehrhahn hervorgegangen war. Zum anderen hatte Rheinstahl 1969 die Aufzugabteilung der R. Stahl KG in Stuttgart erworben, die fortan als R. Stahl Aufzüge GmbH operierte. Beide Firmen bildeten den Bereich Fördertechnik, der damit auf zwei soliden Pfeilern im Norden und Süden der Bundesrepublik stand.

Seine Erzeugnisse haben einen guten Namen; in 100 Jahren wurden mehr als 160.000 Aufzüge und 21.000 Fahrtreppen gebaut. Im Jahre 1972 rüsteten die Aufzugfirmen von Rheinstahl die Olympiastadt München mit 85 Fahrtreppen und 35 Personenaufzügen aus, und mit Genugtuung vermerkte der Vorstand im gleichen Jahr, die Brüsseler U-Bahn werde alle Stationen mit Rheinstahl-Fahrtreppen ausstatten.

Bald nach Bildung des Produktbereichs Fördertechnik kam es zu einer Arbeitsteilung. In Hamburg hatten schon seit längerem Fahrtreppen und Fahrsteige größeres Gewicht gehabt, während bei R. Stahl ohnehin nur Aufzüge gebaut wurden. Deshalb sollte die Hamburger Aufzugfertigung nach Stuttgart verlagert werden. Um die führende Stellung auf dem deutschen Markt zu festigen, wurde dort ein neues Werk auf der Grünen Wiese geplant. Da aber kein geeignetes Gelände zur Verfügung stand, fiel die Standortentscheidung zugunsten von Neuhausen a. d. Fildern, 20 km südlich der Landeshauptstadt. Das große Gelände, der Gleisanschluß, die Nähe zu Autobahn und Flughafen – alle Argumente sprachen für Neuhausen. Das Werk wurde 1973 mit 40.000 m² Produktions- und Lagerfläche für eine Jahresproduktion von 5.000 Aufzügen fertiggestellt. Ein Blickfang ist auch heute noch der 50 m hohe Versuchsturm.

Im Februar 1976 kam es fast zum Aus für den Aufzugbereich. Durch einen Großbrand wurden wesentliche Teile des Neuhausener Werks vollständig zerstört, andere in ihrer Produktion stark eingeschränkt. Fremdbezüge und vorübergehende Produktionsverlagerungen sowie der Einsatz von zwei Großzelten ermöglichten es, die Liefertermine einzuhalten. Diese Ausnahmesituation wäre allerdings ohne

Aufzug in einem Wohnhaus um die Jahrhundertwende.

das besondere Engagement der Mitarbeiter kaum zu bewältigen gewesen.

Die Entscheidung für den Wiederaufbau war zugleich eine Weichenstellung für die zielstrebige Expansion des Geschäftsbereichs. Dabei ging es im Inland weniger um Aufbau oder Zukauf weiterer Fertigungsstätten; dafür versprach dieser Markt zu wenig Wachstum. Im Vordergrund der Geschäftspolitik stand vielmehr die Vergrößerung des Wartungsgeschäfts, für das ein flächendeckendes Niederlassungsnetz geschaffen wurde. Solch ein Netz rechnet sich um so besser, je dichter es gespannt und je höher es ausgelastet ist. Infolgedessen vollzog sich die Vergrößerung des Aufzugbereichs vor allem über den Erwerb von Firmen mit möglichst großem Kundenstamm. Der größte Zugang war in Deutschland 1984 die Übernahme des MAN-Aufzugbaus.

Begünstigt wurde das Aufzug- und Fahrtreppengeschäft aber auch durch neue Marktelemente. Wachsende Ansprüche an Komfort und Mobilität wirkten sich aus: Wo immer Verwaltungsgebäude, U-Bahnen oder neue Wohnsiedlungen entstanden, wurden häufiger als früher Aufzüge, Fahrtreppen oder Fahrsteige eingebaut. Außerdem verlangten Architekten und Bauherren in immer stärkerem Maße Spielraum für individuelles Bauen, bei dem Aufzüge auch als Gestaltungselement eingesetzt werden. Um diese spezifischen Forderungen an Funktion und Design wirtschaftlich erfüllen zu können, müssen Ein-

zelteile in Serie gefertigt werden, die sich als Bausteine zu möglichst vielen Kombinationen zusammenfügen lassen. Darauf ist die Fertigung von Thyssen Aufzüge in besonderem Maße ausgerichtet. Ein weiteres Kennzeichen der modernen Aufzugtechnik ist das Vordringen der Elektronik. Das Neuhausener Thyssen-Unternehmen hat dazu selbst Mikroprozessor-Steuerungen entwickelt, die viele Möglichkeiten des Anschlusses an eine zentrale Über-

wachung und damit die Grundlage für eine schnelle Fehlerbeseitigung bieten.

Zunehmend engagiert hat sich Thyssen Aufzüge auch in der industriellen Fördertechnik. Dazu gehören beispielsweise Aktentransportanlagen oder komplexe Materialflußeinrichtungen wie Elektrohängebahnen oder automatische Flurförderfahrzeuge für große Industriewerke.

Zur Strategie des Unternehmens gehörte schon früh die Erschließung des euro-

Aufzuganlage in Madrid von Thyssen Boetticher S.A.

päischen Marktes. Im Jahre 1974 wurde eine Mehrheitsbeteiligung an der französischen Aufzugfirma Ascenseurs Soretex in Angers übernommen. Kurz zuvor war das erste Engagement in Spanien zustande gekommen. Nach Überwindung von Anfangsschwierigkeiten wurde der iberische Markt zu einem Schwerpunkt der weiteren Expansion. Seit Mitte der achtziger Jahre gruppiert sich um die Firma Thyssen Boetticher S.A. in Madrid ein vielfältiges Aufzug- und Fahrtreppengeschäft mit beachtlichen Marktanteilen. Über Spanien folgte 1989 der Einstieg in Portugal.

Inzwischen gibt es praktisch in jedem europäischen Land Vertriebs-, Montage-und Service-Gesellschaften von Thyssen Aufzüge; Produktionsstandorte bestehen außer in Deutschland, Frankreich und Spanien zudem in der Schweiz, in Österreich, in Schweden und in den Niederlanden, neuerdings auch in Großbritannien. Der Sprung über den Atlantik gelang 1986 mit einer Beteiligung an der Northern Elevator Holdings Ltd. in Toronto. Von Kanada aus wird allmählich auch der US-amerikanische Markt erschlossen.

Ein weiteres strategisches Ziel besteht darin, stärker in das Dienstleistungsgeschäft vorzudringen. Schon heute ist der Kundendienst mit rund 40 % Umsatzanteil ein stabilisierender Faktor. Zu den neuen Dienstleistungskonzepten gehört das integrierte Gebäudemanagement. Darunter versteht man Überwachung und Wartung aller technischen Gebäudeeinrichtungen, also neben den Aufzügen auch die Klima-, Notstrom- und Sicherungstechnik.

Unter den Geschäftsbereichen von Thyssen Industrie hat der Aufzugbau die stärksten Wachstumsraten erzielt. In den letzten zwei Jahrzehnten wurde der Umsatz von 150 Millionen DM auf fast 1,3 Milliarden DM ausgeweitet; der Auslandsanteil liegt bei 60 Prozent. Das Unternehmen beschäftigte 1990 knapp 10.000 Mitarbeiter, nahezu doppelt soviel wie 1970. Auf dem Weltmarkt ist Thyssen Aufzüge inzwischen der sechstgrößte Anbieter. Auch die Ertragskraft konnte in den achtziger Jahren überproportional gesteigert werden.

Thyssen Aufzüge: Hauptwerk Neuhausen mit dem 50 Meter hohen Versuchsturm, 1990.

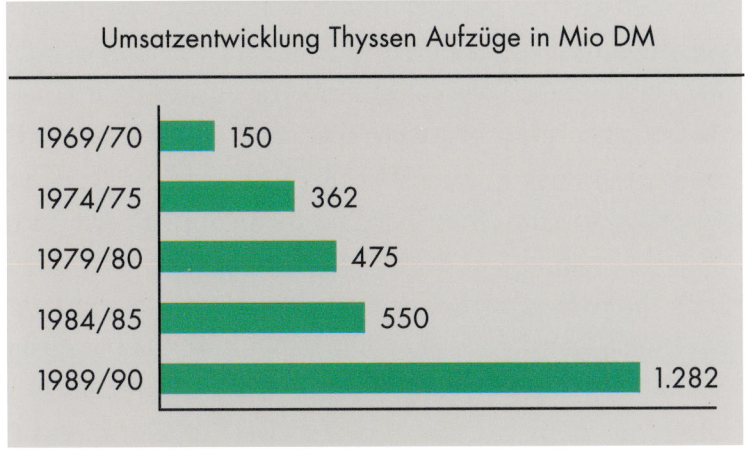

Umsatzentwicklung Thyssen Aufzüge in Mio DM

Jahr	Umsatz
1969/70	150
1974/75	362
1979/80	475
1984/85	550
1989/90	1.282

Fördereinrichtung in einem Automobilwerk.

Fahrtreppen in einem Londoner Shopping-Center.

Fernsehturm in Moskau mit Thyssen-Aufzügen.

Umweltfreundliche Technik von Thyssen Engineering

Daß ein Konzern, der selbst Kokereien, Hochofen- und Stahlwerke, dazu Maschinenfabriken und Stahlbau betreibt, eine eigene Anlagentechnik entwickelt, liegt nahe. Bei Thyssen hat die Übernahme von Rheinstahl dazu einen deutlichen Anstoß gegeben. Die Vorgeschichte zeigt mehrere Ansatzpunkte. Einer lag in den Dortmunder Stahlbau-Aktivitäten von Rheinstahl und Thyssen. Der zweite war eine schon längere Zeit bei Rheinstahl betriebene Entstaubungstechnik. Die dritte Entwicklungslinie geht zurück auf ein ebenfalls von Rheinstahl kommendes Anlagengeschäft in Teilbereichen der Energie- und Wassertechnik. Nach Zusammenfassung dieser Aktivitäten entstand hieraus 1979 die Thyssen Engineering GmbH.

Die Entwicklung dieses Bereichs zu einem Umweltschutzspezialisten hatte 1976 und 1978 durch zwei Großaufträge wichtige Impulse erhalten. Der erste Auftrag betraf die Rauchgasentschwefelung für den 740-MW-Block eines Veba-Kraftwerks. Der zweite kam von Thyssen in Duisburg, als dort für ein neues Sinterband eine Rauchgasentschwefelungsanlage gebraucht wurde. Dies waren die beiden ersten Anlagen dieser Art überhaupt, die in Europa errichtet wurden. Die Erfahrungen waren so gut, daß Thyssen Engineering danach zahlreiche weitere Aufträge erhielt. Dabei kam dem Unternehmen die zunehmend schärfere Gesetzgebung in der Bundesrepublik zur Reinhaltung der Luft zugute; allein 1984 vergab die Veba einen

Großauftrag über elf Anlagen an Thyssen Engineering. Im Zuge weiter verschärfter Luftreinhaltungsbestimmungen rückte später der Bau von Entstickungsanlagen und von kombinierten Entschwefelungs-/Entstickungsanlagen in den Vordergrund.

Ende der siebziger Jahre verbreiterte Thyssen Engineering seine wassertechnischen Aktivitäten. Im April 1980 beteiligte sich das Unternehmen an der Friedrichsfelder Anlagen- und Verfahrenstechnik GmbH, die in der Abwasseraufbereitung tätig war. Ein weiterer Schritt auf diesem Gebiet betraf die Aqua Engineering Ges. mbH in Salzburg, die in vielen Ländern schon Wasserwerke gebaut hatte. 1983 kam die Mannheimer Karl Klein + Sohn Wasseraufbereitung GmbH & Co. hinzu.

Rauchgasentschwefelungs- und -entstickungsanlage in einem Heizkraftwerk.

Reiherstieg-Klappbrücke in Hamburg.

Thyssen erwartet für die Wassertechnik weltweit ein erhebliches Wachstum, auf das man sich rechtzeitig einstellen will.

Dies gilt auch für die Abfallaufbereitung und -entsorgung, etwa in Kompostierungs- und Müllverbrennungsanlagen, oder für die Klärschlammaufbereitung. Die Verbrennung von Klärschlämmen mit Hilfe des Wirbelschichtverfahrens ist eine Spezialität von Thyssen Engineering; mehr als 50 Anlagen wurden bisher in Europa installiert.

Ende der achtziger Jahre hat Thyssen Engineering auch die Kokereitechnik aufgenommen. Koks wird heute fast nur noch für die Hochöfen in integrierten Hüttenwerken benötigt. Auf diesem Gebiet wird nicht mit einem wesentlichen Zusatzbedarf gerechnet; denn in der Welt gibt es gegenwärtig nur wenige Planungen für den Neubau von Hüttenwerken. Dem Einstieg in die Kokereitechnik lag vielmehr die Einschätzung zugrunde, daß in vielen Stahlerzeugerländern bei den häufig veralteten Kokereien ein beträchtlicher Modernisierungsbedarf besteht. Er resultiert einmal aus den überall verschärften Immissionsschutzauflagen und ergibt sich zum anderen aus dem Ziel der Kokereibetreiber nach höherer Wirtschaftlichkeit, was gleichbedeutend ist mit einer besseren Energieausnutzung. Im Vordergrund steht dabei neben der Verbesserung der Brennkammern die Kokstrockenkühlung; sie löst die herkömmliche, mit erheblichen Emissionen verbundene Naßkühlung ab.

Aus diesen Überlegungen heraus gründeten im Herbst 1987 Thyssen Engineering, die Carl Still GmbH & Co. KG in Recklinghausen und die Dr. C. Otto & Co. GmbH in Bochum die Still Otto GmbH, an der Thyssen Engineering mit 75 Prozent beteiligt wurde. Damit war dieser Geschäftsbereich einer der größten Anbieter in der Welt für die Kokereitechnik geworden. Eine weitere Stärkung der Position wurde 1989 erreicht, als die Didier Engineering GmbH ihre Arbeitsgebiete Kokerei- und Kohlenwertstofftechnik sowie den Industrieofenbau in die neugegründete Didier OFU Engineering GmbH einbrachte, an der Thyssen Engineering zu 70 Prozent beteiligt ist. Die neue Gesellschaft übernahm auch die bei Thyssen vorhandenen Industrieofenbau-Aktivitäten.

Thyssen Engineering konnte mit diesen Schritten über den traditionellen Stahlbau hinaus sein Angebot stark ausbauen. Es reicht von der Rauchgasreinigung über Entstaubungsanlagen und die Wirbelschichtverbrennung zur Wasseraufbereitung und zur Kokereitechnik. 1990 hat Thyssen Engineering einen Umsatz von knapp 640 Millionen DM abgerechnet. Zum Ausbau der Forschungsaktivitäten wurde ein „Zentrum zur Entwicklung von Umwelttechnologien und Systemtechnik" (ZEUS) geschaffen.

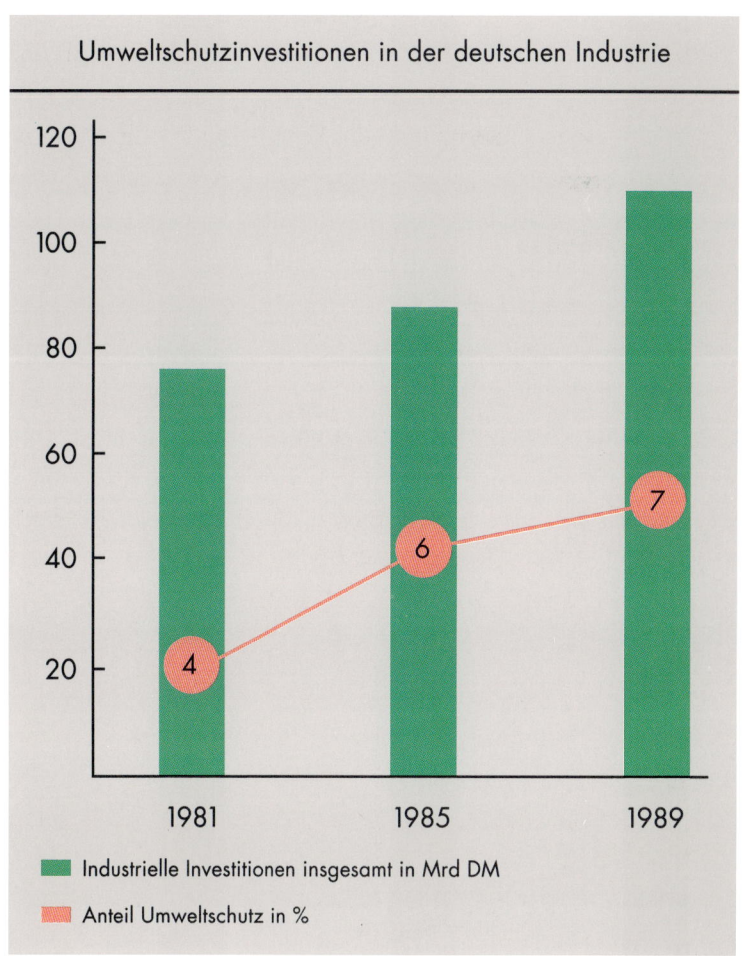

Umweltschutzinvestitionen in der deutschen Industrie

- Industrielle Investitionen insgesamt in Mrd DM
- Anteil Umweltschutz in %

235

Spezialisierung auf den Werften

Zwei renommierte deutsche Großwerften sind nach dem Zweiten Weltkrieg zu Thyssen gekommen: Blohm + Voss in Hamburg und die Nordseewerke in Emden. Beide können auf eine stattliche Erfahrung im Schiffbau zurückblicken; beide Werften haben während der letzten Jahrzehnte aber auch den umwälzenden Wandel demonstriert, den der deutsche Schiffbau durchgemacht hat.

Die ältere der beiden Großwerften ist die heutige Blohm + Voss AG in Hamburg, die 1877 von den Ingenieuren Hermann Blohm und Ernst Voss als Schiffswerft und Maschinenfabrik Blohm & Voss gegründet wurde. Dieses Unternehmen kam anfänglich nur mühsam voran, zumal die Hamburger Reeder damals mehr Vertrauen in die englischen Werften setzten. Gleichwohl gelang es den Gründern in den achtziger und neunziger Jahren, nach und nach die Reeder von der Leistungsfähigkeit ihrer Werft zu überzeugen.

Das Unternehmen entwickelte sich zu einer der angesehensten Werften in Europa, die bis zum Ende des Zweiten Weltkriegs zahlreiche Fahrgast- und Fracht-schiffe mit insgesamt 3,3 Millionen Tonnen Tragfähigkeit baute. Die „Albert Ballin" hat in der Passagierschiffahrt ebenso Geschichte gemacht wie die „Deutschland", die „Cap Arcona" oder die „Europa". Die stolzen Viermastbarken „Pamir" und „Passat" sowie das Segelschulschiff der Bundesmarine, die Dreimastbark „Gorch Fock", stehen für eine Reihe von Windjammern, die zum Teil heute noch die Weltmeere befahren. Schlachtschiffe und Kreuzer mit klangvollen Namen kamen von Blohm & Voss, etwa die „Bismarck" oder die „Admiral Hipper". In beiden Weltkriegen baute das Unternehmen 361 U-Boote. Es betrieb in den dreißiger Jahren auch einen Flugzeugbau, der nach dem Krieg ausgegliedert und später über die Familie Blohm in der Messerschmitt-Bölkow-Blohm GmbH seine Bleibe fand. Der Werftbetrieb wurde nach dem Zweiten Weltkrieg vollständig demontiert. Der Neuanfang war schwer; erst 1954 durfte die Hamburger Werft wieder Schiffe bauen.

Die 1903 von rheinisch-westfälischen Industriellen gegründete Nordseewerke Emder Werft und Dock AG geriet schon 1908 ins Schlingern. Sie wurde zahlungsunfähig und kam nach einem Interregnum durch die Stadt Emden 1911 in das Imperium von Hugo Stinnes. Auf diese Weise gelangte sie 1926 in die Vereinigten Stahlwerke und firmierte seit 1934 als Nordseewerke Emden GmbH. Sie baute bis zum Ende des Zweiten Weltkriegs vornehmlich Frachtschiffe mit insgesamt 5,4 Millionen Tonnen Tragfähigkeit. Für die Marine wurden im Zweiten Weltkrieg 30 U-Boote gebaut. Durch die Enge der seit 1913 nicht mehr erweiterten Seeschleuse des Emder Hafens war die Werft frühzeitig gezwungen, sich vor allem dem Spezialschiffbau zu widmen.

Während die Nordseewerke 1952 bei Rheinstahl und so bei Thyssen landeten, war der Weg von Blohm & Voss zu Thyssen etwas komplizierter. Der erste Schritt zu einer Verbindung war 1955 ein Darlehen an die Hamburger Werft. Daraus wurde 1957 eine Kapitalbeteiligung der Phoenix-Rheinrohr AG, der späteren Thyssen Röhrenwerke AG. Ihr Anteil wuchs über mehrere Kapitalerhöhungen bis auf 50 Prozent. 1967 beteiligte sich auch die Siemens AG an Blohm + Voss, die ein Jahr zuvor den altehrwürdigen &-Kringel durch das schlichte +-Zeichen im Namen ersetzt hatte. 1966 hatte das Unternehmen überdies die Werft H.C. Stülcken Sohn übernommen, die ihrerseits die Ottensener Eisenwerk GmbH mitbrachte.

Über Phoenix-Rheinrohr kam Blohm + Voss zur ATH. Im Jahre 1986 übernahm Blohm + Voss zur Verstärkung der Sektoren Schiffsreparatur und Maschinenbau den Hamburger Bereich der Howaldtswerke-Deutsche Werft AG. Seit April 1988 ist die Thyssen AG mit 74,1 Prozent an Blohm + Voss beteiligt; der Rest liegt im wesentlichen bei den Erben der Familie Blohm und bei der Siemens AG. Im gleichen Jahr wurde die Hamburger Werft führungsmäßig der Thyssen Industrie AG zugeordnet. Zur Sicherstellung einer engen Zusammenarbeit sind Vorstandsmitglieder der Blohm + Voss AG und der Thyssen Nordseewerke GmbH wechselseitig in der Leitung des jeweils anderen Unternehmens vertreten.

Die deutsche Werftindustrie hat sich seit längerem mit harten Fakten abfinden müssen: Übliche Handelsschiffe und Tanker können in Deutschland in der Regel nicht mehr kostendeckend gebaut werden. In den sechziger und siebziger Jahren hatte die japanische Werftindustrie, insbesondere im Großtankerbau, gewaltige Kapazitäten errichtet; andere Länder in Fernost folgten. Das ging zu Lasten der traditionellen Schiffbaunationen. Die Lage spitzte

Der Ursprung von Blohm & Voss auf Kuhwerder um 1880. Gemälde von Werner Anton.

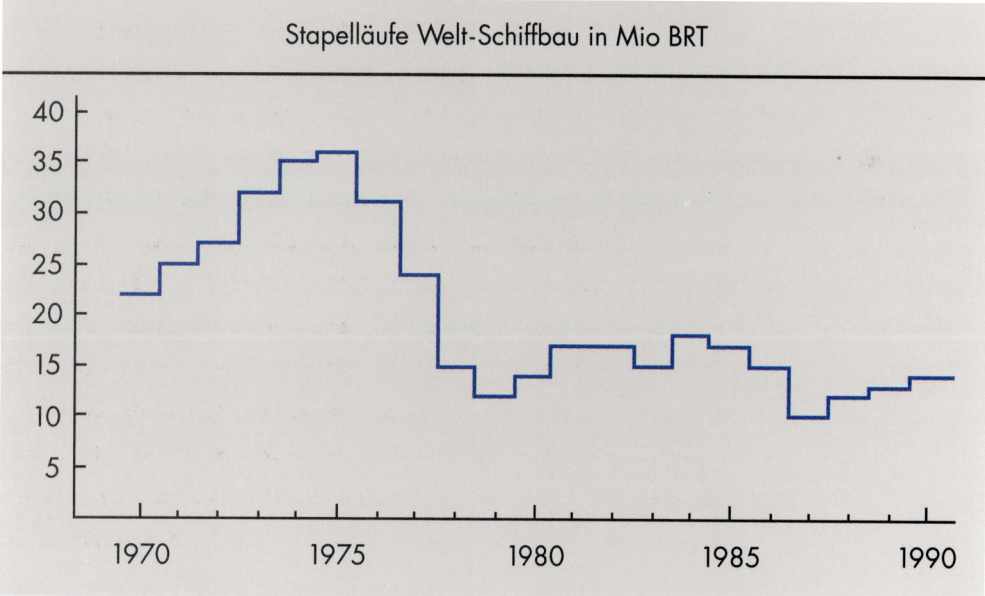

Stapelläufe Welt-Schiffbau in Mio BRT

sich weiter zu, als nach der ersten Ölkrise der Bedarf an neuer Tankertonnage drastisch schrumpfte. Liefen 1975 weltweit noch 36 Millionen Bruttoregistertonnen vom Stapel, so waren es 1988 gerade zwölf Millionen Tonnen, und auch der seitherige leichte Anstieg hat an der Grundtendenz nichts geändert. Nimmt man die hohen

deutschen Löhne und Sozialkosten hinzu sowie die weltweite Subventionierung des Schiffbaus, dann vollendet sich das Bild der im Bau von Massengutschiffen hoffnungslos wettbewerbsunfähigen deutschen Werften.

Sollten also die Werften im Thyssen-Konzern überleben, dann war der Bau üblicher Handelsschiffe nur noch ausnahmsweise zur Deckung vorübergehender Beschäftigungslücken vertretbar. Vor allem aber mußte man sich aus dem Großtankerbau heraushalten. Folgerichtig verzichtete dann auch Blohm + Voss im Jahre 1971 auf den bereits vom Aufsichtsrat genehmigten Plan, das Trockendock Elbe 17 zum Baudock für Großtanker umzurüsten. Um so intensiver wurden die Bemühungen beider Werften um eine den veränderten wirtschaftlichen Daten angepaßte Programmstruktur.

Es galt, Fertigungen in komplexen Systemen mit hoher Ingenieurleistung zu forcieren. Beim Bau einer Fregatte oder einer Luxusyacht schlägt der Anteil von Lohnarbeit in den Gesamtkosten nicht so stark durch wie der Aufwand für Ingenieurarbeit und für komplizierte technische Systeme, die in der Regel zugekauft werden. Ähnlich hohe Ansprüche an Konstruktion und Bau stellen U-Boote, Rohrverlege-Schiffe oder Gas- und Chemikalientanker. Angesichts eines niedrigeren Lohnkostenanteils ist der Bau solcher Schiffe auch im Hochlohnland Deutschland durchaus wettbewerbsfähig.

Ein weiteres Beispiel für die Spezialisierung der Thyssen-Werften ist eine neue Eisbrecher-Technik, die von den Nordseewerken eingeführt wurde. Im Unterschied zum herkömmli-

chen Verfahren arbeitet das neue System mit einem breiten Bug. Die gebrochenen Schollen werden seitlich unter die Eisdecke geschoben; so bleibt die Fahrrinne länger frei. Dies ist vor allem für die sowjetische Schiffahrt von großer Wichtigkeit; von dort kamen auch die ersten Aufträge zum Umbau konventioneller Eisbrecher. Interessant könnte diese Technik auch dann werden, wenn es eines Tages darum geht, die heute noch nicht angezapften Vorräte an Erdöl und Erdgas im Bereich der arktischen Eiskappe zu erschließen.

Die Wehrtechnik ist zu einer wichtigen Säule beider Werften geworden. Nicht nur die Bundesmarine hat in ihrer Flotte Fregatten, Korvetten, Versorgungsschiffe und U Boote von den Nordseewerken oder von Blohm + Voss; verbündete Nationen, beispielsweise Norwegen, Portugal, Griechenland oder die Türkei, sind ebenfalls Auftraggeber. Auch Australien und Neuseeland entschieden sich, allerdings bei kompletter Fertigung auf einer australischen Werft, für den von Blohm + Voss entwickelten Fregattentyp. Die Hamburger Werft hat im Fregattenbau ein standardisiertes Modulsystem eingeführt, das wesentlich zu den Markterfolgen beiträgt.

Neben der Spezialisierung im Schiffsneubau hat vor allem Blohm + Voss traditionell einen weiteren Schwerpunkt bei Schiffsreparaturen und -umbauten, auf die fast die Hälfte der Beschäftigung entfällt. Es liegt nahe, daß solche Aufträge, die in der Regel unter großem Zeitdruck stehen,

Blick von den St. Pauli-Landungsbrücken auf das Dock 5 von Blohm + Voss.

Stapellauf einer Öl-Ladeboje.

Eisbrecher mit Thyssen/Waas-Bug.

besonders hohe Anforderungen an die Organisation sowie an die Qualifikation und an die Einsatzbereitschaft der Mitarbeiter stellen. Bei den Nordseewerken machen Reparatur- und Umbauaufträge rund 20 Prozent der Beschäftigung aus.

Blohm + Voss, seit der Gründung dem Maschinenbau verbunden, hat dem Ausbau dieses Fertigungszweigs in den achtziger Jahren besonderes Gewicht beigemessen. Nach Übernahme des Hamburger HDW-Betriebs entschloß sich das Unternehmen, den gesamten Maschinenbau mit einem erheblichen Investitionsaufwand an einem Standort zu konzentrieren. So entstand auf dem Werftgelände Steinwerder auch die größte zusammenhängende Ma-

schinenfabrik in Norddeutschland. Dieses Werk repräsentiert einen Jahresumsatz von rund 200 Millionen DM. Neben einem schiffbaunahen Programm werden zur Diversifikation auch Anlagen für die Energie- und Umwelttechnik sowie für einige Zweige der Fertigungstechnik gebaut.

Die Neuorientierung in den Programmen der beiden Werften war von harten Einschnitten begleitet. Bei Blohm + Voss ist die Belegschaft von knapp 7.000 Mitarbeitern im Jahre 1975 auf 5.700 im Jahre 1990 reduziert worden. Dabei ist zu berücksichtigen, daß 1986 mit den Hamburger Betrieben von HDW rund 2.000 Mitarbeiter hinzugekommen waren. Bei den Nordseewerken, wo Mitte der siebziger

Jahre noch knapp 5.000 Menschen beschäftigt waren, hat sich die Zahl der Mitarbeiter auf rund 2.000 eingependelt.

Dies alles hat dazu beigetragen, daß Blohm + Voss ebenso wie die Thyssen Nordseewerke ihr Gesicht in den beiden letzten Jahrzehnten stark verändert haben. Für bestimmte Bereiche der Produktpalette kann man mit Fug und Recht von einem Systemhaus mit angehängter Fertigung sprechen. Zusammengefaßt repräsentierten beide Unternehmen zuletzt eine Jahres-Gesamtleistung von 1,6 Milliarden DM bei einem komfortablen Auftragsbestand, der weit in die neunziger Jahre hineinreicht.

Auf dem richtigen Weg

Als die ATH die Rheinstahl AG übernahm, lag bei diesem damals schon mehr als 100 Jahre alten Unternehmen viel im argen. Praktisch handelte es sich um einen Sanierungsfall. Inzwischen ist das Ziel erreicht, aus Thyssen Industrie das europäische Verarbeitungszentrum der Thyssen-Gruppe zu entwickeln. Dies war nicht ohne tiefgreifende Einschnitte möglich. Im Oktober 1974 beschäftigte der Rheinstahl-Konzern im Inland ohne die wenig später abgegebenen Stahl- und Edelstahlaktivitäten an die 50.000 Mitarbeiter; im Herbst 1990 arbeiteten in den vergleichbaren Bereichen des Unternehmens rund 30.000 Menschen.

Die heutige Struktur von Thyssen Industrie ist auf verschiedenen Wegen erreicht worden. So galt es einmal, hoffnungslos unrentabel gewordene Fertigungen aufzugeben. Eine weitere und nicht minder schmerzliche Aufgabe war der Verzicht auf Produkte, die zwar technisch durchaus interessant waren und auch ihren Markt fanden, die im Maßstab des internationalen Wettbewerbs aber einfach zu geringe Marktanteile hatten. Andererseits baute Thyssen Industrie durch Akquisitionen und eigene Produktentwicklungen einzelne Geschäftszweige, deren Produkte und Absatzstruktur erfolgversprechend erschienen, systematisch aus. Ansätze zu einer solchen Unternehmenspolitik hatte es zwar auch bei Rheinstahl schon mehrmals gegeben, aber sie waren wegen der dürftigen finanziellen Ausstattung und

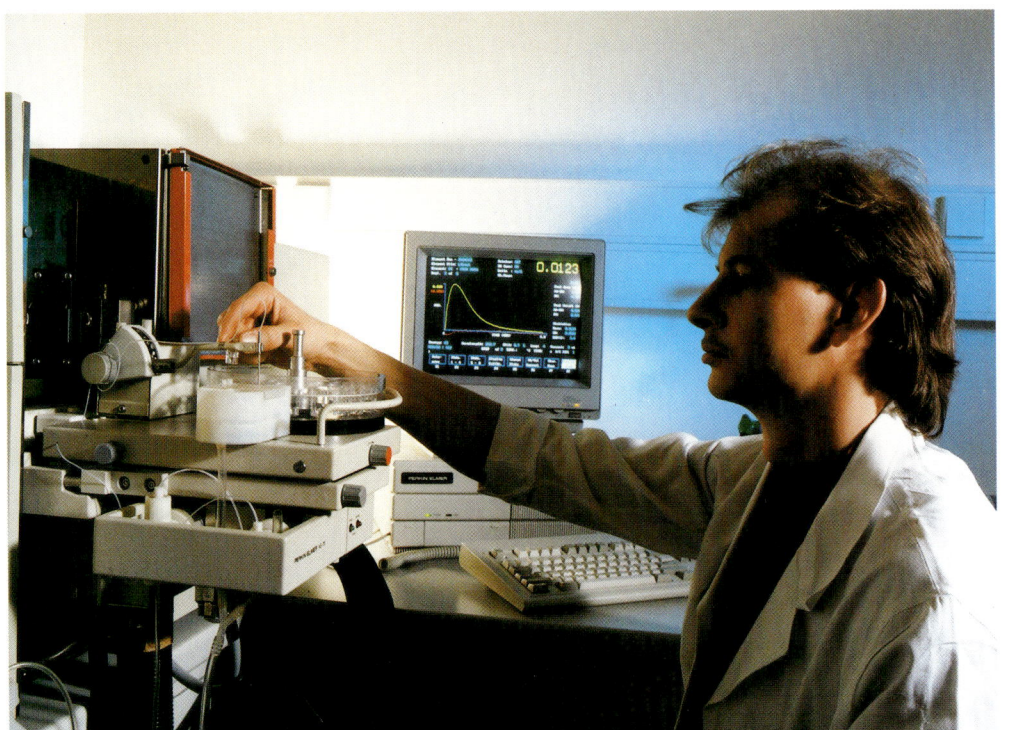

„ZEUS": Zentrum zur Entwicklung von Umwelttechnologien und Systemtechnik, Duisburg-Meiderich.

240

auch wegen organisatorischer Mängel nie recht weit gekommen. Erst durch die Zugehörigkeit zu der wesentlich finanzstärkeren Thyssen-Gruppe bot sich ab 1974 die Chance, Schritt für Schritt an die Verwirklichung eines solchen Konzeptes heranzugehen.

Die Thyssen-Gruppe umreißt ihr Aktionsfeld mit dem programmatisch klingenden Slogan „Werkstoffe – Komponenten – Systeme". Von diesen drei Tätigkeitsfeldern sind zwei bei Thyssen Industrie angesiedelt: die Komponenten und die Systeme. In den Gießereien und den Betrieben der Umformtechnik hat der Essener Konzern sich in besonders starkem Maße auf die Fertigung von Komponenten für die Automobilindustrie konzentriert. Für die gleiche Kundengruppe arbeitet schwerpunktmäßig der Maschinenbau, der sich auf komplexe Systeme der Fertigungstechnik spezialisiert hat. Zu den Systemen gehört auch der Aufzugbau, der neben seiner Internationalisierung beharrlich daran arbeitet, noch stärker in das von Marktschwankungen weniger betroffene Dienstleistungsgeschäft vorzudringen. Es handelt sich überdies dabei, anders als bei der Automobil-Industrie, um einen breit gelagerten Kundenkreis, der etwa Architekten und Bauherren von Wohngebäuden, Warenhäusern, Banken und Rathäusern ebenso umfaßt wie Flughafen- oder Bahngesellschaften.

Wiederum ein anderer Kundenkreis, vor allem die Energiewirtschaft sowie öffentliche Auftraggeber im kommunalen Bereich, wird von einem weiteren System-Spezialisten der Thyssen Industrie angesprochen, nämlich von der Umwelttechnik. Auch hier liefert man komplette Lösungen.

Ein ebenfalls den Systemen zuzurechnendes Beispiel aus dem Programm von Thyssen Industrie betrifft den spurgebundenen Verkehr, der aus der Vergangenheit der ältesten noch bestehenden deutschen Lokomotivfabrik in die Zukunft der modernen ICE-Technik hinübergeführt werden konnte. Allerdings war dies nur möglich durch eine partnerschaftliche Zusammenarbeit mit einem großen Konzern der Elektrotechnik. Parallel dazu hat sich Thyssen Henschel das zukunftsträchtige Feld der Magnetschnellbahn erschlossen. Der auf alten Wurzeln aufbauende Schiffbau in

Wachstum und Strukturveränderung bei Thyssen Industrie Umsätze der Geschäftsbereiche, die 1989/90 zum Unternehmen gehörten				
	1974/75		1989/90	
	Mio DM	%	Mio DM	%
Thyssen Guss	1.232	24	1.282	16
Thyssen Umformtechnik	754	15	1.017	13
Thyssen Maschinenbau	277	6	1.112	14
Thyssen Aufzüge	362	7	1.282	16
Thyssen Henschel	737	15	999	12
Thyssen Nordseewerke	550	11	531	6
Blohm + Voss	743	15	1.091	13
Thyssen Engineering	261	5	633	8
Thyssen Polymer	104	2	149	2
Insgesamt*	5.020	100	8.096	100

* ohne sonstige Umsätze

Hamburg und Emden liefert Anschauungsunterricht darüber, wie durch Spezialisierung auf komplexe Systemschiffe und durch eine aus dem schiffbaunahen Maschinenbau heraus entwickelte Umwelt- und Energietechnik eine stabile Grundlage geschaffen werden kann.

Für den Bereich Thyssen Industrie gilt im Detail, was der Vorstand der Thyssen AG für den Konzern im ganzen wiederholt festgestellt hat: Die Konzentration auf zukunftsträchtige Fertigungen mit dem Angebot ganz unterschiedlicher Problemlösungen für möglichst viele Abnehmergruppen kann am ehesten den Ausgleich für die Schwankungen auf Einzelgebieten bringen. Die Zeiten, da ein großer Teil der Geschäftsbereiche von Thyssen Industrie mit roten Zahlen arbeitete, sind seit Mitte der achtziger Jahre überwunden. Daß einzelne Geschäftsbereiche in diesem oder jenem Jahr besser oder schlechter abschneiden, gehört freilich nicht nur im Thyssen-Konzern zum Alltag. Aber eben dafür muß ein Unternehmen kraft seiner Struktur auch gewappnet sein.

Ein Barge-Container-Schiff, gebaut bei den Thyssen Nordseewerken.

Komplette Montageanlage für Fahrzeug-Aggregate der Thyssen-Maschinenfabrik in Bremen.

Geschmiedete Kurbelwelle nach Bearbeitung.

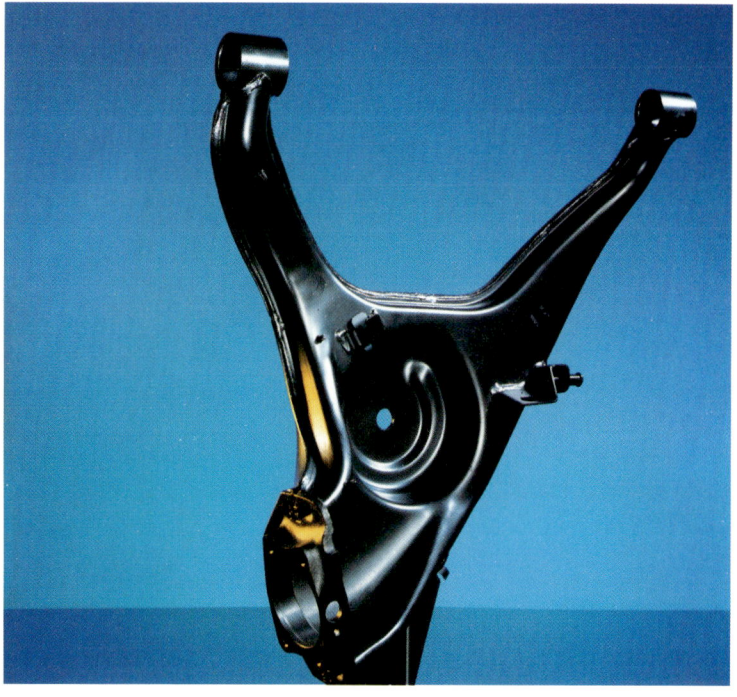

PKW-Querlenker aus Stahlblech- und Gußteilen.

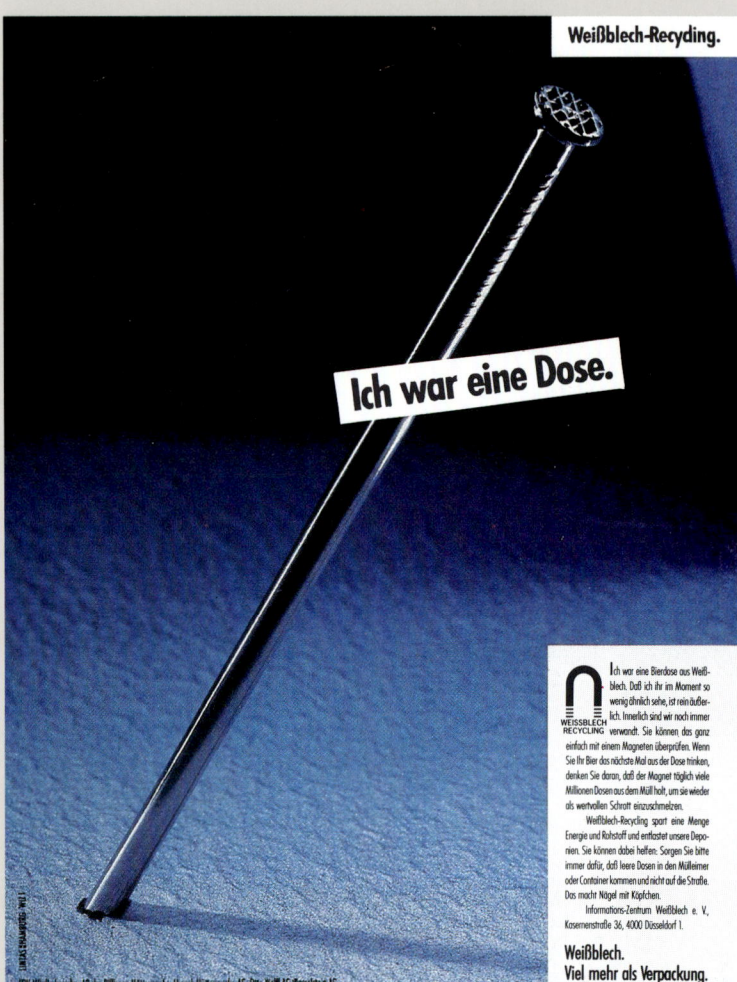

Umweltschutz durch Recycling: Anzeigenmotiv des Informations-Zentrums Weiß- blech e.V.

Umweltschutz durch Renatu- rierung und Rekultivierung: Der ehemalige Steinbruch Schlupkothen bei Wülfrath, Natur- schutzgebiet seit 1986.

In der Marktwirtschaft begegnen die Unternehmen einander zuallererst als Konkurrenten; sie stehen im Wettbewerb um Kunden, Mitarbeiter, Kapital, Technologien und Vorprodukte. Es sind die hieraus erwachsenden Spannungsfelder mit ihren Gewinnanreizen, die den einzelnen zur Leistung anspornen und die der Gesamtheit größtmöglichen Nutzen bringen. Allerdings bilden Unternehmen, die in hartem Wettbewerb zueinander stehen, oft auch Partnerschaften, wenn gemeinsame Interessen verfolgt werden sollen. Auch die Liefer- und Leistungsbeziehungen verbinden Unternehmen vielschichtig miteinander und erweisen sich oft über Jahrzehnte als stabil und belastbar.

Im Deutschland des 19. Jahrhunderts prägten Einzelpersönlichkeiten als Erfinder-Kaufmann-Kapitalgeber das Unternehmerprofil der Frühindustrialisierung. Doch auch sie suchten Partnerschaften. Das damals entstehende Kammer- und Verbandswesen, aber auch so manche Kartelle waren Ausdruck solcher gemeinsamen Interessen. Seit Ende des vorigen Jahrhunderts wurden zunehmend Institutionen des öffentlichen Sektors und andere gesellschaftliche Kräfte in solche Partnerschaften einbezogen.

Noch bis in die sechziger Jahre unseres Jahrhunderts war ökonomischer Erfolg der entscheidende Maßstab für die gesellschaftliche Leistung eines Unternehmens. Er wurde und wird gemessen an Arbeitsplätzen, am Gewinn und an der Steuerleistung. Wenn der Schornstein raucht, dann geht es Menschen und Wirtschaft gut – so lautete dafür die Kurzformel. Doch allmählich trat neben die Ökonomie die Ökologie in das Bewußtsein. Schließlich wurde auch Partnerschaft mit der Umwelt ein selbstverständlicher Teil der Unternehmenskultur.

Die Stahlindustrie, früher als Umweltverschmutzer ersten Ranges gescholten, wird heute durch umweltschonende Verfahren und Produkte geprägt. Geschlossene Wasserkreisläufe reduzieren schon seit einem Jahrhundert den eigentlichen Wasserverbrauch der Hüttenwerke auf ein Minimum. Wirkungsvolle Entstaubungsanlagen sorgen für reinere Luft. Der Energieverbrauch der Hüttenwerke konnte massiv reduziert werden. Von 1960 bis 1990 haben die im Stahl tätigen Thyssen-Gesellschaften in Deutschland fast zwei Milliarden DM für den Umweltschutz investiert. Die laufenden Unterhaltskosten für Umweltschutzmaßnahmen liegen inzwischen bei rund 500 Millionen DM jährlich.

Als Werkstoff ist Stahl von seiner Natur her besonders recyclingfreundlich. Schrott muß nicht auf Deponien gelagert, sondern kann als wertvoller Rohstoff wiederverwendet werden. Aus dem oft so problematischen Haushaltsmüll lassen sich eisenhaltige Reststoffe wie etwa Weißblechdosen zurückgewinnen und verwerten.

Partnerschaft mit der Umwelt bedeutet auch, einst unvermeidbare Eingriffe in die Natur wiedergutzumachen. Die vor allem in der Förderung und Verarbeitung von Kalkstein, Dolomit und Ton tätigen Unternehmen der Wülfrather Firmengruppe haben in den letzten 20 Jahren mehr als 460 Hektar Fläche renaturiert und rekultiviert. Wo früher Steine oder Tone gewonnen wurden, bestehen heute oft wertvolle Biotope und Erholungsgebiete.

Umweltschutz verursacht hohe Kosten, kann aber auch Aufträge bringen. Die Industrie entwickelt dafür neue Produkte und Dienstleistungen ebenso wie Technologien und Systeme etwa zur Rauchgas- und Abwasserreinigung. Das eröffnet gerade auch den Unternehmen der Thyssen-Gruppe zusätzliche Chancen auf den Märkten. Die Partnerschaft zwischen Wirtschaft und Umwelt bedeutet also Geben und Nehmen.

PARTNERSCHAFTEN

Für die Weiterentwicklung eines Unternehmens gibt es viele Instrumente. Die Fachwelt unterschied früher vor allem zwischen internem und externem Wachstum – letzteres bedeutet Firmenkäufe. Neuerdings spricht man viel über Joint-ventures oder gar strategische Allianzen. Es kann sich dabei um Gemeinschaftsinvestitionen handeln, es kann Forschungskooperationen betreffen oder gegenseitige Beteiligungen zwischen sonst unabhängigen Unternehmen. Indessen zeigt die Wirtschaftsgeschichte, daß es partnerschaftliche Zusammenarbeit von Unternehmen auch früher schon in vielfältigen Formen gegeben hat.

August Thyssen, der doch sonst als Einzelgänger galt, ist im Interesse seiner Werke ebenfalls solche Verbindungen eingegangen. Zusammen mit Hugo Stinnes beteiligte er sich maßgeblich am Rheinisch-Westfälischen Elektrizitätswerk in Essen zur Sicherung einer wirtschaftlichen regionalen Stromversorgung. August Thyssen und Peter Klöckner waren Partner bei der Gründung des Edelstahlwerks in Krefeld. Auch gab es schon früh Projekte, die von ihrer Natur her zu groß für ein einzelnes Unternehmen waren, so daß es nur vernünftig war, sie gemeinsam anzugehen.

Die Erschließung von Rohstoffvorkommen liefert da besonders markante Beispiele. Als die deutsche Stahlindustrie nach dem

Zweiten Weltkrieg ihre Erzversorgung auf Überseevorkommen ausrichtete, knüpfte die ATH gemeinsam mit Hoesch und Krupp an die schon Jahrzehnte zurückliegenden gemeinsamen Erfahrungen im brasilianischen eisernen Viereck bei Belo Horizonte an. Mit den gleichen Partnern und mit Mannesmann betreibt Thyssen die Erzumschlaganlage in dem Rotterdam vorgelagerten Europoort. Bei der Erschließung der liberianischen Erzgrube Bong Mining arbeitete die ATH nicht nur mit Hoesch und Krupp, sondern auch mit dem italienischen Staatsunternehmen Ilva zusammen.

Auch der Aufschluß von Kalkstein- und Dolomitvorkommen im bergisch-märkischen Raum südlich der Ruhr gibt anschauliche Beispiele für stabile Partnerschaften. Über viele Jahrzehnte war Krupp bei den Rheinischen Kalksteinwerken der Partner von Thyssen, seit 1985 ist es das Baustoff-Unternehmen Knauf. Bei den Dolomitwerken war es von Anfang an Hoesch, mit dem Thyssen nun über achtzig Jahre zusammenarbeitet.

Die Thyssen-Geschichte dokumentiert auch das „Downstream" in enger Kooperation, also die Versorgung anderer Unternehmen mit Halbzeug und Warmbreitband aus Duisburg. Die durch langfristige Lieferverträge abgestützte Halbzeug-Versorgung des früheren Bandstahlproduzenten Wuppermann in Leverkusen, die schon vor dem Ersten Weltkrieg begann, kann hier genannt werden. Im Bereich der mittel-

Thyssen Draht,
Werk Hamm,
1988.

ständischen Zieherei- und Kaltwalzindu-
strie gibt es viele andere selbständige
Unternehmen, die sich auch ohne Lang-
fristverträge zur Duisburger Stahlbasis
von Thyssen orientiert haben.

Das funktioniert auch dann im Geiste
einer partnerschaftlichen Zusammenarbeit, wenn eine Kapitalbindung besteht. So
operiert die Thyssen Draht AG in Hamm,
eine hundertprozentige Thyssen-Tochter,
bei vollständiger Walzdrahtversorgung
aus Duisburg dennoch in völliger Eigenständigkeit auf ihren speziellen Märkten.
Dezentrale Konzernführung ist bei Thyssen immer als wichtiges Element der
Unternehmenspolitik verstanden worden;
sie beläßt die Verantwortung dort, wo die
meiste Sachkompetenz ist.

Zu den Beispielen einer erfolgreichen
Downstream-Partnerschaft gehört auch
die Zusammenarbeit zwischen Thyssen
und Otto Wolff, die ihre jeweiligen Interessen auf den Gebieten Weißblech und
Elektroblech seit Anfang der sechziger
Jahre in Gemeinschaftsunternehmen eingebracht hatten. Expansionsabsichten auf
diesen Märkten trafen sich mit speziellen
Investitionszwängen zu einer drei Jahrzehnte auch wirtschaftlich für beide Seiten
erfolgreichen Kooperation. Daß die Partnerschaft schließlich Ende der achtziger
Jahre, als Otto Wolff von Amerongen sich
von seinen Firmen und Beteiligungen trennen wollte, zu einer Übernahme durch
Thyssen führte, lag in der Logik des in
Jahrzehnten aufgebauten Vertrauens.

*Tonabbau für
Feuerfest-Material
seit fast 100 Jah-
ren: Grube Maria
bei Goldhausen im
Westerwald, 1990.*

Rasselstein AG, Weißblechwerk Andernach am Rhein.

Kalk- und Dolomitverbund für viele Kunden

„Thyssen & Co., Abt. Kalkwerke Wülfrath" hieß der Betrieb, mit dem August Thyssen 1898 den Aufschluß seines Kalksteinbruchs, eines Teils des mächtigen Wülfrather Vorkommens, in die Hand nahm. Thyssen hatte in Schlupkothen, zwei Kilometer östlich von dem zwischen Wuppertal und Düsseldorf liegenden Wülfrath, 107 Hektar Land erworben und kaufte bald weiteres Gelände im benachbarten Flandersbach. Die Gewerkschaft Deutscher Kaiser brauchte, wie alle Hüttenwerke, viel Kalkstein und Kalk als Zuschlagstoff in den Hochöfen und als Schlackenbinder in den Stahlwerken. Zur Erschließung und Verarbeitung des Kalksteins in dem wesentlich reicheren Flandersbacher Vorkommen wurden 1903 die Rheinischen Kalksteinwerke mit einer anfänglichen Belegschaft von 622 Mitarbeitern gegründet.

Die ersten Anteilseigner waren Hüttenwerke aus dem Interessenkreis von August Thyssen: die AG Schalker Gruben- und Hüttenverein in Gelsenkirchen, die Gewerkschaft Deutscher Kaiser in Hamborn und die AG für Hüttenbetrieb in Meiderich. Wenig später trat Krupp als vierter Gesellschafter hinzu. 1926 wurde der Stahlverein mit 75 Prozent Mehrheitsgesellschafter neben den 25 Prozent von Krupp. Ab Mitte der sechziger Jahre hatte die Thyssen-Gruppe einen Anteil von 65 Prozent. Weitere zehn Prozent kamen später durch die Übernahme von Rheinstahl hinzu. Im Jahre 1985 verkaufte Krupp seinen Anteil an das Baustoff-Unternehmen Knauf in Iphofen. Seitdem liegen 75,1 Prozent des Kapitals bei der Thyssen AG und 24,9 Prozent bei der Gebr. Knauf Verwaltungsgesellschaft KG.

Schon August Thyssen hatte erkannt, daß der Rohstoff Kalkstein möglichst in der Nähe der Vorkommen veredelt, also zu Kalk gebrannt werden muß. Noch vor dem Ersten Weltkrieg wurden Ring- und Schachtöfen in Betrieb genommen; in den zwanziger Jahren begann die weitgehende Mechanisierung der Gewinnung und Verarbeitung von Kalkstein. Diese Politik einer höheren Wertschöpfung ist in den folgenden Jahrzehnten konsequent weiterbetrieben worden.

Bis in die Zeit nach dem Zweiten Weltkrieg waren die Rheinischen Kalksteinwerke noch ganz auf die Versorgung der Hüttenwerke konzentriert. In den fünfziger Jahren begann die Diversifizierung, die schließlich in ein breites Leistungsprogramm mündete. So wurde im Jahre 1957 in Flandersbach eine Zementfabrik zur Verwertung des sonst kaum nutzbaren Abriebkalks sowie von Tonschiefer und Sand aus den Steinbrüchen gebaut. Der Erwerb weiterer Zementwerke, darunter auch ein auf der Verwertung von Hochofenschlacke basierender Betrieb im Werkshafen Schwelgern von Thyssen Stahl, führte 1976 zur Ausgliederung dieser Aktivitäten in die Wülfrather Zement GmbH.

Eine andere Entwicklungslinie verbindet sich mit dem Feuerfest-Unternehmen Dolomitwerke GmbH. Es wurde 1909 als Gemeinschaftsunternehmen mehrerer deutscher Hüttenwerke, darunter auch die Gewerkschaft Deutscher Kaiser mit einem Anteil von einem Drittel, zur Erschließung des großen Vorkommens von Kalzium-Magnesium-Karbonat in Hagen-Halden gegründet, das als eines der qualitativ besten Vorkommen der Welt gilt. Seither sind die Firmen Rheinkalk und Dolomit trotz ihrer verschiedenen Eigentumsverhältnisse durch eine gemeinsame Geschäftsführung und Verwaltung eng miteinander verbunden; sie treten nach außen als Wülfrather Gruppe auf.

Im Jahre 1988 kam es in diesem Unternehmensverbund zu mehreren Veränderungen. Die Rheinischen Kalksteinwerke erwarben die Kalkaktivitäten der Mannesmann Rohstoffwerke.

Neuer Markt für ein altes Produkt: der Umweltschutz.

Feuerfest-Auskleidung einer Hochofenwind-Leitung.

Umsatzstruktur Wülfrather Firmengruppe
nach Hauptabnehmern 1989/90

- Landwirtschaft 1 %
- Baugewerbe 20 %
- Baustoffindustrie 12 %
- Umweltschutz 5 %
- Chemische und andere Industrien 7 %
- Eisen- und Stahlindustrie 55 %

Außerdem wurden die Feuerfest-Aktivitäten neu geordnet. Dazu übernahmen die Dolomitwerke als Obergesellschaft die bisher mehrheitlich zu Thyssen gehörende und auf das Gründungsjahr 1873 zurückgehende Kölner Firma Martin & Pagenstecher einschließlich ihrer 1971 gegründeten Oberhausener Tochtergesellschaft Magnesital-Feuerfest, ferner das von Mannesmann übernommene Feuerfest-Werk Bad Hönningen. Dadurch waren alle Feuerfest- und Keramik-Aktivitäten mit acht inländischen Werken und zwei ausländischen Betriebsstätten in einer Hand zusammengefaßt. Die seit vielen Jahrzehnten bewährte paritätische Beteiligung von Thyssen und Hoesch an Dolomit wurde beibehalten.

Dank der umfangreichen Diversifizierung gehen die Produkte der Wülfrather Gruppe in zahlreiche Absatzmärkte. Deshalb wurde Anfang 1989 eine Spartenorganisation eingeführt, die auf den drei Säulen Kalk und Dolomit, Zement und Fertigbaustoffe sowie Feuerfest und Keramik beruht.

Die Sparte Kalk und Dolomit erbrachte 1989/90 rund 39 Prozent des Gruppenumsatzes von 1,2 Milliarden DM. Hergestellt werden gebrannte und ungebrannte Erzeugnisse für Eisen- und Stahlindustrie, chemische Industrie, Baugewerbe, Landwirtschaft und Futtermittelindustrie sowie für die Wasserwirtschaft.

Lieferant von Zement und Fertigbaustoffen, die oft mit Eigennamen am Markt auftreten, ist die Wülfrather Zement GmbH. Auf diese Sparte entfielen 1989/90 rund 21 Prozent des Umsatzes.

Die dritte Sparte, nämlich Feuerfest und Keramik, umfaßt ein breites Programm von feuerfesten Steinen, Massen und Mörteln. Diese Materialien werden beispielsweise in Konvertern und Elektroöfen sowie in Zement-Brennöfen verwendet, was eine hohe Temperaturbeständigkeit verlangt. Mit einem Anteil von rund 40 Prozent am Umsatz war diese Sparte zuletzt die größte der Wülfrather Gruppe.

Die Gruppe Wülfrath fördert in 13 Steinbrüchen jährlich rund 15 Millionen Tonnen Rohstein. Ende 1990 waren fast 4.000 Mitarbeiter beschäftigt, davon rund die Hälfte bei den Rheinischen Kalksteinwerken.

Zu den neuen Produkten zählen in wachsendem Maße auch Erzeugnisse für den Umweltschutz, die 1990 bereits mehr als 900.000 Tonnen ausmachten. In erheblichen Forschungsanstrengungen hat die Wülfrather Gruppe zahlreiche spezielle Kalkprodukte für die Rauchgas- und Abwasserreinigung sowie die Wasser- und Klärschlammaufbereitung entwickelt. Für die Rauchgasentschwefelung wurde das Spezialprodukt WÜLFRAsorp auf den Markt gebracht. Ein neues Tätigkeitsfeld ist die Einrichtung von umweltfreundlichen Deponien mit besonderen Abdichtungs- und Dekontaminierungsverfahren.

Umweltschutz bedeutet für die Unternehmensgruppe aber auch die Rekultivierung alter Abbauflächen. Seit Beginn des industriellen Kalksteinabbaus wurden durch Rekultivierung allein nahezu 110 Hektar neuen Waldes geschaffen.

Drahtspezialisten von Anfang an

Das Stammwerk der Thyssen Draht AG liegt in Hamm. Dort erhielt der Kaufmann Joseph Cosack 1854 eine Lizenz zum Betrieb eines Puddel- und Drahtwalzwerks und einer Eisendrahtzieherei. Aus Draht wurden auch Seile, Nägel, Sprungfedern und Nieten hergestellt. Das Geschäft ging gut. Selbst Brasilien und das Russische Reich kauften Telegrafendraht von Cosack & Comp.; mit Verlegung der ersten Überseekabel stieg die Nachfrage weiter.

Nach zwanzig Jahren wechselte das Unternehmen den Besitzer. Der Betrieb in Hamm wurde 1873 Mittelpunkt der neugegründeten Westfälische Union AG für Bergbau, Eisen- und Draht-Industrie, zu der auch Werke in Lippstadt, Belecke und Nachrodt zählten. Die Westfälische Union wurde zum bedeutendsten deutschen Walzdrahtproduzenten und erreichte 1882 einen Exportanteil von 48 Prozent.

Die Fortschritte in der Stahlerzeugungstechnik zwangen zur Aufgabe der eigenen Puddelstahl-Basis. Da sich der Bau eines Bessemer- oder SM-Stahlwerks nicht rentiert hätte, entschloß man sich, mit der Phoenix AG für Bergbau und Hüttenbetrieb zusammenzugehen. 1898 kam es zur Fusion. Dabei verlor die Westfälische Union zwar nicht den Namen, wohl aber die rechtliche Selbständigkeit.

Mit der Phoenix-Gruppe kamen die Drahtfertigungen 1926 zu den Vereinigten Stahlwerken. Hamm blieb Sitz und Hauptwerk auch der 1932 gebildeten VSt-Drahtgruppe, zu der neben den Betrieben der Westfälischen Union weitere fünf Werke gehörten. Darunter befand sich die Draht- und Nägelfabrik Dinslaken, die August Thyssen für das Bandeisenwalzwerk Dinslaken erworben hatte, und die ein scharfer Konkurrent für Hamm gewesen war.

In der VSt-Zeit wurde die Walzdrahterzeugung in Hamm und bei der Thyssenhütte zugunsten der Niederrheinischen Hütte aufgegeben, dafür aber die Produktpalette in Richtung Drahtverarbeitung vergrößert. Baustahlgewebe, Schweißdrähte und -elektroden gehörten zu den neuen Produkten.

Kriegs- und Nachkriegszeit brachten Zerstörungen, Demontagen, Entflechtung und Neuordnung auch für die Westfälische Union. 1952 kam sie als Tochtergesellschaft zur Niederrheinischen Hütte und mit dieser 1956 in den Thyssen-Verbund. Aus Rationalisierungsgründen mußte 1960 die Fertigung im Werk Dinslaken eingestellt werden. Auf dem Gelände arbeitet heute die Thyssen Bausysteme GmbH.

Mit der Neuordnung zeichnete sich die heutige Struktur der traditionsreichen Westfälischen Union ab, die seit 1978 den Namen Thyssen Draht trägt. An den Standorten Hamm, Altena, seit 1969 nach Übernahme des dortigen HOAG-Drahtwerks auch Gelsenkirchen, werden Draht und Drahterzeugnisse auf Eisenbasis hergestellt und weltweit vermarktet. Ausgangsmaterial für all diese Erzeugnisse ist Walzdraht, der in genau abgestimmten Qualitäten von der Muttergesellschaft Thyssen Stahl kommt. Entsprechend eng ist die Zusammenarbeit der Techniker und Forscher von Thyssen Draht mit den Duisburger Metallurgen.

Die Produktprogramme der einzelnen Werke von Thyssen Draht sind sorgfältig

Fertigung einer sechsadrigen Leitung für die Steuer- und Regeltechnik.

*Stabelektroden zum Verbindungs-
und Auftragschweißen.*

*Spezialprodukt
Drahtseile:
Anzeige aus den
fünfziger Jahren.*

aufeinander abgestimmt. Das Werk Hamm produziert Eisendraht in vielfältigen Ausführungen, der sich wegen seines geringeren Kohlenstoffgehalts beispielsweise zu Schweißelektroden, zu hochwertigen Schrauben und sogar zu Scheren verarbeiten läßt.

Stahldraht und Blankstahl, ausgestattet mit höherer Festigkeit und Elastizität als Eisendraht, werden in jeder Stärke in Gelsenkirchen hergestellt. Das Werk verfügt außerdem über Verseilmaschinen, darunter die größte der Welt. Mehr als 60 Großbrücken über Flüsse, Täler oder Fjorde in aller Welt hängen an Thyssen-Seilen aus Gelsenkirchen.

Das Werk Altena ist Spezialist für Federstahldrähte höchster Qualität. Elastizität und Dynamik zeichnen diese Produkte aus. Die Fahrzeug- und Elektroindustrie gehört zu den Hauptkunden; sie fertigt daraus Federn oder Stabilisatoren.

Im Jahre 1970 konnte das Hammer Thyssen-Unternehmen durch den Erwerb der damaligen Berkenhoff & Drebes AG mit Werken in Aßlar und Herborn sein Programm weiter diversifizieren. Dort werden vor allem Feinstseile, Kabel und technische Fäden hergestellt. Feinstseile benötigt man beispielsweise für den Bau hochwertiger Kameras oder in der Medizintechnik für Herzschrittmacher. Die Vernetzung von Computeranlagen ist ein Einsatzgebiet von Lichtwellenleitern und Übertragungssystemen;

Kupferkabel finden in der Elektronik und Kommunikationstechnik Verwendung. Technische Fäden bestehen aus Kunststoff und werden für die Herstellung hochwertiger Siebe gebraucht.

Seit 1987 gehört auch die Berkenhoff GmbH voll zu Thyssen. In ihrem Werk Heuchelheim bei Gießen produziert sie Drähte aus Nichteisenmetallen wie Messing, Bronze oder Kupfer und aus Edelstahl. Kunden sind in erster Linie der Maschinenbau, Elektronik-Unternehmen und die optische Industrie.

Seit dem 1. Oktober 1990 haben Thyssen Draht und Thyssen Edelstahl ihre schweißtechnischen Sparten in dem Gemeinschaftsunternehmen Thyssen Schweißtechnik GmbH zusammengefaßt. Zum Programm gehören alle Schweißzusätze und Hilfsstoffe; sie sind jeweils exakt abgestimmt auf die zu verbindenden Eisen- und Nichteisenmetalle.

Das Hammer Werk blickt auf fast 140 Jahre Draht-Tradition zurück, das Werk Altena auf über drei Jahrhunderte. Trotz voller Einbindung in den Thyssen-Konzern hat Thyssen Draht seine Eigenständigkeit bewahrt. Mit einem Umsatz von 600 Millionen DM und 3.000 Mitarbeitern im Geschäftsjahr 1989/90 zählt die Gesellschaft im Drahtmarkt zur Spitzengruppe in Europa.

Zusammenarbeit über Jahrzehnte

Zum 1. Januar 1990 übernahm Thyssen das Eigentum an der Otto Wolff AG in Köln. Mit ihren drei Bereichen Stahlweiterverarbeitung, Handel sowie Maschinen und Systeme repräsentierte die Otto-Wolff-Gruppe 1989 einen Gesamtumsatz von 3,4 Milliarden DM.

Dem Hause Thyssen war der Firmenname Otto Wolff seit Jahrzehnten vertraut. Von den sechziger Jahren an waren beide Konzerne Partner zu gleichen Teilen bei der Rasselstein AG und bei der Stahlwerke Bochum AG, seit Anfang der siebziger Jahre bis Ende 1989 auch bei der Vereinigte Schraubenwerke GmbH. So bedeutete die Übernahme der Otto Wolff AG durch die Thyssen AG dann vor allem, daß Thyssen, mit Ausnahme weniger Prozente, die mittelbar oder unmittelbar unverändert bei Kleinaktionären liegen, in den vollen Besitz der Rasselstein AG und des Bochumer Spezialisten für Elektroblech kam.

Rasselstein geht zurück auf das Jahr 1738, als Graf Friedrich Alexander zu Wied am Wiedbach neben der Rasselsteiner Mühle eine Eisenhütte errichtete. In der ersten Hälfte des 20. Jahrhunderts kam das Unternehmen, das sich schon früh auf die Herstellung des recyclingfähigen Verpackungswerkstoffs Weißblech konzentrierte, in den Bereich von Otto Wolff sen. Die mit einem breiteren Produktionsprogramm operierende Eisen- und Hüttenwerke AG, Bochum, hatte Otto Wolff 1937 erworben. Nach dem Zweiten Weltkrieg wurde der Besitz der Firma Otto Wolff zum Teil der Entflechtung unterworfen. Als selbständige Unternehmen entstanden dabei die Stahlwerke Bochum AG und die Stahl- und Walzwerke Rasselstein/Andernach AG. Sie wurden der Wolffschen Industrieholding Eisen- und Hüttenwerke AG in Köln zugeordnet.

Die August Thyssen-Hütte AG wollte Mitte der fünfziger Jahre, nachdem ihre erste Warmbreitbandstraße angelaufen war, eine eigene Weißblechfertigung installieren. Zugleich bestand auch bei Rasselstein der Wunsch, die Weißblechkapazitäten auszubauen. Wären beide Vorhaben realisiert worden, so hätte es auf Jahre hinaus erhebliche Überkapazitäten gegeben. So kamen die ATH und Otto Wolff überein, die Weißblech-Aktivitäten gemeinsam zu betreiben. Die ATH übernahm dazu in zwei Schritten die Hälfte des Rasselstein-Kapitals. Mit dem Einstieg bei Rasselstein schloß die ATH zugleich einen langfristigen Alleinbelieferungsvertrag für Warmbreitband als Ausgangsmaterial für Weißblech ab, das im Werk Andernach gefertigt wird. Ein zweiter Belieferungsvertrag, der die Warmbreitbandversorgung der Feinblechproduktion im Werk Neuwied regelte, ermöglichte es Anfang der sechziger Jahre, das dortige Stahlwerk mit seinen nachgeschalteten Warmwalzstraßen stillzulegen.

Das Stammwerk am Rasselstein in Neuwied, 1835.

Bedruckte Weißblechdosen aus alter Zeit.

Durchlauf-Glühanlage für Weißblech und Feinblech im Werk Andernach.

Magnetpakete aus Elektroblech für Forschungsanlagen der Elementarteilchen-Physik.

Mitte der fünfziger Jahre war auch ein Warmbreitband-Liefervertrag der ATH mit der Stahlwerke Bochum AG für die Vormaterialversorgung der dortigen Feinblech- und Elektroblechfertigung abgeschlossen worden. Die Ertragslage dieses Unternehmens verschlechterte sich Anfang der sechziger Jahre so stark, daß eine vollständige Umstrukturierung notwendig wurde. Dazu brauchte Otto Wolff einen kompetenten Partner; er fand ihn dank der bei Rasselstein gemachten guten Erfahrungen in Thyssen. 1968 erhöhte die ATH ihre Beteiligung paritätisch zu Otto Wolff auf 48,5 Prozent; drei Prozent lagen und liegen bei Dritten.

In den Jahren 1988 und 1989 war bei Stahl Bochum, die sich bisher im Elektroblechsektor ausschließlich auf nichtkornorientiertes Material beschränkt hatte, eine nochmalige Neuordnung erforderlich. Ihr wichtigster Teil bestand in der Einbringung der kornorientierten Elektroblechfertigung der Gelsenkirchener Thyssen Grillo Funke GmbH in die Zusammenarbeit. Die so vereinigten Elektroblech-Aktivitäten wurden bei der neugegründeten EBG Gesellschaft für elektromagnetische Werkstoffe mbH konzentriert. Damit wurde ein Spezialunternehmen auf diesem wichtigen Werkstoffsektor geschaffen, das eine führende Position auf dem europäischen Markt hat.

Nach der Übernahme der Otto Wolff AG entstanden aus deren Stahlweiterverarbeitung, die bisher partnerschaftlich betrieben worden war, Thyssen-Konzernbereiche für Weißblech sowie für Elektroblech unter Führungsverantwortung der Thyssen Stahl AG. Für Produktionssteuerung und Verkauf von normalem Feinblech und von beschichtetem Material, wie es vor allem im Karosseriebau eingesetzt wird, übernahm Duisburg durch Anpachtung des Werks Neuwied die unmittelbare Zuständigkeit.

Mit der Otto Wolff AG kamen aber auch andere Geschäftsfelder mit einem Volumen von insgesamt 1,4 Milliarden DM zum Thyssen-Konzern. Sie betrafen verschiedene Handelsaktivitäten, vornehmlich mit Schrott, Stahl und Kunststoffprodukten, sowie ein Anlagengeschäft, das im wesentlichen dem bei Thyssen Rheinstahl Technik liegenden Programm ähnelte. Diese Bereiche wurden den entsprechenden Sparten der Thyssen Handelsunion zugeordnet, während der Thyssen Maschinenbau die Hommelwerke GmbH mit ihrer Fertigung von Spezialmaschinen auf dem Gebiet der Meßtechnik übernahm. Insgesamt hatte die Otto-Wolff-Gruppe zuletzt 1.600 Mitarbeiter. Sie wurden 1990, ebenso wie die 5.600 Beschäftigten von Rasselstein und Bochum, Thyssen-Mitarbeiter.

*1895: Meister,
Arbeiter und
Lehrjungen vor
einer heutigen
Thyssen-Gießerei
in Foto-Pose.*

1990: Mitarbeiterinnen und Mitarbeiter aus der Thyssen-Gruppe während eines Konzernseminars.

Das 19. Jahrhundert brachte auch in Deutschland gewaltige Verschiebungen im sozialen Gefüge mit sich. Die alte Rangfolge Kaiser-König-Edelmann-Bürger-Bauer-Bettelmann begann sich aufzulösen. Das Bürgertum verlor seine einheitliche Struktur. Aus der Vielzahl der selbständigen Handwerker und Gewerbetreibenden, der kleinen Angestellten und Beamten bildete sich eine neue untere Mittelschicht. Zwischen Bauer und Bettelmann schob sich die Arbeiterschaft, die bald den größten Teil der Bevölkerung stellte.

Bislang hatte die Sorge für Kranke und Alte bei der Familie, beim Dienst- und Lohnherren, auch bei den Kirchen gelegen. Diese Rolle fiel nun mehr und mehr dem Staat zu. Um Gleichbehandlung sicherzustellen, brauchte die soziale Fürsorge gesetzliche Regelungen. Das war ein langer Prozeß, der durch innenpolitische Konflikte beeinflußt wurde. So benutzte Bismarck die Sozialgesetzgebung, um jedem Bürger das „Gefühl der Pensionsberechtigung" zu vermitteln, das bisher nur dem Staatsdiener zukam. Er wollte einerseits den Forderungen der lohnabhängigen Arbeiterschaft entsprechen, andererseits aber gerade deren Angehörige zu loyalem Verhalten gegenüber dem Nationalstaat verpflichten.

Mit dem Gesetz zur Arbeiter-Krankenversicherung begann 1881 in Deutschland die Sozialgesetzgebung. Heute knüpft eine Vielzahl von Gesetzen ein dichtes soziales Netz für jeden Bürger – von der Kranken- und Rentenversicherung über den Kündigungsschutz bis hin zur Mitbestimmung. Diese Gesetzeswerke griffen auch tief in die Welt der Unternehmen ein.

Bis zum Ende des 19. Jahrhunderts und darüber hinaus verstand sich der Unternehmer als Herr im Haus, der auch für die sozialen Belange seiner Arbeiter allein zuständig war. Auch August Thyssen sah seine Rolle überwiegend aus diesem Blickwinkel, er empfand die staatliche Reglementierung des sozialen Lebens als Einmischung in ureigenste Angelegenheiten.

Noch fremder war der Unternehmerschaft vor hundert Jahren die Forderung nach Mitbestimmung. In ihren Augen konnte Verantwortung nicht geteilt werden, zumal nur sie mit Kapital haftete. Daß Arbeitskraft auch ein Teil des „Unternehmenskapitals" bedeutet und nicht ausschließlich mit Geld abgegolten werden kann, dieser Gedanke hat sich in Deutschland erst nach dem Zweiten Weltkrieg durchgesetzt – nicht zuletzt auch vor dem Hintergrund der gemeinsamen Erfahrungen während des dunkelsten Kapitels der deutschen Geschichte.

Vom Patriarchat zur Mitbestimmung – so läßt sich der gesellschaftliche Wandlungsprozeß der letzten einhundert Jahre umreißen. Er dokumentiert sich in der Entwicklung vom Proletarier zum Mitarbeiter und in der allmählichen Ablösung hierarchischer Ordnungen durch konstruktiven Dialog.

DEN MITARBEITERN VERPFLICHTET

Das Land, auf dem August Thyssen seine Werke errichtete, war Bauernland. Der Firmengründer stellte Bauernsöhne und Handwerker aus den umliegenden Dörfern ein. Auch aus Pommern, Ostpreußen, Polen oder Litauen kamen sie von den Höfen und Katen: junge Menschen, die im Revier eine bessere Zukunft zu finden hofften. Es waren Bauernsöhne, die in harter Arbeit auf Zeche oder Hütte ein bis zwei Jahre lang in äußerster Sparsamkeit durchhielten, um Geld für den väterlichen Hof zu verdienen. Oder es waren Tagelöhner, die zuvor als Wanderarbeiter in den Agrargebieten des Reiches herumgezogen waren und nun seßhaft werden wollten.

Im Jahre 1891, als auf der Bruckhauser Hütte der erste Stahl erschmolzen wurde, arbeiteten dort 100 Mitarbeiter. Schon ein Jahr später waren es über 800, und am Vorabend des Ersten Weltkriegs beschäftigte August Thyssen auf seiner Hütte rund 10.000 Arbeitskräfte. Darunter waren viele Menschen, die Mühe mit der deutschen Sprache hatten. Auf den Schulen in Hamborn und in anderen Revierstädten gab es auch damals schon Klassen, in denen ein Drittel der Schüler und mehr die deutsche Sprache kaum beherrschte. Auch Analphabeten befanden sich unter den Zuwanderern. So gab es Väter, die den Lehrvertrag für ihre Söhne mit einem Kreuz unterzeichneten. Das galt freilich in einer Zeit, als Körperkräfte stärker gefragt waren denn Schulbildung, nicht gerade als Katastrophe.

Schon die damaligen Zuwanderungswellen lösten auch Ausländerfeindlichkeit aus. Ältere Leute, die ihre Kindheit im Revier verbrachten, haben heute noch das böse Wort von den „Pollacken" im Gedächtnis. Das alles ist längst vergessen. Die aus dem Osten eingewanderten Bürger waren spätestens in der dritten Generation voll integriert. Kamen die ausländischen Mitarbeiter ursprünglich vor allem aus den Ostgebieten des Reiches, so nahm später die Zuwanderung aus Südeuropa stark zu: 1913 waren 17 Prozent der bei der Gewerkschaft Deutscher Kaiser neu eingestellten Arbeitskräfte Italiener.

Die sozialen Verhältnisse aus der Zeit August Thyssens sind längst Vergangenheit. Aber die wenigsten Unternehmer waren damals bereit, Arbeitnehmern und ihren Vertretern Mitwirkungsrechte einzuräumen. Das schloß freilich nicht aus, daß August Thyssen seinen Mitarbeitern mit Respekt begegnete und auch bereit war, ihrem Rat zu folgen. Es ist heute kaum

DIE ARBEITSWELT VOR 100 JAHREN

Bericht in der Zeitung „Westfälischer Kurier" am 22. Juli 1897

Die Industrie nimmt in der hiesigen Pfarre [...] gewaltige Ausmaße an. An zwei Stellen werden in diesem Jahre große Colonieen gebaut, von der „Gewerkschaft Deutscher Kaiser", die hier ein großes Eisen-, Walz- und Stahlwerk und drei Zechen hat. In diesen Colonieen werden bis zum Herbst 100 neue Wohnhäuser fertiggestellt. Die Wohnungsnot und die Folge dessen, die Überfüllung der Häuser mit Kostgängern, ist noch immer sehr schlimm.

Rückblick in der Mitarbeiterzeitschrift „Unsere ATH" im Jahre 1956

Dabei war es [um 1900] ganz selbstverständlich, daß die Bürozeit um 7.00 Uhr früh zu beginnen hatte. Es ist häufig vorgekommen, daß August Thyssen, wenn ihn seine engeren Mitarbeiter nach einem Termin für einen Besucher fragten, nur lapidar entschied: „Na, dann gleich morgen früh um 7". [...] Solange es in dem alten Zentralbüro noch keine Wasserleitung gab, gehörte es zu den Aufgaben der kaufmännischen Lehrlinge, das Trinkwasser aus dem gegenüberliegenden Brunnen herbeizuschaffen. Bei Anbruch der Dunkelheit waren sie dafür verantwortlich, daß rechtzeitig fein säuberlich die Petroleumlampen auf den Pulten der Herren Korrespondenten standen.

Der 81jährige frühere Vorarbeiter Johann Renner in der Mitarbeiterzeitschrift „Unsere ATH" im Jahre 1957

Was war man schon damals [1892], als man als „der Neue" anfing? Man war eben zunächst nichts weiter als kurz und bündig „Junge". Lehrzeit im heutigen Sinne war ja noch unbekannt. Man wurde so schnell wie möglich angelernt und hatte dann seinen Mann zu stehen.

Der 92jährige frühere Obermeister Wilhelm Heckhoff in der Mitarbeiterzeitschrift „Unsere ATH" im Jahre 1957

Man war ja auch [1897] praktisch damals bei der Zwölf-Stunden-Schicht und auch an den meisten Sonntagen den lieben langen Tag auf der Hütte. [...] Weit häufiger als heute hieß es damals bei Durchbrüchen an den Öfen und bei Wagenentgleisungen für ganze Kolonnen von Arbeitern: Alle Mann an Bord!

Belegschaftsentwicklung		
1891	100	
1895	1.500	Gewerkschaft Deutscher Kaiser
1900	5.200	(ohne Bergbau und Kokereien)
1913	10.500	
1926	11.300	August Thyssen-Hütte, Gewerkschaft
1926/27	27.700	
1932/33	12.000	Hüttengruppe West der Vereinigten Stahlwerke
1938/39	23.700	VSt-Betriebsgesellschaft August Thyssen-Hütte AG
1943/44	27.100	
1952/53	6.100	August Thyssen-Hütte AG nach Neugründung
1959/60	38.200	
1969/70	97.600	
1979/80	127.900	Thyssen-Inland
1989/90	124.100	

Bauernhof in Meiderich, um 1900. Landwirte übernahmen auch einen Teil des Fuhrbetriebs für die Hüttenwerke.

mehr bekannt, daß schon damals im Deutschen Reich erste Ansätze zu gesetzlichen Mitspracherechten der Arbeitnehmer geschaffen waren: die Gewerbeordnungsnovelle von 1891 und das Gesetz über die Arbeiter-Ausschüsse im Bergbau von 1892.

Das alles änderte freilich nichts an der auf den Zechen und Hütten herrschenden hierarchischen Ordnung, die ihre Struktur vom Militär und vom Beamtenstaat ableitete. Auch Frauen hätte man in Thyssen-Betrieben oder in anderen vergleichbaren Werken vergeblich gesucht, ausgenommen in der Zeit des Ersten Weltkriegs, als sie die zum Militär einberufenen Männer ersetzen mußten. Selbst die Schreibarbeiten wurden zu August Thyssens Zeiten von Männern mit dem Titel Sekretär erledigt.

Gearbeitet wurde im Durchschnitt zwölf Stunden am Tag, und an einen freien Samstag dachte noch niemand. Die Hochöfner und Stahlwerker hatten abwechselnd eine Sieben-Tage- und eine Sechs-Tage-

Schachtbauer der GDK, 1901.

Woche. Für eine Forderung nach kürzeren Arbeitszeiten hätte August Thyssen, ein Fanatiker der Arbeit, nicht das geringste Verständnis aufgebracht. Noch 1922 äußerte er denn auch seine Enttäuschung über die Neuerungen, die mit der Republik gekommen waren: „Darüber bin ich mir vollständig klar, daß der schematische Achtstundentag, wie er durch die Revolution eingeführt worden ist, zumal in den gegenwärtigen Zeiten, ein großes Unglück für Deutschland ist." Der achtzigjährige Thyssen mußte nicht nur bei der Arbeitszeit umdenken. Das Betriebsrätegesetz von 1920 schrieb die Gründung von Betriebsräten in allen Betrieben mit mehr als 20 Arbeitnehmern vor, und 1922 wurde sogar ein Gesetz über die Entsendung von jeweils zwei Betriebsratsmitgliedern in die Aufsichtsräte erlassen.

Es gab überdies schon vor der Jahrhundertwende eine Sozialgesetzgebung, um die Deutschland in den Nachbarländern beneidet wurde. Zudem hatte sich, gefördert durch die Industrie- und Handelskammern, recht früh ein industrielles Ausbildungswesen entwickelt. Gemessen an heutigen Gegebenheiten muß es zwar als primitiv gelten, gegenüber den Anfängen der Industrialisierung war es aber ein beachtlicher Fortschritt. An den Hochöfen, in den Stahlwerken und Walzwerken lernten die Arbeiter ihre Aufgaben noch durch „Abgucken". Jahrzehnte hindurch war die Tätigkeit des Hüttenarbeiters ein Anlernberuf.

Straßenszene in Bruckhausen 1961 mit Werkswohnungen aus dem Jahr 1899.

Soziale Initiativen des Gründers

August Thyssen und sein Generaldirektor für das Hüttenwerk, Franz Dahl, waren schon um die Jahrhundertwende bemüht, ihrem gewerblichen Nachwuchs, der von der Volksschule kam und oft diese Stufe der Schulbildung nicht einmal voll absolviert hatte, im Werk eine Fortbildung zu verschaffen. Die Statuten der Fortbildungsschule der Gewerkschaft Deutscher Kaiser wurden Ende 1902 verabschiedet, die Schule selbst im März 1903 durch den Düsseldorfer Regierungspräsidenten genehmigt. In den Statuten war den Arbeitern, die das 17. Lebensjahr noch nicht vollendet hatten, die Pflicht zum Besuch der Schule auferlegt. Ältere Arbeiter konnten auf Antrag bei der Direktion freiwillig am Unterricht teilnehmen. „Zuwiderhandlungen gegen diese Statuten werden mit Verweisen und Geldstrafen bis zur Höhe eines halben Tagelohnes bestraft. Die Strafgelder fließen in die Kassen der Gewerkschaft Deutscher Kaiser und werden zu Prämien für fleißige Schüler verwandt." Das alles atmete zwar den Geist einer auf Befehl und Gehorsam abgestellten Arbeitswelt, zeugte aber auch von der Fürsorge des Patriarchen, der sich den arbeitenden Menschen in seinem Betrieb verpflichtet fühlte.

Für die soziale Einstellung August Thyssens zeugt auch, daß er, meistens ohne in Erscheinung zu treten, im Umfeld seiner Werke jährlich große Summen für karitative und kirchliche Zwecke zur Verfügung stellte. So spendete er Jahr für Jahr Bargeld, Wertpapiere oder auch Grundstücke für Kirchengemeinden beider Konfessionen; manchmal geschah das auch in Form von Darlehen oder Sachleistungen. Alles war zweckgebunden, sei es für bauliche Arbeiten an Kirchen, sei es für ein Stadtbad, Kindergärten, Näh- und Kochschulen oder für Krankenhäuser und Krankenpflege. Größere Summen gab es aus Anlaß runder Geburtstage oder Firmenjubiläen, etwa für die Kapitalausstattung einer Stiftung oder eines Erholungsheims für die Kinder seiner Arbeiter. Beträchtliche Zuwendungen leistete August Thyssen auch für die Unterstützungskassen seiner Werke.

Speisesaal im Hüttenwerk Bruckhausen, 1914.

*Die Liebfrauen-
Kirche in Bruck-
hausen, 1914.*

*Der Kindergarten
in Meiderich,
um 1910.*

Lehrwerkstätten und Kriegsübungen

Die Ausbildung sowohl der Arbeiter als auch der kaufmännischen Angestellten verriet in den ersten Jahrzehnten der Geschichte des Unternehmens noch wenig Systematik. Die Kaufleute begannen meist als Bürojungen, und die Intensität ihrer Ausbildung hing weitgehend vom Zufall ab. Wer pädagogisch geschickte Vorgesetzte fand, die ihn vielleicht gar zum Besuch der Städtischen Kaufmännischen Schule nach Büroschluß anregten, kam vorwärts. Erst in den späten zwanziger Jahren erhielt die Ausbildung sowohl der Arbeiter als auch der Kaufleute einen klaren Aufbau. Da freilich war die August Thyssen-Hütte schon im Verbund der Vereinigten Stahlwerke aufgegangen.

Die Vereinigten Stahlwerke kamen nicht dazu, ihre Vorstellungen zur Gestaltung der Arbeitswelt ungestört zu verwirklichen. Einen ersten schmerzhaften Einschnitt brachte die Weltwirtschaftskrise. Die Hüttengruppe West hatte in den Jahren 1926/27 bis 1928/29 im Durchschnitt eine Belegschaft von fast 26.000 Mitarbeitern, davon waren bei der Thyssenhütte knapp 11.000 tätig, also ungefähr so viel wie vor Kriegsbeginn. Zum Ende des Geschäftsjahrs 1930/31 beschäftigte die Hüttengruppe West noch 16.650 Menschen, und 1932/33 waren es nur noch knapp 12.000. Einen solchen dramatischen Einbruch innerhalb von wenigen Jahren, der über die Bevölkerung ein für heutige Begriffe unvorstellbares Elend brachte, hat es hierzulande nie mehr gegeben, wenn man von dem totalen Zusammenbruch am Ende des Zweiten Weltkriegs absieht.

Unter der Herrschaft der Nationalsozialisten besserte sich zur Zufriedenheit auch der Arbeiter und Angestellten die Beschäftigungslage. Allerdings blieb den meisten Menschen zunächst verborgen, daß die Partei kurz nach Beginn ihrer Herrschaft ihre verbrecherischen Pläne in die Tat umzusetzen begann. Das machte auch vor den Werkstoren nicht halt. Wehrsport und Geländekunde wurden Bestandteil des Berufslebens. Man sprach nicht mehr von der Belegschaft, sondern von der Gefolgschaft und nicht mehr vom Betriebsleiter, sondern vom Führer des Betriebs. Die Partei hatte ihre Schnüffler überall. Die Gewerkschaften waren schon wenige Monate nach der Machtergreifung der Nationalsozialisten verboten worden. An ihre Stelle trat mit dem Ziel der totalen Einbindung auch des privaten Lebensbereichs die Deutsche Arbeitsfront (DAF) als eine rein nationalsozialistische Organisation. Die Hitlerjugendführung überwachte die Lehrlingsausbildung; die DAF bespitzelte auch das Familienleben. Bis zum Ende des Krieges versuchten die Werksleitungen, manchmal durchaus mit Erfolg, die schlimmsten Erscheinungen dieses Systems einzudämmen.

Gleichwohl wurden im Ausbildungswesen, trotz des Irrsinns eines von völkischer und rassistischer Ideologie erfüllten Regimes, einige bemerkenswerte Fortschritte erzielt. Sie hatten allerdings ihre Wurzeln schon in der Weimarer Republik gehabt. So hatte die Thyssenhütte 1928 anstelle der bis dahin üblichen Lehrecken eine Lehrwerkstatt eingerichtet. Der kaufmännische Nachwuchs wurde nach einheitlichen Vorschriften der Muttergesellschaft ausgebildet.

Waren Facharbeiter im Hüttenwerk zunächst nur für die Erhaltungs- und Reparaturbetriebe ausgebildet worden, so wurde 1935 mit der zweijährigen Lehre des „Walzerjungmanns" wenigstens ein Anfang mit der Fachausbildung des Nachwuchses für den eigentlichen Produktionsprozeß gemacht. Indessen sollte es noch bis 1966 dauern, bis der Beruf des Hüttenfacharbeiters staatlich anerkannt wurde.

Freibad der Friedrich Wilhelms-Hütte, 1938.

Werksportfest der ATH, 1937.

Lehrwerkstatt in der Gießerei, 1937.

Türkische Praktikanten in der Thyssen-Maschinenfabrik, 1917.

Im Griff des totalen Krieges

Als das nationalsozialistische Regime im Herbst 1939 Europa in den Krieg stürzte, war die ATH mit ihrer Belegschaft von knapp 22.000 Personen voll beschäftigt. Nun setzte die Kriegswirtschaft ein. Arbeiter und Angestellte wurden eingezogen oder dienstverpflichtet. Die Produktion aber durfte nicht zurückgehen; sie mußte im Zeichen des Krieges sogar verstärkt werden. Entsprechend den Vorgaben der Kriegswirtschaft wurden Arbeitskräfte überall im Reich dienstverpflichtet und zugeteilt. Das galt nicht nur für deutsche Frauen, die in der Wirtschaft ebenso wie in den öffentlichen Verkehrsbetrieben die Aufgaben der an den Fronten stehenden Männer übernehmen mußten. Den Betrieben wurden im Laufe der Kriegsjahre auch immer mehr Kriegsgefangene als Arbeitskräfte zugewiesen.

Die Aufzählung der im Jahre 1943 bei der August Thyssen-Hütte AG beschäftigten „Fremdarbeiter" liest sich wie eine Liste der von der Wehrmacht besetzten Gebiete: Da werden Kriegsgefangene aus Belgien, Frankreich und Rußland aufgeführt sowie sowjetrussische und polnische Zivilarbeiter und -arbeiterinnen, ferner nach der Kapitulation der Badoglio-Regierung viele italienische Militärinternierte. Daneben arbeiteten auf der Thyssenhütte aber auch Zivilisten aus Belgien, Frankreich, Italien und aus den Niederlanden, von denen nur die wenigsten ohne Druck der deutschen Besatzung gekommen waren. So wuchs im ganzen Reich die Zahl der Ausländer sehr schnell. Im August 1940 beschäftigte die ATH die ersten 628 ausländischen Arbeitskräfte. Ihre Zahl nahm bis zum Herbst 1944 auf 7.400 zu, davon waren 2.800 Kriegsgefangene und weitere 2.800 Ostarbeiter.

Als „Ostarbeiter" und „Ostarbeiterinnen" führten die Statistiken jene sowjetischen Bürger, die nach offizieller Lesart freiwillig nach Deutschland gekommen waren. Allerdings hätte es den Betriebsleitern wenig genutzt, wenn sie nach dem eigentlichen Charakter der Verpflichtung gefragt hätten, die jene Menschen aus dem Osten in das Revier verschlagen hatte: Sie waren nämlich deportiert worden.

Die einzelnen Betriebe mußten Unterkünfte für alle diese Arbeitskräfte schaf-

Frauenarbeit während des Zweiten Weltkriegs.

	Belegschaft der VSt-Betriebsgesellschaft August Thyssen-Hütte AG im Zweiten Weltkrieg					
	1939	1940	1941	1942	1943	1944
Insgesamt	22.000	21.800	22.900	23.700	26.400	27.100
in % Deutsche Staatsangehörige	100	97	94	87	79	73
Kriegsgefangene	–	3	4	5	6	10
Osteuropäische Zivilarbeiter	–	–	–	3	9	10
Westeuropäische Zivilarbeiter	–	–	2	5	6	7

Weihnachtsfeier unter dem Hakenkreuz, 1941.

„Europa siegt": Propaganda-Appell der DAF vor Ostarbeiterinnen, 1944.

Eingezogene Mitarbeiter auf Heimaturlaub im Zweiten Weltkrieg.

fen. Die Kontrolle über die Gemeinschaftslager für Zivilarbeiter, in denen teilweise auch deutsche Dienstverpflichtete untergebracht waren, hatte die Deutsche Arbeitsfront, über die Kriegsgefangenenlager die Wehrmacht. Von 1940 an baute die ATH neun Kriegsgefangenenlager sowie 17 Gemeinschaftslager. Die Bezeichnungen dieser Unterkünfte durften nicht die Werke oder Orte verraten, an denen sie sich befanden. So gab man ihnen Decknamen, in Duisburg waren das

Operntitel wie „Tosca", „Undine" oder „Oberon".

Die schweren Arbeitsbedingungen, denen viele Fremdarbeiter zweifellos unterworfen waren, bewirkten eine hohe Krankenquote. Zudem erhielten die Ostarbeiter unter ihnen geringere Lebensmittelzuteilungen als ihre Kollegen. Nach heutiger Kenntnis ist davon auszugehen, daß die Verhältnisse in den Ostarbeiter-Lagern im Vergleich zu den Zuständen in den besetzten Ostgebieten oder in geheimen Rü-

stungsfabriken im Reich noch einigermaßen erträglich waren; dies gilt, von Einzelfällen abgesehen, auch für die Behandlung dieser Menschen am Arbeitsplatz. Es gibt Zeugnisse aus der Nachkriegszeit, aus denen hervorgeht, daß sich Deutsche um eine humanere Behandlung der Ausländer bemüht hatten. Die Grenzen, innerhalb derer sie sich dabei im nationalsozialistischen Unrechtsstaat bewegen konnten, waren allerdings sehr eng.

Der Weg zur Mitbestimmung

Nackte Not herrschte nach dem Ende der Kampfhandlungen im Ruhrgebiet. Im Herbst 1945 arbeiteten auf der Thyssenhütte nur 145 Arbeiter und Angestellte; zwei Jahre zuvor waren es noch mehr als 10.000 gewesen. Recht bald begann die britische Militärregierung, die von den vier Alliierten beschlossenen Demontagen zu verwirklichen. Werksleitung und Belegschaft kämpften in seltener Einmütigkeit gegen diese Zerstörung ihrer Betriebe. Doch das half wenig; von der Thyssenhütte blieb, als die Demontage gestoppt war, nur ein Torso übrig.

Schon 1947 hatte die britische Militärregierung, gestützt auf die Politik der eigenen Labour-Regierung, durch Verein-barung mit den Gewerkschaften und den von ihr eingesetzten Treuhändern in den Nachfolgegesellschaften der entflochtenen Montankonzerne eine paritätische Mitbestimmung im Aufsichtsrat und den Posten des Arbeitsdirektors als gleichberechtigtes Mitglied im Vorstand eingeführt. Die Eigentümer der Montankonzerne wurden nicht gefragt; sie waren damals vollständig ausgeschaltet.

Der Deutsche Gewerkschaftsbund stellte in seinem ersten Nachkriegsprogramm 1949 die Forderung nach „Mitbestimmung der organisierten Arbeitnehmer in allen personellen, wirtschaftlichen und sozialen Fragen der Wirtschaftsführung und Wirtschaftsgestaltung" auf. Wenn damals DGB, IG Metall und IG Bergbau die Ausdehnung der paritätischen Mitbestimmung auf die gesamte Wirtschaft und damit in der Montanindustrie die Festschreibung der dort bereits geltenden Regeln in einem Bundesgesetz forderten, dann stützten sie sich dabei auch auf die Gemeinsamkeit in der Abwehr der Demontage und im Wiederauf-

---

ZUR GESCHICHTE DER MONTANMITBESTIMMUNG

Auszug aus einem Brief des DGB-Vorsitzenden Hans Böckler an Bundeskanzler Konrad Adenauer vom 11. Dezember 1950

Meinem Brief vom 23. November [...] lag die Absicht zugrunde, Ihnen, Herr Bundeskanzler, und damit dem gesamten Kabinett noch einmal zu sagen, mit welchem Ernst die deutschen Gewerkschaften das Problem der Mitbestimmung der Arbeitnehmer in der Wirtschaft sehen. Dieser Ernst ist nicht zuletzt aus der Erkenntnis geboren, daß die Schaffung einer zeitgemäßen Wirtschaftsordnung, in der die Menschenrechte der Schaffenden volle Berücksichtigung finden, das vordringlichste Anliegen unserer Tage ist. Die deutschen Gewerkschaften sind der Ansicht, daß die allgemeine politische Entwicklung in der Welt mit aller Deutlichkeit zeigt, daß nur durch eine lebendige soziale Ordnung der Vermassung und dem Totalitarismus Einhalt geboten werden

kann. Sie sind weiterhin der Meinung, daß es für die Demokratie in Deutschland lebenswichtig ist, daß sie nicht nur auf den politischen Bereich beschränkt bleibt, sondern ihre sinngemäße Ergänzung auch durch die Einführung demokratischer Grundsätze in der Wirtschaftsführung und Wirtschaftsgestaltung erhält. [...] In Ihrem Schreiben haben Sie die Auffassung vertreten, daß das Rechtsbewußtsein und die Rechtsordnung den Arbeitern das Streikrecht nur in Fragen des Tarifvertrages zugestanden haben. Ich kann dieser Ihrer Ansicht nicht beipflichten.

Auszug aus einem Brief von Bundeskanzler Konrad Adenauer an den DGB-Vorsitzenden Hans Böckler vom 14. Dezember 1950

Bei den ernsten Folgen, die sich aus der Auffassung des Deutschen Gewerkschaftsbundes über die Zulässigkeit der Anwendung gewerkschaftlicher

Kampfmittel zur Durchsetzung des Mitbestimmungsrechtes ergeben können, kann ich mich nicht darauf beschränken, Ihr Schreiben vom 11.12.1950 nur zur Kenntnis zu nehmen. In einem demokratischen Staatswesen kann es einen Streik gegen die verfassungsmäßigen Gesetzgebungsorgane nicht geben. [...] Ich habe wiederholt Gelegenheit gehabt, anzuerkennen, daß die Haltung des Deutschen Gewerkschaftsbundes in wichtigen wirtschafts- und sozialpolitischen Fragen von einer maßvollen Besonnenheit und dem Bewußtsein der Verantwortung für die Allgemeinheit bestimmt war. Ich schöpfe daraus Hoffnung, daß das verfassungsmäßige Gesetzgebungsverfahren im Bundestag über das Mitbestimmungsrecht von den Gewerkschaften nicht gestört werden wird. Es läge wahrhaft im Interesse aller Schichten der Bevölkerung, wenn ihr in dieser Zeit ernster, ja bedrohlicher Spannungen ein solcher Konflikt erspart bliebe.

bau. Eine Mitwirkung der Gewerkschaften hatte es überdies auch in den Gremien gegeben, die der Entflechtung, der Neuordnung und der Verwaltung der montanindustriellen Unternehmen dienten.

Das Gesetz über die Mitbestimmung in der Montanindustrie ist im Deutschen Bundestag am 10. April 1951 unter dem Druck einer im Januar 1951 vorangegangenen Generalstreik-Drohung verabschiedet und am 21. Mai 1951 im Bundesgesetzblatt veröffentlicht worden. Das Gesetz bestätigte die schon bestehende Regelung, nämlich den paritätisch besetz-

ten Aufsichtsrat und den Arbeitsdirektor in den Vorständen der Hütten- und Bergbauunternehmen. Im folgenden Jahr wurde für die gesamte übrige gewerbliche Wirtschaft das Betriebsverfassungsgesetz in Kraft gesetzt; neben rein betriebsbezogenen Mitwirkungsrechten der Arbeitnehmer brachte es auf Unternehmensebene die Drittelparität in den Aufsichtsräten aller Kapitalgesellschaften außerhalb des Montanbereichs. Dieses Gesetz wurde 1972 novelliert und erheblich verändert. Im Jahre 1976 schließlich beschloß der Bundestag ein weiteres Mitbestimmungs-

Belegschafts-versammlung bei der Thyssen Stahl AG, 1990.

gesetz für Unternehmen mit mehr als 2.000 Arbeitnehmern, das nunmehr auch in der übrigen Wirtschaft eine Parität im Aufsichtsrat festlegte; es sieht zur Auflösung von Pattsituationen allerdings kein „neutrales AR-Mitglied" vor, sondern ein doppeltes Stimmrecht des AR-Vorsitzenden bei sonst gegebener Stimmengleichheit. In den Hütten- und Bergbauunternehmen blieb es bis heute bei der Montanmitbestimmung in der ursprünglichen Form; spätere Gesetzesnovellen regelten Details wie die Behandlung von Holdinggesellschaften und die Übergangsfristen bei einer Veränderung der Tätigkeitsfelder der früher fast reinen Montanunternehmen.

Die August Thyssen-Hütte AG war seit ihrer Neugründung im Mai 1953 ein montanmitbestimmtes Unternehmen. Diese Form der Mitbestimmung ist auch im Jahre 1991 bei der Thyssen AG und bei mehreren Konzernunternehmen gültig, so vor allem bei der Thyssen Stahl AG und der Thyssen Edelstahlwerke AG. Die meisten übrigen Konzernunternehmen unterliegen, soweit sie mehr als 2.000 Mitarbeiter beschäftigen, dem Mitbestimmungsgesetz von 1976. Angesichts der dezentralen und mehrstufigen Organisationsstruktur der Thyssen-Gruppe betrifft das eine Vielzahl von Aufsichtsräten und Beiräten; Ende 1990 hatten 200 Vertreter der Arbeitnehmer in diesen Gremien Sitz und Stimme; von ihnen ist eine große Zahl Mitglied der Betriebsräte von Thyssen-Gesellschaften. Seit den letzten Betriebsratswahlen im

Jahre 1990 werden die Interessen der inländischen Thyssen-Mitarbeiter von rund 1.800 Betriebsräten wahrgenommen.

Die in der Bundesrepublik Deutschland seit Jahrzehnten praktizierte Mitbestimmung hat Konflikte zwischen Arbeitnehmern und Arbeitgebern nicht verhindern können. Dies gilt auch für die Montanindustrie, wie die wilden Streiks im Jahre 1969, die von Hoesch in Dortmund ausgingen und auf das ganze Ruhrgebiet übergriffen, und wie der lange Arbeitskampf um eine Arbeitszeitverkürzung in der Stahlindustrie im Winter 1978/79 gezeigt haben. Allerdings wäre es auch unrealistisch gewesen, aus der Mitbestimmung das Ende jeglicher Konfrontation zwischen Arbeitgebern und Arbeitnehmern abzuleiten, zumal die Gesellschaftsordnung der Bundesrepublik Deutschland ja nicht eine Außerkraftsetzung von Interessengegensätzen postuliert, sondern ihre soziale Bewältigung in partnerschaftlicher Zusammenarbeit. Wie diese Partnerschaft mit Inhalten ausgefüllt wird, hängt entscheidend von der Einstellung der Beteiligten ab.

„Über zwei Jahrzehnte lang", so schrieb Hans-Günther Sohl im Jahre 1974 in einer Publikation, „habe ich die Mitbestimmung als Vorstands- und Aufsichtsratsmitglied zahlreicher Gesellschaften sowohl nach dem Betriebsverfassungsgesetz wie auch nach dem Montanmitbestimmungsgesetz praktiziert. Niemand kann mir vorwerfen, daß ich das nicht ebenso loyal getan hätte wie viele meiner Partner von der Arbeitnehmerseite. Dabei hat lange Jahre das beiderseitige Bestreben vorgeherrscht, durch verständnisvolle Zusammenarbeit das beste für das Unternehmen als Ganzes herauszuholen."

Ein Jahr später setzte die weltweite Stahlkrise ein. Auch bei den deutschen Hüttenwerken wurden weitreichende Kapazitätsreduzierungen mit gravierenden personellen Auswirkungen unvermeidbar. Sie wurden zum Prüfstand für die Mitbestimmung und für die Bereitschaft von Betriebsräten, Gewerkschaften und Unternehmen, die erforderlichen Stillegungen und den Personalabbau auf eine sozial verträgliche Weise zu bewältigen.

*Neujahrs-Gespräch
zwischen dem
ATH-Vorstand und
-Betriebsrat, 1961.*

*Konzernbetriebs-
räte-Vollkonferenz,
1987: Lagebericht
des Vorstandsvor-
sitzenden.*

Hilfe durch Sozialpläne

Das Betriebsverfassungsgesetz sieht für die Mitarbeiter bei Betriebsänderungen ausdrücklich den Interessenausgleich und den Sozialplan vor. Bei der ATH bestand die Mitbestimmung eine frühe Bewährungsprobe, als 1966 der erste Sozialplan verwirklicht wurde. Er regelte das Ausscheiden von Mitarbeitern im Alter von 64 Jahren. Die Altersgrenzen haben sich seitdem stark verschoben: Im Jahre 1990 waren die meisten Frühpensionäre bei Thyssen Stahl und Thyssen Edelstahl erst 55 Jahre alt. Wesentliche Leistungen bei der vorzeitigen Pensionierung waren zusätzliche Zahlungen zu Arbeitslosengeld und Sozialversicherungsrente sowie ein Ausgleich für betriebliche Sozialleistungen, also vor allem Werksrenten und Jubiläumszuwendungen. Auch die Versetzung auf Arbeitsplätze in andere Werke, Niederlassungen oder Konzernunternehmen wird im Rahmen der Sozialpläne materiell unterstützt. Temporäre Lohn- und Gehaltssicherung, Aufwandsentschädigungen und Fahrtkostenerstattungen sind die entsprechenden Instrumente.

Sozialpläne hat es im Thyssen-Konzern in vielen Fällen gegeben. Sie galten der Absicherung von Arbeitnehmern, die von Strukturbereinigungen betroffen waren, beispielsweise im Bereich der Werften, der Gießereien, bei Thyssen Henschel sowie in den Stahl- und Edelstahlbetrieben. Ohne solche Sozialpläne hätte auch Thyssen Schulte nicht die Straffung der Haustechnik Sparte auf den heutigen schlagkräftigen Zuschnitt erreicht. Allein in den achtziger Jahren wurden im Konzern auf diesem Wege rund 24.000 Mitarbeiter vorzeitig pensioniert; dies kostete 1,6 Milliarden DM.

Die heftigste öffentliche Auseinandersetzung im Zusammenhang mit Stillegungsmaßnahmen hat das Anpassungskonzept der Thyssen Stahl AG vom Juni 1987 ausgelöst. An den Standorten Oberhausen, Hattingen und Duisburg mußten innerhalb von drei Jahren fast 8.000 Arbeitsplätze aufgegeben werden. Vor allem in den Städten Oberhausen und Hattingen kamen damals große Sorgen um die Zukunft dieser Kommunen auf, die zeitweise in heftigen Protestwellen ihren Ausdruck fanden. Indessen hat Thyssen Stahl auch bei dieser Strukturanpassung keinem einzigen Mitarbeiter betriebsbedingt gekündigt und damit auch der „Frankfurter Vereinbarung" zwischen der deutschen Stahlindustrie und der IG Metall vom Juni 1987 entsprochen. Zur sozialverträglichen Abwicklung der Anpassungsmaßnahmen trug neben umfangreichen vorzeitigen Pensionierungen der konzerninterne Personalausgleich bei. So konnten von 1986 bis 1990 rund 2.500 Mitarbeiter von Oberhausen und 1.100 von Hattingen in andere Thyssen-Werke, zum Beispiel nach Krefeld und Witten, versetzt werden. Gecharterte Busse bringen diese Leute täglich zur Arbeit.

Die Thyssen-Unternehmen betrachten Sozialpläne jedoch nicht nur als Instru-

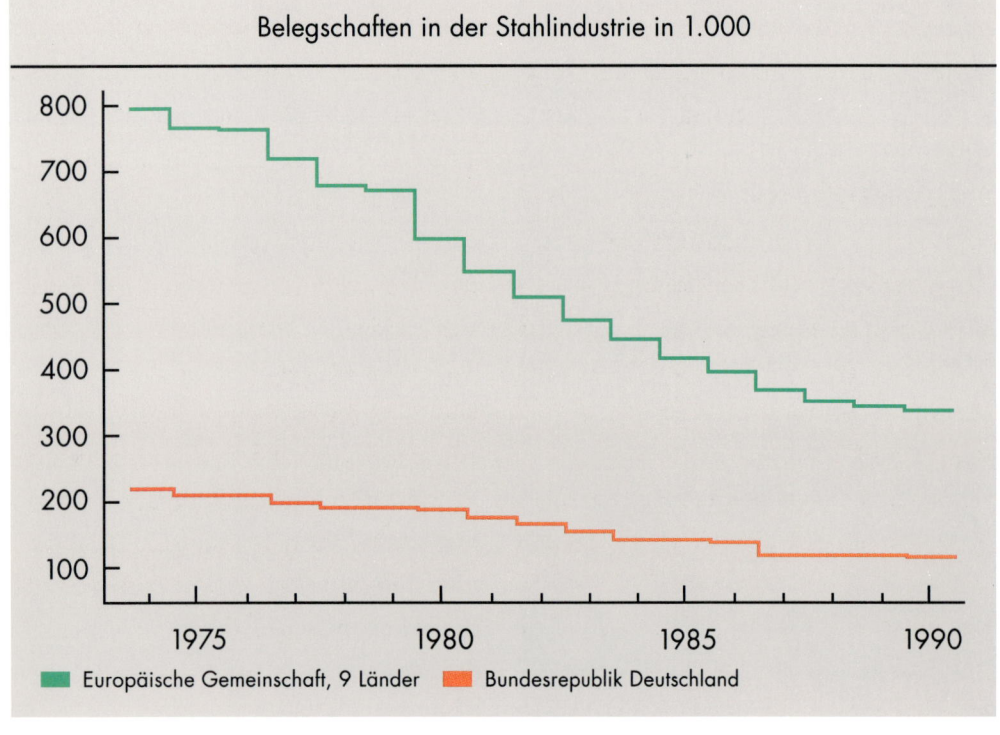

Belegschaften in der Stahlindustrie in 1.000

— Europäische Gemeinschaft, 9 Länder   — Bundesrepublik Deutschland

Pendelverkehr zwischen Krefeld und Hattingen.   *Protestmarsch gegen eine Stillegung in Gelsenkirchen, 1982.*

Vorzeitige Pensionierungen von Mitarbeitern im Rahmen von Sozialplänen · Thyssen-Inland	
1981	1.558
1982	1.202
1983	1.918
1984	5.372
1985	3.881
1986	1.124
1987	2.723
1988	3.113
1989	1.501
1990	1.506
Insgesamt	23.898

ment des Personalabbaus, sondern nutzen sie zunehmend auch dafür, die Mitarbeiter mit ihren Erfahrungen dem Unternehmen zu erhalten. Das geschieht durch zusätzliche Qualifizierungsmaßnahmen, mit deren Hilfe der einzelne auf neue Tätigkeiten im Unternehmen vorbereitet wird. Ohne ein hohes Maß an Verständigungsbereitschaft zwischen den Unternehmensleitungen und den Betriebsräten wäre dies alles nicht möglich gewesen. Schwarze Fahnen vor den Werkstoren waren im Thyssen-Konzern seit dem Zweiten Weltkrieg eine Rarität.

Auch die Schaffung neuer Arbeitsplätze außerhalb des eigenen Unternehmens unterstützt Thyssen nach Kräften durch geeignete Maßnahmen. Einer der Wege dazu ist, nicht mehr genutztes firmeneigenes Gelände für die Ansiedlung neuer Firmen verfügbar zu machen. Allein an den Standorten Duisburg, Oberhausen und Hattingen hat Thyssen seit 1976 mit dieser Zielrichtung rund 3,7 Millionen m² Firmengelände veräußert; auf diesen Flächen sind über 2.000 neue Arbeitsplätze entstanden. Darüber hinaus unterstützt das Unternehmen die Ansiedlungspolitik des Landes und der Kommunen durch eigene Fachleute und durch den Einsatz beträchtlicher Geldmittel bei den Wirtschaftsförderungsgesellschaften. Der Verantwortung gegenüber der nachwachsenden Generation wird man dadurch gerecht, daß man eigene Ausbildungseinrichtungen, die an den betroffenen Standorten nicht mehr benötigt werden, externen Trägern übergibt und sie dann in hohem Maße unterstützt.

Wachstum und Strukturverschiebung

Die Belegschaft der August Thyssen-Hütte AG nahm nach der Neugründung im Mai 1953 von Jahr zu Jahr kräftig zu. Die Rückverflechtung mit ehedem zum Verbund gehörenden Werken und das Hinzukommen weiterer Unternehmen trugen dazu entscheidend bei. Auch die späteren Übernahmen, Umstrukturierungen und Ausgliederungen brachten immer wieder Zugänge und Abgänge bei der Belegschaft. Im September 1972 beschäftigte die Thyssen-Gruppe in Deutschland 92.300 Mitarbeiter, davon 62 Prozent in der Stahlerzeugung und 17 Prozent beim Edelstahl. Im Bereich Investitionsgüter und Verarbeitung waren damals erst neun Prozent der Gesamtbelegschaft tätig, und Handel und Dienstleistungen stellten zwölf Prozent. Das änderte sich schlagartig zwei Jahre später, als Rheinstahl in den Thyssen-Konzern integriert wurde: An der plötzlich auf 147.400 Personen verstärkten Mitarbeiterzahl stellte der Bereich Investitionsgüter und Verarbeitung nun 35 Prozent der Konzernbelegschaft.

Im Jahre 1975 begann die Strukturkrise in der Stahlindustrie, die bis weit in die achtziger Jahre hinein andauerte. Sie beschleunigte die bei Thyssen schon lange zuvor begonnene Straf-fung der Produktion. Von September 1974 an, als die Belegschaften im Stahlbereich durch das Hinzutreten der Henrichshütte mit 67.600 Mitarbeitern ihren Höchststand erreichten, ging diese Zahl bis zum Herbst 1990 um 39 Prozent zurück. In der Verarbeitung gab es 1978 einen zweiten starken Schub, als Budd mit damals noch 21.000 Beschäftigten übernommen wurde. Bemerkenswert ist ferner der Personalzuwachs im Unternehmensbereich Handel und Dienstleistungen. Die Zahl der Mitarbeiter ist bis Ende der achtziger Jahre mit dem systematischen Ausbau dieser Gruppe auf 24.300 gestiegen.

Im Geschäftsbericht für 1989/90 wird für den Konzern ein Personalaufwand von 9,8 Milliarden DM ausgewiesen. Davon entfielen auf Löhne und Gehälter 7,9 Milliarden DM und auf soziale Abgaben sowie Aufwendungen für Altersversorgung und Unterstützung 1,9 Milliarden DM. Rückstellungen für Pensionen und ähnliche Verpflichtungen über 4,6 Milliarden DM, die auch in ertragsschwachen Jahren immer voll dotiert wurden, unterstreichen die Verantwortung des Unternehmens gegenüber den Mitarbeitern auch über deren Berufsleben hinaus. Rund 50.000 Pensionären und 40.000 Hinterbliebenen zahlte Thyssen 1990 eine Werksrente.

Belegschaftsentwicklung Thyssen-Gruppe nach Unternehmensbereichen Stand jeweils: 30.9.						
	Insgesamt	Investitionsgüter u. Verarbeitung	Handel u. Dienstleistungen	Edelstahl	Stahl	Beteiligungen[1]
1971/72[2]	92.300	8.100	11.200	15.800	57.200	–
1973/74[2]	147.400	51.200	11.200	17.400	67.600	–
1977/78[3]	160.300	69.600	12.600	16.500	61.600	–
1985/86	127.700	50.900	12.300	14.600	49.700	200
1989/90	152.100	61.900	24.300	15.400	41.300	9.200

[1] einschl. Thyssen AG
[2] Thyssen-Inland
[3] ab 1977/78 Thyssen-Welt

Frauenarbeitsplätze im Wandel.

Elektriker, 1988.

Walzwerker, 1960.

Die Revolution
der Berufe

Ein weiter Bogen technischer Entwicklungen mit immer neuen Anforderungen an die arbeitenden Menschen spannt sich über die Geschichte des Hauses Thyssen. Das Siemens-Martin-Stahlwerk, das 1891 in Bruckhausen in Betrieb ging, bedeutete schon einen erheblichen Fortschritt; bei August Thyssen in Mülheim haben die

Größere Thyssen-Standorte in der Bundesrepublik Deutschland Belegschaften am 30.9.1990	
Duisburg	34.700
Krefeld	7.200
Hamburg	7.100
Witten	6.200
Kassel	3.600
Dortmund	3.000
Bochum	2.800
Remscheid	2.800
Berlin	2.400
Andernach	2.300
Bielefeld	2.300
Düsseldorf	2.300
Emden	2.200
Gelsenkirchen	2.200
München	1.900
Neuwied	1.800

Arbeiter damals noch am Puddelofen gestanden, an dem sie unter großen Mühen schmiedbaren Stahl gewannen. Aber auch der Siemens-Martin-Ofen ist inzwischen vergessen, ebenso wie der Thomas-Konverter.

Die Arbeit in einem modernen Hüttenwerk verlangt einen vollkommen anderen Typ von Arbeitskräften als früher. Nicht von ungefähr ist aus dem früheren Hüttenarbeiter im letzten Jahrzehnt der „Verfahrensmechaniker" geworden. Das fängt beim Hochofen an: Der Produktionsprozeß wird kontinuierlich gesteuert und fordert die volle Konzentration der Bedienungsmannschaft während der ganzen Schicht. Auch im Stahlwerk ist die Knochenarbeit abgelöst worden durch steuernde und kontrollierende Tätigkeiten; das setzt neben soliden metallurgischen Kenntnissen die Beherrschung hochgenauer Meßeinrichtungen voraus. Das unmittelbare Vergießen des Stahls zu Halbzeug verlangt sehr schnelle Reaktionen. Das gleiche gilt im Walzwerk wegen der hohen Arbeitsgeschwindigkeiten von heute. Die Facharbeiter in den Leitständen müssen situationsgerecht reagieren. Sie müssen die Konsequenzen ihres Handelns abwägen können, wenn beispielsweise eine Anlage im Störfall stillzusetzen ist.

So gilt bei Thyssen heute als Schlüsselqualifikation die Fähigkeit zur Kooperation, zur Kommunikation und zur Teamarbeit. Von den Mitarbeitern wird funktionsübergreifendes Verhalten erwartet.

*„Männerberufe",
zunehmend
auch für Frauen
attraktiv.*

*Bildungszentrum
Hamborn der
Thyssen Stahl AG,
eingeweiht 1977.*

Forschungslabor
in Krefeld, 1989.

Das setzt eine breit angelegte Ausbildung voraus. Dafür wurden in den letzten beiden Jahrzehnten moderne Kapazitäten in den Bildungszentren Hamborn, Ruhrort und Hochfeld geschaffen, die eine effiziente gewerbliche Ausbildung für 2.500 Lehrlinge ermöglichen.

Die Thyssen Stahl AG ist nur ein Beispiel für die moderne Ausbildung im Konzern. Insgesamt bildeten die Unternehmen der Thyssen-Gruppe Anfang der neunziger Jahre die jungen Menschen in 75 Berufen aus, und zwar in 54 gewerblichen sowie in 21 technischen und kaufmännischen. Für eine durchschnittlich dreieinhalbjährige Ausbildung liegen die

Kosten, über alle Konzernunternehmen gerechnet, bei 75.000 DM. Nicht nur in Duisburg, sondern auch an vielen anderen Standorten stehen hochmoderne Ausbildungsstätten zur Verfügung, beispielsweise in Krefeld und Witten, in Hamburg und Emden, in Wülfrath sowie in Neuhausen bei Stuttgart und im saarländischen Lockweiler.

Insgesamt unterhielt der Thyssen-Konzern 1990 im Bundesgebiet 35 Ausbildungswerkstätten, 27 eigene Werkschulen und zahlreiche Lehrecken zum praktischen Training vor Ort. 340 hauptberufliche Ausbilder waren tätig: Diese Zahl entspricht dem Lehrkörper von sechs Gymnasien mittlerer Größe. Mehr als 7.500 Lehrlinge zählten 1989/90 im Thyssen-Konzern zur Belegschaft. Das Unternehmen bildete jahrelang in erheblichem Maße über den eigenen Bedarf hinaus aus, um wegen des Schülerbergs möglichst vielen jungen Menschen einen qualifizierten Start in das Berufsleben zu ermöglichen.

Die lautlose Revolution der Berufe führte zu neuen Qualifikationsprofilen.

Vernetzte Arbeitswelt

Der Computer hat inzwischen die gesamte Arbeitswelt erobert. Die Aufgabenbereiche innerhalb eines Unternehmens werden durch ihn mehr und mehr miteinander vernetzt. Produktionsplanungs- und Steuerungssysteme erfassen alle Arbeiten vom Marketing und der Werbung über die Hereinnahme der Kundenaufträge, über den Einkauf und die eigentliche Fertigung bis hin zu Versand und Abrechnung. Dafür gibt es bei Thyssen viele Beispiele sowohl in den Hüttenwerken, im Maschinenbau als auch bei den Dienstleistungen und im Handel.

Eine bedeutende Folge dieser Vernetzung besteht darin, daß die Arbeitsteilung und Spezialisierung der Belegschaften, die nicht nur in den Fabriken, sondern auch in den Büros früher kräftig vorangetrieben wurde und bis zu den Sälen voller schreibmaschinenklopfender Stenotypistinnen führte, nun wieder in einem gewissen Umfang reduziert wird. Der Computer erlaubt es nämlich, eine Reihe von Funktionen wieder zusammenzufassen, und dies beinhaltet Chancen zur Arbeitsanreicherung. Die Neuordnung der metall und elektrogewerblichen Berufe berücksichtigt den fortgeschrittenen EDV-Einsatz ebenso wie die Reform der kaufmännischen Berufe.

Als Beispiel hierfür steht die frühere Bürogehilfin. Ihre Aufgaben erstreckten sich in der Vergangenheit im wesentlichen auf Stenographieren, Maschinenschreiben und Registraturarbeiten. Im Jahre 1990 wurde aus der Bürogehilfin die Kauffrau für Bürokommunikation. Damit ist ausgedrückt, daß die Aufgaben erweitert worden sind. Häufig sind Schreib- und Sachbearbeiterfunktionen nunmehr miteinander kombiniert. Dies wird dadurch erleichtert, daß die Mitarbeiterinnen durch Textverarbeitungssysteme von Routinearbeiten entlastet werden, so daß sie auch qualifiziertere Aufgaben übernehmen können. Dabei muß die Kauffrau für Bürokommunikation die ganze Fülle der heutigen Kommunikationssysteme beherrschen.

Dies betrifft bei Thyssen den überwiegenden Teil der weiblichen Mitarbeiter. Im September 1990 beschäftigte die Thyssen-Gruppe in der Bundesrepublik 15.000 Frauen; das sind zwölf Prozent der Gesamtbelegschaft. Das erscheint auf den ersten Blick wenig, erklärt sich aber vor allem aus dem heute noch hohen Anteil industrieller Fertigungen am Geschäftsvolumen des Konzerns. Aber auch gesetzliche Auflagen schränken die Frauenarbeit gegenwärtig noch stark ein, so in den Konti-Betrieben des Montanbereichs.

Kaufmännisches Büro bei Henschel in Kassel, 1910.

Lochkarten-
abteilung der
ATH, 1958.

Ausbildung am Computer, 1989.

Datenvernetzung im Thyssen-Handel.

Wachsende Aufgaben der Weiterbildung

Die Computerisierung der Produktions- und Verwaltungsarbeit, der beschleunigte technische Wandel, die Internationalisierung des Geschäfts und der wachsende Anteil von Dienstleistungen haben den immer schon bestehenden Bedarf an Weiterbildung mächtig vorangetrieben. Lernen wird mehr und mehr zur lebenslangen Aufgabe. Der Schwerpunkt der Weiterbildung in der Thyssen-Gruppe lag denn auch in den vergangenen Jahren zunehmend auf dem Feld der modernen Computeranwendungen. So werden die Teilnehmer in die computerisierte numerische Steuerung (CNC), in das computergestützte Zeichnen (CAD) und die computergestützte Produktion (CAM) einge-

führt. Es werden Programmiersprachen gelehrt und Schulung am Personal Computer mit der Einführung in die neuesten Software-Programme betrieben. Dazu kommen Verkäuferschulungen und Sprachtraining sowie Kurse über Arbeitstechniken, Führung und Verhalten.

Für diese Weiterbildungsmaßnahmen unterhält Thyssen zahlreiche eigene Einrichtungen wie das Haus Rheinberg von Thyssen Industrie in Lorch am Rhein, das Anita-Thyssen-Heim nördlich von Dinslaken und das neue Weiterbildungszentrum von Thyssen Stahl in Hamborn. Auch Schloß Landsberg bei Essen-Kettwig, der letzte Wohnsitz des Firmengründers, soll nach einem 1990 begonnenen Umbau für Seminare genutzt werden. Über die interne Weiterbildung hinaus greifen die Konzernunternehmen auch auf externe Angebote zurück. Darauf entfällt gut ein Drittel aller Maßnahmen. Im Geschäftsjahr 1989/90 nahmen insgesamt rund 29.000 Mitarbeiter an den Veranstaltungen teil; das entspricht etwa einem Viertel der Inlandsbelegschaft.

Weiterbildung in Seminaren und Workshops.

Weiterbildung am PC-Arbeitsplatz.

*Training
für indonesische
Walzwerker
durch Thyssen
Consulting.*

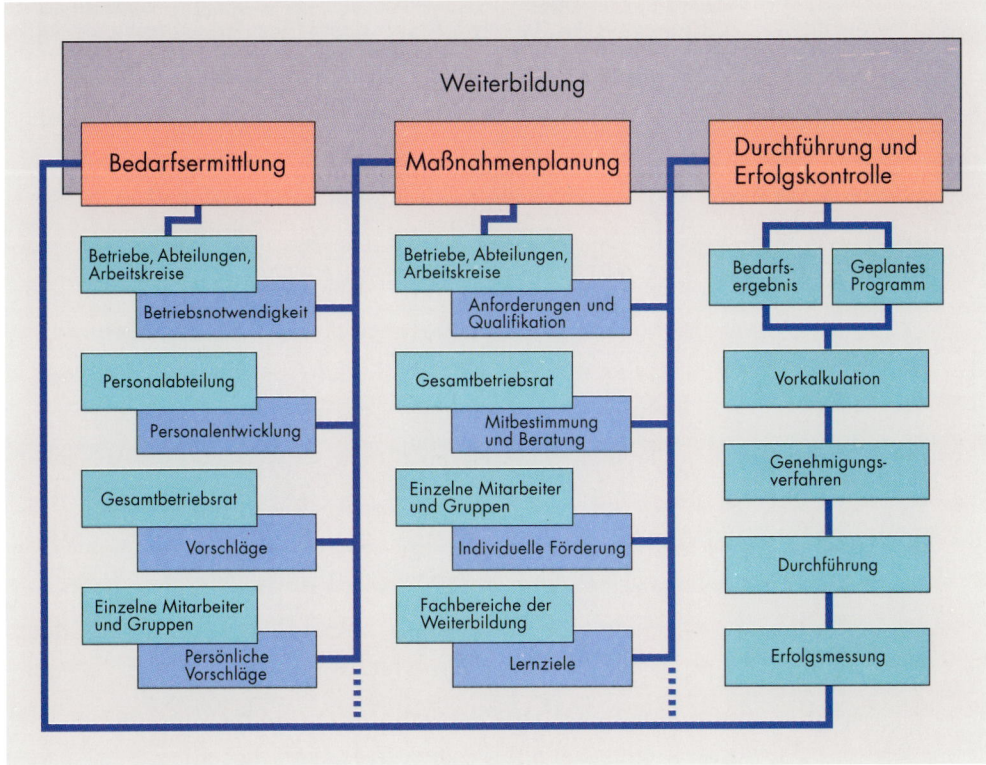

Weiterbildung		
Bedarfsermittlung	**Maßnahmenplanung**	**Durchführung und Erfolgskontrolle**

Bedarfsermittlung:
- Betriebe, Abteilungen, Arbeitskreise → Betriebsnotwendigkeit
- Personalabteilung → Personalentwicklung
- Gesamtbetriebsrat → Vorschläge
- Einzelne Mitarbeiter und Gruppen → Persönliche Vorschläge

Maßnahmenplanung:
- Betriebe, Abteilungen, Arbeitskreise → Anforderungen und Qualifikation
- Gesamtbetriebsrat → Mitbestimmung und Beratung
- Einzelne Mitarbeiter und Gruppen → Individuelle Förderung
- Fachbereiche der Weiterbildung → Lernziele

Durchführung und Erfolgskontrolle:
- Bedarfsergebnis / Geplantes Programm
- Vorkalkulation
- Genehmigungsverfahren
- Durchführung
- Erfolgsmessung

*Konzeption der
beruflichen
Weiterbildung bei
Thyssen Stahl.*

Ausländer schon in der zweiten Generation

Für die Thyssen-Mitarbeiter sind ausländische Kollegen seit langem selbstverständlich. In manchen Betrieben arbeiten heute schon die Töchter und Söhne italienischer, spanischer oder türkischer Mitarbeiter, die in den sechziger und siebziger Jahren bei Thyssen Arbeit gefunden haben. Es fing in den sechziger Jahren an: Zum Ende des Geschäftsjahrs 1963/64 beschäftigte die damalige August Thyssen-Hütte AG 500 Ausländer, das waren gerade drei Prozent der Belegschaft. Der Bedarf an

Herkunft der ausländischen Mitarbeiter Thyssen-Inland Stand: 30.9.1990	
Türkei	9.300
Jugoslawien	1.750
Italien	1.200
Griechenland	900
Portugal	550
Spanien	500
Niederlande	300
Österreich	200
Übriges Europa	400
Afrika	300
Asien	150
Andere überseeische Länder	300
Ausländer insgesamt	15.850

Arbeitskräften war damals so groß, daß die ATH nicht nur in Zeitungen, sondern auch mit Plakaten und durch Werbung in Kinos dringend benötigtes Personal suchte. Doch der deutsche Arbeitsmarkt war leergefegt, und deshalb entsandte das Unternehmen Mitarbeiter der Personalabteilungen sogar bis in die Türkei, um dort Kräfte anzuwerben.

Der Anteil der Ausländer wuchs dann stetig bis auf 13,4 Prozent im Jahre 1974; in diesem Jahr trat in der Bundesrepublik der Anwerbestopp für Ausländer in Kraft. Im September 1990 stellten Ausländer 13,7 Prozent der Gesamtbelegschaft der Inlandsgesellschaften. Die stärkste Gruppe bilden Türken mit 59 Prozent aller Ausländer; es folgen Jugoslawen und Italiener.

Im Herbst 1985 geriet die Beschäftigung von Ausländern bei Thyssen in die Schlagzeilen. Auslöser war eine Veröffentlichung des Schriftstellers Günter Wallraff über die Beschäftigung von ausländischen Arbeitnehmern in deutschen Betrieben. Dabei stützte sich der Autor auf angebliche Erfahrungen, die er in seiner verdeckten Tätigkeit als türkischer Mitarbeiter einer Fremdfirma in Betrieben von Thyssen Stahl in Duisburg gemacht haben wollte. Diese vehement vorgetragenen Vorwürfe über Arbeitsbedingungen in Thyssen-Betrieben hat das Unternehmen umfassend geprüft; sie erwiesen sich als überwiegend haltlos. Auch Wallraffs Hinweisen auf zunehmende Ausländerfeindlichkeit in den Werken sind Unternehmensleitung und Betriebsräte sorgfältig nachgegangen. Fehlentwicklungen wurde entgegengetreten.

Probleme zwischen Deutschen und Ausländern in den Betrieben gibt es seit Beginn der verstärkten Ausländerbeschäftigung in den sechziger Jahren überall in der Bundesrepublik; seitdem bemühen sich Politiker, Unternehmen, Gewerkschaften und andere gesellschaftliche Kräfte mit wechselndem Erfolg, das Zusammenleben von Deutschen und Ausländern zu verbessern. Auch die Konzern-Unternehmen von Thyssen haben diese Frage stets sehr ernst genommen. Alle ausländischen Mitarbeiter sind voll in die deutsche Arbeitswelt integriert. Das gilt selbstverständlich für die Anwendung des Arbeits- und Tarifvertragsrechts und auch für alle Betriebsvereinbarungen. Ausländische Mitarbeiter haben

Türkischer Mitarbeiter der ersten Generation.   *Türkische Mitarbeiterin der zweiten Generation.*

Anspruch auf gleiche Löhne für gleiche Arbeit, mit allen Zuschlägen, Krankenversicherungen, Rentenansprüchen und Urlaub. Auch unter den Betriebsräten sind zahlreiche Ausländer. Ausländische Mitbürger und ihre Kinder haben freilich auf dem deutschen Arbeitsmarkt langfristig nur dann eine Chance, wenn sie sich um schulische und berufliche Bildung bemühen. Diese Möglichkeit wird von Thyssen geboten. Hierzu gehören Sonderkurse für junge Ausländer und das breite Spektrum der beruflichen Ausbildung im Konzern. Der Anteil ausländischer Jugendlicher an den Auszubildenden in der Thyssen-Gruppe ist von vier Prozent im Jahre 1980 auf 17 Prozent ein Jahrzehnt später gestiegen. Ausländische Meister in den Betrieben sind heute keine Seltenheit mehr; auch unter den bei Thyssen beschäftigten Ingenieuren findet man eine wachsende Zahl von ausländischen Staatsangehörigen.

Im Zuge der Ausweitung der internationalen Aktivitäten des Konzerns ist auch die Zahl der bei Auslandsgesellschaften beschäftigten Mitarbeiter zuletzt stark angewachsen, sie erreichte im September 1990 immerhin 28.000. Für sie gelten natürlich andere Rahmenbedingungen als für ihre Kollegen in der Bundesrepublik. Dies

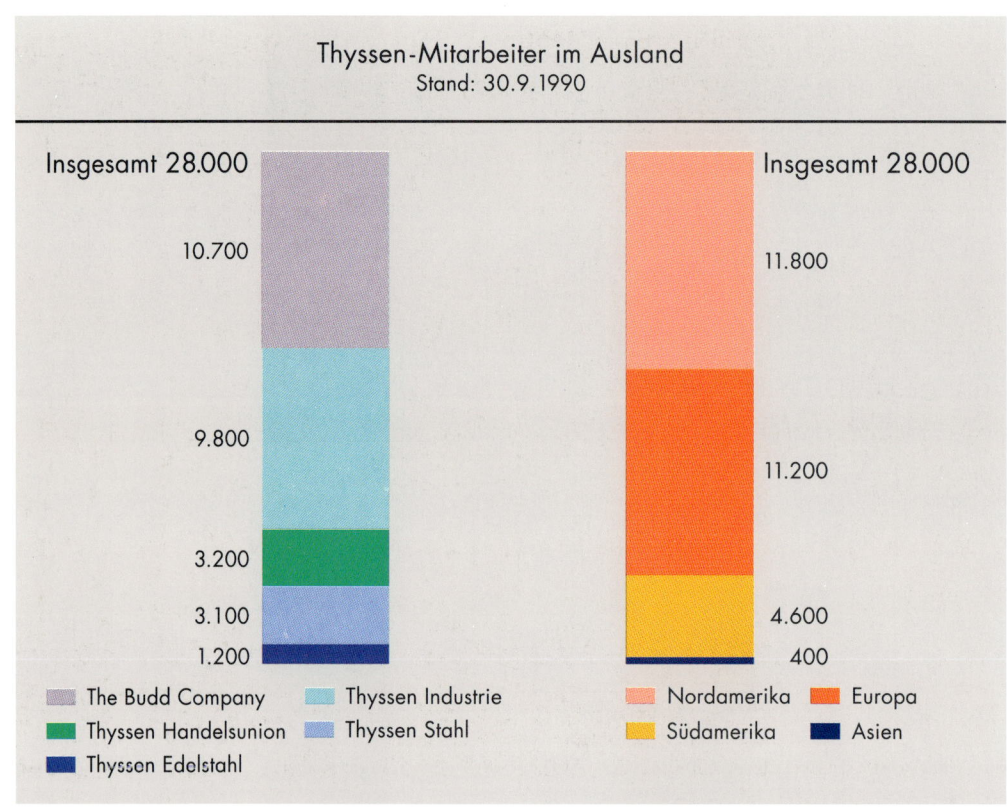

Thyssen-Mitarbeiter im Ausland
Stand: 30.9.1990

Insgesamt 28.000

10.700

9.800

3.200
3.100
1.200

Insgesamt 28.000

11.800

11.200

4.600
400

■ The Budd Company ■ Thyssen Industrie ■ Nordamerika ■ Europa
■ Thyssen Handelsunion ■ Thyssen Stahl ■ Südamerika ■ Asien
■ Thyssen Edelstahl

reicht von arbeitsrechtlichen und mitbestimmungsrelevanten Regelungen über Sozial- und Steuergesetzgebung bis hin zu den erheblichen Unterschieden in den beruflichen Bildungssystemen. Unabhängig davon sind auch die ausländischen Thyssen-Unternehmen bestrebt, ihren Mitarbeitern im Rahmen der in den einzelnen Ländern jeweils gültigen Regeln gute Sozialleistungen zu ermöglichen. Besondere Bedeutung wird überall der beruflichen Qualifizierung eingeräumt.

Bei der größten Auslandsgesellschaft des Thyssen-Konzerns, bei Budd in den USA, hatte der Firmengründer Edward G. Budd bereits frühzeitig mit der Einführung freiwilliger Sozialleistungen begonnen, um dadurch die Lebensbedingungen seiner Mitarbeiter zu verbessern und sie enger an das Unternehmen zu binden. Das betraf etwa Lebensversicherungen für die Mitarbeiter oder gleiche Löhne für weibliche Belegschaftsangehörige. Schon vor 1964, als in den USA mit dem Civil Rights Act die Rassendiskriminierung auch am Arbeitsplatz gesetzlich untersagt wurde, hatte Budd sich freiwillig bereit erklärt, Farbigen die gleichen beruflichen Chancen einzuräumen wie anderen Bürgern. Hohen Stellenwert gibt Budd auch der beruflichen Weiterbildung durch mehrere Qualifikationsprogramme für seine Mitarbeiter.

Mitarbeiterin in New York.

Mitarbeiter in Valencia.

Mitarbeiter
in Detroit.

Aufgaben für
die Zukunft

100 Jahre Firmengeschichte sind auch ein Jahrhundert Sozialgeschichte. August Thyssen bemühte sich in den ersten Jahrzehnten seiner unternehmerischen Tätigkeit in patriarchalischer Fürsorge um die Ausbildung und Versorgung seiner Mitarbeiter. In der modernen Industriegesellschaft haben Tarifverträge und Sozialgesetze die Fürsorge des Patriarchen abgelöst; hinzu kommen viele freiwillige Leistungen der Unternehmen, so daß man insgesamt von einem dichtgeknüpften sozialen Netz sprechen kann. Es ist nicht nur und nicht einmal in erster Linie das Ergebnis humanitären Bemühens, sondern in der heutigen Zeit auch ein wichtiges Element im Wettbewerb um gute Arbeitskräfte. Die zusätzlichen Sozialleistungen reichen von der betrieblichen Altersver-

sorgung über besondere Leistungen für Jubilare bis hin zum verbilligten Kantinenessen. Allerdings können solche freiwilligen Sozialleistungen in einem Konzern, dessen Tochterunternehmen in unterschiedlichen Branchen, Regionen und Tarifbereichen tätig sind, nie einheitlich sein.

Zu den ältesten sozialen Leistungen im Thyssen-Konzern gehört der Bau von Werkswohnungen. Hiermit hatte schon August Thyssen begonnen, und auch in der Ära der Vereinigten Stahlwerke wurde diese Politik fortgesetzt. In den ersten 25 Jahren nach dem Zweiten Weltkrieg konzentrierten sich die Wohnungsbaugesellschaften der Thyssen-Gruppe verständlicherweise auf den Neubau. Der verheerende Bombenkrieg hatte die Bausubstanz vor allem in den großen Städten

weitestgehend vernichtet. Im Juni 1965 konnte schon die fünftausendste mit Mitteln der ATH gebaute Wohnung an ein Belegschaftsmitglied übergeben werden. Mitte der siebziger Jahre entspannte sich die Lage am Wohnungsmarkt – Modernisierung und Förderung von Eigentumsmaßnahmen rückten nun in den Vordergrund. 1990 verfügte Thyssen über rund 50.000 Wohnungen, überwiegend an Rhein und Ruhr.

Die Fürsorge für die Mitarbeiter erstreckt sich auch auf ihre Gesundheit und auf die ergonomische Gestaltung der Arbeitsplätze. Hier haben die Thyssen-Unternehmen seit Anfang der siebziger Jahre besonders große Anstrengungen unternommen. Vor allem in den großen Werken kümmern sich eigene Werksärzte um die Gesundheit der Mitarbeiter. 1990 beschäftigte Thyssen 25 Werksärzte; außerdem waren 120 weitere Ärzte auf diesem Gebiet für den Konzern tätig. Zu ihrem Präventiv-Katalog zählen regelmäßige Vorsorgeuntersuchungen, besonders für körperlich stark beanspruchte Mitarbeiter. Darüber hinaus stehen die Gesundheitszentren allen Mitarbeitern für plötzlich auftretende gesundheitliche Beschwerden zur Verfügung. Seit Ende der siebziger Jahre befaßt sich die betriebliche Gesundheitspolitik zunehmend auch mit den Suchtgefahren, vor allem mit dem Alkoholismus. Anonyme Beratungsstellen geben den Mitarbeitern und ihren Familienangehörigen konkrete Hilfe.

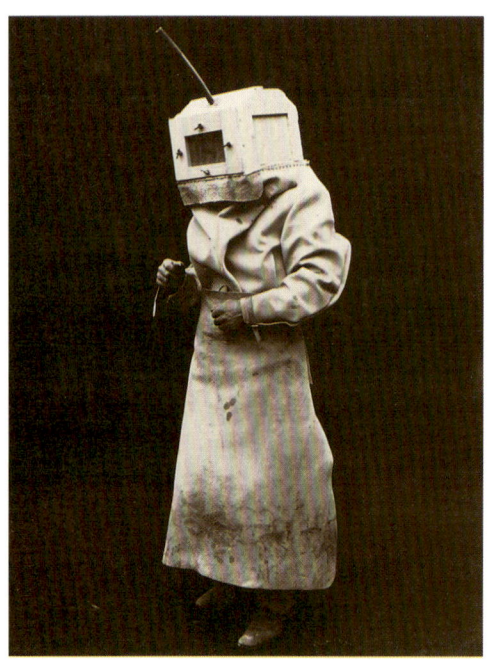 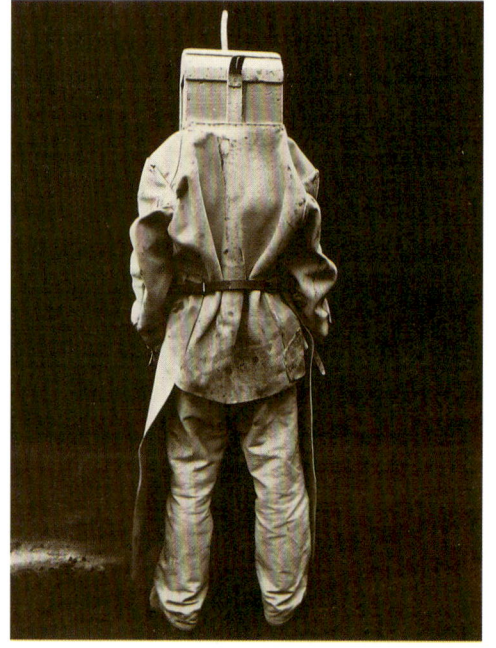

Schutzhelm mit „Schnorchel" und Schutzbekleidung für Sandstrahlarbeiten, 1939.

*Kinderspielplatz
in Hamborn, 1956.*

*Eickelkamp-Siedlung in Duisburg-Hamborn mit 250 Werks-
wohnungen der ATH und 400 Eigenheimen, 1963.*

*Werkswohnungen
mit restaurierten
Fassaden Bau-
jahr 1922, 1985.*

Betriebskrankenkassen haben im Gesundheitssystem der Bundesrepublik eine besondere Bedeutung. In zahlreichen Thyssen-Unternehmen existieren solche Einrichtungen seit vielen Jahrzehnten. Im Jahre 1990 unterhielt die Thyssen-Gruppe 18 Betriebskrankenkassen mit 150.000 Versicherten einschließlich der mitversicherten Familienangehörigen. Die Betriebskrankenkasse der Thyssen Stahl AG, die ihren Sitz im früheren Verwaltungsgebäude des Firmengründers August Thys-

sen hat, ist die zweitgrößte Betriebskrankenkasse im bevölkerungsreichsten Bundesland Nordrhein-Westfalen.

Ein wesentliches Ziel der Fürsorge für die Mitarbeiter ist eine möglichst geringe Unfallrate. Etwa 310 hauptamtliche Sicherheitsfachkräfte sind zur Zeit im Konzern tätig. Arbeitssicherheit fängt bei der Investitionsplanung an; bereits in der Konzeption neuer Anlagen werden sicherheitstechnische und ergonomische Anforderungen berücksichtigt. Die Aufgabe der

Arbeitssicherheit besteht außerdem in der Verdichtung der Inspektionsnetze in den Abteilungen und Betrieben sowie in der individuellen Arbeitsplatzgestaltung für schwerbehinderte Mitarbeiter.

Die Aufgabenstellungen der betrieblichen Sozialpolitik ändern sich ständig. Neue Anforderungen und neue Ansprüche kommen hinzu. In engem Dialog mit den Betriebsräten werden die Konzernunternehmen an die Lösung der künftigen Aufgaben herangehen.

*Die Berliner
Börse, Haupt-
umschlagplatz
für deutsche
Aktien und
Anleihen, 1931.*

*Wertpapier-
handel rund um
die Welt, 1989.*

Die Geschichte der modernen Aktiengesellschaft beginnt in Deutschland mit dem preußischen Eisenbahngesetz von 1838. Der Eisenbahnbau war als ökonomischer Leitsektor der Industrialisierung von zentraler Bedeutung, aber auch sehr kostspielig. Für den hohen Kapitalbedarf erwies sich die Finanzierung aus vielen anonymen Quellen schon damals als besonders leistungsfähig. Nachdem die zunächst praktizierte staatliche Einzelgenehmigung 1870 durch eine bloße Rechtskontrolle abgelöst worden war, kam es in der Entwicklung des Aktienwesens zu einem starken Aufschwung. Aber zahlreiche Mißbräuche in der Gründerzeit zwangen 1884 zu einer durchgreifenden Reform. Auf ihren Grundlagen beruht auch heute noch in wesentlichen Zügen das deutsche Aktienrecht.

Gleichwohl war das Aktienwesen seither tiefgreifenden Strukturwandlungen unterworfen. Kennzeichnend für die neuere wirtschaftliche Entwicklung ist vor allem die zunehmende Konzentration. So ist die Zahl der Aktiengesellschaften in Deutschland von 17.000 im Jahre 1926 bis Mitte der achtziger Jahre auf 2.100 gesunken; im gleichen Zeitraum stieg die Summe der Grundkapitalien von 19 Milliarden RM auf 105 Milliarden DM an. Unter den hundert größten Unternehmen haben heute zwei Drittel die Rechtsform der AG.

In der Bundesrepublik Deutschland kommt der Aktie als Finanzierungs- und Anlageinstrument im Vergleich zu anderen westlichen Industrieländern eine relativ geringe Bedeutung zu. Während sich beispielsweise in den Vereinigten Staaten der gesamte Börsenwert der amerikanischen Aktiengesellschaften in einer Größenordnung von mehr als der Hälfte des Bruttosozialprodukts bewegt, macht der Vergleichswert in der Bundesrepublik nur etwa fünf bis zehn Prozent aus. Obwohl sich Bundesregierung und private Institutionen seit langem darum bemühen, zum Aktiensparen zu ermutigen und es zu fördern, hat sich an diesem Sachverhalt in den vergangenen Jahrzehnten wenig geändert.

Die Thyssen-Aktie gehört auf den deutschen Börsenplätzen zu den angesehenen Standardwerten. Bis auf zwei Jahre konnte das Unternehmen seit Mitte der fünfziger Jahre regelmäßig eine Dividende ausschütten. Insgesamt waren das über 3,5 Milliarden DM.

THYSSEN UND SEINE AKTIONÄRE

Die August Thyssen-Hütte AG hatte im Mai 1953 als eine Nachfolgegesellschaft des Stahlvereins ein Gründungskapital von 10 Millionen DM per 1. Oktober 1952. Es wurde durch Übernahme des Anlagevermögens im Mai 1954 in einer zweiten Phase auf 115 Millionen DM aufgestockt. Drei Jahrzehnte später verfügte die Thyssen AG über ein Grundkapital von 1.565 Millionen DM. Dazwischen lag eine Zeit kontinuierlichen Wachstums.

Gewachsen war in diesen Jahrzehnten nicht nur die Höhe des Kapitals, sondern auch die Zahl der Aktionäre. Die ersten Eigentümer der neuen ATH waren Aktionäre der entflochtenen Vereinigten Stahlwerke gewesen; sie hatten aus der Neuordnung die Aktien der Nachfolgegesellschaften zugeteilt bekommen und mußten sich, soweit sie mit mehr als fünf Prozent am VSt-Kapital beteiligt waren, auf einzelne Nachfolgegesellschaften konzentrieren. Im Jahre 1954 lagen immerhin 58 Prozent des ATH-Kapitals im Streubesitz von rund 32.000 Aktionären.

Im Laufe der Jahrzehnte sind viele neue Aktionäre hinzugekommen, darunter zahlreiche Mitarbeiter der Thyssen Gruppe.

Die erste Hauptversammlung der neuen ATH fand am 12. Oktober 1955 in einem Duisburger Kino statt.

1990 hatte die Thyssen AG rund 240.000 Aktionäre, darunter 40.000 Mitarbeiter, die in zwei Aktionen 1976 und 1989 die Möglichkeit genutzt hatten, Belegschaftsaktien zu erwerben. Eng mit Thyssen verbunden fühlen sich auch die freien Aktionäre von Thyssen Industrie, Edelwitten und Stahlwerke Bochum, deren Dividende an die Ausschüttung der Thyssen AG gekoppelt ist.

Der Rückblick auf die Anfänge des Unternehmens macht den Wandel deutlich, der sich in den vergangenen hundert Jahren vollzogen hat. August Thyssen gründete einst mit 70.000 Talern, zu denen er selbst die Hälfte beitrug, die Firma Thyssen & Co., und bis 1891 kaufte er für rund vier Millionen Mark alle Kuxe der Gewerkschaft Deutscher Kaiser auf. Welch stattliche Aufbauarbeit in den folgenden Jahrzehnten geleistet wurde, zeigte sich 1910, als der GDK-Kux mit 95.300 Mark bewertet wurde. Der Wert der GDK war in zwanzig Jahren auf knapp 100 Millionen Mark gewachsen, und das bei insgesamt fast stabilen Preisen.

Ein Gewinn von 3,5 Millionen Mark im Jahre 1900 war ein erster Höhepunkt auf dem Ertragskonto der Gewerkschaft Deutscher Kaiser. August Thyssen konnte die Jahresgewinne in den folgenden Jahren bis 1913 auf 10,8 Millionen Mark steigern.

Über das Finanzgebaren von August Thyssen ist viel gerätselt und spekuliert worden. Mancher Kritiker nannte ihn einen Hasardeur, andere wiederum werteten

Thyssen-Hauptversammlungen 1976 und 1990 in der Duisburger Mercator-Halle.

ihn als Musterbeispiel eines soliden und sparsamen Patriarchen. Thyssen hatte sich solch widersprechende Urteile selbst zuzuschreiben; schuld daran war seine Verschlossenheit der Öffentlichkeit gegenüber.

Der Achtzigjährige hat 1922 in einem Rückblick auf die Anfänge seines Imperiums auch über sein Finanzgebaren berichtet: „Durch äußerste Sparsamkeit sowohl im Betrieb als auch im Einkauf und Verkauf verdiente die neue Firma und konnte den Verdienst im Geschäfte belassen, um damit die Betriebsmittel zu stär-

ken; dadurch war es möglich, die Ersparnisse zu machen und die Mittel zu gewinnen, um die vorhandenen Anlagen zu vergrößern und Neuanlagen zu bauen. Dazu mußte ich natürlich noch vielfach Kredit in Anspruch nehmen, der mir anfangs zwar nur in bescheidenem, aber später in größerem Maße zur Verfügung gestellt wurde. Meistens gelang es mir auch, mit den vorgenommenen Vergrößerungen und Neubauten Erfolge zu erzielen, die wir auch dringend gebrauchten, nicht allein für die notwendigen Ergänzungen, sondern auch um die Verluste zu decken, die eben-

falls vorkamen. Alles, was unternommen wurde, gelang eben nicht immer, sondern es traten dabei auch Fehlschläge und Mißerfolge ein, die umso empfindlicher waren, als für diese Neubauten teilweise Kredite in Anspruch genommen waren und nun damit nichts verdient werden konnte, um die gemachten Schulden zu bezahlen."

Beachtlich ist die Ehrlichkeit, die aus den Worten des alten Mannes spricht, beachtlich auch der Mut, eigene Fehlschläge unumwunden einzugestehen.

Die Zeit der Gründer und Spekulanten

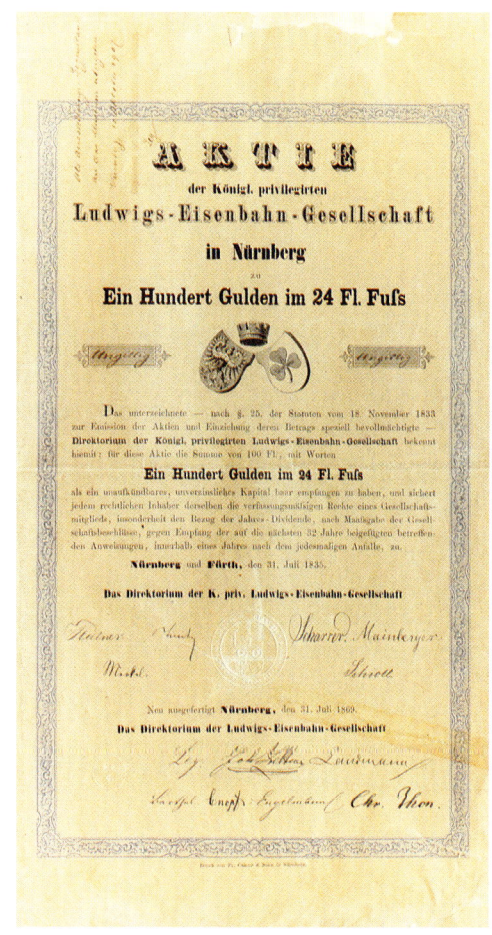

Die Finanzierung der Eisenbahn-Gesellschaften war der Beginn des modernen Aktienwesens in Deutschland.

August Thyssen ist oft gerühmt worden, daß er, zum Unterschied vom Gros der damaligen Unternehmer, antizyklisch investierte. Aber Thyssen blieb, zum Teil auch gerade wegen dieses Investitionsrhythmus, von Krisen nicht verschont. Er mußte Anfang des Jahrhunderts Beteiligungen verkaufen und bei der Rheinischen Bank in Mülheim das Kapital zusammenstreichen, um Verluste auszugleichen. Im Jahre 1902 verkaufte er unter dem Druck einer Liquiditätsklemme seine Anteile an der Gewerkschaft verein. Gladbeck an den preußischen Staat, was ihm einen Erlös von 35 Millionen Mark einbrachte.

Weder die Unternehmensführer in der Gründerzeit noch die damaligen Aktionäre oder Gewerken waren mit den heutigen Managern und den Anteilseignern moderner Unternehmen vergleichbar. August Thyssen war ein Einzelgänger, der sich nicht besonders gern mit anderen in das Eigentum an industriellen Werken teilte, sondern gemeinsame Engagements allenfalls als Durchgangsstadium zu größeren Lösungen ansah. Die Aktionäre der Gründerzeit waren ihrerseits weit spekulativer veranlagt als die heutigen Miteigentümer großer Publikumsgesellschaften. Freilich war der Kreis der Bürger, die Aktien besaßen, zu Thyssens Zeiten auch weit kleiner, weit exklusiver als heute. Viele Unternehmen wurden in der zweiten Hälfte des vorigen Jahrhunderts

---

ZERSTÖRTE WIRTSCHAFTSBASIS DURCH UFERLOSE INFLATION

Auszüge aus einem Gespräch über die Hyperinflation in Deutschland in den Jahren 1922 und 1923 mit Heinz Gehm, langjähriger Vorstandsvorsitzender und späterer Aufsichtsratsvorsitzender der heutigen Thyssen Edelstahlwerke AG.

Ich erinnere mich, daß ich Ende 1922 an der Ostsee gewesen bin. Da stand jeden Morgen auf der Schiefertafel, was die Pension heute kostet, das änderte sich von Tag zu Tag. [...] 1923 hatte ich bei [der Firma Heinr. Aug.] Schulte verschiedene Funktionen. [...] So mußte ich in Frankreich, in der Tschechoslowakei Stahl einkaufen. Ich bin also oft in Lothringen gewesen und später auch in Prag und mußte mich natürlich mit Devisen eindecken. Ich habe für die letzten Devisen-Einkäufe bei den Banken in Dortmund pro Dollar 4,2 Billionen M bezahlen müssen; das sind 4.200 Milliarden, das kann man sich überhaupt nicht vorstellen. Wir gingen mit einem Extra-Koffer auf die Reise, um das notwendige Geld für die Kleinigkeiten, die wir bezahlen mußten, zu haben. Unser Büroangestellter mußte abends um sechs Uhr bei der Reichsbank anstehen, bis er morgens um sechs einen Koffer voll Milliarden bekam, damit ich meine Reise bis zur deutschen Grenze finanzieren konnte. [...] Wir haben uns Geld beschafft, indem ich auf eine unserer Tochtergesellschaften Wechsel ausgestellt habe. Wenn der Buchhalter kam und sagte: „Ich habe kein Geld mehr", da habe ich ihn nur gefragt, wieviel er brauche. Dann habe ich meine Schreibtischschublade aufgemacht, habe in ein Wechselformular die Summe eingetragen, unterschrieben, auf die Tochtergesellschaft ausgestellt, und eine Stunde später war der Bote bei der Reichsbank und hat das diskontieren lassen und das Geld in bar mitgenommen. Wenn der Wechsel fällig war, konnte man den Gegenwert aus der Westentasche bezahlen.

Dipl. Ing.   Fritz   August   Dr. Nikoladzé Geheimrat   Fürst   Dr. Kind
Kroll   Thyssen   Thyssen   Georgische   v. Simson   Sumbatoff Reichswirt-
                                    Delegation   Reichswirt- Georgische schaftsamt
                                                  schaftsamt Delegation

August Thyssen
mit einer
Delegation aus
Georgien, 1918.

noch in klarer Absicht gegründet, in kurzer Zeit hohe Gewinne zu kassieren und dann die Gesellschaft zu liquidieren. Die Einstellung zum Unternehmen hat sich in Deutschland in den vergangenen hundert Jahren deutlich gewandelt.

Die Bilanzen der Gewerkschaft Deutscher Kaiser verraten eine solide Finanzierung. In der Zeit vor dem Ersten Weltkrieg stellte das Eigenkapital durchweg die Hälfte des Gesamtkapitals. Von 1903 bis 1913 wuchs das Anlagevermögen der GDK im Jahresdurchschnitt um knapp elf Prozent, während die eigenen Mittel in der

gleichen Zeit jährlich um durchschnittlich 9,3 Prozent aufgestockt wurden. Angesichts der starken Expansion der Thyssenschen Betriebe zu jener Zeit muß dies als ein gutes Resultat gewertet werden. Aber die Finanzzentrale für Thyssens Konzern war die offene Handelsgesellschaft Thyssen & Co., und deren Kapitalstruktur kannten nur die Eigentümer.

Die späteren GDK-Bilanzen lassen den Einfluß unternehmensfremder Faktoren erkennen: von der Kriegswirtschaft bis zur Hyperinflation von 1923. Immer weniger sagten die Bilanzen und die ohnehin über-

aus dürftigen Ertragsrechnungen etwas über die Finanzlage des Unternehmens aus. Die auf die Inflation folgende Konsolidierung mündete in die Gründung der Vereinigten Stahlwerke.

Der deutsche Kapitalmarkt war auch nach der formalen Gesundung durch die Währungsreform von Ende 1923 nicht in der Lage, die kapitalintensiven Industrien, darunter die Montanindustrie, im notwendigen Umfang zu finanzieren. So suchten und fanden die Gründungsväter der Vereinigten Stahlwerke ihre Kapitalgeber in den USA. Das galt auch für Thyssen.

Im Finanzverbund des Stahlvereins

Innerhalb der Vereinigten Stahlwerke wurden die Werke der August Thyssen-Hütte, Gewerkschaft, wie das Stahlunternehmen ab 1919 hieß, erst mit dem Jahr 1934 eine rechtlich selbständige Aktiengesellschaft; dies über das Zwischenstadium der Hüttengruppe West. Aber das Aktienkapital dieser August Thyssen-Hütte AG von 100 Millionen RM sagte wenig aus. Die ATH war Betriebsgesellschaft der Vereinigte Stahlwerke AG, bei der das Eigentum an den Sachanlagen und die Finanzhoheit verblieben.

Die Gründerunternehmen, die ihre Werke in den Stahlverein eingebracht hatten, waren auch die ersten Aktionäre. Aber schon im Jahre 1926 wurde die VSt-Aktie auch an den Wertpapierbörsen eingeführt. Nach der Umgründung des Unternehmens und einer damit verbundenen Neufestsetzung des Grundkapitals auf 560 Millionen RM Ende 1933 waren die Stahlvereins-Aktien an den Börsen in Berlin, Frankfurt am Main, Leipzig, Hamburg, Köln, Essen und Düsseldorf sowie München im Handel. Ihre höchste Dividende zahlten die Vereinigten Stahlwerke in den drei Geschäftsjahren 1926/27 bis 1928/29. In der Weltwirtschaftskrise fielen Dividenden ganz aus, und in den Jahren bis 1938/39

erholten sie sich auf sechs Prozent. Bei diesem Satz wurden sie, gleich den Dividenden anderer deutscher Gesellschaften, ab Kriegsbeginn durch Anordnung der Reichsregierung eingefroren. Was insgesamt während der Existenz der Vereinigten Stahlwerke auf die Dividendenkonten der Aktionäre kam, war bescheiden: 420 Millionen RM in 22 Jahren.

Wer seine Stahlvereins-Aktien über die Wirren der Zeiten brav durchhielt oder gar noch zum letzten Reichsmark-Kurs zwei Tage vor der Währungsreform im Juni 1948 zu 170 Prozent kaufte, der kam gut über den Währungsschnitt im Verhältnis

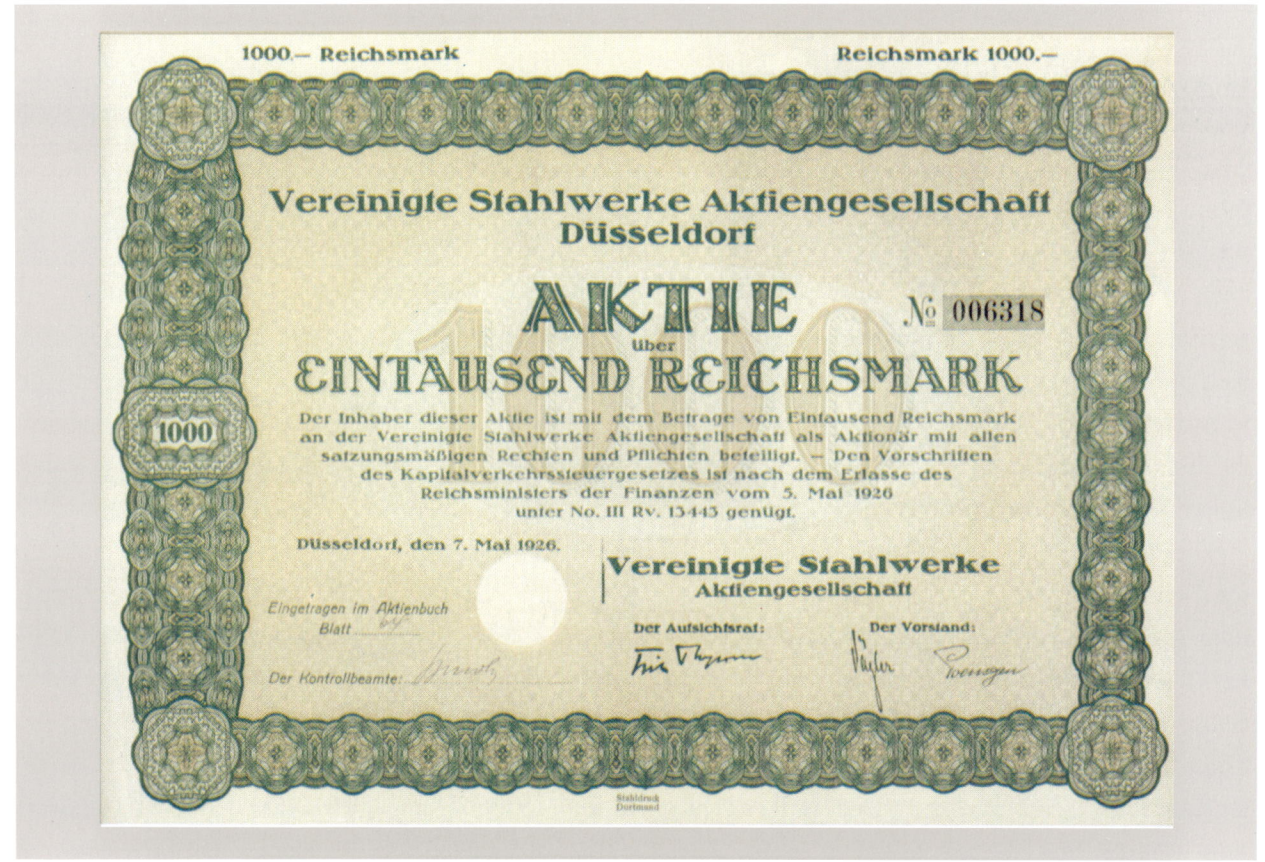

VSt-Aktie, ausgegeben am Tag der ersten Hauptversammlung des Unternehmens.

Anteilschein für die Dollar-Anleihe der August Thyssen-Hütte, Gewerkschaft, 1925.

10 : 1 hinweg. Er mußte freilich die ganze Entflechtung abwarten, und das erforderte gute Nerven. Hatte dieser Aktionär aber Geduld bewiesen und verkaufte etwa seine Aktien im Jahre 1955 zum Durchschnittskurs, so durfte er folgende Rechnung aufmachen: Für eine Stahlvereins-Aktie im Nominalbetrag von 1.000 Reichsmark hatte er Aktien der Nachfolgegesellschaften im Nominalbetrag von 3.060 DM bekommen. An der Börse konnte er sie für insgesamt 5.400 DM verkaufen. Er hatte also sein Kapital von 1.700 RM im Jahre 1948 auf das Dreifache in DM im Jahre 1955 vermehrt. Hätte er die 1.700 RM auf einem Sparbuch gelassen, dann wären ihm nach der Währungsreform nur 170 DM geblieben.

Wirtschaftliche Daten Vereinigte Stahlwerke AG in Mio RM					
Geschäfts-jahr	Umsatz[1]	Reingewinn	Dividende	Abführung der Betriebs-gesellschaft ATH AG[2]	Grund-kapital VSt
1926/27	1.417	50,5	48,0	–	800
1928/29	1.445	48,5	48,0	–	800
1930/31	849	-22,4	0	–	800
1932/33[3]	570	–	0	–	775
1934/35	975	21,2	19,6	27,4	560
1936/37	1.355	27,0	23,0	31,4	460
1938/39	1.705	27,6	27,6	44,9	460

[1] ohne anteiligen Umsatz der Beteiligungsgesellschaften
[2] vor anteiligen Abschreibungen, Zinsen und Steuern, die bei VSt verrechnet wurden
[3] für 1932/33 wurde kein Jahresabschluß erstellt (Neuorganisation)

Solide
Bilanzpolitik

Die August Thyssen-Hütte AG, die 1952/53 in kümmerlich anmutender Lage aus Demontage und Entflechtung hervorgegangen war, mußte in den ersten Jahren mit öffentlich verbürgten Krediten arbeiten. Darüber hinaus erhielt sie gegen die Hergabe von Teilschuldverschreibungen beträchtliche Mittel aus dem Investitionshilfeprogramm für Kohle und Stahl. Die ATH erreichte aber erstaunlich schnell eine hohe Eigenfinanzierungsrate. Immerhin konnte sie Anfang der sechziger Jahre das Hüttenwerk Beeckerwerth errichten. Ein Abschreibungsvolumen von jährlich 500 bis 600 Millionen DM trug damals dazu bei, daß diese Investitionen auch finanziell bewältigt wurden. Im Jahre 1970 erinnerte der Vorstand in der Hauptversammlung daran, daß Thyssen mit den Abschreibungen keineswegs der technischen Entwicklung vorauseile. Es sei mehr als

einmal geschehen, daß das Unternehmen technisch und wirtschaftlich überholte Anlagen stillsetzen mußte, die nicht mit Null zu Buche standen. In der immer kürzeren Lebenserwartung der Stahl- und Walzwerke werde auch die Dynamik der Stahlindustrie erkennbar, in der neue und kostengünstigere Dimensionen in rascher Folge nach vorn drängten.

Damit waren Risiken angesprochen, die ein Unternehmensvorstand rechtzeitig berücksichtigen muß. Wenn Thyssen in bemerkenswerter Stärke durch die Stahlkrise der Jahre 1974 bis 1987 gekommen ist, so ist dies nicht zuletzt auch der Tatsache zu verdanken, daß der Vorstand seit Neugründung des Unternehmens die Lebensdauer von Anlagen immer realistisch angesetzt hat. Ein markantes Beispiel war das Siemens-Martin-Stahlwerk, das 1958 als kompletter Neubau in Betrieb

kam und dem der Vorstand von vornherein eine Lebensdauer von nur zehn Jahren unterstellte. Er sollte recht behalten. Das Werk war voll abgeschrieben, als es 1969 abgerissen wurde, um einem modernen Oxygenstahlwerk Platz zu machen. Auch hier ist ein Rückblick auf den Gründer August Thyssen aufschlußreich. Die Gewerkschaft Deutscher Kaiser schrieb auf die Anlagen Beträge ab, die im Jahresdurchschnitt bei gut acht Prozent vom Umsatz lagen. Diese Relation durfte damals wie heute als ein Zeichen für eine solide Bilanzpolitik gelten. In den sechziger Jahren wurden bei Thyssen neue Grundsätze für die Bewertung und Abschreibung der Großanlagen erarbeitet, um die technische und wirtschaftliche Veralterung noch zutreffender berücksichtigen zu können.

Kapitalerhöhungen sollen in der Regel dem Unternehmen bares Geld für Investitionen beschaffen. Diese Finanzierungspolitik hat auch die August Thyssen-Hütte AG betrieben. Im Juli 1956 erhöhte sie das Grundkapital gegen Bareinzahlung um 75 Millionen DM zum Kurse von 100 Prozent. Das war für die damaligen Größenverhältnisse eine ungewöhnlich hohe Relation, denn das Aktienkapital wurde immerhin auf das Anderthalbfache aufgestockt.

In den fünfziger und sechziger Jahren standen freilich bei der ATH Kapitalerhöhungen im Zusammenhang mit der Neustrukturierung des Konzerns im Vordergrund. Die ATH übernahm Beteiligungen

Barkapitalerhöhungen der Thyssen AG				
	Emissions-betrag Mio DM	Bezugs-verhältnis	Ausgabekurs %	Erlös Mio DM
1956	75,0	2 : 1	100	75,0
1960	111,0	3 : 1	180	199,8
1969	94,0	10 : 1	150	141,0
1976	220,7	5 : 1	180	397,3
1985	265,0	5 : 1	180	477,0
Insgesamt	765,7		Ø 168	1.290,1

an anderen Gesellschaften gegen Hingabe von Aktien des eigenen Unternehmens. Auch dieses Verfahren hat oft die Zahl der ATH-Aktionäre vergrößert.

So erwarb die ATH 1956/57 eine Beteiligung an der Niederrheinische Hütte AG gegen nominal knapp 50 Millionen DM ATH-Aktien; den überwiegenden Teil des Kapitals der Deutsche Edelstahlwerke AG übernahm sie 1957/58 gegen 54 Millionen DM ATH-Aktien; die Handelsunion AG wurde im wesentlichen mit 47 Millionen DM ATH-Aktien in den Jahren 1960/61 erworben. 1958 erwarb das Unternehmen

eine erste Beteiligung an der heutigen Rasselstein AG, die 1961 auf 50 Prozent erhöht wurde.

Die größte Transaktion bildete 1964 die Übernahme der Phoenix-Rheinrohr AG gegen 263 Millionen DM ATH-Aktien. Der Zusammenschluß mit der Hüttenwerk Oberhausen AG 1968 mit der Hingabe von 150 Millionen DM ATH-Aktien brachte eine weitere Aufstockung des Kapitals. Der Erwerb von Rheinstahl wurde zuerst gegen Barmittel und in der zweiten Phase über Kapitalerhöhungen in Höhe von 69 Millionen DM vorgenommen. Daneben

wurden nominell rund zehn Millionen DM Aktien in verschiedenen Tranchen als Spitzenausgleich über Banken plaziert.

Während die ATH seit ihrer Neugründung für die Übernahme anderer Unternehmen insgesamt 674 Millionen DM neue Aktien ausgab, haben die Aktionäre bei Kapitalerhöhungen gegen Bareinlagen insgesamt 766 Millionen DM gezeichnet und dafür 1,29 Milliarden DM auf die Kapitalkonten des Unternehmens gebracht. Im Durchschnitt erzielte Thyssen bei den Barkapitalerhöhungen einen Erlös von 168 Prozent.

Die Fritz Thyssen Stiftung

Im Jahre 1959 entschieden sich die Erben von Fritz Thyssen, einen wesentlichen Teil ihres Vermögens, nämlich nominell 100 Millionen DM Aktien der August Thyssen-Hütte AG, in eine Stiftung zur Förderung der Wissenschaften einzubringen. Gegründet wurde die gemeinnützige Stiftung, die den Namen Fritz Thyssen Stiftung erhielt, schon am 7. Juli 1959. Die Wissenschaftsförderung konnte ein Jahr später aufgenommen werden, als der Kölner Bankier Robert Pferdmenges, ein alter Freund der Familie Thyssen, zugleich auch der erste Aufsichtsratsvorsitzende der August Thyssen-Hütte AG, die Stiftung der Öffentlichkeit vorstellte.

Schon Fritz Thyssen selbst hatte erwogen, auf sein Eigentum zu verzichten, um die Demontage der Hütte zu verhindern. Damit hätte er sicherlich nichts bewirkt. Als seine Witwe und ihre Tochter die Stiftung errichteten, war die Angst um die Demontage zwar längst gewichen. Aber die Erinnerung an diese Zeit, als die Thyssenhütte um ein Haar völlig ausgelöscht worden wäre, war noch keineswegs verblaßt. So verbanden beide Stifterinnen mit ihrer Anerkennung gegenüber Unternehmensleitungen und Mitarbeitern auch ausdrücklich den Dank an Bundes- und Landesregierung für deren Hilfe beim Wiederaufbau.

Zur Zeit der Stiftungsgründung stand die ATH wegen des vorgesehenen Zusammenschlusses mit der Phoenix-Rheinrohr AG noch in einer Auseinandersetzung mit der Hohen Behörde der Europäischen Gemeinschaft für Kohle und Stahl. Man fand deshalb eine vorübergehende Hilfskonstruktion. Endgültig ausgestattet wurde die Stiftung mit den vorgesehenen nominell 100 Millionen DM ATH-Aktien (rund 15,9 Prozent des damaligen Grundkapitals), als 1964 die Genehmigung der Hohen Behörde für den Phoenix-Rheinrohr-Zusammenschluß vorlag.

Mit der Einrichtung der Fritz Thyssen Stiftung beschritt erstmals nach dem Zweiten Weltkrieg in Deutschland eine Industriellenfamilie einen Weg, wie ihn Eigentümer großer Privatvermögen in den Vereinigten Staaten schon seit vielen Jahrzehnten eingeschlagen hatten. Diese Anknüpfung an die Tradition solcher amerikanischer Foundations kommt auch darin zum Ausdruck, daß die Förderung der Wissenschaften auf das Ausland ausgedehnt wurde. Andere Stiftungen in Deutschland waren, soweit sie nicht im karitativen Bereich tätig sind, nach Kriegsende vorwiegend von Organisationen oder vom Staat gegründet worden. Die Gremien der Fritz Thyssen Stiftung, nämlich Kuratorium, Wissenschaftlicher Beirat und Vorstand, mußten mangels irgendeines Vorbilds eigene Wege suchen, um die Aufgaben der Stiftung zu verwirklichen. Den Vorsitz im Kuratorium übernahm 1960 Robert Pferdmenges; ihm folgten 1962 bis 1964 Robert Ellscheid, seit 1965 Kurt Birrenbach und seit 1986 Hans L. Merkle.

Eine wesentliche Rolle bei der Bestimmung der Stiftungszwecke spielte die Tatsache, daß die Geisteswissenschaften

---

Amélie Thyssen, 1963.

Anita Gräfin Zichy-Thyssen, 1955.

in Deutschland durch die erzwungene Emigration hervorragender Gelehrter und den Versuch der Politisierung unter der nationalsozialistischen Diktatur stark gelitten hatten. So entstand der Wunsch, diesen Bereich im Rahmen des Zwecks der Fritz Thyssen Stiftung besonders zu pflegen, und seit Aufnahme ihrer Arbeit hat die Stiftung dementsprechend die Grundlagen der geisteswissenschaftlichen Forschung intensiv gefördert.

Die Stiftung unterstützt auch wissenschaftliche Arbeiten, die der Entwicklung und den Veränderungen politischer, verfassungsrechtlicher und gesellschaftlicher Verhältnisse unseres Landes in der Nachkriegszeit gewidmet sind, sowie Studien zu Themen hoher Aktualität und zukünftiger Bedeutung in den internationalen Beziehungen. Einem besonderen Anliegen der Stifterinnen folgend, stellt die Stiftung auch Mittel für die Medizin und die Naturwissenschaften bereit, wobei die Medizin die Priorität genießt: Hier stehen zur Zeit Forschungsarbeiten zur molekulargenetischen und zellbiologischen Analyse der Krankheitsentstehung im Vordergrund. Ein eigenes Programm wurde als Beitrag

zur raschen Behebung von Engpässen an den Hochschulen und Forschungsinstituten der neuen Bundesländer eingerichtet. In allen Programmen wird besonders der wissenschaftliche Nachwuchs gefördert.

Die Stiftung ist nicht in Bereichen tätig, die vom Staat finanziert werden. Sie konzentriert ihre Arbeit auf Projekte, die in besonderer Weise die Förderung durch eine unabhängige Stiftung benötigen. Dabei kommt ihr zugute, daß sie nicht an langfristig geplante und fixierte Haushalte gebunden ist, sondern beim Einsatz benötigter Mittel flexibel und schnell reagieren kann.

Die Stiftung verzichtet auf die Förderung von Projekten, die sich auf Bereiche beziehen, aus denen die Erträge der Stiftung stammen. In ihren Jahresberichten legt sie Rechenschaft ab über ihre Tätigkeit und berichtet über die geförderten Forschungsarbeiten, deren Aufzählung den Rahmen dieses Buches sprengen würde. Rund 321 Millionen hat die Fritz Thyssen Stiftung seit ihrer Gründung bis zum März 1991 zur Erfüllung ihrer Stiftungsaufgaben aus Dividenden bezogen.

Ertragreiche
Thyssen-Aktie

Mit der Zahl der Aktionäre nahm auch die Besucherzahl in den Hauptversammlungen zu. Bis in die sechziger Jahre hinein kamen 1.000 bis 1.500 Teilnehmer; später waren es jahrelang durchschnittlich 2.000. Inzwischen füllen regelmäßig 3.000 bis 4.000 Aktionäre und Aktionärsvertreter die Mercator-Halle in Duisburg, wo die Hauptversammlungen seit Mitte der sechziger Jahre abgehalten werden. Für die ersten Aktionärstreffen der August Thyssen-Hütte AG hatte noch ein Duisburger Kino genügt. Doch auch damals schon zeichneten sich die Hauptversammlungen durch reges Interesse der Aktionäre an der Entwicklung des Unternehmens aus. Bis zu zwanzig Wortmeldungen sind keine Seltenheit, und professionelle Diskussionsbeiträge von Rednern der Aktionärsvereinigungen stehen regelmäßig neben meist wortgewandten Stellungnahmen von Einzelaktionären.

Thyssen-Präsentation vor japanischen Finanzanalysten, 1990.

Die Thyssen AG ist im Ruhrgebiet das einzige industrielle Großunternehmen, das nicht nur durch den Firmennamen, sondern auch durch Kapitalbeteiligung der Gründerfamilie verbunden geblieben ist. In der Thyssen Beteiligungsverwaltung GmbH ist mehr als ein Viertel des Kapitals der Thyssen AG zusammengefaßt; neben darin enthaltenen Anteilen der Allianz AG und der Commerzbank AG entfällt der größere Teil auf die Thyssen Vermögensverwaltung GmbH, die ganz im Eigentum der Thyssen-Erben ist. Hierbei handelt es sich um die Grafen Federico und Claudio Zichy-Thyssen, die in Wahrnehmung ihrer Vermögensinteressen seit April 1974 abwechselnd und seit März 1991 gemeinsam persönlich dem Aufsichtsrat der Thyssen AG angehören. Darüber hinaus gehören knapp neun Prozent des Kapitals der Fritz Thyssen Stiftung, so daß insgesamt mehr als ein Drittel bei Großaktionären liegt.

Schon seit Jahrzehnten ist die Thyssen-Aktie auch im Ausland eingeführt; seit November 1959 in Paris, seit März 1960 in Zürich, Basel und Genf, seit Juli 1960 in London. Zunehmende Anfragen von aus-

Geschäfts-jahr	Konsoli-dierte Gesell-schaften	Außen-umsatz	Bilanz-summe	Eigen-kapital	Netto-Finanz-Schulden	Eigen-kapital zu Bilanz-summe	Eigen-kapital zu Anlage-vermögen	Cash-flow	Jahres-über-schuß
		Mrd DM				%		Mio DM	
1954/55	1**	0,5	0,7	0,3	0,3	33,8	43,8	80	-21
1959/60	6	2,3	2,1	0,8	0,5	38,5	68,7	280	74
1964/65	46	6,9	5,6	1,5	1,7	27,4	45,9	586	107
1969/70	69	10,9	7,7	2,2	2,1	28,8	54,6	1.042	219
1974/75	101	21,4	13,0	3,1	2,3	23,5	54,6	1.427	243
1979/80	177	27,1	17,2	3,5	4,2	20,4	55,2	1.404	117
1984/85	190	34,8	19,1	3,3	4,8	17,1	50,0	1.817	472
1989/90	291	36,2	22,9	5,1	1,2	22,4	54,9	2.358	690

Wirtschaftliche Daten Thyssen-Gruppe*

* ab Geschäftsjahr 1977/78 legte die Thyssen AG Weltabschlüsse vor
** Einzelabschluß August Thyssen-Hütte AG

ländischen Analysten zeigen, daß das Interesse internationaler Anleger an der Thyssen-Aktie deutlich zugenommen hat. Der Vorstand hat in den vergangenen Jahren wiederholt eine Globalisierung der Aktie befürwortet, wenngleich sich hierbei aus der Währungsentwicklung zusätzliche Unsicherheitselemente für den Börsenkurs ergeben können. Man wolle in stärkerem Maße als bisher auch im Ausland bei langfristig orientierten, institutionellen Anlegern Interesse wecken. Habe man damit Erfolg, dann bringe das eine breitere Basis für die Thyssen-Aktie, zumal auch die Unternehmensentwicklung in immer stärkerem Maße von weltweiten Einflußgrößen geprägt werde.

Die wirtschaftlichen Daten der Thyssen AG seit Neugründung des Unternehmens im Jahre 1953 mit einem damaligen Umsatz von gerade 248 Millionen DM beweisen eine starke Dynamik. Allerdings kam es zeitweise, insbesondere bei konjunkturellen Einbrüchen auf den Stahlmärkten, auch zu schmerzlichen Rückschlägen. Sicherlich ist ein großer Teil des Wachstums durch die zahlreichen Unternehmenszusammenschlüsse zu erklären, die den Weg des Konzerns in der Nachkriegszeit besonders kennzeichneten. Das allgemeine Wirtschaftswachstum und die Schaffung neuer Tätigkeitsgebiete aus dem eigenen Potential heraus haben die Geschäftsentwicklung des Konzerns aber ebenfalls sehr stark geprägt, wie sie im Anstieg und in der veränderten Zusammensetzung des Umsatzes zum Ausdruck kommt. Die Bilanzsumme betrug im Geschäftsjahr 1989/90 22,9 Milliarden DM, das Eigenkapital 5,1 Milliarden DM.

Das Eigenkapital hat nicht immer mit dem Bilanz- und Umsatzwachstum Schritt gehalten. Eine Delle hat es vor allem zwischen 1973 und 1984 gegeben. Das war die Zeit, in der Übernahme und Integration von Rheinstahl und von Budd erhebliche finanzielle Anstrengungen nach sich zogen und zudem die Stahlkrise bewältigt werden mußte. Der Anteil des Eigenkapitals an der Bilanzsumme ging von 28,8 Prozent im Abschluß 1969/70 auf 17,1 Prozent im Abschluß 1984/85 zurück. Seitdem ist das Eigenkapital aber wieder stetig aufgestockt worden, sein Anteil an der Bilanzsumme stieg bis 1989/90 auf 22,4 Prozent.

AKTIE   WKN 748 500   DM 50.–

50DM

AKTIE
ÜBER FÜNFZIG
DEUTSCHE MARK

DER INHABER DIESER AKTIE IST MIT
FÜNFZIG DEUTSCHE MARK
AN DER THYSSEN AKTIENGESELLSCHAFT
VORM. AUGUST THYSSEN-HÜTTE NACH MASSGABE
DER SATZUNG ALS AKTIONÄR BETEILIGT.

Nr. 00000322

THYSSEN

AUGUST THYSSEN
1842 – 1926

THYSSEN AKTIENGESELLSCHAFT

DUISBURG, IM JUNI 1986   DER AUFSICHTSRATSVORSITZENDE: DER VORSTAND: KONTROLLUNTERSCHRIFT:

Thyssen-Aktie.

EIN AKTIONÄRSVERTRETER ZUR THYSSEN-DIVIDENDE

Auszüge aus einem Diskussionsbeitrag von Hans Peter Schreib, Deutsche Schutzvereinigung für Wertpapierbesitz, auf der Thyssen-Hauptversammlung am 30. April 1976

Ich vertrete mehr als 400 ATH-Aktionäre, die Mitglieder der Deutschen Schutzvereinigung für Wertpapierbesitz sind. [...] Dankbar sind wir natürlich alle für die Dividende. Man muß sich nur umschauen in der Stahlbranche, um zu erkennen, warum Aktionäre trotz Beibehaltung der Dividende mit dieser zufrieden sind. Klöckner-Dividende: Null, Hoesch-Dividende: Null, Krupp Hütten-Dividende: Null, Salzgitter schreibt mit

roten Zahlen – August Thyssen-Hütte zahlt 7 DM, die schon für das Superjahr 1973/74 gezahlt worden sind. Das ist äußerst erfreulich und verdient hohes Lob für die Verwaltung, die dieses Ergebnis mit einem besonders in der zweiten Hälfte sehr schwierigen Jahr zustande gebracht hat. Für viele ist es ein erstaunliches Ergebnis. Man kann als Außenstehender nur vermuten, was hier im einzelnen geleistet wurde. In vielen Bereichen [...] waren Umsatzrückgänge hinzunehmen, mindere Kapazitätsauslastungen – und trotzdem wurden auch hier durchweg gute Ergebnisse erzielt. [...] Im Geschäftsbericht ist zu lesen: Alle großen Bereiche haben positiv zum Ergebnis beigetragen. Dies scheint mir besonders bemerkenswert zu sein für die Stahlproduktion, wobei wir ja auch lesen

konnten, daß hier die Kapazitätsauslastung zeitweise nur 60 Prozent betragen hat. Wenn trotzdem, selbst angesichts eines guten ersten Halbjahres, auch in diesem Bereich insgesamt mit Gewinn gearbeitet wurde, so scheint mir doch die Frage berechtigt: Wie machen Sie das eigentlich? Überall im Stahl rote Zahlen, nur Thyssen arbeitet mit Gewinn. Wo liegen die besonderen Gründe für diese Unterschiede? Liegt es vielleicht an der Größe der Gruppe, an der Zahl der Werke und Straßen, so daß die Kapazitätsauslastung bewußt unterschiedlich gehalten werden konnte? Dr. Spethmann hat das eben angedeutet im Hinblick auf die Flexibilität, die schnelle Produktionseinschränkungen ermöglicht.

Thyssen-Dividende seit Neugründung		
Geschäfts-jahr	% vom Grund-kapital	Dividenden-summe Mio DM
1952/53	*	*
1953/54	0	0
1954/55	0	0
1955/56	8	13,5
1956/57	9	26,1
1957/58	9	27,9
1958/59	10	31,0
1959/60	12	46,5
1960/61	12	54,0
1961/62	12	58,1
1962/63	10	48,4
1963/64	11	82,2
1964/65	11	83,2
1965/66	8	60,5
1966/67	8	60,5
1967/68	10	75,6
1968/69	12	114,4
1969/70	14	140,0
1970/71	7	70,0
1971/72	7	70,4
1972/73	10	101,0
1973/74	14	150,6
1974/75	14	150,9
1975/76	14	166,4
1976/77	11	142,9
1977/78	8	103,9
1978/79	8	103,9
1979/80	8	103,9
1980/81	4	51,9
1981/82	4	51,9
1982/83	0	0
1983/84	0	0
1984/85	10	156,4
1985/86	10	156,4
1986/87	10	156,4
1987/88	15	234,6
1988/89	20	313,0
1989/90**	20+2	344,3

* Umtauschverfahren noch nicht abgeschlossen
** einschl. Jubiläumsbonus

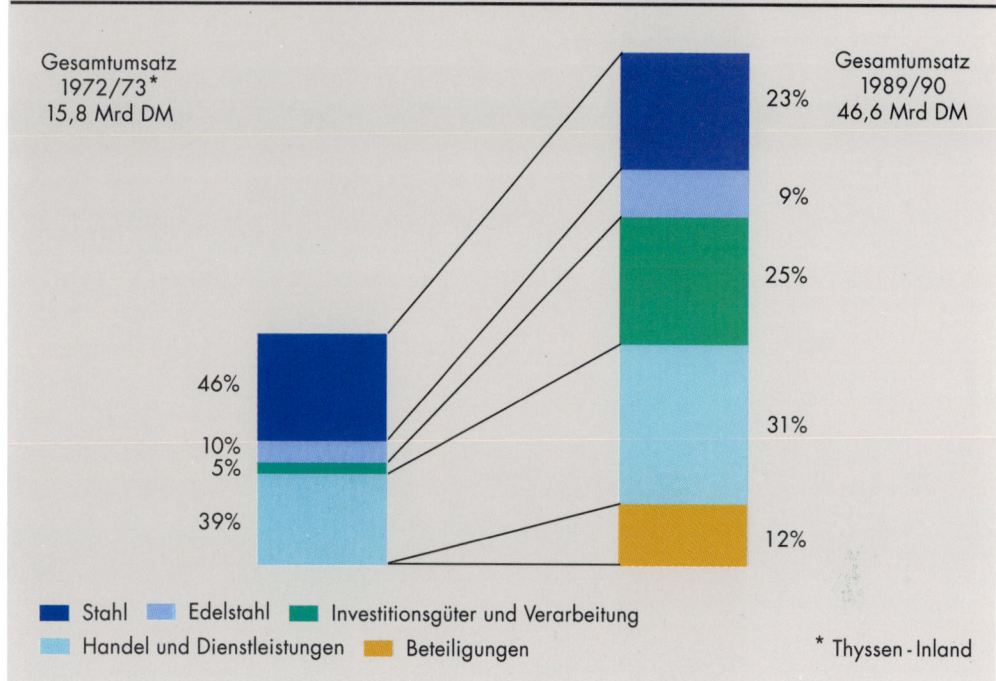

Wachstum und Strukturveränderung der Thyssen-Gruppe
Anteile der Unternehmensbereiche in %

Gesamtumsatz 1972/73* 15,8 Mrd DM

Gesamtumsatz 1989/90 46,6 Mrd DM

46%
10%
5%
39%

23%
9%
25%
31%
12%

■ Stahl ■ Edelstahl ■ Investitionsgüter und Verarbeitung
■ Handel und Dienstleistungen ■ Beteiligungen

* Thyssen - Inland

Die seit 1984 wiedergewonnene Ertragskraft erkennt man besonders deutlich am Cash-flow, der die Möglichkeiten der Eigenfinanzierung darstellt. Er lag im ersten Bestjahr 1969/70 bei 1,0 Milliarden DM und wuchs dann mit leichten Schwankungen bis auf 2,4 Milliarden DM im Abschluß 1989/90.

Für die Aktionäre selbst kommt die Ertragskraft auf den ersten Blick vor allem in der Dividende zum Ausdruck. Es war alles andere als selbstverständlich, daß die Thyssen AG in den Jahren 1976 und 1985 Barkapitalerhöhungen von beachtlichem Umfang und mit angemessenen Bezugskursen realisieren konnte. Aber sie hatte seit 1955/56 mit Ausnahme der Geschäftsjahre 1982/83 und 1983/84 auch Jahr für Jahr Dividenden gezahlt und damit ihren Aktionären die Ertragskraft des Unternehmens bewiesen. Innerhalb der Montanindustrie war dies ohne Zweifel das günstigste Gesamtergebnis; in den Nach-

barländern gerieten sogar die meisten Stahlunternehmen in den siebziger Jahren nach jahrelangem Dividendenausfall und Eigenkapitalverzehr in staatliche Hand.

Thyssen hat seit 1955/56, als die erste Dividende ausgezahlt wurde, bis 1989/90 insgesamt 3,55 Milliarden DM an die Aktionäre ausgeschüttet. Ein Aktionär, der Ende 1953 nominal 1.000 DM Thyssen-Aktien kaufte, zahlte dafür 630 DM. Wenn er alle Dividenden und Bezugsrechte aus Kapitalerhöhungen wieder in Thyssen-Aktien anlegte, dann hatte er am 31. Dezember 1990 ein Vermögen von 30.732 DM. Das bedeutete eine jährliche Verzinsung von 11,1 Prozent. Dies ist sicherlich eine theoretische Rechnung, die nur dann praktischen Nutzen hätte, wenn jener Aktionär an diesem Stichtag seinen Besitz verkauft hätte. Gleichwohl deutet die Rechnung auf die beachtliche Stärke von Substanz und Ertrag der Thyssen-Aktie hin.

303

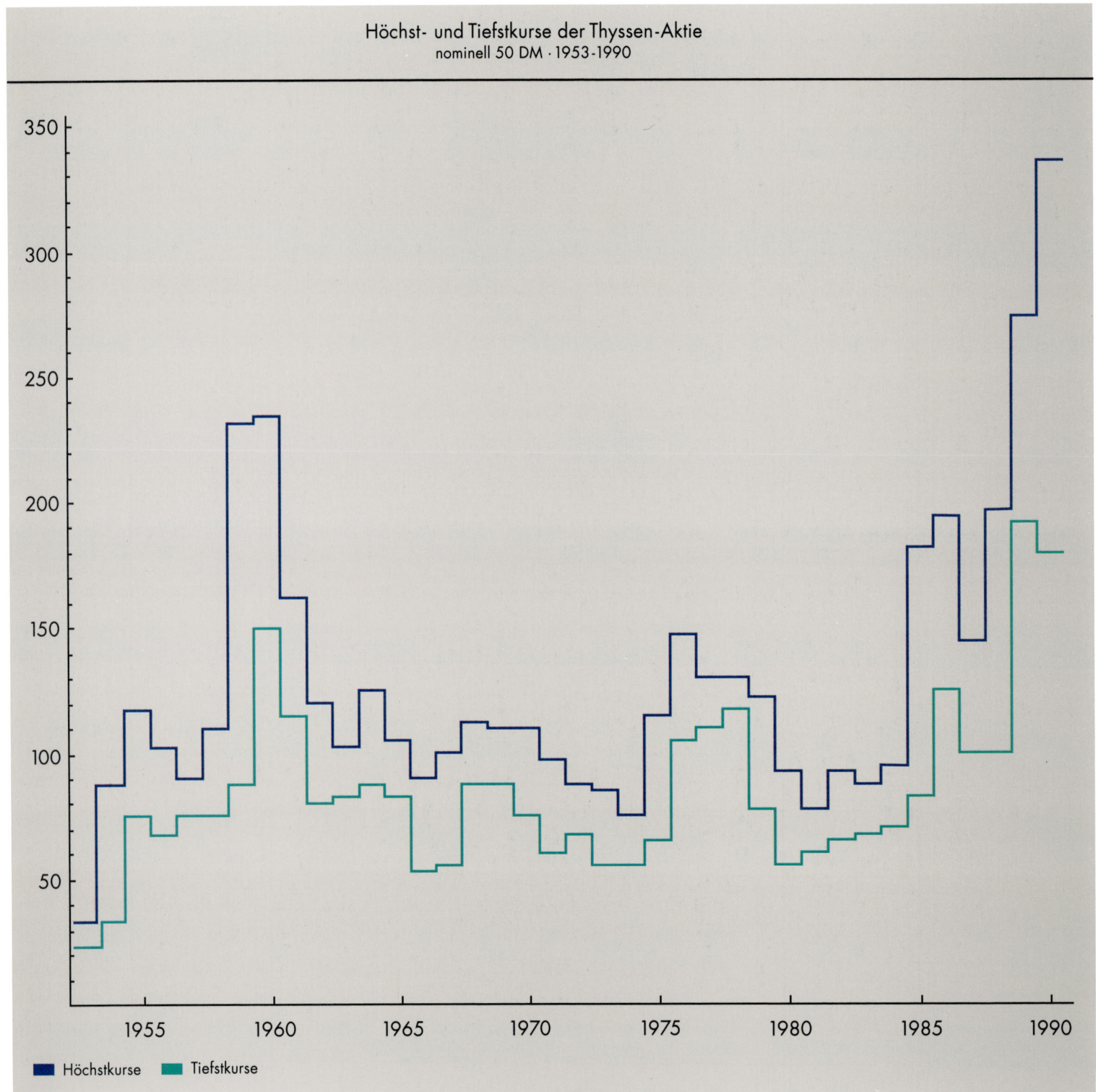

Höchst- und Tiefstkurse der Thyssen-Aktie
nominell 50 DM · 1953-1990

■ Höchstkurse ■ Tiefstkurse

304

IM RÜCKBLICK

Unternehmen entstehen nicht in der Retorte. Sie sind das Werk von Menschen. Und genausowenig, wie der Lebensweg eines Menschen im voraus planbar ist, so wenig kann auch das Geschick eines Unternehmens auf Jahrzehnte festgelegt werden. Was gestern noch die richtige Strategie war, kann morgen ganz falsch für die Zukunft sein. Plötzlich mag die Chance auftauchen, sich an einem anderen Unternehmen zu engagieren, oder es muß wegen Veränderung wichtiger Rahmendaten über den Verzicht auf eine bestimmte Fertigung entschieden werden. Das kann der Unternehmenspolitik eine vollkommen neue Richtung verleihen.

In der Geschichte des Thyssen-Konzerns hat es wiederholt solche Situationen gegeben. Oft ging es um sehr schwierige Entscheidungen; aber man konnte sich nicht vor ihnen drücken. Natürlich sind auch Fehler gemacht worden. Doch ohne Fehler bleibt nur der, der nichts entscheidet, und der taugt nicht zum Unternehmer. Im Laufe der Jahrzehnte sind bei Thyssen manche Überlegungen angestellt worden, die nicht realisiert wurden. So hat man sich beispielsweise Ende der sechziger Jahre vorübergehend mit einem Einstieg in die Aluminiumindustrie befaßt; doch entschied man sich dann gegen einen solchen Schritt. Ähnlich verhielt es sich mit mehreren Stahl-Auslandsprojekten, und im Bereich der Verarbeitung und des Handels hat es ebenfalls manche Investitionsplanungen und Akquisitions-objekte gegeben, die nicht zur Verwirklichung kamen.

Schon der Gründer August Thyssen hat immer wieder nach neuen Wegen geforscht. Darum würde man ihn mißverstehen, wenn man ihn als einen reinen Stahl-Unternehmer wertete. Zwar geht der Konzern, dessen Geschichte hier beschrieben wird, auf das Hüttenwerk in Bruckhausen zurück. Aber August Thyssen war auch Besitzer großer Bergwerke und einer angesehenen Maschinenfabrik. Und nicht nur das. Er verknüpfte den Aufbau eines Gas- und Wasserversorgungssystems für seine eigenen Zechen und Hüttenbetriebe mit der Errichtung einer flächendeckenden kommunalen Gas- und Wasserversorgung. Die Firma Thyssengas ist heute noch ein bedeutendes deutsches Regionalversorgungsunternehmen, das auf die Aktivitäten von August Thyssen zurückgeht. Zum Schachtbau-Unternehmer wurde August Thyssen, als keine fremde Firma es wagte, mit dem damals noch recht jungen Gefrierverfahren Schächte seiner Gewerkschaft Deutscher Kaiser abzuteufen. Da entwickelte er mit seinen Ingenieuren die notwendigen Geräte und teufte selbst ab. Auf diese Erfahrungen geht das Unternehmen zurück, das heute unter dem Namen Thyssen Schachtbau in unmittelbarem Besitz von Nachkommen des Firmengründers ist.

August Thyssen war kein Hüttenfachmann, als er sich in Hamborn engagierte. Er baute später Großmaschinen und Elektromotoren und beteiligte sich mit Hugo Stinnes maßgeblich am Rheinisch-Westfälischen Elektrizitätswerk (RWE) in Essen. So war August Thyssen ein vielseitiger Unternehmer, der seine Aktivitäten zu mischen wußte, lange bevor der Begriff Diversifikation eingebürgert war. In seiner montanindustriellen Tätigkeit verwirklichte er konsequent den Gedanken der Verbundwirtschaft zwischen Kohle und Stahl. Dieses Thema hat bis in die Mitte des zwanzigsten Jahrhunderts hinein die Strategie der Stahlunternehmen entscheidend beeinflußt.

Angeregt durch die Bildung der großen amerikanische Trusts und die Entstehung der deutschen I. G. Farbenindustrie, strebte die Stahlindustrie an Rhein und Ruhr nach dem Ersten Weltkrieg einen Zusammenschluß an, weil sie hierin die einzige erfolgversprechende Antwort auf die wirtschaftlichen Schwierigkeiten jener Zeit sah. So entstanden 1926 die Vereinigten Stahlwerke, in die Fritz Thyssen, durchaus im Sinne seines kurz zuvor verstorbenen Vaters, die Kernunternehmen der Thyssen-Gruppe einbrachte. Durch diesen Konzentrationsprozeß verringerte sich der Wettbewerb auf dem Stahlmarkt bereits erheblich. Als dann die Rüstungs- und Kriegswirtschaft der Nationalsozialisten die ganze Industrie ergriff, wurde der letzte Rest von Wettbewerb beseitigt. Die Vereinigten Stahlwerke haben, wie aus der Geschichte des Sozialwesens hervorgeht, Vorbildliches etwa in der Ausbildung und der Fortbildung geleistet. Aber was hat diese Zeit an technischem Fortschritt gebracht?

Es ist bemerkenswert, daß weder bei Thyssen noch bei anderen Hüttenwerken in der ersten Hälfte des zwanzigsten Jahrhunderts umwälzende technische Neuerungen erreicht wurden. 1879 war bei den Rheinischen Stahlwerken und beim Hoerder Verein der erste Thomasstahl erschmolzen worden; das war für die damalige Zeit ein großer Durchbruch. Im gleichen Jahre erbaute Wilhelm Siemens auch den ersten Lichtbogenofen. Aber Thomas-Verfahren und allenfalls noch der Elektrostahl sollten auf Jahrzehnte hinaus die letzten wirklich umwälzenden hüttentechnischen Neuerungen sein. Die Gestelldurchmesser der Hochöfen blieben für lange Zeit praktisch unverändert; das Know-how für die Ende der dreißiger Jahre in Dinslaken errichtete erste Warmbreitbandstraße Deutschlands kam aus den Vereinigten Staaten. Das alles lag nicht an mangelnder Tüchtigkeit der deutschen Ingenieure, wohl aber, neben den allgemein schwierigen Zeitumständen, zu einem Teil am fehlenden Wettbewerb. Umgekehrt hat die deutsche Wirtschaftspolitik und in gewissem Umfang auch die Europäische Gemeinschaft für Kohle und Stahl seit den fünfziger Jahren dieses Jahrhunderts für mehr Wettbewerb gesorgt, der den technischen Fortschritt in einem bis dahin ungekannten Maße beschleunigt hat.

Eine wichtige Weichenstellung in der Wiederaufbauzeit nach dem Zweiten Weltkrieg war die Entscheidung, die erste deutsche Nachkriegs-Warmbreitbandstraße für Thyssen zu sichern. Eine weitere wichtige Weichenstellung war, daß 1960 der Bau des Stahl- und Walzwerks Beeckerwerth eingeleitet und dann rasch durchgeführt wurde. Vorausschauend war auch die bereits in den sechziger Jahren betriebene Strukturbereinigung innerhalb der eigenen Werke, vor allem bei Thyssen Niederrhein.

Im Rückblick darf der Schritt in die Verarbeitung, der Anfang der siebziger Jahre vollzogen wurde, erneut als richtige Antwort auf die Herausforderung des Marktes gesehen werden. Weder die Übernahme von Rheinstahl 1973/74 noch vier Jahre später der Erwerb von Budd waren frei von Risiken. Die Sanierung und die letzten Endes erfolgreiche Einbindung von Rheinstahl und Budd in den Thyssen-Kreis fielen in die Zeit der Stahlkrise. Realisiert wurde die Neuordnung des Thyssen-Konzerns unter der 1973 angetretenen Mannschaft.

Seit den siebziger Jahren bestimmt ein neuer Datenkranz die Strategie der deutschen Industrie. Deutschland konnte als Hochlohnland allein mit der herkömmlichen Massenproduktion wirtschaftlich nicht überleben. So mußten auch die Thyssen-Betriebe im Stahl, in der Verarbeitung und im Handel nach höherer Wertschöpfung und nach der Kombina-

tion von Produktion und Dienstleistung streben. Beispiele dafür sind die zunehmende Anarbeitung im Werkstoff-Handel, die Aufnahme von Just-in-time-Leistungen für die Kundschaft, die mit dem Aufzugbau verknüpften Wartungsarbeiten, die Herstellung maßgeschneiderter Stahlsorten auch in der sogenannten Massenstahlerzeugung und eine anspruchsvolle Oberflächenveredelung. Die heutige Kommunikationstechnik macht überdies eine firmenübergreifende Vernetzung mit bisher noch nicht einmal voll genutzten Synergie-Effekten möglich.

Mit der Hauptversammlung am 21. März 1991 traten in der Führungsspitze der Thyssen AG wichtige Veränderungen ein. Heinz Kriwet, bis dahin Vorstandsvorsitzender der Thyssen Stahl AG, übernahm von Dieter Spethmann, der mit der Vollendung des 65. Lebensjahrs aus dem Vorstand ausschied, den Vorsitz im Vorstand der Obergesellschaft. Sein Stellvertreter wurde Dieter H. Vogel, der den Vorsitz im Vorstand der Thyssen Handelsunion AG beibehielt. Kriwet übergab den Vorstandsvorsitz bei der Thyssen Stahl AG an Ekkehard Schulz, der seit 1972 in mehreren leitenden technischen Funktionen im Stahlbereich von Thyssen tätig war und dem Vorstand der Thyssen Stahl AG seit Juli 1985, zunächst als stellvertretendes Mitglied, angehörte. Schulz wurde am 21. März 1991 außerdem Vorstandsmitglied der Muttergesellschaft. Zum gleichen Zeitpunkt trat Werner Bartels, Vorstandsvorsitzender der Thyssen Industrie AG und Mitglied des Vorstands der Thyssen AG, in den Ruhestand. Sein Nachfolger in beiden Organen wurde Eckhard Rohkamm, der seit 1978 in leitender Position bei dem Hamburger Werft- und Maschinenbauunternehmen Blohm + Voss AG tätig war und im Januar 1988 den Vorsitz im Vorstand dieser Thyssen-Tochtergesellschaft übernommen hatte; im Oktober 1989 war Rohkamm zusätzlich Mitglied des Vorstands der Thyssen Industrie AG geworden. Am 31. März 1991 schied auch Karl-August Zimmermann wegen Erreichens der Altersgrenze aus dem Vorstand der Thyssen AG aus. So geht Thyssen mit einer teilweise verjüngten, zugleich aber an Erfahrung reichen Führungsmannschaft in die Zukunft.

Diese Zukunft wird sicherlich immer wieder neue Scheidewege bescheren, von deren Charakter und Richtung wir heute noch nichts wissen. Die kommende Generation muß rechtzeitig die Signale verstehen. Die Voraussetzungen dafür werden täglich neu geschaffen, nämlich in der Aus- und Weiterbildung von Menschen, die konzentriert arbeiten, die kritisch und selbstbewußt sind und ständig hinzulernen wollen.

AUFSICHTSRAT

August Thyssen-Hütte AG / Thyssen AG

ab Neugründung am 2. 5. 1953

Name	Mitglied ab	Stellvertretender Vorsitzender ab	Vorsitzender ab	Austritt am
Agartz, Viktor		2. 5.53		17. 7.56
Andersen, Hermann	29. 3.62			27. 4.71
Bäumer, Hans Otto	27. 4.71			21. 3.91
Bauer, Friedrich	2. 5.53			31. 7.62
Baumann, Robert	6. 5.83			21. 3.86
Baurichter, Kurt	28. 3.63			13. 9.74
Behrend, Wilfried	21. 4.87	21. 3.91		
Birrenbach, Kurt	12.10.55	3. 7.62	23.11.62	27. 3.81
Bongen, Georg	11.12.90			
Breuer, Bernhard	1. 8.55			16.12.65
Brusis, Ilse	8. 4.83			21. 3.91
Cartellieri, Ulrich	21. 3.86			
Curtius, Wolfgang	27. 8.68			29. 4.77
Dohrn, Klaus	30. 4.58			23. 3.61
Ellscheid, Robert	17. 4.64			17. 4.73
Fessler, Ernst	25. 4.75			13. 5.79
Friedrichs, Karl-Heinz	23. 3.61			30. 3.84
Gehm, Heinz	10. 5.57			15. 4.66
Gehrmann, Hermann	23. 3.61			15. 4.66
Geiling, Heinrich	30. 4.58			23. 3.61
Geuenich, Michael	21. 3.91			
Gieske, Friedhelm	21. 3.91			
Godlewski, Julian von	12.10.55			19. 4.74
Gröning, Fritz	15. 4.66			19. 4.68
Guth, Wilfried	19. 4.68			21. 3.86
Haberland, Ulrich	2. 5.53			10. 9.61
Haeusgen, Helmut	26. 9.77			25. 3.88
Hahn, Carl H.	30. 3.84			
Hansel, August	10. 5.57			30. 9.65
Hemmers, Richard	21. 3.86			30.11.90
Hesselbach, Walter	8. 1.60			21. 3.86
Hölkeskamp, Walter	12.10.55	16. 7.56		8. 1.60
Hölling, Alfred	17. 4.59			15. 4.66
Hönig, Karl-Heinz	27. 3.81			12. 4.83

Name	Mitglied ab	Stellvertretender Vorsitzender ab	Vorsitzender ab	Austritt am
Hülsmann, Fritz	27. 3.81			21. 3.86
Hüsing, Wilhelm	2. 5.53			23. 3.61
Johnen, Wilhelm	14. 5.54			30. 4.58
" "	17. 4.59			17. 4.64
Judith, Rudolf	15. 4.66			10. 6.72
Kerschbaum, Hans	19. 4.68			28. 4.72
Kistner, Kurt	6. 5.83			29. 3.87
Klein, Alfred	21. 3.86			
Kohlhase, Hermann	17. 7.56			17. 4.59
Koppenberg, Hans-Jürgen	10. 6.85			21. 3.91
Kowalak, Horst	21. 3.86			
Krenz, Oskar	23. 3.61			15. 4.66
Kreuter, Alexander	2. 5.53			12.10.55
Kühnen, Harald	5.12.62		27. 3.81	5. 5.84
Lampe, Peter	21. 3.91			
Lappas, Alfons	21. 3.86			24. 3.87
Leeb, Wolfgang	25. 3.88			
Leiding, Rudolf	11.12.72			30. 4.76
Lotz, Kurt	29. 4.70			8.12.72
Marx, Will	18. 5.84			21. 3.86
Matthiensen, Ernst	15. 4.66			30. 4.76
Matthöfer, Hans	21. 4.87			21. 3.91
Mayr, Hans	10. 11.72	17. 4.73		21. 3.91
Mechmann, Hans	3.12.65			31. 3.70
Meyer, Johann	2. 5.53			1. 8.55
Michel, Alfred	15. 4.66			19. 4.68
Middelhauve, Friedrich	12.10.55			17. 7.56
Mösle, Herbert	6. 5.83			21. 3.86
Mohren, Wienand	12.10.55			30. 4.58
Müller, Adolf	19. 4.68			27. 3.81
Närger, Heribald	25. 3.88			
Nordhoff, Heinrich	23. 3.61			12. 4.68
Panek, Johann	16. 7.57			23. 3.61
Pferdmenges, Robert			2. 5.53	28. 9.62
Plettner, Bernhard	17.10.62			15. 4.66
" "	27. 3.81			25. 3.88
Ponto, Jürgen	30. 4.76			30. 7.77
Radke, Olaf	27. 4.71			27. 7.72
Rawe, Werner	27. 4.71			30. 4.76
Richter, Willi	10. 5.57	26. 1.60		29. 3.62

Name	Mitglied ab	Stellvertretender Vorsitzender ab	Vorsitzender ab	Austritt am
Rosenberg, Ludwig	29. 3.62			27. 4.71
Rous, Gerhard	2. 5.53			19. 5.57
Sanders, Pieter	10. 5.57			29. 4.70
Sattler, Paul	2. 5.53			27. 7.65
Sauerbier, Eberhard	29. 4.70			31. 3.77
Schaefer, Walter	29. 4.77			12. 4.83
Scheel, Walter	25. 4.80			
Schieren, Wolfgang	29. 4.77	27. 3.81		
Schiller, Karl	16. 9.65			23.12.66
Schleußer, Heinz	21. 3.91			
Schmid, Klaus	21. 4.87			
Schmücker, Toni	30. 4.76			30. 3.84
Schröder, Gerhard	2. 5.53			24. 2.54
Schütz, Klaus	20. 4.67			25.10.67
Schulte, Dieter	21. 3.91			
Seeling, August	1.10.60			27. 4.71
Seipp, Walter	21. 3.86			
Seydaack, Fritz	10. 5.57			30. 9.60
Siemon, Ruppert	27. 3.81			11. 5.85
Simon, Friedrich	17. 7.56			8. 1.60
Sohl*, Hans-Günther			17. 4.73	27. 3.81
Steinkühler, Franz		21. 3.91		
Stolz, Günter	30. 3.84			30. 3.87
Striefler, Ernst	8. 1.60	29. 3.62		27. 4.71
Tacke, Gerd	28. 4.72			27. 3.81
Vallentin, Alfred	30. 4.76			27. 3.81
Vetter, Heinz Oskar		27. 4.71		8. 4.83
Vogelsang, Günter	27. 3.81		5. 5.84	
Weihs, Karlheinz	28. 6.72	8. 4.83		21. 3.91
Weitz, Heinrich	2. 5.53			30.10.62
Wessing, Kurt	27. 3.81			21. 3.91
Weyer, Willi	10. 5.57			17. 4.59
Willing, Heinrich	1. 2.66			12. 4.83
Zahn, Johannes	27. 4.71			27. 3.81
Zichy-Thyssen, Claudio Graf	27. 3.81			
Zichy-Thyssen, Federico Graf	19. 4.74			27. 3.81
" "	21. 3.91			
Ziegler, Leo	15. 4.66			27. 4.71

* Ehrenvorsitzender der Thyssen AG ab 27. 3.1981 bis 13.11.1989

VORSTAND

August Thyssen-Hütte AG / Thyssen AG

ab Neugründung am 2. 5. 1953

Name	Stellvertretendes Mitglied ab	Mitglied ab	Vorsitzender ab	Austritt am
Bartels, Werner		1.10.80		21. 3.91
Brandi, Hermann Th.		14. 5.65		30. 6.73
Cordes, Walter		2. 5.53		17. 4.73
Dehmer, Harald		1.10.80		31.12.84
Doese, Kurt		1. 1.64		31.12.82
Ewers, Helmut	1. 4.82			8. 4.83
Glatzel, Gerd	1. 5.75	1. 5.76		8. 4.83
Haniel, Klaus		1. 1.69		30. 4.76
Hiltrop, Hans		1.10.80		30. 9.83
Kriwet, Heinz		1. 4.73	21. 3.91	
Kürten, Karl-Heinz		1.10.71		30. 9.81
Kuhn, Klaus		1. 4.73		30. 4.82
Meyer, Johann		1. 8.55		31.12.63
Michel, Alfred		2. 5.53		30. 9.65
Müser, Hans	1. 4.71			31. 3.73
Philipp, Wolfgang H.	1. 4.73			30. 9.78
Risser, Richard		15. 4.56		17. 4.73
Rösener, Karlheinz	1.10.82			11. 4.83
" "		1. 1.85		
Rohkamm, Eckhard		21. 3.91		
Schmidt, Peter		1.10.65		29.10.69
Schmücker, Toni		1.10.74		28. 1.75
Schulz, Ekkehard		21. 3.91		
Sohl*, Hans-Günther		2. 5.53	23.11.53	17. 4.73
Spethmann, Dieter		1.10.70	17. 4.73	21. 3.91
Stein, Heinz-Gerd	1. 4.82	1. 7.83		
Vogel**, Dieter H.		1. 4.86		
Wälter, Fritz		1.10.83		31. 3.86
Woelke, Hans Gert		1. 1.83		
Zimmermann, Karl-August	1. 4.71	1. 4.73		31. 3.91

* Ehrenvorsitzender der Thyssen AG ab 27. 3.1981 bis 13.11.1989

** Stellvertretender Vorstandsvorsitzender der Thyssen AG ab 21. 3.91

ZEITTAFEL

Die mit diesem Buch vorgelegte Unternehmensgeschichte der Thyssen AG orientiert sich bis etwa Mitte der sechziger Jahre im wesentlichen an der chronologischen Abfolge der Ereignisse, die in Kapiteln und Abschnitten gebündelt dargestellt werden. In der Schilderung des Unternehmenswegs im letzten Vierteljahrhundert dominiert dagegen eine thematische Ordnung der sich parallel zur Diversifikation des Thyssen-Konzerns immer stärker auffächernden Entwicklungslinien. Soweit es sinnvoll erschien, wurden dabei auch die historischen Wurzeln der erst in den letzten Jahrzehnten zur Thyssen-Gruppe gekommenen Unternehmen und Werke jeweils kurz aufgezeigt.

Die nachfolgende Zeittafel ist als Ergänzung gedacht. Sie dokumentiert aus der außerordentlich großen Anzahl von Ereignissen die im Rückblick besonders prägnanten in chronologischer Folge. Die Auswahl erstreckt sich, von Angaben zur Familie des Gründers August Thyssen abgesehen, im wesentlichen auf rechtlich relevante Daten wie Gründungen, Firmenkäufe, Änderungen der Firmennamen sowie auf größere Neuordnungen und Investitionen. Solche Ereignisse sind, auch wenn sie zu ihrer Zeit in keinem Zusammenhang mit Thyssen standen, der heutigen Thyssen AG und ihren großen Tochtergesellschaften unter deren heutiger Firmierung zugeordnet, um so dem Leser eine Orientierungshilfe für das Verständnis der sonst eher verwirrenden Datenfülle und Namenvielfalt zu geben.

Diese Zuordnung war in einer Reihe von Fällen mit beträchtlichen Schwierigkeiten verbunden. Was oft weit in der Vergangenheit etwa als Ergebnis der mutigen Entscheidung einer unternehmerischen Persönlichkeit geschaffen wurde, das findet sich Jahrzehnte später mit möglicherweise ganz anderer Aufgabenstellung und

Jahr	Familie Thyssen	Thyssen AG/Thyssen Stahl AG		
		Bereich Hamborn	**Bereich Ruhrort**	**Andere Bereiche**
1842	August Thyssen wird in Eschweiler geboren (17.5.)			
1844	Josef Thyssen wird in Eschweiler geboren (14.2.)			
1848				
1852			Gründung der Phoenix AG für Bergbau und Hüttenbetrieb; Baubeginn der Hütte Laar 1853	
1854			Anblasen des ersten Hochofens auf der Hütte Laar bei Ruhrort	Erteilung der Produktionskonzession für Eisendraht an Firma Cosack & Comp., Hamm; ab 1873 Westfälische Union AG Gründung der Henrichshütte, Hattingen

314

nach manchen Zwischenstationen in einem Konzernverbund wieder. Für viele der heutigen Thyssen-Gesellschaften trifft dies, wie zahlreiche Firmennamen belegen, in besonderer Weise zu.

Ein markantes Beispiel sind die bis 1934 völlig getrennt verlaufenden Entwicklungslinien der Werke Hamborn und Ruhrort im Bereich der heutigen Thyssen-Stahl AG; dieses wurde im Aufbau der Zeittafel berücksichtigt. Die sonstigen, später zu Thyssen gekommenen Hüttenwerke sowie einige stahlnahe Aktivitäten und die Rohstoffbeteiligungen, auch wenn sie inzwischen ihre Tätigkeitsfelder er-

weitert haben, werden hiervon getrennt der Spalte „Andere Bereiche" zugeordnet. Edelstahl- und handelsbezogene Daten finden sich in den Spalten „Thyssen Edelstahlwerke AG" und „Thyssen Handelsunion AG" wieder. Der bis 1973 eigenständige Entwicklungsweg der Rheinstahl AG wurde mit einigen Hinweisen, auch zu ihren ursprünglichen Hütten-Schwerpunkten, beim Rechtsnachfolger Thyssen Industrie AG erfaßt; für die jüngere Zeit finden sich dort vor allem die Daten zu wesentlichen Neuordnungen der Geschäftsbereiche und zu den durch Firmenerwerbe erreichten Umschichtungen.

Die 1983 erfolgte Ausgliederung des Stahlbereichs in die Thyssen Stahl AG wurde im Aufbau der Zeittafel berücksichtigt, so daß von da ab der Thyssen AG vorwiegend nur die für den Gesamtkonzern relevanten Ereignisse zugeordnet werden.

Budd erscheint in der Zeittafel erstmals mit dem Gründungsjahr; die Datenauswahl wurde auf einige für den deutschen Leser interessante Aspekte beschränkt.

Auf eine Einbeziehung allgemeiner historischer Daten, auch wenn sie großen Einfluß auf den Weg der Thyssen AG und ihrer heutigen Tochtergesellschaften hatten, wurde bewußt verzichtet.

Thyssen Edelstahlwerke AG	Thyssen Industrie AG	Thyssen Handelsunion AG	Jahr
			1842
			1844
	Ablieferung der ersten Lokomotive durch Henschel & Sohn, Kassel, gegr. 1810	Gründung der Eisenhandlung Carl Rauh, Solingen; ab 1918 bei Rheinstahl	1848
	Umwandlung der aus einer von Johann Dinnendahl 1811 gegründeten Werkstatt hervorgegangenen Friedrich Wilhelms-Hütte, Mülheim (Ruhr) in die AG Bergwerksverein Friedrich Wilhelms-Hütte		1852
	Gründung der Bergischen Stahl-Industrie (BSI), Remscheid, als Dampfschleiferei		1854

Jahr	Familie Thyssen	Thyssen AG/Thyssen Stahl AG		
		Bereich Hamborn	Bereich Ruhrort	Andere Bereiche
1865				Gründung der OHG Puddlings- und Walzwerk Grillo-Funke & Cie., Schalke; heute Teil der EBG Gesellschaft für elektro-magnetische Werkstoffe mbH, Bochum
1866				
1867	August Thyssen beteiligt sich an der Gründung des Bandeisen-walzwerks Thyssen, Fossoul & Co., Duisburg	Konsolidierung der Gruben-felder von Daniel Morian zur Gewerkschaft Hamborn		Gründung eines Blechwalz-werks in Finnentrop
1870			Inbetriebnahme eines Bessemer- und eines SM-Stahlwerks in Ruhrort	
1871	August Thyssen verläßt die Firma Thyssen, Fossoul & Co. und gründet die Firma Thyssen & Co., Styrum bei Mülheim (Ruhr), (1.4.)	Teufbeginn von Schacht 1 der Gewerkschaft Hamborn Umbenennung der Gewerkschaft Hamborn in Gewerkschaft Deutscher Kaiser (GDK)	Erste Konsortialbeteiligung der Phoenix-AG an Eisenerzfeldern in Lothringen	Gründung des Drahtwalzwerks Boecker & Comp., Schalke; heute Werk Gelsenkirchen der Thyssen Draht AG
1872				
1873	Fritz Thyssen in Mülheim (Ruhr) geboren (9.11.)			Gründung der Westfälische Union AG für Bergbau, Eisen- und Draht-Industrie, Hamm Gründung der Gutehoffnungs-hütte, Actien-Verein für Berg-bau und Hüttenbetrieb (GHH), Sterkrade; Ursprung der HOAG, gegr. 1947
1875	Heinrich Thyssen (nach Adoption 1907 Thyssen-Bornemisza) in Mülheim (Ruhr) geboren (31.10.)	Inbetriebnahme der Gleisverbin-dung zwischen dem Staatsbahn-hof Neumühl und Schacht 1; Förderbeginn ein Jahr später		
1877				

Thyssen Edelstahlwerke AG	Thyssen Industrie AG	Thyssen Handelsunion AG	Jahr
	Gründung der KGaA Dortmunder Werkzeugmaschinen-Fabrik Wagner & Co.		1865
Gründung eines Gußstahlwerks durch Felix Bischoff, Duisburg, zur Herstellung von Werkzeugstahl; ab 1927 bei DEW			1866
	Beginn der Stahlbau-Aktivitäten bei der Dortmunder Bergbau- und Hütten-Gesellschaft; ab 1873 „Dortmunder Union"		1867
	Gründung der späteren Rheinischen Stahlwerke (Rheinstahl) in Paris zum Bau eines Stahl- und Walzwerks in Meiderich		1870
	Inbetriebnahme eines Bessemer-Stahlwerks in Meiderich durch Rheinstahl	Fertigstellung eines neuen Verwaltungsgebäudes der Eisenhandlung Wullbrandt & Seele, Braunschweig, gegr. 1550; seit 1989 bei Thyssen Handelsunion	1871
Gründung der Stahlwerke Richard Lindenberg, Remscheid, aus einer Werkzeugfabrik; ab 1927 bei DEW	Gründung der AG Schalker Gruben- und Hütten-Verein, Schalke bei Gelsenkirchen Inbetriebnahme der ersten Walzwerke in Meiderich durch Rheinstahl		1872
	Gründung der AG Annener Gußstahlwerk zur Fortführung einer 1865 gegründeten Tiegelstahl-Gießerei; heute Thyssen Maschinenbau, Werk Witten-Annen Baubeginn des Henschel-Werks Rothenditmold bei Kassel		1873
			1875
	Gründung der Blohm & Voss OHG zum Betrieb einer Schiffswerft und Maschinenfabrik in Hamburg		1877

Jahr	Familie Thyssen	Thyssen AG/Thyssen Stahl AG		
		Bereich Hamborn	Bereich Ruhrort	Andere Bereiche
1879			Beginn der Produktion von Straßenbahnschienen in Ruhrort	
1881				
1882		Inbetriebnahme des Werkshafens Alsum am Rhein mit Gleisverbindung zum Schacht 1	Baubeginn von vier weiteren Hochöfen in Ruhrort	
1883	August Thyssen wird Mitglied des GDK-Grubenvorstands			
1884			Inbetriebnahme eines Thomas-Stahlwerks in Ruhrort	
1887				Die AG Rasselsteiner Eisenwerks-Gesellschaft, Werksgründung 1738, stellt die Roheisenerzeugung ein
1889	August Thyssen übernimmt den Vorsitz, Josef Thyssen wird Mitglied im GDK-Grubenvorstand August Thyssen übernimmt den Vorsitz im Grubenvorstand des Schalker Vereins			
1890		Der GDK-Grubenvorstand beschließt den Bau eines Stahl- und Walzwerks in Bruckhausen bei Hamborn (14.8.)		
1891	Thyssen gibt den Besitz aller Anteile an GDK bekannt (29.9.)	Erster Abstich im SM-Stahlwerk Bruckhausen (17.12.)		
1892		Inbetriebnahme der ersten Walzstraßen in Bruckhausen		Umwandlung der OHG Martin & Pagenstecher, gegr. 1873, in eine GmbH
1895		Baubeginn der Hüttenkokerei, des Thomas-Stahlwerks und des Hochofenwerks in Bruckhausen		

Thyssen Edelstahlwerke AG	Thyssen Industrie AG	Thyssen Handelsunion AG	Jahr
	Erwerb der Thomasstahl-Lizenz durch Rheinstahl; Beginn der Thomasstahl-Erzeugung in Meiderich Ablieferung der Henschel-Lokomotive Fabrik-Nummer 1.000 Gründung der Firma Aug. Klönne, Dortmund		1879
Gründung der AG Gussstahl-Werk Witten zur Fortführung der Tiegelstahlfabrik von Carl Berger (gegr. 1853)		Thyssen & Co. beauftragt die Handelsfirma Krüger & Staerk mit ihrer Vertretung in Berlin	1881
	Erwerb der ersten Eisenerzfelder in Lothringen durch Rheinstahl		1882
			1883
		Gründung der Zweigniederlassung Thyssen & Co., Berlin	1884
		Gründung einer Spedition in Antwerpen durch Robert Haeger und Carl Schmidt	1887
	Inbetriebnahme des ersten Hochofens und der Hüttenkokerei in Meiderich durch Rheinstahl	Thyssen & Co. richtet in Berlin ein Trägerlager und eine Werkstatt für Eisenkonstruktionen ein	1889
			1890
	Bau des ersten mechanischen Aufzugs durch die Maschinenfabrik R. Stahl, Stuttgart		1891
	Gründung einer Fabrik zur Blechumformung in Brackwede; heute Thyssen Umformtechnik		1892
			1895

Jahr	Familie Thyssen	Thyssen AG/Thyssen Stahl AG		
		Bereich Hamborn	Bereich Ruhrort	Andere Bereiche
1896	Fritz Thyssen wird Mitglied des GDK-Grubenvorstands	Beschluß zum Bau eines Bandeisenwalzwerks in Dinslaken durch GDK	Erwerb der Zechen Westende sowie Ruhr & Rhein in Ruhrort durch die Phoenix AG	
1898	Erwerb des Kalksteinbruchs Schlupkothen bei Wülfrath durch Thyssen & Co.			Erwerb der Westfälische Union AG für Bergbau, Eisen- und Draht-Industrie durch die Phoenix AG
1900	Fritz Thyssen heiratet Amélie zur Helle			
1901		Erwerb der ersten Eisenerzfelder in Lothringen durch GDK		Inbetriebnahme einer Blechverzinkerei im Werk Finnentrop
1902	August Thyssen verkauft seine Beteiligung an der Gewerkschaft verein. Gladbeck	Gründung der AG für Hüttenbetrieb zur Übernahme des Hochofenwerks Meiderich		
1903	Gründung der Rheinische Kalksteinwerke GmbH, Wülfrath	Baubeginn des Werkshafens Schwelgern am Rhein		
1906			Konzentration der Walzstahlproduktion auf Halbzeug, Straßenbahn- und Grubenschienen	
1909	Gründung der Dolomitwerke GmbH, heute Wülfrath, zusammen mit anderen deutschen Hüttenwerken			
1910	Gründung der S.A. des Hauts-Fourneaux & Aciéries de Caen	Abstich des ersten Elektrostahl-Ofens in Bruckhausen		
1911	Gründung der Stahlwerk Thyssen AG, Hagendingen (Lothringen) Umwandlung der Maschinenfabrik Mülheim in eine AG			Erwerb der Niederrheinischen Hütte, Duisburg-Hochfeld, (gegr. 1851) durch die Eisenwerk Kraft AG

Thyssen Edelstahlwerke AG	Thyssen Industrie AG	Thyssen Handelsunion AG	Jahr
		Gründung einer Eisenhandlung durch Heinrich August Schulte in Dortmund	1896
			1898
Gründung der Krefelder Stahl-werk AG zur Herstellung von Werkzeugstählen durch Peter Klöckner, August Thyssen und andere Industrielle		Aufnahme der Binnenschiffahrt durch die Brennstoffhandlung Joseph Schürmann, gegr. 1862 in Koblenz, inzwischen in Duisburg	1900
Anlauf von SM-Stahlwerk, Tiegelstahlwerk, Walzwerk und Hammerwerk in Krefeld

Beginn der Herstellung von Schnellarbeitsstahl im Guß-stahlwerk Felix Bischoff | | | 1901 |
| | | | 1902 |
| | Gründung der Nordseewerke Emder Werft und Dock AG

Beginn der Kurbelwellenferti-gung bei der BSI | | 1903 |
| Abstich der ersten industriellen Elektrostahl-Schmelze in Deutschland im Stahlwerk Richard Lindenberg, Remscheid | Inbetriebnahme der ersten deutschen Fahrtreppe in Berlin, gebaut von der Firma Friedrich Kehrhahn, Hamburg | Erwerb der Eisenhandlung H. Reiter, Königsberg, durch Thyssen & Co.

Umwandlung der Firma Heinr. Aug. Schulte in eine AG und Fusion mit der Eisenhandlung Jacob Ravené Söhne & Co., Hannover | 1906 |
			1909
			1910
Inbetriebnahme eines Rohr-werks, einer Federnfabrik und einer Gesenkschmiede bei der Krefelder Stahlwerk AG			1911

Jahr	Familie Thyssen	Thyssen AG/Thyssen Stahl AG		
		Bereich Hamborn	Bereich Ruhrort	Andere Bereiche
1912	Inbetriebnahme der ersten Hoch-öfen, des Thomas-Stahlwerks und der ersten Walzstraßen in Hagendingen Heinrich Thyssen-Bornemisza wird Mitglied des GDK-Gruben-vorstands		Inbetriebnahme eines SM-Stahlwerks	
1913				Gründung der Brasilianischen Bergwerks- und Hüttengesell-schaft mbH, Dortmund, zur Erschließung brasilianischer Erzvorkommen; heute Ferteco Mineração
1915	Josef Thyssen verunglückt tödlich (15.7.)			
1916				
1917				
1918	Übertragung des Stahl- und Walzwerks Mulheim auf die Maschinenfabrik Thyssen & Co. AG; neuer Firmenname: Thyssen & Co. AG Verlust aller ausländischen Besitzungen und Beteiligungen			
1919		Umfirmierung der Gewerkschaft Deutscher Kaiser in August Thyssen-Hütte, Gewerkschaft Einbringung der Steinkohlen-aktivitäten in die Gewerkschaft Friedrich Thyssen		
1920	Heinrich Thyssen-Bornemisza übernimmt die Leitung der Auslands-Interessen des Thyssen-Konzerns			
1921				Inbetriebnahme eines Bandstahl-werks in Andernach durch Remy, van der Zypen & Co.; heute Rasselstein AG

Thyssen Edelstahlwerke AG	Thyssen Industrie AG	The Budd Company	Thyssen Handelsunion AG	Jahr
		Gründung der Edward G. Budd Manufacturing Comp., Philadelphia		1912
			Gründung der Deutsch-Übersee-ische Handelsges. der Thyssen'schen Werke mbH, Hamborn, mit Niederlassung in Buenos Aires	1913
				1915
		Gründung der Budd Wheel Comp., Philadelphia		1916
	Baubeginn des Henschel-Werks Mittelfeld bei Kassel		Erwerb der Heinr. Aug. Schulte Eisenhandlung AG durch die Phoenix AG Gründung der N.V. Neder-landsche Export en Import Mij., Amsterdam	1917
			Beschlagnahme der Firma Haeger & Schmidt, Antwerpen Beginn des Ausbaus eines Rheinstahl-Eisenhandelsnetzes durch Beteiligung an der Carl Rauh KG, Solingen	1918
				1919
			Neugründung der Firma Haeger & Schmidt GmbH in Duisburg; Übergang der Geschäftsanteile auf Rheinstahl	1920
Gründung der Vereinigte Edel-stahlwerke GmbH und der Marathon Export GmbH durch vier deutsche Edelstahlhersteller als gemeinsame Verkaufsorga-nisation im In- und Ausland	Gründung einer mechanischen Werkstatt in Ravensburg durch Anton Nothelfer			1921

Jahr	Familie Thyssen	Thyssen AG/Thyssen Stahl AG		
		Bereich Hamborn	Bereich Ruhrort	Andere Bereiche
1922		Inbetriebnahme einer Kraftzentrale, des SM-Werks II, des Hochofens 7 und der dritten Blockstraße		
1923				
1925				
1926	August Thyssen stirbt auf Schloß Landsberg bei Kettwig (4. 4.)

Einbringen der Kohle-, Stahl- und Handelsinteressen der damaligen Thyssen-Gruppe in die Vereinigte Stahlwerke AG, Düsseldorf (VSt)

Fritz Thyssen konzentriert seine Interessen auf die Teile des Thyssen-Konzerns, die in VSt eingehen, und wird VSt-Aufsichtsratsvorsitzender; Anteil an VSt 26 %

Übergang der anderen Thyssen-Aktivitäten auf Heinrich Thyssen-Bornemisza und weitere Erben | Neue Werksbezeichnungen im Rahmen der VSt-Gründung: Thyssenhütte (bisher Werk Bruckhausen); Hüttenbetrieb Meiderich (bisher Hochofenwerk Meiderich) | Zusammenlegen des Werks Ruhrort mit dem Rheinstahl-Werk Meiderich im Rahmen der VSt-Gründung; neue Bezeichnung: Hütte Ruhrort/Meiderich | Einbringen der Niederrheinischen Hütte in VSt

Einbringen der Westfälischen Union in VSt |
| 1927 | | | | |
| 1930 | | | Stillegung aller Betriebsanlagen des Werksteils Ruhrort, ein Jahr später auch des Werksteils Meiderich, bis 1934 | Die Henrichshütte wird Teil der Ruhrstahl AG |

Thyssen Edelstahlwerke AG	Thyssen Industrie AG	The Budd Company	Thyssen Handelsunion AG	Jahr
	Fusion von Rheinstahl mit der Arenberg'schen AG für Bergbau und Hüttenbetrieb		Erwerb einer Beteiligung an der Firma Albert Sonnenberg durch die Phoenix AG	1922
		Einführung der geschlossenen, auf Rahmen montierten Auto-Ganzstahlkarosserie		1923
	Beginn des Henschel-Nutzfahrzeugbaus	Erwerb erster Werke in Detroit		1925
	Einbringen der Stahl- und Stahlhandelsinteressen von Rheinstahl in VSt; Anteil an VSt 8,5% Erweiterung des Programms der Werkzeugfabrik Karl Hüller, Ludwigsburg, durch Spezialwerkzeugmaschinen	Gründung der Ambi-Budd Preßwerk GmbH, Berlin (Anteil zunächst 49%)	Gründung der Thyssen Eisen- und Stahl-AG, Berlin, der Heinr. Aug. Schulte Eisen-AG, Dortmund, und der Thyssen-Rheinstahl AG, Frankfurt (Main), zur Fortführung der inländischen Eisenhandelsgesellschaften der VSt-Gründerfirmen Eintritt von VSt als Kommanditistin in die Albert Sonnenberg, Eisen- und Metallhandlung, gegr. 1916 Gründung der Stahlunion-Export GmbH, Düsseldorf, zur Koordinierung der VSt-Außenhandelsinteressen	1926
Gründung der Deutsche Edelstahlwerke AG (DEW), Bochum, durch VSt zur Fortführung des Krefelder Stahlwerks, der Produktionsanlagen des Edelstahlbereichs der BSI, der Glockenstahlwerke AG vorm. Richard Lindenberg und des Gußstahlwerks Felix Bischoff sowie der VSt-Werke Stahlindustrie Bochum und Magnetfabrik Dortmund				1927
Verlegung des DEW-Gesellschaftssitzes nach Krefeld; Erwerb von Gelände und Gebäuden der benachbarten Maschinenfabrik Rheinland AG Das Gußstahlwerk Witten wird Teil der Ruhrstahl AG	Das Preßwerk Brackwede und das Annener Gußstahlwerk werden Teile der Ruhrstahl AG			1930

Jahr	Familie Thyssen	Thyssen AG/Thyssen Stahl AG	
		ATH AG	Andere Bereiche
1934	Fritz Thyssen wird Vorsitzender des Aufsichtsrats der August Thyssen-Hütte AG	Gründung der VSt-Betriebsgesellschaft August Thyssen-Hütte AG zur Fortführung der Thyssenhütte, der Hütte Ruhrort/Meiderich, der Niederrheinischen Hütte, des Hüttenbetriebs Meiderich und der Hütte Vulkan Neue Bezeichnung für das Werk Hüttenbetrieb Meiderich: Werk Hochöfen Hüttenbetrieb	Gründung der VSt-Betriebsgesellschaft Westfälische Union AG für Eisen- und Drahtindustrie, Hamm, zur Aufnahme der VSt-Drahtwerke
1936	Anita Thyssen, Tochter von Fritz und Amélie Thyssen, heiratet Graf Gabor Zichy		
1938			Gründung der NKF Staal N.V., Alblasserdam (Niederlande), zum Betrieb eines Stahl- und Walzwerks
1939	Fritz Thyssen emigriert nach Protest gegen den Überfall Hitlers auf Polen in die Schweiz (1.9.); sein Vermögen wird beschlagnahmt		
1944		Teilweiser Stillstand der Thyssenhütte nach Luftangriffen (14./15.10.)	
1945		Völliger Stillstand der Thyssenhütte nach Luftangriff (22.1.) Wiederanblasen eines Hochofens im Hüttenwerk Ruhrort/Meiderich (26.6.)	
1946		Gründung der Firma Gemeinschaftsbetrieb Eisenbahn und Häfen, Duisburg	
1947		Gründung der Hüttenwerke Ruhrort-Meiderich AG zur Fortführung der Hütte Ruhrort/Meiderich und des Werks Hochöfen Hüttenbetrieb	Gründung der Hüttenwerk Oberhausen AG (HOAG) zur Fortführung des GHH-Hüttenbetriebs
1948		Demontagebeginn auf der Thyssenhütte	Gründung der Hüttenwerk Niederrhein AG zur Fortführung der Niederrheinischen Hütte

Thyssen Edelstahlwerke AG	Thyssen Industrie AG	The Budd Company	Thyssen Handelsunion AG	Jahr
Gründung der Marathon Staal N.V., heute Thyssen Edelstaal Nederland B.V. mit Lagerbetrieb bei Utrecht	Gründung der VSt-Betriebsgesellschaft Deutsche Eisenwerke AG, Mülheim (Ruhr), zur Fortführung der VSt-Gießereien	Bau des ersten Stromlinien-Diesel-Triebwagenzugs aus Edelstahl in den USA		1934
		Beginn der Entwicklung selbsttragender Auto-Ganzstahl-karosserien		1936
				1938
				1939
				1944
				1945
		Fusion der Edward G. Budd Manufacturing Comp. und der Budd Wheel Comp. zu The Budd Company		1946
Demontagebeginn in allen Werken Gründung der Gussstahlwerk Witten AG zur Fortführung des Gußstahlwerks Witten der Ruhrstahl AG				1947
	Demontagebeginn bei Blohm & Voss			1948

Jahr	Familie Thyssen	Thyssen AG/Thyssen Stahl AG	
		ATH AG	Andere Bereiche
1949		Demontage-Stopp nach Peters-berg-Abkommen (22.11.) Produktionserlaubnis für Roh-eisen und Rohstahl für die Thyssenhütte	
1950		Beginn des Wiederaufbaus der Hochöfen und Stahlwerke der Thyssenhütte (Mai) Ende des Abtransports von Demontagegut der Thyssenhütte (Dezember)	
1951	Fritz Thyssen stirbt in Buenos Aires (8.2.)	Wiederanblasen eines Hoch-ofens auf der Thyssenhütte (7.5.) Wiederanlauf des SM-Stahl-werks auf der Thyssenhütte	
1952		Aufhebung aller alliierten Produktionsbeschränkungen für die Thyssenhütte (28.7.) Änderung des Firmennamens Hüttenwerke Ruhrort-Meiderich AG in Hüttenwerke Phoenix AG	Neugründung der Westfälische Union AG für Eisen- und Drahtindustrie ; Zuordnung zur Niederrheinische Hütte AG
1953		Neugründung der August Thyssen-Hütte AG (2.5.) Baubeginn einer Warmbreit-bandstraße im Werk Bruckhausen (September)	
1954			
1955		Inbetriebnahme der Warm-breitbandstraße im Werk Bruckhausen Fusion der Hüttenwerke Phoenix AG mit der Rheinische Röhren-werke AG zur Phoenix-Rhein-rohr AG Vereinigte Hütten- und Röhrenwerke	

Thyssen Edelstahlwerke AG	Thyssen Industrie AG	The Budd Company	Thyssen Handelsunion AG	Jahr
				1949
Ende der Demontage in allen Werken Gründung der Marathon Edelstahl AG, Zürich, heute Thyssen Edelstahl AG				1950
Neugründung der Deutsche Edelstahlwerke AG Gründung der Marathon Fine Steels Ltd., London	Verlegung des Firmensitzes der Hille-Werke AG, gegr. 1892, von Dresden nach Düsseldorf; Gründung der Hille Werkzeugmaschinen GmbH, Witten-Annen			1951
	Gründung der Rheinisch-Westfälische Eisen- und Stahlwerke AG, Mülheim (Ruhr), zur Aufnahme der VSt-Gießereien Gründung der Rheinstahl-Union Maschinen- und Stahlbau AG, Düsseldorf, zur Aufnahme der VSt-Verarbeitungsgesellschaften			1952
	Erwerb von Mehrheitsbeteiligungen an der Rheinstahl-Union Maschinen- und Stahlbau AG, an der Rheinisch-Westfälische Eisen- und Stahlwerke AG und an der Ruhrstahl AG durch Rheinstahl			1953
	Wiederaufnahme des Seeschiffbaus bei Blohm & Voss		Gründung der Handelsunion AG zur Aufnahme der VSt-Handelsgesellschaften Erwerb einer Beteiligung an der N.V. Nedeximpo, Amsterdam	1954
Gründung der Marathon Specialty Steels Inc., New York, heute Thyssen Specialty Steels, Inc. mit Zentrallager bei Chicago	Erstes kapitalmäßiges Engagement der Phoenix-Rheinrohr AG bei der Blohm & Voss AG Erwerb der Friedrich Kehrhahn GmbH, Hamburg, durch Rheinstahl			1955

Jahr	Familie Thyssen	Thyssen AG/Thyssen Stahl AG	
		ATH AG	Andere Bereiche
1956		Inbetriebnahme der Kaltbreit-bandstraße im Werk Bruckhausen Erwerb einer Mehrheits-beteiligung an der Niederrhei-nische Hütte AG	
1957		Erwerb einer Mehrheitsbeteili-gung an der Deutsche Edelstahl-werke AG	Beginn der Schubschiffahrt für den Erztransport von Rotterdam zum Werkshafen Schwelgern
1958		Erwerb einer ersten Beteiligung an der Stahl- und Walzwerke Rasselstein/Andernach AG	Gründung der späteren Gruben-gesellschaft Ferteco Mineraçāo S.A. nach Neuordnung der brasilianischen Erzinteressen
1959	Die Erbinnen von Fritz Thyssen, Amélie Thyssen und Anita Gräfin Zichy-Thyssen, errichten die Fritz Thyssen Stiftung	Inbetriebnahme des ersten Hochofen-Neubaus seit 1944 im Werk Hamborn Inbetriebnahme eines Oxygen-stahlwerks im Werk Ruhrort	
1960		Erwerb einer Beteiligung an der Handelsunion AG	
1961			ATH-Beteiligung an der Gru-bengesellschaft Bong Mining Comp., Monrovia (Liberia)
1962		Inbetriebnahme des Oxygen-stahlwerks im Werk Beecker-werth	
1964		Erwerb einer Mehrheitsbeteili-gung an der Phoenix-Rheinrohr AG Inbetriebnahme der Warmbreit-band- und der Kaltbreitband-straße im Werk Beeckerwerth	
1965	Amélie Thyssen stirbt auf Schloß Puchhof bei Straubing (25.8.)	Betriebsüberlassungsvertrag für das Werk Ruhrort und das Hochofenwerk Hüttenbetrieb zwischen ATH und Phoenix-Rheinrohr	
1966		Erwerb einer Beteiligung an der Stahlwerke Bochum AG	

Thyssen Edelstahlwerke AG	Thyssen Industrie AG	The Budd Company	Thyssen Handelsunion AG	Jahr
				1956
Inbetriebnahme des ersten Oxygenstahlwerks in Deutschland bei der Gussstahlwerk Witten AG				1957
			Erwerb einer Beteiligung an der Eisen, Stahl und Röhren AG, Zürich	1958
	Ablieferung der Henschel-Lokomotive Fabrik-Nummer 30.000		Gründung der Stahlunion Corp. und der Thyssenstahl Corp., New York; aus beiden entstand die heutige Thyssen Inc.	1959
Gründung der Marathon Fine Steels, Toronto, heute Thyssen Marathon Canada	Gründung der Saarländische Werkzeug- und Maschinenfabrik Walther Nothelfer GmbH, Lockweiler			1960
Gründung der Marathon Italiana S.p.A., Mailand, seit 1975 Thyssen Acciai Speciali S.p.A.	Erwerb einer Beteiligung an der Walther Nothelfer KG, Ravensburg, durch Rheinstahl		Gründung der heutigen Thyssen Comercial Brasil Ltda., Rio de Janeiro	1961
			Gründung der Rheinische Kraft-wagen-Speditionsgesellschaft mbH, Mülheim (Ruhr); später Rheinkraft-Spedition GmbH, Duisburg	1962
Erwerb der heutigen Thyssen Aciers Spéciaux SA durch die Gussstahlwerk Witten AG	Erwerb der Henschel-Werke AG durch Rheinstahl			1964
Änderung des Firmennamens Gussstahlwerk Witten AG in Edelstahlwerk Witten AG	Erwerb der Firma Aug. Klönne durch ATH			1965
	Erwerb der Werft H. C. Stülcken Sohn, Hamburg, und der Ottensener Eisenwerk GmbH, Hamburg, durch Blohm + Voss	Bau eines Preßwerks in Kitchener, Ontario (Kanada)		1966

Jahr	Familie Thyssen	Thyssen AG/Thyssen Stahl AG	
		ATH AG	Andere Bereiche
1967		Beteiligung an der Walzstahl-kontor West GmbH	
1968		Erwerb einer Mehrheit an der Hüttenwerk Oberhausen AG	Gründung der C.V. Ertsover-slagbedrijf Europoort, Rotter-dam, zum Bau und Betrieb der Erzumschlaganlage Europoort
1969		Inbetriebnahme einer Vorblock-Stranggießanlage im Werk Ruhrort Stillegung des letzten Thomas- und des letzten SM-Stahlwerks in Bruckhausen Einbringung des Bergbauver-mögens in die Ruhrkohle AG	Erwerb des HOAG-Drahtwerks Gelsenkirchen durch Westfäli-sche Union
1970		Beginn der Arbeitsteilung Röhren/Walzstahl mit der Mannesmann AG Gründung der Mannesmann-röhren-Werke GmbH (später AG) zur Fortführung des Röhrengeschäfts der Mannes-mann AG und der Thyssen Röhrenwerke AG; Thyssen-Anteil $33^1/_3\%$, seit 1974 25%	Erwerb einer Beteiligung an der NKF Staal N.V., Alblasserdam (Niederlande), durch ATH Erwerb einer Beteiligung an der Comp. Siderurgica da Guanabara (Cosigua), Santa Cruz (Brasilien), durch ATH Erwerb der Berkenhoff & Drebes AG, Aßlar, durch Westfälische Union
1971			Zusammenfassung der Hütten-werk Oberhausen AG und der Niederrheinische Hütte AG zur späteren Thyssen Niederrhein AG Gründung der Magnesital-Feuerfest GmbH, Düsseldorf
1973		Mehrheitsbeteiligung der ATH AG an der Rheinstahl AG, zunächst über ein Banken-konsortium Inbetriebnahme des ersten Großhochofens im Werk Schwelgern	Erwerb einer Beteiligung durch ATH am Hüttenwerk Solmer bei Marseille

Thyssen Edelstahlwerke AG	Thyssen Industrie AG	The Budd Company	Thyssen Handelsunion AG	Jahr
	Inbetriebnahme einer Groß-helling für Schiffe bis 100.000 tdw bei der Rheinstahl Nordsee-werke GmbH		Erwerb der Haeger & Schmidt GmbH durch Thyssen	1967
		Erwerb der Waupaca Foundry Inc., Waupaca, US-Bundesstaat Wisconsin		1968
	Verkauf des Rheinstahl-Nutzfahrzeugbereichs an die Daimler-Benz AG Erwerb der Aufzugabteilung R. Stahl KG, Stuttgart, durch Rheinstahl	Erwerb der Milford Fabricating Comp., Detroit, und der Duralastic Products Comp., Detroit	Änderung des Firmennamens Handelsunion AG in Thyssen Handelsunion AG	1969
	Einbringung des Bergbauver-mögens in die Ruhrkohle AG			1970
Gründung der Marathon Scandinavia AB, Göteborg, heute Thyssen Specialstål AB	Ablieferung der ersten Lokomo-tive der Welt mit Drehstrom-Leistungsübertragung durch Henschel und BBC		Inbetriebnahme eines Anarbei-tungszentrums der Eisen- und Stahlhandel GmbH in Mann-heim	1971
	Erwerb von Gießereien in Brasilien durch Rheinstahl Gründung der heutigen Thyssen Hueller Ltda., Diadema (Brasilien)			1973

| Jahr | Familie Thyssen | Thyssen AG/Thyssen Stahl AG | |
		ATH AG	Andere Bereiche
1974	Federico Graf Zichy-Thyssen, ältester Sohn von Anita Gräfin Zichy-Thyssen, wird Mitglied des Aufsichtsrats der August Thyssen-Hütte AG	Inbetriebnahme der ersten Vorbrammen-Stranggießanlage im Werk Beeckerwerth Erwerb von weiteren rd. 35 % am Kapital der Edelstahlwerk Witten AG Zusammenfassung der Wohnungs-Aktivitäten in der Gruppe Thyssen bauen + wohnen	Gründung der Betriebsführungsgesellschaft Thyssen Henrichshütte GmbH
1975			
1976			Zuordnung der Zementwerke von Rheinkalk zur Wülfrather Zement GmbH, Wülfrath
1977		Änderung des Firmennamens August Thyssen-Hütte AG in Thyssen Aktiengesellschaft vorm. August Thyssen-Hütte	Thyssen Niederrhein AG wird Betriebsführungsgesellschaft für die Werke Oberhausen und Hochfeld
1978		Erwerb der The Budd Company, Troy (USA)	Änderung des Firmennamens NKF Staal N.V. in Nedstaal B.V. Änderung des Firmennamens Thyssen Westfälische Union AG in Thyssen Draht AG
1979			Beendigung des Cosigua-Engagements in Brasilien
1980			
1981	Claudio Graf Zichy-Thyssen wird Mitglied des Aufsichtsrats der Thyssen AG, sein Bruder Federico scheidet aus dem Aufsichtsrat aus		

Thyssen Edelstahlwerke AG	Thyssen Industrie AG	The Budd Company	Thyssen Handelsunion AG	Jahr
	Erwerb einer Mehrheits-beteiligung an der Ascenseurs Soretex S.A., Angers Zuordnung der DEW-Gießereien zu den Rheinstahl-Gießereien und der DEW-Schmiede Remscheid zu Rheinstahl Umformtechnik und Bergbautechnik Beginn der Forschungs- und Entwicklungsarbeiten an einem Magnetbahnsystem bei Henschel		Übernahme des Walzstahlexports von Rheinstahl Zusammenfassung des Anlagengeschäfts von Thyssen und Rheinstahl in der Thyssen Rheinstahl Technik GmbH, Düsseldorf Erwerb einer Mehrheits-beteiligung an der Berzen-Spedition GmbH, Duisburg	1974
Änderung des Firmennamens Deutsche Edelstahlwerke AG in Thyssen Edelstahlwerke AG Betriebspachtvertrag der Thyssen Edelstahlwerke mit der Edelstahlwerk Witten AG über das Werk Witten	Erwerb der Herbert Maschinen und Anlagen GmbH, Bergen-Enkheim Erwerb einer Mehrheits-beteiligung an der Maschinenfabrik Karl Hüller GmbH, Ludwigsburg		Gründung der Thyssen Brennkraft Handel und Transport GmbH zur Fortführung des Geschäfts der Rheinstahl Handel und Verkehr GmbH	1975
	Änderung des Firmennamens Rheinstahl AG in Thyssen Industrie AG		Gründung der Thyssen Steel Detroit Comp., Detroit	1976
Gründung der Thyssen Fine Steels Ltd., Birmingham, der Thyssen Special Steels Australia Pty. Ltd. und der Thyssen Aços Finos Lda., Carregado (Portugal)				1977
			Zusammenfassung der Verkehrs-Aktivitäten bei der Haeger & Schmidt GmbH	1978
	Zusammenfassung der Geschäftsbereiche Thyssen Energie und Thyssen Klönne zur Thyssen Engineering GmbH			1979
		Konzentration der Fertigung von Lkw- und Pkw-Rahmen im Werk Kitchener		1980
Stillegung des letzten SM-Stahlwerks der Thyssen-Gruppe im Werk Witten				1981

Jahr	Familie Thyssen	Thyssen AG	Thyssen Stahl AG	
			Duisburg	Andere Bereiche
1983		Ausgliederung des Stahlbereichs in die Thyssen Stahl AG; Konzentration auf Aufgaben der Konzernführung Rückgabe der Solmer-Beteiligung	Gründung der Thyssen Stahl AG Beschlußfassung über Konzentration der Produktionsanlagen (Konzept 900)	
1984				
1985			Beschlußfassung über ein Profilstahlkonzept Inbetriebnahme einer Anlage für das Laserschweißen von Blechen im Werk Bruckhausen	
1986			Übernahme der Betriebsführung der Werke Oberhausen und Hochfeld durch die Thyssen Stahl AG	
1987			Beschlußfassung über weitere Produktkonzepte (Grobblech, Langprodukte) Inbetriebnahme der Elektrolytischen Bandverzinkungsanlage im Werk Beeckerwerth	Übernahme der Thyssen Bausysteme GmbH von der Thyssen Industrie AG

Thyssen Edelstahlwerke AG	Thyssen Industrie AG	The Budd Company	Thyssen Handelsunion AG	Jahr
	Erwerb der Maschinenfabrik Diedesheim GmbH, Mosbach		Zusammenfassung des inländischen Stahlhandelsgeschäfts bei der Thyssen Schulte GmbH Konzentration der Thyssen Stahlunion GmbH auf den Stahlexport	1983
	Übernahme der M.A.N.-Aufzug-aktivitäten Übernahme des Aufzug- und Fahrtreppengeschäfts der spanischen Boetticher-Gruppe Neuordnung der Gußaktivitäten in der Thyssen Guss AG			1984
		Ausgliederung der Eisenbahn-Aktivitäten in die Transit America Inc., Philadelphia	Übernahme der Kanzler Spedition GmbH, Konradsreuth Erwerb der Schrotthandelsfirma Walter Trapp, Frankfurt (Main)	1985
	Erwerb einer Beteiligung an der Northern Elevator Holdings Ltd., Toronto (Kanada) Erwerb einer Beteiligung an der Davies & Metcalfe p.l.c., Romiley (Großbritannien) Abgabe der Grubenausbau-Fertigung Erwerb der Hamburger Betriebe der Howaldtswerke-Deutsche Werft AG durch Blohm + Voss			1986
Gründung der Thyssen Aceros Especiales S.A., Barcelona	Gründung der Thyssen Feinguss GmbH, Soest, durch die Thyssen Guss AG und die Cercast Inc., Montreal (Kanada) Erwerb einer Mehrheits-beteiligung an der Telelift GmbH & Co. Fördertechnik KG, Puchheim (Oberbayern) Erwerb einer Beteiligung an der Maschinenfabrik Johann A. Krause, Bremen Gründung der Still Otto GmbH durch die Thyssen Engineering GmbH, die Carl Still GmbH & Co. KG und die Dr. C. Otto & Co. GmbH	Aufgabe der Eisenbahn-Aktivitäten	Übernahme der Speditions-gruppe Krogmann, Hamburg Erwerb einer Mehrheitsbeteili-gung an der Hünnebeck GmbH, Ratingen; Bildung des Gerüst-bau-Unternehmens Hünnebeck-RöRo GmbH, Ratingen	1987

Jahr	Familie Thyssen	Thyssen AG	Thyssen Stahl AG	
			Duisburg	Andere Bereiche
1988		Neuordnung der Feuerfest-Aktivitäten unter Führung der Dolomitwerke GmbH mit Einbeziehung der Martin & Pagenstecher GmbH einschl. der Magnesital-Feuerfest GmbH und des von Mannesmann übernommenen Feuerfest-Werks Bad Hönningen; gleichzeitig Übernahme der Mannesmann-Kalk-Aktivitäten durch Rheinkalk		Einbringung der Henrichshütte in die Schmiedewerke Krupp-Klöckner GmbH, Bochum, heute Vereinigte Schmiedewerke GmbH; Thyssen-Anteil 33 $\frac{1}{3}$ %
1989		Gründung der Magnetschnellbahn AG, Düsseldorf	Inbetriebnahme einer Pilotanlage für das Gießpreßwalzen von Stahlbändern im Werk Ruhrort	Einbringung der Thyssen Grillo Funke GmbH in die EBG Gesellschaft für elektromagnetische Werkstoffe mbH, Bochum; Anpachtung der Elektroblech-Aktivitäten der Stahlwerke Bochum AG durch EBG

Thyssen Edelstahlwerke AG	Thyssen Industrie AG	The Budd Company	Thyssen Handelsunion AG	Jahr
			Übernahme der TAC transair-cargo GmbH und der TAC Speditionsgesellschaft mbH, Hamburg, sowie der OPT Overseas Project Transport GmbH, Duisburg

Änderung des Firmennamens Haeger & Schmidt GmbH in Thyssen Trans GmbH

Erwerb von Mehrheitsbeteiligungen an der WIG Industrie-instandhaltung GmbH & Co. KG, Köln, und an der EuP Anlagenbau und Anlagen-wartung GmbH, München

Erwerb des Werkzeugmaschi-nenhandels UVA Unverzagt GmbH, Stuttgart | 1988 |
| | Gründung der BLW Präzisions-schmiede GmbH, München, zur Übernahme der BLW Bayeri-sche Leichtmetallwerke

Neuordnung des Maschinenbaus bei Blohm + Voss

Zusammenschluß der OFU Ofenbau-Union GmbH, gegr. 1938, und der Didier Engineer-ing GmbH zur Didier OFU Engineering GmbH; Thyssen-Anteil 70 %

Erwerb der Kloth-Senking Metallgießerei GmbH, Hildes-heim, der DGT Druckgiess-technik GmbH und der Birmid Holdings Ltd., Smethwick (Großbritannien) | Inbetriebnahme des Stahl-Preß-werks Shelbyville, US-Bundes-staat Kentucky, und des Kunststoff-Preßwerks Kendall-ville, US-Bundesstaat Indiana | Erwerb der Wullbrandt & Seele GmbH & Co. KG, Braun-schweig

Gründung der Thyssen Entsor-gungstechnik GmbH, Düssel-dorf

Erwerb des amerikanischen Luftfracht-Spediteurs Amerford International Corp., New York

Gründung der Thyssen Ros Casares S.A., Valencia

Bildung der Thyssen-Neste Oil GmbH aus Thyssen Brennkraft gemeinsam mit der finnischen Neste Oy; Thyssen-Anteil 50 %

Erwerb einer Beteiligung an der Schrotthandelsgesellschaft Kern S.A., Straßburg

Gründung der heutigen Thyssen Schulte Profilstahl-Center GmbH, Mülheim (Ruhr) | 1989 |

Jahr	Familie Thyssen	Thyssen AG	Thyssen Stahl AG	
			Duisburg	Andere Bereiche
1990	Anita Gräfin Zichy-Thyssen stirbt in München (20.8.)	Übernahme der Otto Wolff AG (1.1.) Zuordnung der Otto-Wolff-Aktivitäten sowie der früheren Gemeinschaftsunternehmen Rasselstein und EBG/Stahlwerke Bochum zu Thyssen-Unternehmensbereichen (1.10.)	Beschluß zum Bau eines zweiten Großhochofens im Werk Schwelgern	Gründung der Thyssen Schweißtechnik GmbH, Hamm, durch Thyssen Draht AG und Thyssen Edelstahlwerke AG
1991	Zusätzlich zu seinem Bruder Claudio wird Federico Graf Zichy-Thyssen erneut Mitglied des Aufsichtsrats der Thyssen AG (21.3.)			

Thyssen Edelstahlwerke AG	Thyssen Industrie AG	The Budd Company	Thyssen Handelsunion AG	Jahr
Erwerb einer Beteiligung an der Mexinox S.A. de C.V., Mexico City (Mexiko) Gründung von vier Vertriebsgesellschaften in den neuen Bundesländern Ausbau des Edelstahl-Vertriebsnetzes in Südostasien	Gründung der Thyssen Umformtechnik GmbH zur Übernahme der Werke Brackwede, Langschede, Remscheid und Duisburg-Wanheim Gründung der Umformtechnik Ludwigsfelde GmbH sowie weiterer Unternehmen auf den Gebieten Aufzug-, Umwelt- und Wassertechnik sowie Schiffsreparatur in den neuen Bundesländern Gründung der ABB Henschel Lokomotiven GmbH, ABB Henschel Waggon Union GmbH und Henschel Bahnstromanlagen GmbH als Produktiongesellschaften der ABB Henschel AG; Thyssen-Anteil 50% Ausbau der Aufzug- und Fahrtreppen-Aktivitäten in Spanien Erwerb der APM Group Ltd., Cannock (Großbritannien) Erwerb von Mehrheitsbeteiligungen an der Translogic Corp., Denver (USA) und an der F.S. Payne Co., Cambridge (USA)		Zusammenschluß der Thyssen Trans und der Haniel Spedition GmbH zur Thyssen Haniel Logistic GmbH, Duisburg; Thyssen-Anteil 66⅔% Gründung der Thyssen Schulte Werkstoffhandel GmbH, Berlin, der Thyssen Handel Berlin GmbH und der Thyssen Rohstoff Recycling GmbH, Berlin, für Aktivitäten in den neuen Bundesländern Erwerb einer Mehrheitsbeteiligung an der SMR de Haan GmbH, Oberhausen Erwerb einer Beteiligung an der Garfield Lewis Ltd., Birmingham (Großbritannien) Ausbau der Kunststoffhandels-Aktivitäten in Dänemark, Österreich und in der Schweiz Ausbau der Gerüst- und Schalungsbau-Aktivitäten in mehreren europäischen Ländern	1990
			Gründung der Eurawasser GmbH, Berlin, gemeinsam mit Lyonnaise des Eaux-Dumez, Paris	1991

REGISTER*

Firmen

* Firmen- und Personennamen aus der Zeittafel sind im Register nicht aufgeführt.

343

344

Personen

BILDQUELLEN-VERZEICHNIS

Alle anderen Abbildungen: Thyssen

Impressum

Wege und Wegmarken
100 Jahre Thyssen
Helmut Uebbing
Berlin 1991

Herausgeber:
Thyssen AG
Duisburg

Dokumentation/Lektorat:
Archiv der Thyssen AG
Duisburg

Projektmanagement/Gestaltung:
ABC/EUROCOM Corporate & PR
Düsseldorf

Verlag:
Wolf Jobst Siedler Verlag GmbH
Berlin

Lithographie:
O/R/T/
Krefeld

Druck/Bindung:
Mohndruck
Gütersloh

Gedruckt auf chlorarmem Papier

Die Deutsche Bibliothek – CIP Einheitsaufnahme
Wege und Wegmarken: 100 Jahre Thyssen/
Helmut Uebbing. – Berlin: Siedler, 1991
ISBN 3-88680-417-8
NE: Uebbing, Helmut;
Thyssen Aktiengesellschaft [Hrsg.],
Vormals August Thyssen-Hütte ‹Duisburg›